ŒUVRES

COMPLÈTES

DE LAPLACE.

ŒUVRES

COMPLÈTES

DE LAPLACE,

PUBLIÉES SOUS LES AUSPICES

DE L'ACADÉMIE DES SCIENCES,

PAR

MM. LES SECRÉTAIRES PERPÉTUELS.

TOME QUATRIÈME.

PARIS,

GAUTHIER-VILLARS, IMPRIMEUR-LIBRAIRE

DE L'ÉCOLE POLYTECHNIQUE, DU BUREAU DES LONGITUDES

SUCCESSEUR DE MALLET-BACHELIER.

Quai des Augustins, 55.

MDCCCLXXX

TRAITÉ

DE

MÉCANIQUE CÉLESTE,

PAR M. LAPLACE,

Chancelier du Sénat conservateur, Grand Officier de la Légion d'honneur, membre de l'Institut et du Bureau des Longitudes de France; des Sociétés royales de Londres et de Gottingue; des Académies des Sciences de Russie, de Danemarck, d'Italie, etc.

TOME QUATRIÈME.

A PARIS,

Chez COURCIER, Imprimeur-Libraire pour les Mathématiques, quai des Augustins, n° 71.

AN XIII = 1805.

PRÉFACE.

Après avoir exposé dans les deux Livres précédents les théories des planètes et de la Lune, il reste à présenter celles des autres satellites et des comètes : c'est le principal objet de ce Volume. De tous les satellites, les plus intéressants, après celui de la Terre, sont les satellites de Jupiter. Les observations de ces astres, les premiers que le télescope a fait découvrir dans les cieux, ne remontent pas à deux siècles ; on ne doit même compter qu'un siècle et demi d'observations de leurs éclipses. Mais dans ce court intervalle ils nous ont offert, par la promptitude de leurs révolutions, tous les grands changements que le temps ne développe qu'avec une extrême lenteur dans le système planétaire, dont celui des satellites est l'image. Leurs fréquentes éclipses ont fait connaître leurs inégalités principales avec une précision que l'on n'eût jamais obtenue des élongations observées de ces astres à Jupiter. Pour en donner la théorie, je développe d'abord les équations différentielles de leurs mouvements ; en intégrant ensuite ces équations, je parviens à leurs diverses inégalités. Elles sont peu différentes de celles des planètes et de la Lune ; cependant les rapports qu'ont entre eux les moyens mouvements des trois premiers satellites de Jupiter donnent à quelques-unes de ces inégalités des valeurs considérables, qui ont une grande influence sur toute leur théorie. Ces mouvements sont à très peu près en progression sous-double. De là résultent plusieurs inégalités très sensibles, dont les périodes différentes entre elles se transforment, dans les éclipses, en une seule de $437^{j},659$.

Bradley remarqua le premier cette période, dans le retour des éclipses
du premier et du second satellite. Wargentin exposa ensuite dans un
grand jour la loi des inégalités dont elle dépend, et dont il attribua la
cause à l'action mutuelle des trois premiers satellites, mais sans la
soumettre à l'Analyse, qui n'était pas alors assez avancée pour cet
objet. Les géomètres l'ayant perfectionnée depuis et l'ayant appliquée
aux perturbations des satellites de Jupiter, ces inégalités se sont présentées les premières à leurs recherches, comme elles s'étaient les
premières offertes aux observateurs. Je les développe ici avec l'étendue
qu'exige leur importance.

Leur combinaison donne naissance à une singularité jusqu'à présent unique dans la théorie des mouvements célestes. Le mouvement
moyen du premier satellite, plus deux fois celui du troisième, serait
égal à trois fois le mouvement du second, si ces mouvements étaient
exactement en progression sous-double ; mais cette égalité est incomparablement plus approchée que la progression elle-même, et ses
petits écarts sont dans les limites des erreurs des observations. Un
résultat non moins singulier est que, depuis la découverte des satellites
de Jupiter, la longitude moyenne du premier, moins trois fois celle du
second, plus deux fois celle du troisième, n'a jamais différé de deux
angles droits que de quantités presque insensibles. On ne peut admettre
sans invraisemblance que les mouvements primitifs de ces trois corps
ont satisfait exactement à ces égalités ; il est beaucoup plus naturel de
penser qu'ils en ont fort approché et qu'ensuite l'action mutuelle des
satellites a rendu ces égalités rigoureuses. C'est ce que j'ai reconnu par
l'Analyse, comme on l'a déjà vu dans le Chapitre VIII du Livre II. Je
reprends ici cet objet intéressant que je traite par une autre méthode,
dont les résultats, d'accord avec ceux du Livre cité, les confirment.
On peut, dans les égalités précédentes, substituer aux moyens mouvements et aux longitudes moyennes sidérales les moyens mouvements
et les longitudes moyennes synodiques, et généralement rapporter à un
axe mobile suivant une loi quelconque les mouvements et les longitudes des trois satellites, d'où il suit qu'ils ne peuvent jamais être à la

fois éclipsés. Mais dans les éclipses simultanées du second et du troisième le premier est toujours en conjonction avec Jupiter; il est toujours en opposition dans les éclipses simultanées du Soleil, produites sur Jupiter par les deux autres satellites.

Les moyens mouvements et les époques forment six des vingt-quatre arbitraires que doivent renfermer les intégrales des douze équations différentielles du mouvement des quatre satellites. Les rapports précédents établissent entre ces constantes deux équations de condition, qui les réduisent à vingt-deux; mais les arbitraires que ces équations font disparaître sont remplacées par les constantes d'une inégalité que je désigne sous le nom de *libration des satellites*, et dont la période est d'un peu plus de six années. Cette inégalité est répartie entre les trois premiers satellites, suivant un rapport dépendant de leurs masses et de leurs distances. Toutes les recherches que Delambre a faites pour la démêler dans les observations ayant été infructueuses, elle doit être fort petite. Ainsi, à l'origine, les mouvements des trois premiers satellites et leurs époques ont fort approché de satisfaire aux deux égalités précédentes. Les équations séculaires des moyens mouvements des satellites n'altèrent point ces égalités. En vertu de l'action mutuelle de ces astres, ces équations se coordonnent de manière que l'équation séculaire du premier, plus deux fois celle du troisième, est égale à trois fois l'équation séculaire du second : leurs inégalités mêmes qui croissent avec lenteur approchent d'autant plus de se coordonner ainsi que leurs périodes sont plus longues. Cette libration, par laquelle les mouvements des trois premiers satellites se balancent dans l'espace suivant les lois que nous venons d'énoncer, s'étend à leurs mouvements de rotation, si, comme les observations l'indiquent, ces mouvements sont égaux à ceux de révolution. L'attraction de Jupiter, en faisant alors participer les mouvements de rotation des satellites à leurs équations séculaires, coordonne ces mouvements de manière que la rotation du premier, plus deux fois celle du troisième, est constamment égale à trois fois la rotation du second satellite. On peut observer ici une grande analogie entre la libration des satellites et la libration réelle de la

Lune, dont la théorie a été exposée dans le Livre V. On y a vu que
l'attraction de la Terre sur le sphéroïde lunaire établit entre ses
moyens mouvements de rotation et de révolution une égalité rigoureuse, et que les deux arbitraires que cette égalité fait disparaître
sont remplacées par celles d'une inégalité qui forme la libration
réelle. On a vu encore que l'équation séculaire du moyen mouvement
de révolution n'altère point cette égalité, l'action terrestre faisant
participer à cette équation le mouvement de rotation de la Lune.

Les orbes des satellites éprouvent des changements analogues aux
grandes variations des orbes planétaires; leurs mouvements sont
pareillement assujettis à des équations séculaires semblables à celles
de la Lune. J'expose avec étendue la théorie de toutes ces inégalités
dont le développement observé fournit les données les plus avantageuses pour la détermination des masses des satellites et de l'aplatissement de Jupiter. L'influence considérable de ce dernier élément sur
les mouvements des nœuds fixe sa valeur avec plus de précision que
les mesures directes. On trouve par ce moyen le petit axe de Jupiter
égal au diamètre de son équateur, multiplié par 0,9287, ce qui
diffère très peu du rapport de 13 à 14, que donnent, par un milieu,
les mesures les plus précises de l'aplatissement de cette planète.
Cet accord est une nouvelle preuve que la pesanteur des satellites
vers la planète principale se compose des attractions de toutes
ses molécules, comme nous l'avons trouvé, dans le Livre VII, pour
la Lune relativement à la Terre.

Quelle que soit la perfection de la théorie, il reste à l'astronome une
tâche immense à remplir pour convertir en Tables les formules analytiques. Bouvard a d'abord réduit en nombres les coefficients de ces formules; mais dans cet état elles renfermaient encore trente et une constantes indéterminées, savoir les vingt-quatre arbitraires des douze
équations différentielles du mouvement des satellites, les masses de ces
astres, l'aplatissement de Jupiter, l'inclinaison de son équateur et la
position de ses nœuds. Pour avoir les valeurs de toutes ces inconnues,
il fallait discuter un très-grand nombre d'éclipses de chaque satellite

et les combiner de la manière la plus propre à faire ressortir chaque élément. Delambre a exécuté ce travail important avec le plus grand succès, et ses Tables, qui représentent les observations avec l'exactitude des observations mêmes, offrent au navigateur un moyen sûr et facile pour avoir sur-le-champ, par les éclipses des satellites et surtout par celles du premier, la longitude des lieux où il atterre.

L'un des plus curieux résultats de ces recherches est la connaissance des masses des satellites, connaissance que leur petitesse extrême et l'impossibilité de mesurer directement leurs diamètres semblaient nous interdire. J'ai choisi pour cet objet les données qui, dans l'état actuel de l'Astronomie, m'ont paru les plus avantageuses, et j'ai lieu de penser que les valeurs des masses auxquelles je suis parvenu sont déjà fort approchées; on vérifiera ces valeurs quand la suite des temps aura mieux fait connaitre encore les variations séculaires des orbites. Voici maintenant les principaux éléments de la théorie de chaque satellite qui résultent de la comparaison de mes formules avec les observations.

L'orbe du premier satellite se meut sur un plan fixe qui passe constamment entre l'équateur et l'orbite de Jupiter, par l'intersection mutuelle de ces deux derniers plans dont l'inclinaison respective est, suivant les observations, égale à $3°,4352$. L'inclinaison de ce plan fixe sur l'équateur de Jupiter n'est que de $20''$ par la théorie; elle est, par conséquent, insensible. L'inclinaison de l'orbe du satellite à son plan fixe est pareillement insensible; ainsi l'on peut considérer le premier satellite en mouvement sur l'équateur même de Jupiter. On n'a point reconnu d'excentricité propre à son orbe, qui seulement participe un peu des excentricités des orbes du troisième et du quatrième satellite; car, en vertu de l'action mutuelle de tous ces corps, l'excentricité propre à chaque orbe se répand sur les autres, mais plus faiblement à mesure qu'ils sont plus éloignés. La seule inégalité sensible de ce satellite est celle qui a pour argument le double de l'excès de la longitude moyenne du premier sur celle du second et qui produit dans le retour des éclipses l'inégalité de $437^J,659$; elle est une des données dont j'ai fait usage pour avoir les masses des satellites, et, comme elle n'est due qu'à l'action du second, elle détermine la valeur de sa masse avec beaucoup d'exactitude.

Les éclipses du premier satellite ont fait découvrir la vitesse de la lumière, que, depuis, le phénomène de l'aberration a mieux fait connaitre. Dans l'état actuel de la théorie de ce satellite, et ses observations étant devenues très-nombreuses, il m'a paru qu'elles pouvaient déterminer ce phénomène avec plus de précision encore que l'observation directe. Delambre a bien voulu entreprendre cette discussion, à ma prière, et il a trouvé 62″,5 pour l'aberration entière, valeur exactement la même que Bradley avait conclue d'un grand nombre d'observations très-délicates sur les étoiles. Il est satisfaisant de voir un accord aussi parfait entre des résultats tirés de méthodes si différentes. On peut facilement en conclure que la vitesse de la lumière, dans tout l'espace compris par l'orbe terrestre, est la même que sur la circonférence de cet orbe, conséquence que l'on doit étendre à tout l'espace compris par l'orbe de Jupiter; car, à raison de son excentricité, la variation des rayons vecteurs de cette planète est très sensible sur la durée des éclipses des satellites, et la discussion de ces éclipses prouve que son effet est exactement le même que dans l'hypothèse du mouvement uniforme de la lumière.

L'orbe du second satellite se meut sur un plan fixe, qui passe constamment entre l'équateur et l'orbite de Jupiter, par leur intersection mutuelle, et dont l'inclinaison à cet équateur est de 201″. L'orbe du satellite est incliné de 5′52″ à son plan fixe, et ses nœuds ont sur ce plan un mouvement tropique rétrograde dont la période est de 29^{ans},9142; elle est une des données qui m'ont servi à déterminer les masses. L'observation n'a point fait connaitre d'excentricité propre à l'orbe de ce satellite; mais il participe un peu des excentricités des orbes du troisième et du quatrième. Ses deux inégalités principales dépendent des actions du premier et du troisième. Le rapport qu'ont entre elles les longitudes des trois premiers satellites réunit ces inégalités en une seule, dont la période dans le retour des éclipses est de 437^{j},659 et dont la valeur est la troisième donnée que j'ai employée à la détermination des masses.

L'orbe du troisième satellite se meut sur un plan fixe, qui passe constamment entre l'équateur et l'orbite de Jupiter, par leur intersection mutuelle, et dont l'inclinaison sur cet équateur est de 931″. L'orbe du satellite est incliné de 2284″ à son plan fixe, et ses nœuds ont sur ce plan un mouvement tropique rétrograde dont la période est de 141ᵃⁿˢ,739. Les astronomes supposaient les orbes des trois premiers satellites en mouvement sur l'équateur même de Jupiter; mais ils trouvaient une plus petite inclinaison à cet équateur sur l'orbite de la planète par les éclipses du troisième que par celles des deux autres. Cette différence, dont ils ignoraient la cause, vient de ce que les orbes des satellites ne se meuvent point sur cet équateur, mais sur des plans divers, et qui lui sont d'autant plus inclinés que les satellites sont plus éloignés de la planète. J'ai trouvé un résultat semblable pour la Lune dans le Chapitre II du Livre VII : c'est de là que dépend l'inégalité lunaire en latitude, dont la valeur, déterminée par les observations, m'a donné l'ellipticité du sphéroïde terrestre avec autant d'exactitude que les mesures des degrés du méridien.

L'excentricité de l'orbe du troisième satellite présente des anomalies singulières, dont la théorie m'a fait connaître la cause. Elles dépendent de deux équations du centre distinctes. L'une, propre à cet orbe, se rapporte à un périjove dont le mouvement annuel et sidéral est de 29010″; l'autre, que l'on peut considérer comme une émanation de l'équation du centre du quatrième satellite, se rapporte au périjove de ce dernier corps. Elle est une des données qui m'ont servi à déterminer les masses. Ces deux équations forment, en se combinant, une équation du centre variable et qui se rapporte à un périjove dont le mouvement n'est pas uniforme. Elles coïncidaient et s'ajoutaient en 1682, et leur somme s'élevait à 2458″. En 1777, elles se retranchaient l'une de l'autre, et leur différence n'était que de 949″. Wargentin essaya de représenter ces variations au moyen de deux équations du centre; mais, n'ayant pas rapporté l'une d'elles au périjove du quatrième satellite, il fut contraint par les observations d'abandonner son hypothèse, et il eut recours à celle d'une équation du centre variable, dont il détermina les changements par les observations, ce qui le conduisit à peu près aux résultats que nous venons d'indiquer.

Enfin, le quatrième satellite se meut sur un plan fixe incliné de 4547″ à l'équateur de Jupiter, et qui passe par la ligne des nœuds de cet équateur, entre ce dernier plan et celui de l'orbite de la planète. L'inclinaison de l'orbe du satellite à son plan fixe est de 2772″, et ses nœuds sur ce plan ont un mouvement tropique rétrograde dont la période est de 531 ans. En vertu de ce mouvement, l'inclinaison de l'orbe du quatrième satellite sur l'orbite de Jupiter varie sans cesse. Parvenue à son minimum vers le milieu du dernier siècle, elle a été à peu près stationnaire et d'environ $2°,7$ depuis 1680 jusqu'en 1760, et dans cet intervalle ses nœuds sur l'orbite de Jupiter ont eu un mouvement annuel direct de 8′ à peu près. Cette circonstance que l'observation a présentée a été saisie par les astronomes, qui l'ont employée longtemps avec succès dans les Tables de ce satellite. Elle est une suite de mes formules qui donnent et l'inclinaison et le mouvement du nœud, à très-peu près les mêmes que les astronomes avaient trouvés par la discussion des éclipses; mais dans ces dernières années l'inclinaison de l'orbe a pris un accroissement très-sensible, dont il eût été difficile de connaitre la loi sans le secours de la théorie. Il est curieux de voir sortir ainsi de l'Analyse ces phénomènes singuliers, que l'observation a fait entrevoir, mais qui, résultant de la combinaison de plusieurs inégalités simples, sont trop compliqués pour que les astronomes en aient pu découvrir les lois. L'excentricité de l'orbe du quatrième satellite est beaucoup plus grande que celles des autres orbites. Son périjove a un mouvement annuel direct de 7959″ : c'est la cinquième donnée dont j'ai fait usage pour déterminer les masses.

Chaque orbe participe un peu du mouvement de tous les autres. Leurs plans fixes ne le sont pas rigoureusement; ils se meuvent très-lentement avec l'équateur et l'orbite de Jupiter, en passant toujours par leur intersection mutuelle. Les inclinaisons de ces plans sur l'équateur de Jupiter varient sans cesse, proportionnellement à l'inclinaison de l'orbite sur l'équateur de la planète.

La théorie des satellites étant fondée sur les observations de leurs éclipses, il importe d'avoir l'expression de leur durée, en ayant égard à tout ce qui peut y influer, et principalement à l'ellipticité du sphéroïde de Jupiter. Je parviens à cette expression en considérant généralement la figure de l'ombre que projette un corps opaque éclairé par un corps lumineux. On pourrait en conclure les durées des éclipses des satellites si ces astres s'éclipsaient au moment où leurs centres commencent à pénétrer dans l'ombre de la planète. Mais leurs disques, quoique inappréciables par eux-mêmes, le deviennent par le temps qu'ils mettent à disparaître dans les éclipses; leur grandeur jusqu'ici peu connue, leurs clartés différentes, les effets de la pénombre, et probablement encore ceux de la réfraction de la lumière du Soleil dans l'atmosphère de Jupiter, toutes ces causes, qu'il est presque impossible d'évaluer, nous obligent de recourir aux observations pour déterminer les durées moyennes des éclipses des satellites de Jupiter dans les nœuds ou lorsque leur latitude au-dessus de l'orbite de la planète est nulle. Ces durées observées sont 9426″ pour le premier satellite, 11951″ pour le second, 14838″ pour le troisième, enfin 19780″ pour le quatrième.

Les observations de l'entrée et de la sortie des satellites et de leurs ombres sur le disque de Jupiter répandraient beaucoup de lumière sur la grandeur de leurs disques et sur plusieurs autres éléments de la théorie des satellites. Ce genre d'observations, trop négligé par les astronomes, me paraît devoir fixer leur attention; car il semble que les contacts intérieurs des ombres doivent déterminer l'instant de la conjonction avec plus d'exactitude encore que les éclipses. La théorie des satellites est maintenant assez avancée pour que ce qui lui manque ne puisse être déterminé que par des observations très-précises; il devient donc nécessaire d'essayer de nouveaux moyens d'observation, ou du moins de s'assurer que ceux dont on fait usage méritent la préférence.

L'extrême difficulté des observations des satellites de Saturne rend leur théorie si imparfaite, que l'on connaît à peine avec quelque précision leurs révolutions et leurs distances moyennes à cette planète ; il est donc inutile jusqu'à présent de considérer leurs perturbations. Mais la position de leurs orbes présente un phénomène digne de l'attention des géomètres et des astronomes. Les orbes des six premiers satellites paraissent être dans le plan de l'anneau, tandis que l'orbe du septième s'en écarte sensiblement. Il est naturel de penser que cela dépend de l'action de Saturne, qui, par son ellipticité, retient les six premiers orbes dans le plan de son équateur, comme il maintient dans ce même plan l'anneau dont la planète est entourée. L'action du Soleil tend à les en écarter ; mais, cet écart croissant très-rapidement et à peu près comme la cinquième puissance du rayon de l'orbe, il ne devient sensible que pour le dernier satellite. Les orbes des satellites de Saturne se meuvent, comme ceux de la Lune et des satellites de Jupiter, sur des plans fixes qui passent constamment entre l'équateur et l'orbite de la planète par leur intersection mutuelle, et qui sont d'autant plus inclinés à cet équateur que les satellites sont plus éloignés de Saturne. Cette inclinaison est considérable relativement au dernier satellite. Son orbe est incliné lui-même au plan fixe qui lui correspond, et ses nœuds ont sur ce plan un mouvement rétrograde dont j'essaye de déterminer la valeur en partant des observations déjà faites sur cet objet ; mais, ces observations étant fort incertaines, les résultats que je présente ne peuvent être qu'une approximation très-imparfaite.

Nous sommes moins instruits encore à l'égard des satellites d'Uranus. Il paraît seulement, d'après les observations d'Herschel, qu'ils se meuvent tous sur un même plan presque perpendiculaire à celui de l'orbite de la planète, ce qui indique évidemment une position semblable dans le plan de son équateur. Je fais voir que l'aplatissement de la planète, combiné avec l'action des satellites, peut maintenir à très-peu près dans ce plan leurs orbes divers. Voilà tout ce que l'on peut dire sur ces astres, qui, par leur petitesse et leur éloignement, se refuseront toujours à des recherches plus étendues.

La théorie des perturbations des comètes est l'objet du Livre IX.
La grandeur des excentricités et des inclinaisons de leurs orbites ne
permet pas d'appliquer à ces astres les formules relatives aux planètes
et aux satellites. Il n'est pas possible, dans l'état actuel de l'Analyse,
de représenter leurs mouvements par des expressions analytiques qui
embrassent un nombre indéfini de révolutions, et l'on est réduit à les
déterminer par parties et au moyen des quadratures. La méthode la
plus simple pour y parvenir est celle dont on est redevable à Lagrange,
et qui consiste à regarder l'orbite de la comète comme une ellipse sans
cesse variable; chaque élément elliptique est alors exprimé par l'intégrale d'une fonction différentielle, et l'Analyse offre divers moyens
pour avoir cette intégrale d'une manière très-approchée. Je présente
ici ces fonctions différentielles sous la forme qui m'a paru la plus
commode, et je donne un moyen très-exact de les intégrer par approximation. J'aurais bien désiré d'appliquer cette méthode au prochain
retour de la comète de 1759; mais, diverses occupations m'en ayant
empêché, je me borne à la développer avec assez d'étendue pour que
l'on n'éprouve dans ses applications d'autres difficultés que celles des
substitutions numériques.

Je traite ensuite, par une analyse particulière, le cas d'une comète
qui approche assez d'une planète pour que son orbite en soit totalement changée; ce cas singulier mérite d'autant plus d'attention, qu'il
paraît avoir été celui de la première comète de 1770. On connait les
tentatives infructueuses des astronomes pour assujettir les observations de cette comète aux lois du mouvement parabolique. Lexell
reconnut enfin qu'elle avait décrit, pendant son apparition, l'arc d'une
ellipse correspondante à une révolution d'un peu plus de cinq ans et
demi. Burckhardt, par une discussion approfondie des observations de
cette comète et des éléments elliptiques propres à les représenter,
vient de confirmer ce résultat remarquable, qui ne doit maintenant
laisser aucun doute. Mais, avec une révolution aussi prompte, cette
comète aurait dû plusieurs fois reparaître : cependant on ne l'a point
observée avant 1770, et, depuis, on ne l'a point revue. Pour expliquer

ce double phénomène, Lexell a remarqué qu'en 1767 et 1779 cette comète a passé fort près de Jupiter, dont l'action a pu diminuer, en 1767, sa distance périhélie, au point de rendre la comète visible de la Terre, en 1770, d'invisible qu'elle était auparavant; et, par un effet contraire, cette action a pu, en 1779, accroître sa distance périhélie de manière à rendre la comète dorénavant invisible. Mais cette explication suppose que les éléments de l'orbite de la comète, déterminés par ses positions observées en 1770, satisfont aux deux conditions précédentes, du moins en ne faisant à ces éléments que des corrections très-légères, comprises dans les limites des altérations que l'attraction des planètes a pu y produire : c'est ce qui résulte de l'application de mes formules aux perturbations de la comète par l'action de Jupiter à ces deux époques. La possibilité du double changement de la distance périhélie aux mêmes époques étant ainsi établie, l'explication donnée par Lexell devient très-vraisemblable.

De toutes les comètes observées, la précédente est celle qui a le plus approché de la Terre; elle a dû, par conséquent, en éprouver des altérations sensibles. Je trouve, en effet, que l'action de la Terre a augmenté de deux jours sa révolution sidérale; mais la comète, en réagissant sur la Terre, a dû pareillement altérer la durée de l'année sidérale : l'Analyse fait voir qu'elle serait diminuée de la neuvième partie d'un jour si la masse de la comète égalait celle de la Terre. Les recherches que Delambre vient de faire pour perfectionner les Tables du Soleil ne permettent pas d'attribuer à l'action de la comète une diminution de trois secondes dans cette durée; nous sommes donc bien certains que la masse de la comète n'est pas la cinq-millième partie de celle de la Terre. En général, la correspondance des observations avec les mouvements des planètes et des satellites, déterminés en n'ayant égard qu'à l'action mutuelle de ces corps, nous prouve que, malgré le grand nombre de comètes qui traversent dans tous les sens le système planétaire, leur attraction a été jusqu'à présent insensible; ainsi leurs masses doivent être d'une petitesse extrême, et les astronomes n'ont aucune raison de craindre qu'elles puissent nuire à l'exactitude de leurs Tables.

Dans le Livre X, je considère différents points relatifs au système du monde. L'un des plus intéressants par ses rapports avec l'attraction universelle et par son influence sur les observations célestes est la théorie des réfractions astronomiques. L'air, au travers duquel nous voyons les astres, infléchit leurs rayons suivant des lois qu'il importe aux astronomes de bien connaître; elles dépendent de la constitution de l'atmosphère et des variations qu'elle éprouve dans sa pression et dans sa chaleur. J'en expose avec étendue l'analyse, qui exige des artifices particuliers lorsque l'astre est très-près de l'horizon. La réfraction de sa lumière dépend alors de la loi suivant laquelle la chaleur des couches atmosphériques diminue à mesure qu'elles sont plus élevées. La loi que je propose réunit à l'avantage d'un calcul facile celui de représenter à la fois les expériences sur la diminution de cette chaleur et les observations des réfractions et des hauteurs du baromètre à diverses élévations. Heureusement, lorsque la hauteur des astres surpasse 11 ou 12 degrés, la réfraction ne dépend plus que de l'état de l'air dans le lieu de l'observateur, et cet état est indiqué par nos instruments météorologiques. A températures égales, le volume d'une même quantité d'air est réciproque à la pression qu'il éprouve; mais pour avoir les variations de ce volume, qui répondent à celles d'un thermomètre à mercure, il faut connaître exactement la correspondance de cet instrument avec un thermomètre à air. Gay-Lussac a fait sur cela un grand nombre d'expériences très-précises; il a mis un soin extrême à bien graduer plusieurs thermomètres de mercure et d'air, et surtout à bien dessécher les tubes de verre dont il a fait usage; car leur humidité dans les expériences des divers physiciens sur cet objet est la cause principale de la différence de leurs résultats. En plongeant ensuite ces thermomètres dans un même bain d'eau, à la température de la glace fondante et à celle de l'eau bouillante, il a trouvé, par un milieu entre un grand nombre de résultats corrigés de l'effet de la dilatation du verre et des variations du baromètre pendant chaque expérience, qu'un volume d'air représenté par l'unité, au degré de la glace fondante, devenait 1,375 à la chaleur de l'eau bouillante sous une pression mesurée par la hauteur $0^m,76$ du baromètre. Tobie Mayer, physicien aussi exact que grand astronome, avait trouvé, par des expériences dont il garantit l'exactitude, que par le même accroissement de température le volume 1 se change dans 1,380, ce qui diffère très-peu du résultat précédent, avec lequel les expériences de Dalton sont parfaitement d'accord. Pour avoir la marche correspondante de deux thermomètres d'air et de mercure, Gay-Lussac a divisé exactement en deux parties égales les volumes que ces deux fluides remplissaient dans chaque thermomètre, depuis le degré de la glace fondante jusqu'à celui de l'ébullition de l'eau, ce qui lui a donné le degré 50 de chaque thermomètre. En les plongeant dans un bain d'eau élevé à cette température, il a observé que leurs différences étaient toujours extrêmement petites et alternativement de signes contraires, en sorte que la différence moyenne, déterminée par vingt expériences, a été insensible, d'où l'on doit conclure que, depuis zéro jusqu'à la chaleur de l'eau bouillante, la marche des deux thermomètres est à très-peu près la même. Ces résultats suffisent à la théorie des réfractions, dans laquelle on n'a besoin que de connaitre la densité de l'air correspondante aux indications du baromètre et du thermomètre. Mais dans la théorie de la chaleur il est nécessaire d'apprécier les degrés réels de chaleur indiqués par ceux du thermomètre à mercure, et c'est ce que les expériences dont je viens de parler donneraient avec beaucoup d'exactitude, si les accroissements de la chaleur d'une masse d'air, soumise à une pression constante, étaient proportionnels à ceux de son volume. Or cette hypothèse est au moins très-vraisemblable; car, si l'on conçoit que, le volume d'air restant toujours le même, sa température augmente, il est très-naturel de penser que sa force élastique, dont la chaleur est la cause, augmentera dans le même rapport. En le soumettant dans ce nouvel état à la pression qu'il éprouvait dans le premier, son volume croitra comme sa force élastique, et par conséquent comme sa température. Le thermomètre à air me parait donc indiquer exactement les variations de la chaleur; mais, sa construction étant difficile, il suffit d'avoir comparé, par des expériences précises, sa marche avec celle du thermomètre à mercure.

Jusqu'à présent on n'a point fait usage des indications de l'hygromètre dans le calcul des réfractions; il serait à désirer que l'on déterminât par des expériences directes l'influence de l'humidité de l'air sur ces phénomènes. J'essaye d'y suppléer en supposant que les forces réfringentes de l'eau et de sa vapeur sont proportionnelles à leurs densités respectives. Dans cette hypothèse vraisemblable, la force réfringente de cette vapeur surpasse celle de l'air de même densité; mais, comme à pressions égales l'air surpasse en densité la vapeur aqueuse, il en résulte que la réfraction due à cette vapeur répandue dans l'atmosphère est à peu près la même que celle de l'air dont elle occupe la place, en sorte que l'effet de l'humidité de l'air sur les réfractions est presque insensible. C'est ce que confirment quelques observations de hauteurs méridiennes du Soleil vu à travers des nuages qui laissaient apercevoir distinctement ses bords; la réfraction de sa lumière n'a point paru changée par cette circonstance.

On sait que l'air est un mélange des deux gaz azote et oxygène. Il est vraisemblable que la force réfringente n'est pas la même pour chacun d'eux et qu'ainsi celle de l'atmosphère changerait si la proportion de ces gaz venait à s'altérer. Mais il suit des expériences nombreuses et très-précises d'Humboldt et de Gay-Lussac que cette proportion reste toujours à très-peu près constante à la surface de la Terre, et, Gay-Lussac étant allé dans un ballon recueillir de l'air atmosphérique à plus de 6500 mètres de hauteur, l'analyse de cet air lui a donné entre ces deux gaz le même rapport qui a lieu à la surface de la Terre.

La force réfringente de l'atmosphère peut être déterminée soit par des expériences directes sur la réfraction de l'air, soit par les observations astronomiques. Le grand nombre et l'exactitude de ces observations m'ont fait préférer ce dernier moyen, et j'en ai conclu, pour avoir les réfractions au-dessus de 12 degrés de hauteur apparente, une formule que je crois très-exacte, du moins si la force réfractive de l'air est en raison de sa densité, et si sa température et son humidité n'ont point sur elle d'influence sensible, trois choses qu'il importe de vérifier par un grand nombre d'observations et d'expériences. Le moyen qui me semble le plus propre à cet objet consiste à observer dans les grands froids et dans les fortes chaleurs, dans les grandes hauteurs et dans les abaissements extrêmes du baromètre, les hauteurs méridiennes de quelques étoiles qui ne s'élèvent que de 12 ou 15 degrés sur l'horizon. On a commencé dans cette vue, à l'Observatoire de Paris, une suite d'observations que l'on se propose de continuer pendant un grand nombre d'années. La théorie suppose encore la densité constante dans une même couche d'air concentrique à la Terre, et il est possible que les vents et d'autres causes y produisent des variations de densité qu'il est impossible de connaître et qui cependant doivent influer sur les réfractions : c'est à cela que l'on doit principalement attribuer les petites différences que présentent les observations d'un même astre en différents jours. Quelque perfection que l'on donne aux instruments d'Astronomie, cette cause d'erreur sera toujours un obstacle à l'extrême précision des observations.

Les recherches précédentes, fondées sur la constitution de l'atmosphère, m'ont conduit à une formule très-simple pour mesurer la hauteur des montagnes par le baromètre, formule dans laquelle j'ai eu égard aux variations de la pesanteur, dues à la différence des latitudes et des élévations au-dessus du niveau des mers. J'aurais bien désiré pouvoir y introduire les indications de l'hygromètre ; mais nous manquons d'expériences suffisantes pour cet objet. Ramond a déterminé avec beaucoup d'exactitude le coefficient principal de cette formule, au moyen des observations nombreuses et précises du baromètre qu'il a faites sur plusieurs montagnes dont la hauteur est bien connue.

L'atmosphère éteint en partie les rayons de lumière qui la traversent. Je détermine la loi de cette extinction, qui doit pareillement avoir lieu dans l'atmosphère du Soleil. Il résulte de mes formules, comparées à une expérience curieuse de Bouguer sur l'intensité de la lumière des divers points du disque solaire, que cet astre, dépouillé de son atmosphère, nous paraîtrait douze fois plus lumineux.

L'un des principaux arguments que l'on opposa au mouvement de la

Terre fut la difficulté de concilier ce mouvement avec celui des corps terrestres détachés de sa surface et abandonnés à eux-mêmes. Dans l'ignorance des lois de la Mécanique, on était porté à croire que le spectateur devait s'en éloigner avec toute la vitesse due au mouvement de rotation de la Terre et à sa translation autour du Soleil. La connaissance de ces lois ne laisse maintenant aucun nuage sur cet objet; mais elles font voir que l'effet de la rotation de la Terre sur le mouvement des projectiles, quoique très-peu sensible, peut le devenir par des expériences propres à le manifester. J'en expose ici l'analyse, qui s'accorde avec les expériences que l'on a déjà faites pour reconnaitre le mouvement diurne de la Terre dans la chute des corps qui tombent d'une grande hauteur.

Après avoir examiné plusieurs cas dans lesquels le mouvement d'un système de corps qui s'attirent peut être exactement déterminé, je reprends la théorie des équations séculaires dues à la résistance d'un fluide éthéré répandu autour du Soleil, théorie que j'ai déjà considérée à la fin du Livre VII, mais que j'étends ici à un temps illimité. Cette résistance aurait lieu dans la nature si la lumière solaire consistait dans les vibrations d'un semblable fluide. Si elle est une émanation du Soleil, son impulsion sur les planètes et sur la Lune, en se combinant avec les vitesses de ces astres, produit dans leurs moyens mouvements une accélération dont je donne l'expression analytique; mais cet effet est détruit par la diminution de la masse du Soleil, qui doit avoir lieu dans cette hypothèse. Alors, la force attractive de cet astre diminuant sans cesse, les orbes des planètes se dilatent de plus en plus, et leurs mouvements se ralentissent incomparablement plus qu'ils ne s'accélèrent par l'impulsion de la lumière. Les observations n'indiquant aucune variation dans le moyen mouvement de la Terre, j'en conclus : 1º que le Soleil, depuis deux mille ans, n'a pas perdu la deux-millionième partie de sa substance; 2º que l'effet de l'impulsion de la lumière sur l'équation séculaire de la Lune est insensible. L'analyse de cet effet s'applique à la gravité, considérée comme produite par l'impulsion d'un fluide gravifique mû avec une extrême rapidité vers le corps attirant. Il en résulte que, pour satisfaire aux phénomènes, il faut supposer à ce fluide une vitesse excessive et cent millions de fois au moins plus grande que celle de la lumière. Cette vitesse serait infinie, dans les hypothèses admises par les géomètres sur l'action de la gravité; ces hypothèses peuvent donc être employées sans crainte d'erreur sensible. Nous observerons ici que ces diverses causes d'altération dans les moyens mouvements des planètes et des satellites n'en produisent aucune dans la position de leurs apsides, et, comme il est constant, par les observations, que le mouvement du périgée lunaire est assujetti à une équation séculaire très-sensible, on doit en conclure que ce n'est point à la résistance ni à l'impulsion d'un fluide qu'il faut attribuer les équations séculaires de la Lune. Nous en avons développé dans le Livre VII les lois et la véritable cause.

Enfin, je termine ce Volume par un Supplément aux théories de la Lune et des planètes. Jupiter, Saturne et Uranus forment un système à part, sur lequel les planètes inférieures n'ont point d'influence sensible, mais qui, par l'action mutuelle de ces trois corps, est soumis à de grandes inégalités, que j'ai développées dans le Livre VI. La découverte de ces inégalités a donné aux Tables de Jupiter et de Saturne une précision inespérée. Pour les perfectionner encore, Bouvard a discuté de nouveau, et avec le plus grand soin, toutes les oppositions de ces deux planètes, depuis Bradley jusqu'à nous, observées à Greenwich et à Paris, au moyen de grandes lunettes méridiennes et des meilleurs quarts de cercle. De mon côté, j'ai revu leur théorie avec une attention particulière, et cela m'a conduit à quelques inégalités nouvelles, qui ont sensiblement rapproché mes formules des observations. Ces formules, réduites en Tables par Bouvard, représentent avec une exactitude remarquable les observations modernes, celles de Flamsteed, de Tycho, et même des Arabes et des Grecs, et les observations chaldéennes, que Ptolémée nous a transmises dans son Almageste. Cette précision singulière avec laquelle Jupiter et Saturne ont obéi, depuis les temps les plus reculés, aux lois de leur action mutuelle nous prouve que l'influence des causes étrangères au système planétaire est insensible. L'un des principaux avantages de ces nouvelles recherches est la connaissance précise de la masse de Saturne, dont la valeur est fixée par ce moyen beaucoup mieux que par les élongations des satellites. Les inégalités produites par Uranus sont trop peu considérables pour en conclure la valeur de sa masse; celle que j'ai adoptée dans le Livre VI me parait répondre assez bien aux observations.

Il ne me reste plus, pour remplir l'engagement que j'ai contracté au commencement de cet Ouvrage, qu'à donner une Notice historique des travaux des géomètres et des astronomes sur le système du monde : ce sera l'objet du onzième et dernier Livre.

TABLE DES MATIÈRES

CONTENUES DANS LE QUATRIÈME VOLUME.

La plus remarquable de ces inégalités a déjà été discutée sous sa forme générale dans le n° 66 du Livre II; elle tient à ce que, dans l'origine, la longitude moyenne du premier satellite, moins trois fois celle du second, plus deux fois celle du troisième, a formé une somme à peu près égale à la demi-circonférence, rapport qui a été rendu exact ensuite par l'action mutuelle de ces trois corps. Développement de cette théorie par une méthode différente de celle qui a été employée dans le Livre II. Il en résulte, comme on l'a vu alors, que les moyens mouvements des trois premiers satellites sont assujettis à une sorte de *libration* qu'il importe aux astronomes de bien connaître, et dont on doit fixer l'étendue par les observations; jusqu'ici elle a paru insensible. Le *d.*

LIVRE IX.

THÉORIE DES COMÈTES.

LIVRE X.

SUR DIFFÉRENTS POINTS RELATIFS AU SYSTÈME DU MONDE.

Sur les Tables astronomiques.

SUPPLÉMENT AU LIVRE X.

SUPPLÉMENT A LA THÉORIE DE L'ACTION CAPILLAIRE.

TRAITÉ

DE

MÉCANIQUE CÉLESTE.

SECONDE PARTIE.

(SUITE.)

LIVRE VIII.

THÉORIES DES SATELLITES DE JUPITER, DE SATURNE ET D'URANUS.

Je me propose de considérer dans ce Livre les perturbations des satellites, et principalement celles des satellites de Jupiter. En comparant les résultats de l'Analyse aux nombreuses observations de leurs éclipses, on verra naître, de leur attraction mutuelle et de celle du Soleil, toutes leurs inégalités, dont les expressions, réduites en Tables, formeront des Tables exactes de leurs mouvements.

CHAPITRE PREMIER.

ÉQUATIONS DU MOUVEMENT DES SATELLITES DE JUPITER.

1. Les formules des Livres II et VI, relatives aux perturbations des planètes, s'appliquent également aux perturbations des satellites de Jupiter. Mais les rapports presque commensurables qui existent entre leurs moyens mouvements, et la grande ellipticité du sphéroïde de Jupiter donnent à plusieurs quantités, que nous pouvions négliger dans ces formules, des valeurs assez considérables pour y avoir égard, lorsque l'on se propose de déterminer avec précision les mouvements des satellites. Nous allons ainsi reprendre les équations différentielles de ces mouvements.

Soit m la masse du premier satellite; soient x, y, z ses trois coordonnées rectangles rapportées au centre de gravité de Jupiter, considéré comme immobile, et $r = \sqrt{x^2 + y^2 + z^2}$. Marquons d'un trait, de deux traits et de trois traits les mêmes quantités relatives au second, au troisième et au quatrième satellite. Nommons encore S la masse du Soleil, X, Y, Z ses coordonnées, et faisons $D = \sqrt{X^2 + Y^2 + Z^2}$. Enfin soient M la masse de Jupiter, et $\dfrac{M}{r} + V$ la somme des molécules de cette planète, divisées respectivement par leurs distances au centre de m. Cela posé, nommons R la fonction

$$\frac{m'(xx' + yy' + zz')}{r'^3} + \frac{m''(xx'' + yy'' + zz'')}{r''^3} + \frac{m'''(xx''' + yy''' + zz''')}{r'''^3}$$

$$- \frac{m'}{[(x'-x)^2 + (y'-y)^2 + (z'-z)^2]^{\frac{1}{2}}} - \frac{m''}{[(x''-x)^2 + (y''-y)^2 + (z''-z)^2]^{\frac{1}{2}}}$$

$$-\frac{m''}{\left[(x''-x)^2+(y''-y)^2+(z''-z)^2\right]^{\frac{1}{2}}}+\frac{S(Xx+Yy+Zz)}{D^3}$$

$$-\frac{S}{\left[(X-x)^2+(Y-y)^2+(Z-z)^2\right]^{\frac{1}{2}}}-V.$$

Cette fonction renferme toutes les forces perturbatrices du mouvement du satellite m, et l'on a vu, dans le n° 46 du Livre II, que les équations différentielles de ce mouvement dépendent de ses différences partielles.

Rapportons ses coordonnées à d'autres plus commodes pour les usages astronomiques. Nommons v l'angle compris entre l'axe des x et la projection du rayon vecteur r sur le plan des x et des y. Soit s la tangente de la latitude de m au-dessus de ce plan. On aura

$$x=\frac{r\cos v}{\sqrt{1+s^2}},\quad y=\frac{r\sin v}{\sqrt{1+s^2}},\quad z=\frac{rs}{\sqrt{1+s^2}}.$$

En marquant dans ces expressions les quantités r, s, v successivement d'un trait, de deux traits et de trois traits, on aura les expressions de x', y', z'; x'', y'', z''; x''', y''', z'''. Cela posé, si l'on néglige les quantités de l'ordre s^4, on trouvera, pour la partie de R relative à l'action des satellites,

$$\frac{m'r}{r'^2}\left[\left(1-\tfrac{1}{2}s^2-\tfrac{1}{2}s'^2\right)\cos(v'-v)+ss'\right]-\frac{m'}{\left[r^2-2rr'\cos(v'-v)+r'^2\right]^{\frac{1}{2}}}$$

$$-\frac{m'rr'\left[ss'-\tfrac{1}{2}(s^2+s'^2)\cos(v'-v)\right]}{\left[r^2-2rr'\cos(v'-v)+r'^2\right]^{\frac{3}{2}}}$$

$$+\frac{m''r}{r''^2}\left[\left(1-\tfrac{1}{2}s^2-\tfrac{1}{2}s''^2\right)\cos(v''-v)+ss''\right]-\frac{m''}{\left[r^2-2rr''\cos(v''-v)+r''^2\right]^{\frac{1}{2}}}$$

$$-\frac{m''rr''\left[ss''-\tfrac{1}{2}(s^2+s''^2)\cos(v''-v)\right]}{\left[r^2-2rr''\cos(v''-v)+r''^2\right]^{\frac{3}{2}}}$$

$$+\frac{m'''r}{r'''^2}\left[\left(1-\tfrac{1}{2}s^2-\tfrac{1}{2}s'''^2\right)\cos(v'''-v)+ss'''\right]-\frac{m'''}{\left[r^2-2rr'''\cos(v'''-v)+r'''^2\right]^2}$$

$$-\frac{m'''rr'''\left[ss'''-\tfrac{1}{2}(s^2+s'''^2)\cos(v'''-v)\right]}{\left[r^2-2rr'''\cos(v'''-v)+r'''^2\right]^{\frac{3}{2}}}.$$

Il est facile d'en conclure que, si l'on désigne par S' la tangente de la latitude du Soleil S au-dessus du plan fixe, et par U l'angle que la projection de D sur ce plan fait avec l'axe des x, la partie de R relative à l'action du Soleil est, en négligeant les termes divisés par D' (ce que l'on peut faire, vu la grande distance de Jupiter au Soleil, relativement à celle du satellite à Jupiter),

$$- \frac{S}{D} - \frac{S r^2}{4 D^3} [1 - 3 s^2 - 3 S'^2 + 12 s S' \cos(U - v) + 3(1 - s^2 - S'^2) \cos(2 U - 2 v)].$$

Pour déterminer la partie de R relative à l'attraction du sphéroïde de Jupiter, nous observerons que cette partie est, par ce qui précède, égale à $- V$. Si l'on suppose ce sphéroïde elliptique, et si l'on nomme φ son ellipticité; si l'on nomme encore φ le rapport de la force centrifuge à la pesanteur, à son équateur; B le rayon de cet équateur; v le sinus de la déclinaison du satellite m relativement au même équateur; on aura, par le n° 35 du Livre III,

$$V = \frac{M B^2}{r^3} (\tfrac{1}{2} \varphi - \rho)(v^2 - \tfrac{1}{3}).$$

Si Jupiter n'est pas elliptique, on a, par le n° 32 du Livre III,

$$V = \frac{M B^2}{r^3} [(\tfrac{1}{2} \varphi - \rho)(v^2 - \tfrac{1}{3}) + h(1 - v^2) \cos 2 \varpi],$$

h étant une arbitraire dépendante de la figure de Jupiter, et ϖ étant l'angle formé par l'un des deux axes principaux de Jupiter, situés dans le plan de son équateur, avec le méridien de Jupiter qui passe par le centre du satellite. Il est facile de se convaincre, par l'analyse suivante, que le terme dépendant de $\cos 2 \varpi$ n'a aucune influence sensible sur le mouvement du satellite, à cause de la rapidité avec laquelle l'angle ϖ varie; en sorte que la valeur de V que l'on doit employer ici est la même que dans l'hypothèse d'un sphéroïde elliptique dont l'ellipticité est φ. Nous supposerons donc

$$V = (\rho - \tfrac{1}{2} \varphi)(\tfrac{1}{3} - v^2) \frac{M B^2}{r^3}.$$

On a, à très-peu près, $v = s - s_,$, s, exprimant la tangente de la latitude du satellite m au-dessus du plan fixe, en le supposant mû dans le plan de l'équateur de Jupiter; on a donc, pour la partie $-V$ de l'expression de R,

$$-V = -(\rho - \tfrac{1}{2}\varphi)[\tfrac{1}{3} - (s - s_,)^2]\,\frac{MB^2}{r^3}.$$

2. Rappelons maintenant les équations différentielles du mouvement d'un corps sollicité par des forces quelconques. Parmi les diverses formes que nous leur avons données dans les Livres précédents, nous choisirons celles qui conduisent de la manière la plus simple aux résultats que nous voulons obtenir. On a, par le n° 46 du Livre II,

$$(A) \qquad 0 = \frac{1}{2}\frac{d^2.r^2}{dt^2} - \frac{\mu}{r} + \frac{\mu}{a} + 2\int dR + r\frac{\partial R}{\partial r};$$

dt est l'élément du temps, et cet élément est supposé constant; μ est égal à la somme $M + m$ des masses de Jupiter et du satellite m; la différence partielle $r\frac{\partial R}{\partial r}$ est égale à $x\frac{\partial R}{\partial x} + y\frac{\partial R}{\partial y} + z\frac{\partial R}{\partial z}$; la caractéristique différentielle d se rapporte aux seules coordonnées de m. Si l'on désigne par δ la variation due aux forces perturbatrices, on aura, en différentiant l'équation précédente par rapport à δ,

$$(1) \qquad 0 = \frac{d^2.r\delta r}{dt^2} + \mu\frac{r\delta r}{r^3} + 2\int dR + r\frac{\partial R}{\partial r}.$$

On déterminera par cette équation différentielle les perturbations du rayon vecteur; on pourra même comprendre dans son intégrale l'excentricité de l'orbite du satellite; car, vu l'extrême petitesse de cette excentricité, on peut négliger son carré et ses puissances supérieures, et l'on peut supposer que la variation $2r\delta r$ renferme, non-seulement les inégalités dues aux perturbations, mais encore la partie elliptique de r^2.

Si l'on nomme dv, l'angle intercepté entre les deux rayons vecteurs r

et $r + dr$, on aura, par le n° 46 du Livre II,

$$(2) \qquad \delta v_{\prime} = \dfrac{\dfrac{2\,d(r\delta r) - dr\,\delta r}{a^2 n\, dt} + \dfrac{3a}{u} \int\!\!\int n\, dt\, d\mathrm{R} + \dfrac{2a}{u} \int n\, dt\, r \dfrac{\partial \mathrm{R}}{\partial r}}{\sqrt{1 - e^2}},$$

a étant le demi-grand axe de l'orbe du satellite, e étant le rapport de l'excentricité au demi-grand axe, et nt étant le moyen mouvement du satellite.

En nommant v l'angle décrit par la projection du rayon vecteur r sur le plan fixe, on a, par le même numéro,

$$dv = dv_{\prime} \, \dfrac{\sqrt{(1 + s^2)^2 - \dfrac{ds^2}{dv_{\prime}^2}}}{\sqrt{1 + s^2}},$$

s étant la tangente de la latitude de m au-dessus du plan fixe; en sorte que, si l'on néglige le carré de s, on a

$$\delta v = \delta v_{\prime}.$$

Pour déterminer s, nous observerons que l'on a, par le n° 15 du Livre II, dv étant supposé constant,

$$0 = \left(\dfrac{d^2 s}{dv^2} + s\right)\left(1 - \dfrac{2}{h^2}\int \dfrac{\partial \mathrm{R}}{\partial v} \dfrac{dv}{u^2}\right) - \dfrac{1}{h^2 u^2} \dfrac{ds}{dv} \dfrac{\partial \mathrm{R}}{\partial v} + \dfrac{s}{h^2 u} \dfrac{\partial \mathrm{R}}{\partial u} + \dfrac{1 + s^2}{h^2 u^2} \dfrac{\partial' \mathrm{R}}{\partial s},$$

$\dfrac{1}{u}$ étant la projection du rayon vecteur r sur le plan fixe; h^2 étant une constante qui, dans l'orbite elliptique, est, par le n° 20 du Livre II, égale à $\mu a (1 - e^2)$; enfin, la différence partielle $\dfrac{\partial' \mathrm{R}}{\partial s}$ étant relative au cas où l'on considère R comme fonction de u, v et s. Considérons R comme fonction de r, v et s, ainsi que nous l'avons fait dans le numéro précédent; nous aurons

$$du \dfrac{\partial \mathrm{R}}{\partial u} + ds \dfrac{\partial' \mathrm{R}}{\partial s} = dr \dfrac{\partial \mathrm{R}}{\partial r} + ds \dfrac{\partial \mathrm{R}}{\partial s}.$$

r étant égal à $\dfrac{\sqrt{1+s^2}}{u}$, on a

$$du = -\frac{dr}{r^2}\sqrt{1+s^2} + \frac{s\,ds}{r\sqrt{1+s^2}};$$

on a donc, en comparant séparément, dans l'équation précédente, les coefficients de ds,

$$\frac{us}{1+s^2}\frac{\partial R}{\partial u} + \frac{\partial' R}{\partial s} = \frac{\partial R}{\partial s};$$

l'équation différentielle en s devient ainsi

$$0 = \left(\frac{d^2s}{dv^2} + s\right)\left(1 - \frac{2}{h^2}\int\frac{\partial R}{\partial v}\frac{dv}{u^2}\right) - \frac{1}{h^2u^2}\frac{ds}{dv}\frac{\partial R}{\partial v} + \frac{r^2}{h^2}\frac{\partial R}{\partial s}.$$

Si la force perturbatrice est nulle, on a

$$0 = \frac{d^2s}{dv^2} + s;$$

en négligeant donc le carré de cette force, en restituant $\dfrac{\sqrt{1+s^2}}{r}$ au lieu de u, et en négligeant le produit de la force perturbatrice par $s^2\dfrac{ds}{dv}$, on aura

$$(3) \qquad 0 = \frac{d^2s}{dv^2} + s + \frac{r^2}{h^2}\frac{\partial R}{\partial s} - \frac{r^2}{h^2}\frac{ds}{dv}\frac{\partial R}{\partial v}.$$

Les équations (1), (2) et (3) donnent, de la manière la plus simple, toutes les perturbations des satellites qui ne dépendent que de la première puissance de la force perturbatrice.

CHAPITRE II.

DES INÉGALITÉS DES MOUVEMENTS DES SATELLITES DE JUPITER, INDÉPENDANTES
DES EXCENTRICITÉS ET DES INCLINAISONS DES ORBITES.

3. Reprenons l'équation différentielle (1) du n° 2,

$$(1) \qquad 0 = \frac{d^2.r\,\partial r}{dt^2} + \frac{\mu.r\,\partial r}{r^3} + 2\int d\mathrm{R} + r\frac{\partial \mathrm{R}}{\partial r}.$$

Dans l'hypothèse elliptique, et si l'on néglige le carré de l'excentricité de l'orbite, la partie constante du rayon vecteur se réduit au demi-grand axe a; nous pouvons donc supposer $r = a$ dans l'équation précédente. Mais pour plus d'exactitude, et par une considération que nous exposerons ci-après, nous conserverons le produit de $r\partial r$ par les parties constantes de la force perturbatrice; or cette force ajoute au rayon r une partie constante, que nous désignerons par ∂a; en substituant donc $a + \partial a$ au lieu de r dans l'équation (1), on aura

$$0 = \frac{d^2.r\,\partial r}{dt^2} + \frac{\mu.r\,\partial r}{a^3}\left(1 - \frac{3\partial a}{a}\right) + 2\int d\mathrm{R} + r\frac{\partial \mathrm{R}}{\partial r}.$$

La partie de R dépendante de l'action du sphéroïde de Jupiter est, par le n° 1, égale à $- \mathrm{V}$, et si l'on néglige le carré de v, on aura, en n'ayant égard qu'à cette partie, en prenant pour unité de masse celle de Jupiter, et pour unité de distance le demi-diamètre B de son équateur,

$$\mathrm{R} = - \frac{\rho - \frac{1}{2}\varphi}{3r^3}.$$

De là il est facile de conclure

$$\int d\mathrm{R} = \mathrm{R}, \qquad r\frac{\partial \mathrm{R}}{\partial r} = -3\mathrm{R};$$

partant,

$$2\int d\mathrm{R} + r\,\frac{\partial \mathrm{R}}{\partial r} = -\,\mathrm{R} = \frac{\rho - \frac{1}{2}\varphi}{3\,r^3}.$$

En substituant $a^2 + 2r\delta r$ au lieu de r^2, on aura

$$2\int d\mathrm{R} + r\,\frac{\partial \mathrm{R}}{\partial r} = \frac{\rho - \frac{1}{2}\varphi}{3\,a^3} - \frac{\rho - \frac{1}{2}\varphi}{a^5}\,r\delta r.$$

Si l'on ne considère que l'action du second satellite m', et si l'on néglige les carrés et les produits de s et de s', on a

$$\mathrm{R} = \frac{m'r}{r'^2}\cos(v' - v) - \frac{m'}{\left[r^2 - 2rr'\cos(v' - v) + r'^2\right]^{\frac{1}{2}}}.$$

Supposons que cette fonction, développée en série de cosinus d'angles multiples de $v' - v$, soit égale à

$$m'\left[\tfrac{1}{2}\mathrm{A}^{(0)} + \mathrm{A}^{(1)}\cos(v' - v) + \mathrm{A}^{(2)}\cos 2(v' - v) + \mathrm{A}^{(3)}\cos 3(v' - v) + \dots\right].$$

En changeant, dans cette série, r en a, r' en a', v dans $nt + \varepsilon$, et v' dans $n't + \varepsilon'$, nt et $n't$ étant les moyens mouvements de m et de m', on aura

$$2\int d\mathrm{R} = \frac{2k}{a} + \frac{2nm'}{n - n'}\left\{\begin{array}{l} \mathrm{A}^{(1)}\cos\ (n't - nt + \varepsilon' - \varepsilon) \\[4pt] +\ \mathrm{A}^{(2)}\cos 2(n't - nt + \varepsilon' - \varepsilon) \\[4pt] +\ \mathrm{A}^{(3)}\cos 3(n't - nt + \varepsilon' - \varepsilon) \\[4pt] +\ \dots\dots\dots\dots\dots\dots\dots \end{array}\right\},$$

$\dfrac{k}{a}$ étant une constante arbitraire ajoutée à l'intégrale $\int d\mathrm{R}$. On aura ensuite

$$r\,\frac{\partial \mathrm{R}}{\partial r} = m'\left\{\begin{array}{l} \tfrac{1}{2}a\,\dfrac{\partial \mathrm{A}^{(0)}}{\partial a} \\[10pt] +\ a\,\dfrac{\partial \mathrm{A}^{(1)}}{\partial a}\cos\ (n't - nt + \varepsilon' - \varepsilon) \\[10pt] +\ a\,\dfrac{\partial \mathrm{A}^{(2)}}{\partial a}\cos 2(n't - nt + \varepsilon' - \varepsilon) \\[10pt] +\ a\,\dfrac{\partial \mathrm{A}^{(3)}}{\partial a}\cos 3(n't - nt + \varepsilon' - \varepsilon) \\[10pt] +\ \dots\dots\dots\dots\dots\dots\dots \end{array}\right\}.$$

On déterminera les valeurs de $\mathrm{A}^{(0)}$, $\mathrm{A}^{(1)}$, $\mathrm{A}^{(2)}$, ... et de leurs différences partielles en a et a' par les formules du n° 19 du Livre II.

Comme nous nous proposons de conserver les parties constantes dépendantes de la force perturbatrice et qui multiplient $r\delta r$, nous devons ajouter aux expressions précédentes de $2\int dR$ et de $r\dfrac{\partial R}{\partial r}$ les termes de ce genre qu'ils contiennent. Si, dans le terme $\dfrac{m'}{2}A^{(0)}$ de R, on substitue $a + \dfrac{r\delta r}{a}$ au lieu de r, il en résulte le terme $m'\dfrac{r\delta r}{2a}\dfrac{\partial A^{(0)}}{\partial a}$; la fonction $2\int dR$ contient donc le terme $m'\dfrac{r\delta r}{a}\dfrac{\partial A^{(0)}}{\partial a}$. En substituant pareillement $a + \dfrac{r\delta r}{a}$ au lieu de r dans la fonction $r\dfrac{\partial R}{\partial r}$, on voit qu'elle contient les termes

$$m'\dfrac{r\delta r}{2a}\left(\dfrac{\partial A^{(0)}}{\partial a} + a\dfrac{\partial^2 A^{(0)}}{\partial a^2}\right).$$

En changeant successivement les quantités relatives au satellite m' dans celles qui sont relatives aux satellites m'' et m''', on aura les parties correspondantes de $2\int dR$ et de $r\dfrac{\partial R}{\partial r}$.

Pour avoir les parties relatives à l'action du Soleil, nous observerons qu'en n'ayant égard qu'à cette action et en négligeant les carrés et les produits de s et de S', on a, par le n° 1,

$$R = -\dfrac{S}{D} - \dfrac{Sr^2}{4D^3}[1 + 3\cos 2(U - v)].$$

U est la longitude du Soleil vu du centre de Jupiter; en désignant donc par Mt le moyen mouvement sidéral de cette planète, on aura, en négligeant l'excentricité de son orbite,

$$U = Mt + E,$$

et alors on a

$$R = -\dfrac{S}{D'} - \dfrac{Sr^2}{4D'^3}[1 + 3\cos(2nt - 2Mt + 2\varepsilon - 2E)],$$

D' étant le demi-grand axe de l'orbe de Jupiter. On a, par le n° 16 du Livre II, en négligeant la masse de Jupiter relativement à celle du Soleil,

$$\dfrac{S}{D'^3} = M^2;$$

on aura donc, en n'ajoutant point de constante à cette partie de l'expression de $2\int dR$, parce qu'elle peut être censée contenue dans la constante arbitraire k,

$$2\int dR = -\frac{M^2 r^2}{2}\left[1 + \frac{3n}{n-M}\cos(2nt - 2Mt + 2\varepsilon - 2E)\right],$$

$$r\frac{\partial R}{\partial r} = -\frac{M^2 r^2}{2}\left[1 + 3\cos(2nt - 2Mt + 2\varepsilon - 2E)\right],$$

d'où l'on tire

$$2\int dR = -\frac{M^2 a^2}{2} - M^2 r\partial r - \frac{3M^2 na^2}{2n-2M}\cos(2nt - 2Mt + 2\varepsilon - 2E),$$

$$r\frac{\partial R}{\partial r} = -\frac{M^2 a^2}{2} - M^2 r\partial r - \tfrac{3}{2}M^2 a^2 \cos(2nt - 2Mt + 2\varepsilon - 2E).$$

Cela posé, si l'on rassemble tous ces termes dans l'équation différentielle (1), et qu'on la divise par a^2; si, de plus, on observe que l'on a $n^2 = \frac{1+m}{a^3}$, ou à très-peu près $n^2 = \frac{1}{a^3}$, m étant une très-petite fraction au-dessous d'un dix-millième, la masse de Jupiter étant prise pour unité; enfin, si, pour abréger, on suppose

$$N^2 = n^2\left[1 - \frac{3\partial a}{a} - \frac{\rho - \frac{1}{2}Q}{a^2} - \frac{2M^2}{n^2} + \sum \frac{m'a^2}{2}\left(3\frac{\partial\Lambda^{(0)}}{\partial a} + a\frac{\partial^2\Lambda^{(0)}}{\partial a^2}\right)\right],$$

la caractéristique $\sum$ servant à exprimer la somme des termes semblables à ceux qui la suivent et qui dépendent de l'action des satellites perturbateurs, on aura

$$0 = \frac{d^2.r\partial r}{a^2 dt^2} + N^2\frac{r\partial r}{a^2} + 2n^2 k + n^2\frac{\rho - \frac{1}{2}Q}{3a^2} - M^2 + \sum\frac{m'n^2}{2}a^2\frac{\partial\Lambda^{(0)}}{\partial a}$$

$$- 3M^2\frac{2n-M}{2n-2M}\cos(2nt - 2Mt + 2\varepsilon - 2E)$$

$$+ \sum m'n^2 \left\{ \begin{aligned} &\left(a^2\frac{\partial\Lambda^{(1)}}{\partial a} + \frac{2n}{n-n'}a\Lambda^{(1)}\right)\cos\,(n't - nt + \varepsilon' - \varepsilon)\\ &+\left(a^2\frac{\partial\Lambda^{(2)}}{\partial a} + \frac{2n}{n-n'}a\Lambda^{(2)}\right)\cos 2(n't - nt + \varepsilon' - \varepsilon)\\ &+\left(a^2\frac{\partial\Lambda^{(3)}}{\partial a} + \frac{2n}{n-n'}a\Lambda^{(3)}\right)\cos 3(n't - nt + \varepsilon' - \varepsilon)\\ &+ \,\ldots\ldots\ldots\ldots\ldots\ldots\ldots\ldots\ldots\ldots\ldots\ldots\ldots \end{aligned} \right\}.$$

Si l'on intègre cette équation, sans ajouter à l'intégrale des constantes arbitraires, qui peuvent être censées contenues dans les éléments du mouvement elliptique, et si l'on néglige, dans les termes dépendants de l'action du Soleil, M et $N - n$ vis-à-vis de n, dont ils ne sont que des fractions insensibles, on aura

$$\frac{r\,\partial r}{a^2} = - \frac{n^2}{N^2}\left(2k + \frac{\rho - \frac{1}{2}\varphi}{3a^2} - \frac{M^2}{n^2} + \sum \frac{m'}{2}\, a^2\, \frac{\partial A^{(0)}}{\partial a}\right) - \frac{M^2}{n^2}\cos(2nt - 2Mt + 2\varepsilon - 2E)$$

$$+ \sum m' \left\{ \begin{aligned} &\frac{n^2}{(n-n')^2 - N^2}\left(a^2 \frac{\partial A^{(1)}}{\partial a} + \frac{2n}{n-n'}\, a A^{(1)}\right)\cos\ (n't - nt + \varepsilon' - \varepsilon)\\[4pt] &+ \frac{n^2}{4(n-n')^2 - N^2}\left(a^2 \frac{\partial A^{(2)}}{\partial a} + \frac{2n}{n-n'}\, a A^{(2)}\right)\cos 2(n't - nt + \varepsilon' - \varepsilon)\\[4pt] &+ \frac{n^2}{9(n-n')^2 - N^2}\left(a^2 \frac{\partial A^{(3)}}{\partial a} + \frac{2n}{n-n'}\, a A^{(3)}\right)\cos 3(n't - nt - \varepsilon' - \varepsilon)\\[4pt] &+ \dots\dots\dots\dots\dots\dots\dots\dots\dots\dots\dots\dots\dots\dots \end{aligned}\right\}.$$

La partie constante de cette expression est ce que nous avons désigné ci-dessus par $\dfrac{\delta a}{a}$; on aura donc, en observant que N^2 diffère très-peu de n^2,

$$\frac{\delta a}{a} = - 2k - \frac{\rho - \frac{1}{2}\varphi}{3a^2} + \frac{M^2}{n^2} - \sum \frac{m'}{2}\, a^2\, \frac{\partial A^{(0)}}{\partial a}.$$

Si l'on substitue les valeurs précédentes de $2\!\int\! dR$, $r\dfrac{\partial R}{\partial r}$ et $\dfrac{r\,\partial r}{a^2}$ dans l'expression de δv, donnée par la formule (2) du n° 2, on aura, en observant que $\dfrac{1 + m}{a^3} = n^2$, que $\mu = 1$ à très-peu près, que M est très-petit relativement à n, et que N diffère très-peu de n,

$$\delta v = nt\left(3k + \frac{\rho - \frac{1}{2}\varphi}{a^2} - \frac{7}{4}\frac{M^2}{n^2} + \sum m' a^2 \frac{\partial A^{(0)}}{\partial a}\right) + \frac{11}{8}\frac{M^2}{n^2}\sin(2nt - 2Mt + 2\varepsilon - 2E)$$

$$+ \sum \frac{m'n}{n-n'}\left\{ \begin{aligned} &\left[\frac{n}{n-n'}\, a A^{(1)} + \frac{2N^2}{(n-n')^2 - N^2}\left(a^2 \frac{\partial A^{(1)}}{\partial a} + \frac{2n}{n-n'}\, a A^{(1)}\right)\right]\sin(n't - nt + \varepsilon' - \varepsilon)\\[4pt] &+ \frac{1}{2}\left[\frac{n}{n-n'}\, a A^{(2)} + \frac{2N^2}{4(n-n')^2 - N^2}\left(a^2 \frac{\partial A^{(2)}}{\partial a} + \frac{2n}{n-n'}\, a A^{(2)}\right)\right]\sin 2(n't - nt + \varepsilon' - \varepsilon)\\[4pt] &+ \frac{1}{3}\left[\frac{n}{n-n'}\, a A^{(3)} + \frac{2N^2}{9(n-n')^2 - N^2}\left(a^2 \frac{\partial A^{(3)}}{\partial a} + \frac{2n}{n-n'}\, a A^{(3)}\right)\right]\sin 3(n't - nt + \varepsilon' - \varepsilon)\\[4pt] &+ \dots\dots\dots\dots\dots\dots\dots\dots\dots\dots\dots\dots\dots\dots \end{aligned}\right\}.$$

Le terme dépendant de $\sin(2nt - 2Mt + 2\varepsilon - 2E)$ répond à l'équation connue, dans la théorie de la Lune, sous le nom de *variation*; mais il est moins sensible dans la théorie des satellites de Jupiter, parce que le rapport $\dfrac{M^2}{n^2}$ y est beaucoup plus petit.

nt étant supposé exprimer le moyen mouvement de m, son coefficient doit être nul dans l'expression précédente de δv, ce qui donne

$$k = -\frac{\rho - \frac{1}{2}\varphi}{3a^2} + \frac{7}{12}\frac{M^2}{n^2} - \frac{1}{3}\sum m'a^2 \frac{\partial \Lambda^{(0)}}{\partial a}.$$

En substituant cette valeur de k dans celle de $\dfrac{\delta a}{a}$, on aura

$$\frac{\delta a}{a} = \frac{\rho - \frac{1}{2}\varphi}{3a^2} - \frac{1}{6}\frac{M^2}{n^2} + \frac{1}{6}\sum m'a^2 \frac{\partial \Lambda^{(0)}}{\partial a},$$

d'où l'on tire

$$N^2 = n^2\left[1 - 2\frac{\rho - \frac{1}{2}\varphi}{a^2} - \frac{3}{2}\frac{M^2}{n^2} + \sum m'a^2\left(\frac{\partial \Lambda^{(0)}}{\partial a} + \frac{1}{2}a\frac{\partial^2 \Lambda^{(0)}}{\partial a^2}\right)\right].$$

On aura les valeurs de $\dfrac{r'\partial r'}{a'^2}$, $\delta v'$; $\dfrac{r''\partial r''}{a''^2}$, $\delta v''$; $\dfrac{r'''\partial r'''}{a'''^2}$, $\delta v'''$, en changeant, dans les expressions précédentes de $\dfrac{r\partial r}{a^2}$ et de δv, les quantités relatives au premier satellite successivement dans les quantités semblables relatives au second, au troisième et au quatrième, et réciproquement.

4. Les rapports qu'ont entre eux les moyens mouvements des trois premiers satellites donnent des valeurs considérables à quelques-uns des termes des expressions précédentes; ces termes méritent une attention particulière, en ce qu'ils sont la source des principales inégalités observées dans les mouvements des trois premiers satellites. Le moyen mouvement du premier satellite est à fort peu près double de celui du second, qui lui-même est à très-peu près double de celui du troisième. Il suit de là que le terme de l'expression de $\dfrac{r\partial r}{a^2}$ qui dépend de l'angle $2n't - 2nt + 2\varepsilon' - 2\varepsilon$ doit devenir fort grand par son diviseur $4(n' - n)^2 - N^2$ ou $(2n - 2n' + N)(2n - 2n' - N)$: car, N et $2n'$ étant fort peu différents de n, le diviseur $2n - 2n' - N$ est très-petit,

et donne au terme dont il s'agit une valeur considérable. On voit en même temps la nécessité de déterminer N avec précision, comme nous l'avons fait, parce que sa différence d'avec n, due aux forces perturbatrices, quoique très-petite, devient sensible dans la fonction $2n - 2n' - N$, surtout à raison du terme $- n \frac{\rho - \frac{1}{2}\varphi}{a^2}$, que N renferme; et c'est la raison pour laquelle nous avons conservé les termes dépendants de la force perturbatrice dans lesquels $r\delta r$ est multiplié par des constantes, ces termes influant sur la valeur de N. Dans les autres diviseurs qui ne sont point très-petits, on pourra supposer, sans erreur sensible, $N = n$; en faisant donc

$$F = - a^2 \frac{\partial A^{(2)}}{\partial a} - \frac{2n}{n - n'} a A^{(2)},$$

on aura, en n'ayant égard qu'au terme dépendant du cosinus de $2n't - 2nt + 2\varepsilon' - 2\varepsilon$, et observant que l'on peut, dans la fonction $2n - 2n' + N$, supposer $2n'$ et N égaux à n,

$$\frac{r\delta r}{a^2} = - \frac{m'n F}{2(2n - 2n' - N)} \cos(2nt - 2n't + 2\varepsilon - 2\varepsilon').$$

L'expression de δv donne, en n'ayant égard qu'aux termes qui ont $2n - 2n' - N$ pour diviseur,

$$\delta v = \frac{m'n F}{2n - 2n' - N} \sin(2nt - 2n't + 2\varepsilon - 2\varepsilon').$$

Cette partie de δv est l'inégalité la plus sensible du mouvement du premier satellite; elle est la seule que les observations aient fait reconnaître.

Si, dans la théorie du second satellite, on désigne par N' la quantité qui correspond à N dans la théorie du premier, et si l'on nomme $A_{,}^{(1)}$ celle qui correspond à $A^{(1)}$ dans les perturbations du premier par le second satellite, il résulte de ce qui précède que l'expression de $\frac{r'\delta r'}{a'^2}$ renfermera le terme

$$\frac{mn'^2}{(n - n')^2 - N'^2} \left(a'^2 \frac{\partial A_{,}^{(1)}}{\partial a'} + \frac{2n'}{n' - n} a' A_{,}^{(1)} \right) \cos(nt - n't + \varepsilon - \varepsilon').$$

Le diviseur $(n - n')^2 - N'^2$ est égal à $(n - n' + N')(n - n' - N')$. N' étant fort peu différent de n', et n étant à très-peu près égal à $2n'$, le diviseur $n - n' - N'$ est très-petit, ce qui donne au terme précédent une valeur considérable. Soit

$$G = - a'^2 \frac{\partial \Lambda^{(1)}}{\partial a'} + \frac{2n'}{n - n'} a' \Lambda^{(1)};$$

en faisant $n = 2n'$ et $N' = n'$ dans la fonction $n - n' + N'$, on aura

$$\frac{r' \partial r'}{a'^2} = - \frac{mn' G}{2(n - n' - N')} \cos(nt - n't + \varepsilon - \varepsilon').$$

On aura ensuite, en n'ayant égard qu'aux termes qui ont $n - n' - N'$ pour diviseur,

$$\delta v' = \frac{mn' G}{n - n' - N'} \sin(nt - n't + \varepsilon - \varepsilon').$$

On doit observer ici que

$$\Lambda^{(1)} = \frac{a'}{a^2} - \frac{a}{a'^2} + \Lambda^{(0)},$$

ce qui donne

$$G = \frac{3n' - n}{n - n'} \frac{a'^2}{a^2} - \frac{2n}{n - n'} \frac{a}{a'} - a'^2 \frac{\partial \Lambda^{(0)}}{\partial a'} + \frac{2n'}{n - n'} a' \Lambda^{(0)};$$

or on a $\frac{a'^2}{a^2} = \frac{a'^3}{a^4} \frac{a}{a} = \frac{n^2}{n'^2} \frac{a}{a'}$; on aura ainsi

$$G = 2a' \Lambda^{(0)} - a'^2 \frac{\partial \Lambda^{(0)}}{\partial a'} - \frac{n(n - 2n')}{n'^2} \frac{a}{a'} - \frac{2(n - 2n')}{n - n'} a' \Lambda^{(0)};$$

$n - 2n'$ étant nul à fort peu près, cette équation donne

$$G = 2a' \Lambda^{(0)} - a'^2 \frac{\partial \Lambda^{(0)}}{\partial a'}.$$

Mais, pour plus d'exactitude, nous ferons usage, dans le calcul numérique de G, de son expression rigoureuse.

Les valeurs précédentes de $\frac{r' \partial r'}{a'^2}$ et de $\delta v'$ ne sont relatives qu'à l'action du premier satellite. L'action du troisième produit encore dans ces quantités des termes sensibles. En effet, le mouvement du second satellite étant à très-peu près double de celui du troisième, il doit en résulter, dans ces expressions, des termes analogues à ceux que l'action du second satellite produit dans les valeurs de $\frac{r\,\partial r}{a^2}$ et de δv. Nommons $\Lambda'^{(0)}$, $\Lambda'^{(1)}$, $\Lambda'^{(2)}$, ..., relativement au second et au troisième satellite, ce que nous avons désigné par $\Lambda^{(0)}$, $\Lambda^{(1)}$, $\Lambda^{(2)}$, ..., relativement au premier et au second. Supposons ensuite

$$F' = -a'^2\frac{\partial \Lambda'^{(2)}}{\partial a'} - \frac{2n'}{n'-n''}\,a'\Lambda'^{(2)};$$

nous aurons, par l'action du troisième satellite,

$$\frac{r'\,\partial r'}{a'^2} = \frac{-m''n'\,F'}{2\left(2n'-2n''-N'\right)}\cos\left(2n't - 2n''t + 2\varepsilon' - 2\varepsilon''\right),$$

$$\delta v' = \frac{m''n'\,F'}{2n'-2n''-N'}\sin\left(2n't - 2n''t + 2\varepsilon' - 2\varepsilon''\right).$$

En réunissant ces valeurs aux précédentes, on aura les termes les plus sensibles de $\frac{r'\,\partial r'}{a'^2}$ et de $\delta v'$.

Un rapport très-remarquable, qui existe entre les moyens mouvements des trois premiers satellites, permet de réunir en un seul les deux termes de chacune de ces expressions, dus aux actions du premier et du troisième satellite. Nous avons observé que le moyen mouvement du premier satellite est à peu près double de celui du second, qui lui-même est double à peu près du moyen mouvement du troisième satellite; en sorte que l'on a, d'une manière fort approchée,

$$n = 2n', \quad n' = 2n'',$$

d'où l'on tire

$$n - 3n' + 2n'' = 0.$$

Mais cette dernière équation est beaucoup plus approchée que les deux égalités d'où nous l'avons déduite. Elle l'est à un tel point que, depuis la découverte des satellites de Jupiter, les observations n'ont fait reconnaître aucune valeur sensible à son premier membre; nous pouvons donc le supposer nul, au moins dans l'espace d'un siècle. Nous verrons dans la suite que l'action mutuelle des satellites rend la quantité $n - 3n' + 2n''$ rigoureusement égale à zéro, ce qui donne

$$3n' - 2n'' = n - n'.$$

Les observations donnent encore à très-peu près, depuis la découverte des satellites, la longitude moyenne du premier, moins trois fois celle du second, plus deux fois celle du troisième, égale à la demi-circonférence ou à 200°, en sorte que, dans l'intervalle d'un siècle au moins, on peut supposer

$$nt - 3n't + 2n''t + \varepsilon - 3\varepsilon' + 2\varepsilon'' = 200°,$$

et par conséquent

$$3n't - 2n''t + 2\varepsilon' - 2\varepsilon'' = nt - n't + \varepsilon - \varepsilon' - 200°.$$

Nous verrons dans la suite que ces égalités sont rigoureuses.

Les termes de $\dfrac{r'\partial r'}{a'^2}$ et de $\delta v'$, qui dépendent de l'action du troisième satellite, deviennent ainsi

$$\frac{r'\partial r'}{a'^2} = \frac{m''n'\,\mathrm{F}'}{2(n - n' - \mathrm{N}')}\cos(nt - n't + \varepsilon - \varepsilon'),$$

$$\delta v' = -\frac{m''n'\,\mathrm{F}'}{n - n' - \mathrm{N}'}\sin(nt - n't + \varepsilon - \varepsilon');$$

on a donc, par les actions réunies du premier et du troisième satellite,

$$\frac{r'\partial r'}{a'^2} = \frac{-n'}{2(n - n' - \mathrm{N}')}(m\mathrm{G} - m''\mathrm{F}')\cos(nt - n't + \varepsilon - \varepsilon'),$$

$$\delta v' = \frac{n'}{n - n' - \mathrm{N}'}(m\mathrm{G} - m''\mathrm{F}')\sin(nt - n't + \varepsilon - \varepsilon').$$

L'action du second satellite produit, dans la théorie du troisième, des termes analogues à ceux que l'action du premier produit dans la théorie du second ; en faisant donc

$$\mathrm{A}'^{(1)} = \mathrm{A}'^{(1)} + \frac{a''}{a'^2} - \frac{a'}{a''^2},$$

et

$$G' = - a''^2 \frac{\partial \mathrm{N}'^{(1)}_i}{\partial a''} + \frac{2 n''}{n' - n''} a'' \mathrm{N}'^{(1)}_i,$$

on aura

$$\frac{r'' \partial r''}{a''^2} = - \frac{m' n'' G'}{2(n' - n'' - \mathrm{N}'')} \cos(n' t - n'' t + \varepsilon' - \varepsilon''),$$

$$\partial v'' = \frac{m' n'' G'}{n' - n'' - \mathrm{N}''} \sin(n' t - n'' t + \varepsilon' - \varepsilon'').$$

Les valeurs de $\dfrac{r'' \partial r''}{a''^2}$ et de $\partial v''$ peuvent recevoir encore quelques termes sensibles de l'action du quatrième satellite; mais son moyen mouvement étant sensiblement plus petit que la moitié de celui du troisième satellite, ces termes doivent être peu considérables. Nous y aurons cependant égard dans la suite.

On peut observer ici que, n différant très-peu de $2n'$, et n' différant très-peu de $2n''$, $\dfrac{a}{a'}$ diffère très-peu de $\dfrac{a'}{a''}$. En effet,

$$\frac{a}{a'} = \left(\frac{n'}{n}\right)^{\frac{2}{3}} = \left[\frac{n - (n - 2n')}{2n}\right]^{\frac{2}{3}} = \left(\frac{1}{2}\right)^{\frac{2}{3}} \left[1 - \left(\frac{n - 2n'}{n}\right)\right]^{\frac{2}{3}}.$$

Cette dernière quantité est à très-peu égale à $\left(\dfrac{1}{2}\right)^{\frac{2}{3}} \left[1 - \dfrac{2(n - 2n')}{3n}\right]$. Pareillement on a

$$\frac{a'}{a''} = \left(\frac{1}{2}\right)^{\frac{2}{3}} \left(1 - \frac{2}{3} \frac{n' - 2n''}{n'}\right) = \left(\frac{1}{2}\right)^{\frac{2}{3}} \left(1 - \frac{2}{3} \frac{n - 2n'}{n'}\right);$$

ainsi $\dfrac{a}{a'}$ et $\dfrac{a'}{a''}$ sont très-peu différents de $\left(\dfrac{1}{2}\right)^{\frac{2}{3}}$; or, $\mathrm{A}^{(0)}, \mathrm{A}^{(1)}, \ldots$ étant de la dimension -1 en a et a', F et G sont de dimension nulle, ou fonctions de $\dfrac{a}{a'}$; F' et G' sont des fonctions semblables de $\dfrac{a'}{a''}$; on a donc, à fort peu près, $F' = F$ et $G' = G$. Mais, pour plus d'exactitude, nous aurons égard aux différences de ces quantités.

5. Considérons la loi des inégalités précédentes dans les éclipses de satellites. Pour cela, nous donnerons aux valeurs précédentes de ∂v,

$\delta v'$ et $\delta v''$ les formes suivantes :

$$\delta v = \quad (\ 1\ )\sin(2nt - 2n't + 2\varepsilon - 2\varepsilon'),$$
$$\delta v' = -(\ 11\ )\sin(\ nt\ -\ n't\ +\ \varepsilon\ -\ \varepsilon'\ ),$$
$$\delta v'' = -(\ 111\ )\sin(\ n't\ -\ n''t\ +\ \varepsilon'\ -\ \varepsilon''\ ),$$

les coefficients (1), (11) et (111) étant positifs, comme on le verra dans la suite. Au lieu de rapporter les angles $nt + \varepsilon$, $n't + \varepsilon'$ et $n''t + \varepsilon''$ à une ligne fixe, nous pouvons les rapporter à un axe mobile, parce que la position de cet axe disparaît dans les angles $2nt - 2n't + 2\varepsilon - 2\varepsilon'$, $nt - n't + \varepsilon - \varepsilon'$, $n't - n''t + \varepsilon' - \varepsilon''$. Concevons que cet axe soit le rayon vecteur de Jupiter supposé mû uniformément autour du Soleil. Dans ce cas, les angles nt, $n't$, $n''t$ exprimeront les moyens mouvements synodiques des trois premiers satellites. Concevons, de plus, que les angles ε et ε' soient nuls, c'est-à-dire qu'à l'origine du temps t les deux premiers satellites aient été en conjonction. L'équation

$$nt - 3n't + 2n''t + \varepsilon - 3\varepsilon' + 2\varepsilon'' = 200°,$$

qui a lieu encore relativement aux mouvements synodiques, donne $\varepsilon'' = 100°$; les expressions de δv, $\delta v'$ et $\delta v''$ deviendront ainsi

$$\delta v = \quad (\ 1\ )\ \sin(2nt - 2n't),$$
$$\delta v' = -(\ 11\ )\ \sin(\ nt\ -\ n't\ ),$$
$$\delta v'' = \quad (\ 111\ )\cos(\ n't\ -\ n''t\ ).$$

Dans les éclipses du premier satellite, au moment de sa conjonction moyenne, nt est nul, ou multiple de $400°$. Soit $2n - 2n' = n + \omega$, ou $n - 2n' = \omega$; on aura alors

$$\delta v = (1)\sin\omega t.$$

Dans les éclipses du second satellite, au moment de sa conjonction moyenne, $n't$ est nul, ou multiple de $400°$; on a donc alors

$$\delta v' = -(11)\sin\omega t.$$

Enfin, dans les éclipses du troisième satellite, à l'instant de sa conjonction moyenne, $n''t + \varepsilon''$ est nul, ou multiple de 400°; on aura donc alors, en vertu des équations $n - 2n' = n' - 2n''$ et $\varepsilon'' = 100°$,

$$\delta v'' = (111) \sin \omega t.$$

On voit ainsi que les valeurs précédentes de δv, $\delta v'$ et $\delta v''$, dans les éclipses, dépendent du même angle ωt. La période de ces valeurs est par conséquent la même, et égale à la durée de la révolution synodique du premier satellite, multipliée par $\dfrac{n}{n - 2n'}$; nt et $n't$ étant ici les moyens mouvements synodiques des deux premiers satellites. En substituant pour n et n' leurs valeurs, on trouve cette période égale à $437^{j},659$. Tous ces résultats sont entièrement conformes aux observations, qui ont fait reconnaitre les inégalités précédentes avant qu'elles eussent été indiquées par la théorie.

CHAPITRE III.

DES INÉGALITÉS DU MOUVEMENT DES SATELLITES, DÉPENDANTES DES EXCENTRICITÉS DES ORBITES.

6. Considérons présentement les parties du rayon vecteur et de la longitude des satellites qui dépendent des excentricités des orbites. Ces excentricités sont fort petites; en faisant donc, dans l'équation (A) du n° 2, r^2 égal à $a^2 + 2r\delta r$, on pourra supposer que $2r\delta r$ représente, non-seulement les perturbations de r^2 dues aux forces perturbatrices, mais encore la partie de r^2 relative au mouvement elliptique. Alors l'équation différentielle (1) du n° 2, dans laquelle se transforme l'équation (A) lorsque l'on néglige le carré de δr, donne par son intégration, non-seulement les perturbations du rayon vecteur, mais encore sa partie elliptique, qui résulte alors des arbitraires introduites par les intégrations. Dans ce cas, l'expression de δr, donnée par l'équation (2) du n° 2, renferme la partie elliptique de v, et cette partie est visiblement égale à $\dfrac{2\,d(r\delta r)}{a^2 n\,dt}$, en négligeant le carré de l'excentricité de l'orbite, et en ne considérant que la partie elliptique de $r\delta r$.

Les termes de l'équation différentielle (1) du n° 2, dans lesquels $r\delta r$ est multiplié par des constantes, et ceux qui dépendent des sinus et cosinus de $nt + \varepsilon$ méritent une attention particulière, en ce qu'ils déterminent les variations séculaires de l'excentricité de l'orbite et de son périjove. Nous avons déterminé, dans le n° 3, les termes dans lesquels $r\delta r$ est multiplié par des constantes. Pour déterminer les autres, considérons le terme $m'A^{(1)}\cos(v' - v)$ de l'expression de R. En y substituant $a' + \dfrac{r'\delta r'}{a'}$ au lieu de r', et $n't + \varepsilon' + \dfrac{2\,d(r'\delta r')}{a'^2 n'\,dt}$ au lieu de v', il en résulte la fonction

$$m'\frac{r'\partial r'}{a'}-\frac{\partial \Lambda^{(1)}}{\partial a'}\cos(n't-nt+\varepsilon'-\varepsilon)-\frac{2m'd(r'\partial r')}{a'^2 n'dt}\Lambda^{(1)}\sin(n't-nt+\varepsilon'-\varepsilon).$$

$a'e'$ étant l'excentricité de l'orbite de m', et ϖ' étant la longitude de son périjove, la partie elliptique de $\frac{r'\partial r'}{a'^2}$ est, par le n° **22** du Livre II, $-e'\cos(n't+\varepsilon'-\varpi')$. En la substituant dans la fonction précédente, il en résulte un terme dépendant du cosinus de l'angle $nt+\varepsilon-\varpi'$, et il est facile de s'assurer qu'il est le seul de ce genre qui résulte du développement de la partie de R dépendante de l'action de m'. Les deux satellites m'' et m''' fournissent dans R des termes analogues; mais il est aisé de voir, par l'expression de R du n° **1**, que l'action du Soleil n'en produit point, du moins en négligeant les termes divisés par D'^4.

Maintenant, si l'on n'a égard qu'aux termes dépendants de nt, on a $\int dR = R$; partant, en n'ayant égard qu'à ces termes, on a

$$2\int dR - r\frac{\partial R}{\partial r} = \sum\left\{\begin{aligned}&\frac{m'r'\partial r'}{a'^2}\left(2a'\frac{\partial \Lambda^{(1)}}{\partial a'}+aa'\frac{\partial^2 \Lambda^{(1)}}{\partial a\,\partial a'}\right)\cos(n't-nt+\varepsilon'-\varepsilon)\\ &-\frac{2m'd.r'\partial r'}{a'^2 n'dt}\left(2\Lambda^{(1)}+a\frac{\partial \Lambda^{(1)}}{\partial a}\right)\sin(n't-nt+\varepsilon'-\varepsilon)\end{aligned}\right\}.$$

L'équation différentielle (1) du n° **2** deviendra donc, en n'ayant égard qu'aux termes dans lesquels $r\partial r$ est multiplié par des constantes, et à ceux qui dépendent des sinus et cosinus de nt; en observant, de plus, que $n^2=\frac{1}{a^3}$ à fort peu près,

$$0=\frac{d^2.r\partial r}{a^2 dt^2}+N^2\frac{r\partial r}{a^2}+\sum\left\{\begin{aligned}&m'n^2\frac{r'\partial r'}{a'^2}\left(2aa'\frac{\partial \Lambda^{(1)}}{\partial a'}+a^2a'\frac{\partial^2 \Lambda^{(1)}}{\partial a\,\partial a'}\right)\cos(n't-nt+\varepsilon'-\varepsilon)\\ &-\frac{2m'n^2d.r'\partial r'}{a'^2 n'dt}\left(2a\Lambda^{(1)}+a^2\frac{\partial \Lambda^{(1)}}{\partial a}\right)\sin(n't-nt+\varepsilon'-\varepsilon)\end{aligned}\right\}.$$

La manière la plus simple d'intégrer cette équation différentielle est d'y supposer

$$\frac{r\partial r}{a^2}=h\cos(nt+\varepsilon-gt-\Gamma),\qquad \frac{r'\partial r'}{a'^2}=h'\cos(n't+\varepsilon'-gt-\Gamma),\quad \ldots,$$

g étant un coefficient très-petit de l'ordre des forces perturbatrices dont il dépend. En substituant ces valeurs dans l'équation différentielle précédente, et en ne conservant que les termes dépendants de $\cos(nt + \varepsilon - gt - \Gamma)$, la comparaison de ces termes donnera, en négligeant le carré de g,

$$0 = h\left(N^2 + 2ng - n^2\right) + \sum \frac{m'n^2}{2} h'\left(2aa' \frac{\partial \Lambda^{(1)}}{\partial a'} + a^2 a' \frac{\partial^2 \Lambda^{(1)}}{\partial a \partial a'} + 4a\Lambda^{(1)} + 2a^2 \frac{\partial \Lambda^{(1)}}{\partial a}\right).$$

En substituant pour N^2 sa valeur donnée par le n° 3, on aura

$$0 = h\left[\frac{g}{n} - \frac{\rho - \frac{1}{2}\varphi}{a^2} - \frac{3}{4}\frac{M^2}{n^2} + \frac{1}{2}\sum m'\left(a^2 \frac{\partial \Lambda^{(0)}}{\partial a} + \frac{1}{2}a^3 \frac{\partial^2 \Lambda^{(0)}}{\partial a^2}\right)\right]$$
$$+ \frac{1}{2}\sum m'h'\left(2a\Lambda^{(1)} + a^2 \frac{\partial \Lambda^{(1)}}{\partial a} + aa' \frac{\partial \Lambda^{(1)}}{\partial a'} + \frac{1}{2}a^2 a' \frac{\partial^2 \Lambda^{(1)}}{\partial a \partial a'}\right).$$

$\Lambda^{(1)}$ étant une fonction homogène en a et a' de la dimension -1, on a, par la nature de ces fonctions,

$$a \frac{\partial \Lambda^{(1)}}{\partial a} + a' \frac{\partial \Lambda^{(1)}}{\partial a'} = - \Lambda^{(1)};$$

l'équation précédente devient ainsi

$$0 = h\left[\frac{g}{n} - \frac{\rho - \frac{1}{2}\varphi}{a^2} - \frac{3}{4}\frac{M^2}{n^2} + \frac{1}{2}\sum m'\left(a^2 \frac{\partial \Lambda^{(0)}}{\partial a} + \frac{1}{2}a^3 \frac{\partial^2 \Lambda^{(0)}}{\partial a^2}\right)\right]$$
$$+ \frac{1}{2}\sum m'h'\left(a\Lambda^{(1)} - a^2 \frac{\partial \Lambda^{(1)}}{\partial a} - \frac{1}{2}a^3 \frac{\partial^2 \Lambda^{(1)}}{\partial a^2}\right).$$

En faisant, comme dans le n° 55 du Livre II,

$$(0, 1) = - \frac{m'n}{2}\left(a^2 \frac{\partial \Lambda^{(0)}}{\partial a} + \frac{1}{2}a^3 \frac{\partial^2 \Lambda^{(0)}}{\partial a^2}\right),$$
$$\boxed{0, 1} = \frac{m'n}{2}\left(a\Lambda^{(1)} - a^2 \frac{\partial \Lambda^{(1)}}{\partial a} - \frac{1}{2}a^3 \frac{\partial^2 \Lambda^{(1)}}{\partial a^2}\right);$$

en désignant ensuite par $(0, 2)$, $\boxed{0, 2}$; $(0, 3)$, $\boxed{0, 3}$, ce que deviennent $(0, 1)$ et $\boxed{0, 1}$, lorsque l'on y change successivement ce qui est relatif à m' dans ce qui est relatif à m'' et m'''; enfin, en désignant par (0) la fonction $\dfrac{\rho - \frac{1}{4}\rho}{a^2}\, n$, et par $\boxed{0}$ la fonction $\dfrac{3}{4}\dfrac{M^2}{n}$, on aura

$$(i)\qquad 0 = h\left[g-(0)-\boxed{0}-(0,1)-(0,2)-(0,3)\right]+\boxed{0,1}\,h'+\boxed{0,2}\,h''+\boxed{0,3}\,h'''.$$

Si l'on considère pareillement les perturbations des mouvements de m', m'' et m''', il est visible qu'il en résultera une nouvelle équation semblable à la précédente, et qui s'en déduit en y changeant les quantités relatives à m successivement dans celles qui sont relatives à m', m'' et m''', et réciproquement. En écrivant donc dans les fonctions (0), $\boxed{0}$, (0,1), $\boxed{0,1}$, ..., au lieu de 0, le numéro du satellite troublé et les quantités qui lui sont relatives, et au lieu de 1, le numéro du satellite perturbateur et les quantités qui lui sont relatives, on formera les équations suivantes :

$$(i')\qquad 0 = h'\left[g-(1)-\boxed{1}-(1,0)-(1,2)-(1,3)\right]+\boxed{1,0}\,h+\boxed{1,2}\,h''+\boxed{1,3}\,h''',$$

$$(i'')\qquad 0 = h''\left[g-(2)-\boxed{2}-(2,0)-(2,1)-(2,3)\right]+\boxed{2,0}\,h+\boxed{2,1}\,h'+\boxed{2,3}\,h''',$$

$$(i''')\qquad 0 = h'''\left[g-(3)-\boxed{3}-(3,0)-(3,1)-(3,2)\right]+\boxed{3,0}\,h+\boxed{3,1}\,h'+\boxed{3,2}\,h''.$$

On doit observer ici que l'on a, par le n° 55 du Livre II,

$$(0,1).m\sqrt{\bar{a}} = (1,0).m'\sqrt{\bar{a'}},$$

et que la même équation subsiste en y changeant les parenthèses rondes en parenthèses carrées. Ces équations ont lieu entre les mêmes fonctions relatives à deux satellites quelconques, ce qui donne un moyen simple de dériver ces fonctions les unes des autres.

Les quatre équations précédentes entre h, h', h'' et h''' sont analogues aux équations (B) du n° 56 du Livre II, et se résolvent de la même manière. Elles donnent une équation finale en g du quatrième degré. Soient g, g_1, g_2, g_3 ses quatre racines; en faisant

$$h' = \mathfrak{E}'h, \quad h'' = \mathfrak{E}''h, \quad h''' = \mathfrak{E}'''h,$$

on aura, au moyen des équations précédentes, $\mathfrak{E}'$, $\mathfrak{E}''$, $\mathfrak{E}'''$ en fonctions de g, et h sera une constante arbitraire. Soient $\mathscr{C}_1'$, $\mathscr{C}_1''$, $\mathscr{C}_1'''$ les valeurs de $\mathscr{C}'$, $\mathscr{C}''$, $\mathscr{C}'''$ relatives à la racine g_1, et h_1 une seconde arbitraire; soient $\mathscr{C}_2'$, $\mathscr{C}_2''$, $\mathscr{C}_2'''$ ces mêmes valeurs relatives à la racine g_2, et h_2 une troisième arbitraire; soient enfin $\mathscr{C}_3'$, $\mathscr{C}_3''$, $\mathscr{C}_3'''$ les mêmes valeurs relatives à la racine g_3, et h_3 une quatrième arbitraire; on aura, par la nature des équations différentielles linéaires,

$$\frac{r\,\delta r}{a^2} = h\,\cos(nt + \varepsilon - gt - \Gamma) + h_1\cos(nt + \varepsilon - g_1 t - \Gamma_1)$$
$$+ h_2\cos(nt + \varepsilon - g_2 t - \Gamma_2) + h_3\cos(nt + \varepsilon - g_3 t - \Gamma_3),$$

$$\frac{r'\,\delta r'}{a'^2} = \mathscr{C}'\,h\,\cos(n't + \varepsilon' - gt - \Gamma) + \mathscr{C}_1'\,h_1\cos(n't + \varepsilon' - g_1 t - \Gamma_1)$$
$$+ \mathscr{C}_2'\,h_2\cos(n't + \varepsilon' - g_2 t - \Gamma_2) + \mathscr{C}_3'\,h_3\cos(n't + \varepsilon' - g_3 t - \Gamma_3),$$

$$\frac{r''\,\delta r''}{a''^2} = \mathscr{C}''\,h\,\cos(n''t + \varepsilon'' - gt - \Gamma) + \mathscr{C}_1''\,h_1\cos(n''t + \varepsilon'' - g_1 t - \Gamma_1)$$
$$+ \mathscr{C}_2''\,h_2\cos(n''t + \varepsilon'' - g_2 t - \Gamma_2) + \mathscr{C}_3''\,h_3\cos(n''t + \varepsilon'' - g_3 t - \Gamma_3),$$

$$\frac{r'''\,\delta r'''}{a'''^2} = \mathscr{C}'''\,h\,\cos(n'''t + \varepsilon''' - gt - \Gamma) + \mathscr{C}_1'''\,h_1\cos(n'''t + \varepsilon''' - g_1 t - \Gamma_1)$$
$$+ \mathscr{C}_2'''\,h_2\cos(n'''t + \varepsilon''' - g_2 t - \Gamma_2) + \mathscr{C}_3'''\,h_3\cos(n'''t + \varepsilon''' - g_3 t - \Gamma_3),$$

Γ, Γ_1, Γ_2 et Γ_3 étant quatre arbitraires. Ces expressions sont complètes, puisqu'elles renferment huit arbitraires, c'est-à-dire deux fois autant d'arbitraires qu'il y a d'équations différentielles du second ordre en $r\,\delta r$, $r'\,\delta r'$, $r''\,\delta r''$ et $r'''\,\delta r'''$.

Ces arbitraires remplacent les éléments du mouvement elliptique des satellites. Si l'on considère leurs orbites comme autant d'ellipses dont les excentricités et les positions des apsides sont variables, en nommant ae l'excentricité du premier satellite, et ϖ la longitude de son périjove comptée de l'axe où l'on fixe l'origine des angles, on aura

$$\frac{r\,\delta r}{a^2} = -e\cos(nt + \varepsilon - \varpi),$$

ce qui donne, en comparant cette expression à la précédente,

$$e\cos\varpi = -h\cos(gt + \Gamma) - h_1\cos(g_1 t + \Gamma_1) - \ldots,$$
$$e\sin\varpi = -h\sin(gt + \Gamma) - h_1\sin(g_1 t + \Gamma_1) - \ldots,$$

d'où l'on tire facilement e et ϖ. On aura de la même manière e', ϖ', ….

L'analyse du n° 68 du Livre II conduirait aux mêmes valeurs; mais l'analyse précédente est un peu plus simple.

La partie elliptique de v est $2e\sin(nt + \varepsilon - \varpi)$ par le n° **22** du Livre II; en la désignant par δv, on aura

$$\delta v = 2e\cos\varpi \sin(nt + \varepsilon) - 2e\sin\varpi \cos(nt + \varepsilon),$$

ce qui donne

$$\delta v = -2h\,\sin(nt + \varepsilon - gt - \Gamma) - 2h_1 \sin(nt + \varepsilon - g_1 t - \Gamma_1)$$
$$- 2h_2 \sin(nt + \varepsilon - g_2 t - \Gamma_2) - 2h_3 \sin(nt + \varepsilon - g_3 t - \Gamma_3).$$

On aura de la même manière

$$\delta v' = -2e'h\,\sin(n't + \varepsilon' - gt - \Gamma) - 2e'_1 h_1 \sin(n't + \varepsilon' - g_1 t - \Gamma_1)$$
$$- 2e'_2 h_2 \sin(n't + \varepsilon' - g_2 t - \Gamma_2) - 2e'_3 h_3 \sin(n't + \varepsilon' - g_3 t - \Gamma_3),$$

$$\delta v'' = -2e''h\,\sin(n''t + \varepsilon'' - gt - \Gamma) - 2e''_1 h_1 \sin(n''t + \varepsilon'' - g_1 t - \Gamma_1)$$
$$- 2e''_2 h_2 \sin(n''t + \varepsilon'' - g_2 t - \Gamma_2) - 2e''_3 h_3 \sin(n''t + \varepsilon'' - g_3 t - \Gamma_3),$$

$$\delta v''' = -2e'''h\,\sin(n'''t + \varepsilon''' - gt - \Gamma) - 2e'''_1 h_1 \sin(n'''t + \varepsilon''' - g_1 t - \Gamma_1)$$
$$- 2e'''_2 h_2 \sin(n'''t + \varepsilon''' - g_2 t - \Gamma_2) - 2e'''_3 h_3 \sin(n'''t + \varepsilon''' - g_3 t - \Gamma_3).$$

Tout se réduit donc à former et à résoudre les équations précédentes (i), (i'), (i''), (i'''). Mais nous verrons dans la suite qu'elles sont incomplètes, et que les rapports qui existent entre les moyens mouvements des trois premiers satellites leur ajoutent de nouveaux termes très-sensibles, quoique dépendants des carrés et des produits des forces perturbatrices.

7. Les termes de la double intégrale $\frac{3a}{\mu}\int\int n\,dt\,dR$ de l'expression de δv du n° 2, qui dépendent de l'angle $nt - 2n't + \varepsilon - 2\varepsilon'$, acquièrent par les intégrations le diviseur $(n - 2n')^2$, et, n étant fort peu différent de $2n'$, ce diviseur est très-petit et peut donner une valeur sensible à ces termes, quoique multipliés par les petites excentricités des orbites; nous allons donc les déterminer.

Considérons le terme $m'A^{(1)}\cos(v' - v)$ de l'expression de R. En y substituant $a' + \dfrac{r'\partial r'}{a'}$ au lieu de r', $n't + \varepsilon' + \dfrac{2d'(r'\partial r')}{a'^2 n'dt}$ au lieu de v',

a au lieu de r, et $nt + \varepsilon$ au lieu de v, on voit que ce terme contient la fonction suivante

$$m'\frac{r'\partial r'}{a'^2}a'\frac{\partial \Lambda^{(1)}}{\partial a'}\cos(n't - nt + \varepsilon' - \varepsilon) - \frac{2m'd(r'\partial r')}{a'^2 n'dt}\Lambda^{(1)}\sin(n't - nt + \varepsilon' - \varepsilon).$$

$\dfrac{r'\partial r'}{a'^2}$ contient, par le numéro précédent, le terme $h'\cos(n't + \varepsilon' - gt - \Gamma)$; en le substituant au lieu de $\dfrac{r'\partial r'}{a'^2}$ dans la fonction précédente, et négligeant les quantités de l'ordre $m'g$, cette fonction produit la suivante

$$\frac{m'h'}{2a'}\left(a'^2\frac{\partial \Lambda^{(1)}}{\partial a'} - 2a'\Lambda^{(1)}\right)\cos(nt - 2n't + \varepsilon - 2\varepsilon' + gt + \Gamma).$$

On a, par le n° 4,

$$G = - a'^2\frac{\partial \Lambda^{(1)}}{\partial a'} + 2a'\Lambda^{(1)};$$

le terme précédent devient ainsi

$$- \frac{m'Gh'}{2a'}\cos(nt - 2n't + \varepsilon - 2\varepsilon' + gt + \Gamma).$$

Considérons encore le terme $m'\Lambda^{(2)}\cos(2v' - 2v)$ de l'expression de R. En y substituant $a + \dfrac{r\partial r}{a}$ au lieu de r, $nt + \varepsilon + \dfrac{2d(r\partial r)}{a^2 ndt}$ au lieu de v, $n't + \varepsilon'$ au lieu de v', et a' au lieu de r', on voit que ce terme contient la fonction suivante

$$m'\frac{r\partial r}{a^2}a\frac{\partial \Lambda^{(2)}}{\partial a}\cos(2n't - 2nt + 2\varepsilon' - 2\varepsilon)$$

$$+ 4m'\frac{d(r\partial r)}{a^2 ndt}\Lambda^{(2)}\sin(2n't - 2nt + 2\varepsilon' - 2\varepsilon).$$

Substituons, dans cette fonction, $h\cos(nt + \varepsilon - gt - \Gamma)$ au lieu de $\dfrac{r\partial r}{a^2}$; nous trouverons qu'elle produit la suivante

$$\frac{m'h}{2a}\left(a^2\frac{\partial \Lambda^{(2)}}{\partial a} + 4a\Lambda^{(2)}\right)\cos(nt - 2n't + \varepsilon - 2\varepsilon' + gt + \Gamma).$$

L'expression de F du n° 4 donne, en y faisant $n = 2n'$,

$$F = - a^2 \frac{\partial A^{(2)}}{\partial a} - 4a A^{(2)}.$$

Le terme précédent devient ainsi

$$- \frac{m'Fh}{2a} \cos (nt - 2n't + \varepsilon - 2\varepsilon' + gt + \Gamma).$$

En le réunissant au terme dépendant du même cosinus, et que nous venons de déterminer, on aura dans R le terme

$$- \frac{m'}{2a} \left(Fh + \frac{a}{a'} Gh' \right) \cos (nt - 2n't + \varepsilon - 2\varepsilon' + gt + \Gamma).$$

et il est facile de voir que l'action de m' sur m n'en produit point d'autres de ce genre.

Maintenant, si l'on observe que μ peut être supposé égal à l'unité dans la fonction $\frac{3a}{\mu} \int \int n \, dt \, dR$ de l'expression de δv, cette fonction donnera dans δv, en vertu du terme précédent de R, l'inégalité

$$\frac{- 3m'n^2}{2(n - 2n' + g)^2} \left(Fh + \frac{a}{a'} Gh' \right) \sin (nt - 2n't + \varepsilon - 2\varepsilon' + gt + \Gamma).$$

n' étant à fort peu près égal à $2n''$, il est clair que l'action de m'' sur m' produit dans $\delta v'$ une inégalité analogue à la précédente, et par conséquent égale à

$$\frac{- 3m''n'^2}{2(n' - 2n'' + g)^2} \left(F'h' + \frac{a'}{a''} G'h'' \right) \sin (n't - 2n''t + \varepsilon' - 2\varepsilon'' + gt + \Gamma).$$

L'action de m sur m' produit encore dans $\delta v'$ une inégalité du même genre, et que l'on peut facilement déterminer par le n° 65 du Livre II; car on a, par ce numéro, en n'ayant égard qu'aux termes dont il s'agit,

$$\delta v' = - \frac{m \sqrt{a}}{m' \sqrt{a'}} \delta v,$$

ce qui donne, pour cette partie de $\delta v'$,

$$-\frac{3mn^2\sqrt{a}}{2(n-2n'+g)^2\sqrt{a'}}\left(Fh+\frac{a}{a'}Gh'\right)\sin\left(nt-2n't+\varepsilon-2\varepsilon'+gt+\Gamma\right).$$

On peut réunir ce terme au précédent, en observant que

$$nt-2n't+\varepsilon-2\varepsilon'=n't-2n''t+\varepsilon'-2\varepsilon''+200°,$$

et que, n étant à fort peu près égal à $2n'$, et $\left(\frac{a}{a'}\right)^3$ étant égal à $\left(\frac{n'}{n}\right)^2$, on a, à très-peu près,

$$\frac{n^2\sqrt{a}}{\sqrt{a'}}=2n'^2\frac{a'}{a}.$$

La réunion de ces termes donne ainsi

$$\delta v'=\frac{3n'^2}{(n-2n'+g)^2}\left\{\begin{array}{l}m\left(Gh'+\dfrac{a'}{a}Fh\right)\\[4pt]+\dfrac{m''}{2}\left(F'h'+\dfrac{a'}{a''}G'h''\right)\end{array}\right\}\sin\left(nt-2n't+\varepsilon-2\varepsilon'+gt+\Gamma\right).$$

Enfin l'action de m' sur m'' produit dans le mouvement de m'' une inégalité analogue à celle que l'action de m sur m' produit dans le mouvement de m', et qui par conséquent est égale à

$$-\frac{3m'n''^2}{(n'-2n''+g)^2}\left(G'h''+\frac{a''}{a'}F'h'\right)\sin\left(n't-2n''t+\varepsilon'-2\varepsilon''+gt+\Gamma\right).$$

Les inégalités précédentes sont relatives à la racine g. Il est visible que chacune des trois autres racines g_1, g_2 et g_3 donnera, dans les mouvements des trois premiers satellites, des inégalités semblables. Ce sont les seules sensibles parmi celles qui dépendent à la fois de l'action des satellites et des excentricités des orbites.

8. L'action du Soleil peut aussi produire dans les mouvements des satellites des inégalités sensibles, quoique dépendantes des excentricités des orbites. La valeur de R relative à cette action contient, par le n° 1, le terme $-\frac{3Sr^2}{4D^3}\cos(2v-2U)$. En y substituant, pour r^2,

$a^2[1 + 2h\cos(nt + \varepsilon - gt - \Gamma)]$; pour v, $nt + \varepsilon - 2h\sin(nt + \varepsilon - gt - \Gamma)$; D′ pour D, et M² pour $\dfrac{S}{D'^3}$, on aura dans R le terme

$$- \frac{9\,M^2 a^2 h}{4} \cos(nt - 2Mt + \varepsilon - 2E + gt + \Gamma).$$

La valeur de R relative à l'action du Soleil contient encore le terme $-\dfrac{Sr^2}{4D^3}$. En y substituant, pour D, D′$[1 - H\cos(Mt + E - I)]$, H étant le rapport de l'excentricité au demi-grand axe de l'orbite de Jupiter, et I étant la longitude de son périhélie, on obtient le terme

$$- \frac{3M^2}{4}\, a^2 H \cos(Mt + E - I).$$

Si l'on néglige le terme $\dfrac{S}{D}$ de l'expression de R, qu'il est inutile de considérer, on a

$$r\frac{\partial R}{\partial r} = 2R.$$

Cela posé, l'équation différentielle (1) du n° **2** devient, en ne considérant que les termes dépendants des cosinus des angles $nt - 2Mt + \varepsilon - 2E + gt + \Gamma$ et $Mt + E - I$, et en observant que g et M sont très-petits relativement à n,

$$0 = \frac{d^2.r\partial r}{a^2 dt^2} + N^2 \frac{r\partial r}{a^2}\left[1 - 3h\cos(nt + \varepsilon - gt - \Gamma)\right]$$
$$- 9M^2 h\cos(nt - 2Mt + \varepsilon - 2E + gt + \Gamma) - \tfrac{3}{2}M^2 H\cos(Mt + E - I).$$

On a vu, dans le n° **3**, que l'expression de $\dfrac{r\partial r}{a^2}$ contient le terme $-\dfrac{M^2}{n^2}\cos(2nt - 2Mt + 2\varepsilon - 2E)$; le produit

$$- 3N^2 \frac{r\partial r}{a^2} h\cos(nt + \varepsilon - gt - \Gamma)$$

contient ainsi le terme $\tfrac{3}{2}M^2 h\cos(nt - 2Mt + \varepsilon - 2E + gt + \Gamma)$, N^2 étant à très-peu près égal à n^2; l'équation différentielle précédente devient donc

$$0 = \frac{d^2 \cdot r\partial r}{a^2 dt^2} + N^2 \frac{r\partial r}{a^2} - \tfrac{15}{2} M^2 h \cos(nt - 2Mt + \varepsilon - 2E + gt + \Gamma)$$
$$- \tfrac{3}{2} M^2 H \cos(Mt + E - I),$$

d'où l'on tire, en négligeant g et M eu égard à n, excepté dans le facteur $2M - g + N - n$, à cause de sa petitesse,

$$\frac{r\partial r}{a^2} = \frac{15 M^2 h}{4n(2M + N - n - g)} \cos(nt - 2Mt + \varepsilon - 2E + gt + \Gamma)$$
$$+ \frac{3 M^2 H}{2n^2} \cos(Mt + E - I).$$

L'expression de ∂v du n° 2 donnera à très-peu près, en y substituant $\frac{1}{n^2}$ au lieu de a^3,

$$\partial v = - \frac{15 M^2 h}{2n(2M + N - n - g)} \sin(nt - 2Mt + \varepsilon - 2E + gt + \Gamma)$$
$$- \frac{3 M}{n} H \sin(Mt + E - I).$$

La première de ces inégalités répond à l'*évection* dans la théorie de la Lune; mais elle n'est pas unique, et il est clair que chacune des trois racines g_1, g_2, g_3 fournit une inégalité semblable. Cette inégalité se confond, dans les éclipses, comme l'évection, avec l'équation du centre, et la diminue. En effet, dans ces phénomènes, la longitude du Soleil, vu du centre de Jupiter, est moindre que celle du satellite de 200°, en sorte que l'on a

$$2Mt + 2E + 400° = 2nt + 2\varepsilon;$$

l'inégalité précédente devient ainsi

$$\frac{15 M^2 h}{2n(2M + N - n - g)} \sin(nt + \varepsilon - gt - \Gamma).$$

L'équation correspondante du centre est, par le n° 6,

$$- 2h \sin(nt + \varepsilon - gt - \Gamma);$$

ainsi la valeur de h déterminée par les éclipses est plus petite que la véritable, dans le rapport de $1 - \dfrac{15 M^2}{4 n (2 M + N - n - g)}$ à l'unité.

La seconde inégalité correspond à l'équation annuelle du mouvement de la Lune : sa période étant fort grande, on verra ci-après qu'elle est sensiblement modifiée par les termes dépendants du carré de la force perturbatrice.

En changeant ce qui est relatif à m successivement dans ce qui est relatif à m', m'' et m'', on aura les inégalités correspondantes des autres satellites.

CHAPITRE IV.

DES INÉGALITÉS DU MOUVEMENT DES SATELLITES EN LATITUDE.

9. Reprenons l'équation différentielle (3) du n° 2,

$$(3) \qquad 0 = \frac{d^2 s}{dv^2} + s - \frac{r^2}{h^2}\left(\frac{\partial R}{\partial v}\frac{ds}{dv} - \frac{\partial R}{\partial s}\right).$$

Supposons

$$\frac{1}{[r^2 - 2rr'\cos(v'-v) + r'^2]^{\frac{3}{2}}} = \tfrac{1}{2}B^{(0)} + B^{(1)}\cos(v'-v) + B^{(2)}\cos2(v'-v) + \dots$$

On aura, par le n° 1, en négligeant l'excentricité de l'orbite, ce qui revient à supposer $r = a$,

$$aR = \sum m'\begin{cases}\dfrac{a^2}{a'^2}\left[ss' - \tfrac{1}{2}(s^2 + s'^2)\cos(v'-v)\right] + \tfrac{1}{2}a\Lambda^{(0)} + a\Lambda^{(1)}\cos(v'-v) + a\Lambda^{(2)}\cos2(v'-v) + \dots\\[2mm] - a^2 a'\left[ss' - \tfrac{1}{2}(s^2 + s'^2)\cos(v'-v)\right]\left[\tfrac{1}{2}B^{(0)} + B^{(1)}\cos(v'-v) + B^{(2)}\cos2(v'-v) + \dots\right]\end{cases}$$
$$- \frac{Sa}{D} - \frac{M^2}{4n^2}\left[1 - 3s^2 - 3S'^2 + 3(1 - s^2 - S'^2)\cos(2v - 2U) + 12sS'\cos(v - U)\right]$$
$$- \frac{\rho - \tfrac{1}{2}\varphi}{a^2}\left[\tfrac{1}{3} - (s - s_1)^2\right].$$

Si l'on ne considère que les termes multipliés par s et ceux qui dépendent du sinus ou du cosinus de v, termes dont dépendent les variations séculaires des éléments de l'orbite; si l'on observe ensuite que h^2 est à très-peu près égal à a, l'équation différentielle précédente devient

$$0 = \frac{d^2 s}{dv^2} + s\left(1 + 2\frac{\rho - \tfrac{1}{2}\varphi}{a^2} + \frac{3}{2}\frac{M^2}{n^2} + \tfrac{1}{2}\Sigma m' a^2 a' B^{(1)}\right)$$
$$- \frac{2(\rho - \tfrac{1}{2}\varphi)}{a^2}s_1 - \frac{3M^2}{n^2}S'\cos(U - v) - \Sigma m' a^2 a' B^{(1)}s'\cos(v' - v).$$

Pour intégrer cette équation, supposons

$$s \;= l \; \sin(v + pt + \Lambda),$$
$$s' = l' \sin(v' + pt + \Lambda),$$
$$s'' = l'' \sin(v'' + pt + \Lambda),$$
$$s''' = l''' \sin(v''' + pt + \Lambda),$$
$$S' = \mathrm{L}' \sin(\mathrm{U} + pt + \Lambda),$$
$$s_{\prime} = \mathrm{L} \sin(v + pt + \Lambda).$$

L'équation différentielle précédente donnera, en substituant dans s, s', ..., $\frac{p}{n}v$ au lieu de pt, en comparant entre eux les coefficients de $\sin(v + pt + \Lambda)$, et en négligeant le carré de p, p étant une très-petite quantité de l'ordre des forces perturbatrices,

$$0 = l\left(\frac{p}{n} - \frac{\rho - \tfrac{1}{2}\varphi}{a^2} - \frac{3}{4}\frac{\mathrm{M}^2}{n^2} - \tfrac{1}{2}\Sigma m'a^2 a'\,\mathrm{B}^{(1)}\right)$$
$$+ \frac{\rho - \tfrac{1}{2}\varphi}{a^2}\,\mathrm{L} + \frac{3}{4}\frac{\mathrm{M}^2}{n^2}\,\mathrm{L}' + \tfrac{1}{2}\Sigma m'a^2 a'\,\mathrm{B}^{(1)}l'.$$

Si l'on fait, comme dans le n° 49 du Livre II, $\frac{a}{a'} = z$, et

$$\frac{1}{(1 - 2z\cos\theta + z^2)^{\frac{3}{2}}} = \tfrac{1}{2}b_{\frac{3}{2}}^{(0)} + b_{\frac{3}{2}}^{(1)}\cos\theta + b_{\frac{3}{2}}^{(2)}\cos2\theta + \dots.$$

on aura

$$a^2 a'\,\mathrm{B}^{(1)} = z^2 b_{\frac{3}{2}}^{(1)};$$

or on a, par les n°s 55 et 59 du Livre II,

$$(0, 1) = - \frac{\tfrac{3}{4}m'n z^2 b_{\frac{3}{2}}^{(1)}}{(1 - z^2)^2} = \frac{m'n z^2 b_{\frac{3}{2}}^{(1)}}{4};$$

on aura donc

$$0 = l\left[p - (0) - \boxed{0} - (0, 1) - (0, 2) - (0, 3)\right]$$
$$+ (0)\mathrm{L} + \boxed{0}\,\mathrm{L}' + (0, 1)l' + (0, 2)l'' + (0, 3)l'''.$$

On trouvera de la même manière

$$0 = l'\left[p - (1) - \boxed{1} - (1,0) - (1,2) - (1,3)\right]$$
$$\qquad + (1)L + \boxed{1}L' + (1,0)l + (1,2)l'' + (1,3)l''',$$

$$0 = l''\left[p - (2) - \boxed{2} - (2,0) - (2,1) - (2,3)\right]$$
$$\qquad + (2)L + \boxed{2}L' + (2,0)l + (2,1)l' + (2,3)l''',$$

$$0 = l'''\left[p - (3) - \boxed{3} - (3,0) - (3,1) - (3,2)\right]$$
$$\qquad + (3)L + \boxed{3}L' + (3,0)l + (3,1)l' + (3,2)l''.$$

Il existe entre les quantités p, l, l', l'', l''', L et L' une équation qui dépend du déplacement de l'équateur de Jupiter, en vertu des actions réunies du Soleil et des satellites. Pour obtenir cette équation, il faut déterminer la précession des équinoxes de Jupiter, et la nutation de son équateur par rapport au plan fixe. Si l'on désigne, comme dans le n° 5 du Livre V, par θ l'inclinaison de cet équateur sur ce plan, et par Ψ le mouvement rétrograde de son nœud descendant sur le même plan, et compté de l'axe fixe des x; si l'on nomme encore γ l'inclinaison de l'orbite de Jupiter sur le plan fixe; ϖ la longitude de son nœud ascendant, comptée de l'axe des x; γ_i l'inclinaison de l'orbite du satellite m sur ce plan, et ϖ_i la longitude de son nœud ascendant; on aura, par le n° 5 du Livre V, en négligeant le carré de θ,

$$\frac{d\theta}{dt} = \frac{3(2C - A - B)}{4iC}\left[M^2\gamma \sin(\varpi - \Psi) + \Sigma mn^2\gamma_i \sin(\varpi_i + \Psi)\right],$$

i étant le mouvement de rotation de Jupiter. On aura pareillement, par le n° 6 du même Livre,

$$\theta\frac{d\Psi}{dt} = \frac{3(2C - A - B)}{4iC}\left[\begin{array}{l}\theta(M^2 + \Sigma mn^2) + M^2\gamma\cos(\varpi + \Psi) \\ \qquad + \Sigma mn^2\gamma_i\cos(\varpi_i + \Psi)\end{array}\right].$$

La première de ces équations, multipliée par $\sin\Psi$ et ajoutée à la seconde multipliée par $\cos\Psi$, donne

$$\frac{d(\theta\sin\Psi)}{dt} = \frac{3(2C - A - B)}{4iC}\left[(M^2 + \Sigma mn^2)\theta\cos\Psi + M^2\gamma\cos\varpi + \Sigma mn^2\gamma_i\cos\varpi_i\right];$$

on aura semblablement

$$\frac{d(\theta\cos\Psi)}{dt} = \frac{3}{4}\frac{2C - A - B}{iC}\left[-(M^2 + \Sigma\, mn^2)\theta\sin\Psi + M^2\gamma\sin\mathit{I} + \Sigma\, mn^2\gamma_{\prime}\sin\mathit{I}_{\prime}\right].$$

Pour intégrer ces deux équations, nous observerons que la latitude du premier satellite, mû dans le plan de l'équateur de Jupiter, est, au-dessus du plan fixe, $-\theta\sin(v + \Psi)$; mais cette latitude est, par ce qui précède, égale à une suite de termes de la forme $\mathrm{L}\sin(v + pt + \Lambda)$: nous désignerons cette suite par

$$\Sigma'\mathrm{L}\sin(v + pt + \Lambda),$$

la caractéristique Σ' servant ici à désigner la somme de tous les termes de la forme de celui qu'elle précède, dont la fonction est composée, tandis que la caractéristique Σ désigne la somme des termes relatifs aux divers satellites. On aura donc

$$\theta\sin\Psi = -\Sigma'\mathrm{L}\sin(pt + \Lambda),$$
$$\theta\cos\Psi = -\Sigma'\mathrm{L}\cos(pt + \Lambda).$$

Pareillement, la latitude du Soleil au-dessus du plan fixe est $\gamma\sin(U - \mathit{I})$; mais cette latitude est égale à $\Sigma'\mathrm{L}'\sin(U + pt + \Lambda)$, ce qui donne

$$\gamma\sin\mathit{I} = -\Sigma'\mathrm{L}'\sin(pt + \Lambda),$$
$$\gamma\cos\mathit{I} = \Sigma'\mathrm{L}'\cos(pt + \Lambda).$$

On a pareillement

$$\gamma_{\prime}\sin\mathit{I}_{\prime} = -\Sigma'l\sin(pt + \Lambda),$$
$$\gamma_{\prime}\cos\mathit{I}_{\prime} = \Sigma'l\cos(pt + \Lambda).$$

Si l'on substitue ces valeurs dans les expressions précédentes de $\frac{d(\theta\sin\Psi)}{dt}$ et de $\frac{d(\theta\cos\Psi)}{dt}$, on aura, en comparant séparément les coefficients des mêmes sinus,

$$0 = p\mathrm{L} + 3\frac{2C - A - B}{iC}\left[M^2(\mathrm{L}' - \mathrm{L}) + \Sigma\, mn^2(l - \mathrm{L})\right].$$

On peut observer ici qu'en supposant Jupiter un sphéroïde elliptique on a, par le n° 14 du Livre V,

$$\frac{2C - A - B}{C} = \frac{2\left(p - \frac{1}{2}\varphi\right)\int H R^2 dR}{\int H R^4 dR},$$

H étant la densité de la couche elliptique dont le rayon est R, et les intégrales étant prises depuis R = o jusqu'à R égal à l'unité.

10. Considérons particulièrement les équations précédentes, et donnons-leur la forme suivante

$$
\text{II}\left\{
\begin{aligned}
o =\;& \left[p - (o) - \boxed{o} - (o,1) - (o,2) - (o,3)\right](L - l)\\
&+ (o,1)(L - l') + (o,2)(L - l'') + (o,3)(L - l''') + \boxed{o}\,(L - L') - pL.,\\[4pt]
o =\;& \left[p - (1) - \boxed{1} - (1,o) - (1,2) - (1,3)\right](L - l')\\
&+ (1,o)(L - l) + (1,2)(L - l'') + (1,3)(L - l''') + \boxed{1}\,(L - L') - pL.,\\[4pt]
o =\;& \left[p - (2) - \boxed{2} - (2,o) - (2,1) - (2,3)\right](L - l'')\\
&+ (2,o)(L - l) + (2,1)(L - l') + (2,3)(L - l''') + \boxed{2}\,(L - L') - pL.,\\[4pt]
o =\;& \left[p - (3) - \boxed{3} - (3,o) - (3,1) - (3,2)\right](L - l''')\\
&+ (3,o)(L - l) + (3,1)(L - l') + (3,2)(L - l'') + \boxed{3}\,(L - L') - pL.,\\[4pt]
o =\;& pL - \frac{3(2C - A - B)}{4iC}\left[\begin{aligned}&M^2(L - L') + mn^2(L - l) + m'n'^2(L - l')\\ &\quad + m''n''^2(L - l'') + m'''n'''^2(L - l''')\end{aligned}\right].
\end{aligned}
\right.
$$

Il faut réunir à ces équations celles qui déterminent le déplacement de l'orbite de Jupiter, et qui donnent les valeurs de p et de L' correspondantes à ce déplacement, sur lequel l'action des satellites n'a point d'influence sensible.

Les valeurs de p, qui sont relatives au déplacement de l'équateur et de l'orbite de Jupiter, sont beaucoup plus petites que celles qui dépendent des actions mutuelles des satellites et de Jupiter, comme on le verra dans la suite; on peut donc négliger alors p vis-à-vis de (o), (o, 1), (1), ... Dans ce cas, si l'on suppose

$$
\begin{aligned}
L - l &= \lambda\,(L - L'),\\
L - l' &= \lambda'(L - L'),\\
L - l'' &= \lambda''(L - L'),\\
L - l''' &= \lambda'''(L - L'),
\end{aligned}
$$

les quatre premières des équations (II) donneront

$$0 = \left[(0) + \boxed{0} + (0,1) + (0,2) + (0,3)\right]\lambda - (0,1)\lambda' - (0,2)\lambda'' - (0,3)\lambda''' - \boxed{0}.$$

$$0 = \left[(1) + \boxed{1} + (1,0) + (1,2) + (1,3)\right]\lambda' - (1,0)\lambda - (1,2)\lambda'' - (1,3)\lambda''' - \boxed{1}.$$

$$0 = \left[(2) + \boxed{2} + (2,0) + (2,1) + (2,3)\right]\lambda'' - (2,0)\lambda - (2,1)\lambda' - (2,3)\lambda''' - \boxed{2}.$$

$$0 = \left[(3) + \boxed{3} + (3,0) + (3,1) + (3,2)\right]\lambda''' - (3,0)\lambda - (3,1)\lambda' - (3,2)\lambda'' - \boxed{3}.$$

On déterminera, au moyen de ces équations, les valeurs de λ, λ', λ'' et λ'''.

La latitude du satellite m au-dessus de l'orbite de Jupiter est égale à une suite de termes de la forme $(l - L') \sin(v + pt + \Lambda)$; elle est, par conséquent, égale à

$$\Sigma'(l - L') \sin(v + pt + \Lambda).$$

Si l'on n'a égard qu'à la partie de cette expression qui dépend du déplacement de l'équateur et de l'orbite de Jupiter, on a, comme on vient de le voir, $L - l = \lambda(L - L')$, d'où l'on tire

$$l - L' = (1 - \lambda)(L - L').$$

En n'ayant donc égard qu'à cette partie, on a

$$\Sigma'(l - L') \sin(v + pt + \Lambda) = (1 - \lambda)\, \Sigma'(L - L') \sin(v + pt + \Lambda).$$

Si le satellite était mû dans le plan de l'équateur de Jupiter, sa latitude au-dessus de l'orbite de Jupiter serait

$$\Sigma'(L - L') \sin(v + pt + \Lambda);$$

la partie

$$(1 - \lambda)\, \Sigma'(L - L') \sin(v + pt + \Lambda)$$

de l'expression de la latitude du satellite au-dessus de l'orbite de Jupiter est donc la latitude qu'il aurait dans la supposition où il serait mû sur un plan passant entre les plans de l'équateur et de l'orbite de Jupiter, par la commune intersection de ces deux plans, et dont l'inclinaison sur le plan de l'orbite de Jupiter est à l'inclinaison de l'équateur de Jupiter sur la même orbite comme $1 - \lambda$ est à l'unité. Soit, comme

dans le n° **7** du Livre V, θ' l'inclinaison de l'équateur de Jupiter sur
son orbite, — Ψ' la longitude de son nœud descendant sur cette orbite,
cette longitude étant comptée de l'axe des x; la partie de la latitude
du satellite m, au-dessus de l'orbite de Jupiter, et relative aux seuls
déplacements de cette orbite et de l'équateur, sera

$$(\lambda - 1)\,\theta' \sin(v + \Psi').$$

Ce résultat est analogue à celui que nous avons trouvé pour la Lune,
dans le n° 29 du Livre VII; mais, pour la Lune, $1 - \lambda$ est très-petit, au
lieu qu'il diffère peu de l'unité pour les satellites de Jupiter.

Déterminons les valeurs de θ, Ψ, θ' et Ψ', dépendantes du déplacement de l'équateur et de l'orbite de Jupiter. Nous observerons d'abord
que l'on satisfait à très-peu près aux équations (H), en y faisant

$$L' = 0, \quad l = (1 - \lambda)L, \quad l' = (1 - \lambda')L, \quad l'' = (1 - \lambda'')L, \quad l''' = (1 - \lambda''')L;$$

la dernière des équations (H) donne alors

$$p = \frac{3}{4i} \cdot \frac{2C - A - B}{C} (M^2 + mn^2\lambda + m'n'^2\lambda' + m''n''^2\lambda'' + m'''n'''^2\lambda'''),$$

et la valeur de L reste arbitraire : nous la désignerons par $- {}'L$, et nous
nommerons ${}'p$ la valeur précédente de p. Nous aurons ainsi, en n'ayant
égard qu'à cette valeur, la latitude du satellite au-dessus du plan fixe
égale à $- {}'L \sin(v + {}'pt + {}'A)$, ${}'A$ étant la constante arbitraire relative
à ${}'p$. Mais cette latitude est pareillement égale à $- \theta \sin(v + \Psi)$, d'où
l'on tire

$$\theta \sin\Psi = {}'L \sin({}'pt + {}'A),$$
$$\theta \cos\Psi = {}'L \cos({}'pt + {}'A).$$

${}'pt$ exprime la précession moyenne des équinoxes de Jupiter; mais la
vraie précession est modifiée par le déplacement de l'orbite de Jupiter,
comme on a vu, dans le Livre V, que le déplacement de l'écliptique
modifie la précession des équinoxes sur la Terre. Pour déterminer ces
modifications, nous observerons que la dernière des équations (H)
donne

$$(p - {}'p)L + {}'pL' = 0,$$

p étant ici une des valeurs de p relatives au déplacement de l'orbite de Jupiter. Cette équation donne

$$L = \frac{-'p\,L'}{p-'p},$$

et par conséquent, en n'ayant égard qu'aux valeurs de p relatives au déplacement de l'orbite de Jupiter, on a

$$\theta \sin\Psi = 'p \sum' \frac{L' \sin(pt+\Lambda)}{p-'p},$$

$$\theta \cos\Psi = 'p \sum' \frac{L' \cos(pt+\Lambda)}{p-'p}.$$

En réunissant ces valeurs aux précédentes, on aura

$$\theta \sin\Psi = 'L \sin('pt+'\Lambda) + 'p \sum' \frac{L' \sin(pt+\Lambda)}{p-'p},$$

$$\theta \cos\Psi = 'L \cos('pt+'\Lambda) + 'p \sum' \frac{L' \cos(pt+\Lambda)}{p-'p},$$

d'où il est facile de conclure

$$\theta \sin(\Psi - 'pt) = 'L \sin'\Lambda + 'p\, \Sigma' \textstyle\int L' dt \cos(pt - 'pt + \Lambda),$$

$$\theta \cos(\Psi - 'pt) = 'L \cos'\Lambda - 'p\, \Sigma' \textstyle\int L' dt \sin(pt - 'pt + \Lambda).$$

Or on a, par ce qui précède,

$$\gamma \sin\gamma = -\Sigma' L' \sin(pt+\Lambda),$$

$$\gamma \cos\gamma = \quad \Sigma' L' \cos(pt+\Lambda),$$

ce qui donne

$$\gamma \sin(\gamma + 'pt) = -\Sigma' L' \sin(pt - 'pt + \Lambda),$$

$$\gamma \cos(\gamma + 'pt) = \quad \Sigma' L' \cos(pt - 'pt + \Lambda).$$

partant,

$$\theta \sin(\Psi - 'pt) = 'L \sin'\Lambda + 'p \textstyle\int \gamma dt \cos(\gamma + 'pt),$$

$$\theta \cos(\Psi - 'pt) = 'L \cos'\Lambda + 'p \textstyle\int \gamma dt \sin(\gamma + 'pt).$$

On aura, au moyen de ces deux équations, l'excès $\Psi - 'pt$ de la précession vraie des équinoxes de Jupiter sur la précession moyenne, et l'inclinaison θ de son équateur au plan fixe.

La latitude du satellite m, supposé mû dans l'équateur de Jupiter, étant $-\theta \sin(v + \Psi)$, et sa latitude au-dessus du même plan, en le supposant mû sur l'orbite de Jupiter, étant $\gamma \sin(v - \jmath)$, la différence de ces deux latitudes sera la latitude du satellite supposé mû dans le plan de l'équateur, au-dessus de l'orbite de Jupiter; mais cette dernière latitude est $-\theta' \sin(v + \Psi')$; on a donc

$$-\theta \sin(v + \Psi) - \gamma \sin(v - \jmath) = -\theta' \sin(v + \Psi').$$

v étant indéterminé, si on le suppose successivement égal à $-{}'pt$ et à $100^\circ - {}'pt$, l'équation précédente donnera

$$\theta' \sin(\Psi' - {}'pt) = \theta \sin(\Psi - {}'pt) - \gamma \sin(\jmath + {}'pt),$$
$$\theta' \cos(\Psi' - {}'pt) = \theta \cos(\Psi - {}'pt) + \gamma \cos(\jmath + {}'pt).$$

Ces équations feront connaitre la précession Ψ' et l'inclinaison θ' de l'équateur, rapportées à l'orbite de Jupiter.

Il suffit, pour les besoins actuels de l'Astronomie, d'avoir les valeurs de ces quantités en séries convergentes pendant deux ou trois siècles. Prenons pour plan fixe celui de l'orbite de Jupiter au commencement de 1750, et fixons à cet instant l'origine du temps t. Prenons, de plus, pour axe des x, la ligne de l'équinoxe du printemps de Jupiter à cette époque. Supposons ensuite que l'on ait, en réduisant en série et négligeant le carré de t,

$$\gamma \sin\jmath = at,$$
$$\gamma \cos\jmath = bt,$$

a et b étant des constantes faciles à déterminer par les formules du déplacement de l'orbite de Jupiter, données dans le Livre VI. Les équations précédentes donneront

$$'\Lambda = 0,$$
$$\Psi = {}'pt, \qquad\qquad \theta = {}'L,$$
$$\Psi' = {}'pt - \frac{at}{'L}, \qquad \theta' = {}'L + bt;$$

en sorte que $'L$ est l'inclinaison de l'équateur à l'orbite de Jupiter en 1750.

Enfin, si l'on nomme γ_1 l'inclinaison de l'orbite du satellite m au plan fixe, et $\daleth_1$ la longitude de son nœud ascendant, on aura, lorsque l'on ne considère que les quantités relatives au déplacement de l'orbite et de l'équateur de Jupiter,

$$L - l = \lambda(L - L'),$$

ce qui donne

$$l = (1 - \lambda)L + \lambda L',$$

d'où il est facile de conclure

$$\gamma_1 \sin\daleth_1 = (1 - \lambda)\vartheta \sin\Psi + \lambda\gamma \sin\daleth,$$
$$\gamma_1 \cos\daleth_1 = (\lambda - 1)\vartheta \cos\Psi + \lambda\gamma \cos\daleth.$$

Ainsi, en n'ayant égard qu'au déplacement de l'équateur et de l'orbite de Jupiter, on aura

$$\gamma_1 \sin\daleth_1 = (1 - \lambda)'L.'pt + \lambda.at,$$
$$\gamma_1 \cos\daleth_1 = (\lambda - 1)'L. + \lambda.bt.$$

Relativement aux valeurs de p qui dépendent de l'action mutuelle des satellites, L' est nul, puisque l'orbite de Jupiter n'est point déplacée sensiblement par l'action des satellites. On peut encore négliger la valeur de L relative à ces valeurs, eu égard aux valeurs correspondantes de $l, l', \ldots$, car il résulte de la dernière des équations (H) que la valeur de pL est multipliée par le petit facteur $\dfrac{2C - A - B}{C}$; elle est donc de l'ordre du produit de l'ellipticité de Jupiter par les masses des satellites, quantités que nous avons négligées dans ce qui précède; ainsi nous pourrons négliger pL et $(o)L$, par rapport à $(o)l$, $(1)l$, ... Les quatre premières des équations (H) deviendront alors

$$0 = \left[p - (0) - \boxed{0} - (0,1) - (0,2) - (0,3)\right]l + (0,1)l' + (0,2)l'' + (0,3)l''',$$
$$0 = \left[p - (1) - \boxed{1} - (1,0) - (1,2) - (1,3)\right]l' + (1,0)l + (1,2)l'' + (1,3)l''',$$
$$0 = \left[p - (2) - \boxed{2} - (2,0) - (2,1) - (2,3)\right]l'' + (2,0)l + (2,1)l' + (2,3)l''',$$
$$0 = \left[p - (3) - \boxed{3} - (3,0) - (3,1) - (3,2)\right]l''' + (3,0)l + (3,1)l' + (3,2)l''$$

Si l'on suppose

$$l' = \zeta' l, \quad l'' = \zeta'' l, \quad l''' = \zeta''' l,$$

l disparaîtra des équations précédentes, qui donneront quatre équations entre les indéterminées ζ', ζ'', ζ''' et p, d'où l'on tirera p au moyen d'une équation du quatrième degré. Soient p, p_1, p_2, p_3 les quatre racines de cette équation, et désignons par

$$\zeta_1,\ \zeta_1',\ \zeta_1'';\quad \zeta_2,\ \zeta_2',\ \zeta_2'';\quad \zeta_3,\ \zeta_3',\ \zeta_3''$$

ce que deviennent ζ', ζ'', ζ''' lorsque l'on y change successivement p en p_1, p_2 et p_3; supposons ensuite que s, s', s'' et s''', au lieu d'exprimer comme ci-dessus les latitudes des satellites m, m', m'' et m''' au-dessus du plan fixe, expriment leurs latitudes au-dessus de l'orbite de Jupiter, latitudes qu'il importe surtout de connaître dans le calcul de leurs éclipses; nous aurons

$$
\begin{aligned}
s = {}& (\lambda - \iota)\,\vartheta' \sin(v + \Psi'') \\
& + l\ \sin(v + pl + \Lambda) \\
& + l_1 \sin(v + p_1 l + \Lambda_1) \\
& + l_2 \sin(v + p_2 l + \Lambda_2) \\
& + l_3 \sin(v + p_3 l + \Lambda_3),
\end{aligned}
$$

$$
\begin{aligned}
s' = {}& (\lambda' - \iota)\,\vartheta' \sin(v' + \Psi'') \\
& + \zeta'\, l\ \sin(v' + pl + \Lambda) \\
& + \zeta_1'\, l_1 \sin(v' + p_1 l + \Lambda_1) \\
& + \zeta_2'\, l_2 \sin(v' + p_2 l + \Lambda_2) \\
& + \zeta_3'\, l_3 \sin(v' + p_3 l + \Lambda_3),
\end{aligned}
$$

$$
\begin{aligned}
s'' = {}& (\lambda'' - \iota)\,\vartheta' \sin(v'' + \Psi'') \\
& + \zeta''\, l\ \sin(v'' + pl + \Lambda) \\
& + \zeta_1''\, l_1 \sin(v'' + p_1 l + \Lambda_1) \\
& + \zeta_2''\, l_2 \sin(v'' + p_2 l + \Lambda_2) \\
& + \zeta_3''\, l_3 \sin(v'' + p_3 l + \Lambda_3),
\end{aligned}
$$

$$
\begin{aligned}
s''' = {}& (\lambda''' - \iota)\,\vartheta' \sin(v''' + \Psi'') \\
& + \zeta'''\, l\ \sin(v''' + pl + \Lambda) \\
& + \zeta_1'''\, l_1 \sin(v''' + p_1 l + \Lambda_1) \\
& + \zeta_2'''\, l_2 \sin(v''' + p_2 l + \Lambda_2) \\
& + \zeta_3'''\, l_3 \sin(v''' + p_3 l + \Lambda_3).
\end{aligned}
$$

6.

Les constantes l, l_1, l_2, l_3, Λ, Λ_1, Λ_2 et Λ_3 sont huit arbitraires que l'observation seule peut déterminer. Si l'on veut avoir les latitudes des satellites au-dessus du plan fixe, il suffit d'ajouter aux valeurs précédentes de s, s', s'', s''' leurs valeurs dans la supposition où ces astres seraient mus sur l'orbite même de Jupiter.

11. Considérons présentement les inégalités du mouvement des satellites en latitude, qui, dépendant de leur configuration mutuelle, acquièrent de très-petits diviseurs par les intégrations. Il est clair que les termes de l'équation différentielle (3) du n° **2**, qui dépendent d'un angle très-peu différent de v, acquièrent de semblables diviseurs; or, si l'on ne considère que la première puissance des inclinaisons des orbites, tous les angles des différents termes de cette équation sont compris dans la forme $i(v - v') \pm v'$; v' étant très-peu différent de $\frac{1}{2}v$, l'angle $i(v - v') \pm v'$ différera très-peu de v, si $\frac{i \pm 1}{2} = 1$, ce qui donne ou $i = 1$ ou $i = 3$. Dans le cas de $i = 1$, l'angle dont il s'agit se réduit à v, et, dans le cas de $i = 3$, cet angle se réduit à $3v - 4v'$. Nous venons d'examiner le premier de ces deux cas, dont dépendent les variations séculaires de l'orbite; il nous reste donc à considérer les inégalités dépendantes de l'angle $3v - 4v'$.

L'expression de R contient le terme $m'\Lambda^{(1)}\cos(4v - 4v')$; le terme $-\dfrac{r^2}{h^2}\dfrac{ds}{dv}\dfrac{\partial R}{\partial v}$ de l'équation différentielle (3) du n° **2** produit donc, en y faisant $s = l\sin(v + pt + \Lambda)$, et en substituant $\dfrac{v}{n}$ au lieu de t, et a au lieu de $\dfrac{r^2}{h^2}$, le terme

$$4\,m'a\,\Lambda^{(1)}\,l\sin(4v - 4v')\cos\left(v + \frac{p}{n}v + \Lambda\right).$$

En substituant $\dfrac{n'v}{n}$ pour v', ce que l'on peut toujours faire lorsque l'on néglige les excentricités des orbites, la fonction précédente donnera par son développement le terme

$$2\,m'a\,\Lambda^{(1)}\,l\sin\left(3v - \frac{4n'}{n}v - \frac{p}{n}v - \Lambda\right).$$

Le terme $\frac{r^2}{h^2}\frac{\partial R}{\partial s}$ de l'équation différentielle (3) du n° **2** donne les suivants,

$$m'a^2a'\left[\tfrac{1}{2}s(B^{(5)}+B^{(3)})\cos(4v-4v')-B^{(3)}s'\cos(3v-3v')\right],$$

d'où résulte dans l'équation (3) le terme

$$\tfrac{1}{2}m'a^2a'\left[B^{(3)}l'-\tfrac{1}{2}(B^{(5)}+B^{(3)})l\right]\sin\left(3v-\frac{4n'}{n}v-\frac{p}{n}v-A\right).$$

Cette équation devient ainsi, en n'ayant égard qu'aux termes dépendants de l'angle $3v-4v'$,

$$0=\frac{d^2s}{dv^2}+N_1^2 s+m'\left\{\begin{array}{c}[2a A^{(1)}-\tfrac{1}{4}a^2a'(B^{(5)}+B^{(3)})]l\\[4pt]+\tfrac{1}{2}a^2a'B^{(3)}l'\end{array}\right\}\sin\left(3v-\frac{4n'}{n}v-\frac{p}{n}v-A\right),$$

N_1^2 étant, par le n° 9, égal à

$$1+2\frac{\rho-\tfrac{1}{2}\varphi}{a^2}+\frac{3}{2}\frac{M^2}{n^2}+\tfrac{1}{2}\Sigma m'a^2a'B^{(1)}.$$

On a, par le n° 49 du Livre II,

$$2a A^{(1)}-\tfrac{1}{4}a^2a'(B^{(5)}+B^{(3)})=-2\alpha b^{(1)}_{\frac{1}{2}}-\tfrac{1}{4}\alpha^2 b^{(5)}_{\frac{3}{2}}-\tfrac{1}{4}\alpha^2 b^{(3)}_{\frac{1}{2}};$$

la formule (a) du même numéro donne

$$b^{(5)}_{\frac{3}{2}}=\frac{8(1+\alpha^2)b^{(1)}_{\frac{3}{2}}-9\alpha b^{(3)}_{\frac{3}{2}}}{7\alpha},$$

et l'on a, par le même numéro,

$$b^{(1)}_{\frac{1}{2}}=\frac{2\alpha b^{(3)}_{\frac{3}{2}}-(1+\alpha^2)b^{(1)}_{\frac{3}{2}}}{7},$$

d'où l'on tire

$$-2\alpha b^{(1)}_{\frac{1}{2}}-\tfrac{1}{4}\alpha^2 b^{(5)}_{\frac{3}{2}}-\tfrac{1}{4}\alpha^2 b^{(3)}_{\frac{3}{2}}=-\tfrac{1}{2}\alpha^2 b^{(3)}_{\frac{3}{2}};$$

l'équation différentielle précédente devient ainsi

$$0=\frac{d^2s}{dv^2}+N_1^2 s+\frac{m'}{2}\alpha^2 b^{(3)}_{\frac{3}{2}}(l'-l)\sin\left(3v-\frac{4n'}{n}v-\frac{p}{n}v-A\right),$$

ce qui donne, en intégrant,

$$s = \frac{\frac{m'}{2}\,\alpha^2 b_{\frac{3}{2}}^{(3)}(l'-l)\sin\left(3v - \frac{4n'}{n}v - \frac{p}{n}v - \Lambda\right)}{\left(3 - \frac{4n'}{n} - \frac{p}{n}\right)^2 - N_1^2}.$$

Le diviseur est égal à $\left(3 - \frac{4n'}{n} - \frac{p}{n} + N_1\right)\left(3 - \frac{4n'}{n} - \frac{p}{n} - N_1\right)$; $\frac{p}{n}$ étant très-petit, N_1 étant très-peu différent de l'unité, et n étant à très-peu près égal à $2n'$, le facteur $3 - \frac{4n'}{n} - \frac{p}{n} - N_1$ est fort petit, et le facteur $3 - \frac{4n'}{n} - \frac{p}{n} + N_1$ est à très-peu près égal à 2, ce qui donne, en restituant v' pour $\frac{n'}{n}v$, et l pour $\frac{v}{n}$,

$$s = \frac{m'\alpha^2 b_{\frac{3}{2}}^{(3)}(l'-l)\sin\left(3v - 4v' - pl - \Lambda\right)}{4\left(3 - \frac{4n'}{n} - \frac{p}{n} - N_1\right)}.$$

Il est clair que les différentes valeurs de p, de l et de l' donnent, dans l'expression de s, autant de termes semblables au précédent.

Ces inégalités de s surpassent considérablement les autres qui résultent de l'action des satellites sur m, à cause de la petitesse de leurs diviseurs; ce sont, par conséquent, les seules auxquelles il soit nécessaire d'avoir égard, et cependant nous verrons dans la suite qu'elles sont insensibles. L'action du Soleil produit dans la valeur de s une inégalité que la petitesse de son diviseur peut rendre sensible : cette inégalité dépend de l'angle $v - 2U$, et l'on trouve aisément, par le n° 9, que l'équation différentielle en s devient, en n'ayant égard qu'à elle seule,

$$0 = \frac{d^2s}{dv^2} + N_1^2 s + \frac{3M^2}{2n^2}(L'-l)\sin\left(v - \frac{2M}{n}v - \frac{p}{n}v - \Lambda\right).$$

d'où l'on tire, en intégrant,

$$s = -\frac{\frac{3M^2}{4n^2}(L'-l)\sin\left(v - \frac{2M}{n}v - \frac{p}{n}v - \Lambda\right)}{\frac{2M}{n} + \frac{p}{n} + N_1 - 1}.$$

En réunissant donc les parties de s dépendantes des configurations des satellites et du Soleil, on aura

$$s = \frac{m' \alpha^2 b_{\frac{3}{2}}^{(3)} (l' - l) \sin(3v - 4v' - pt - \Lambda)}{4\left(3 - \frac{4n'}{n} - \frac{p}{n} - N_1\right)}$$

$$- \frac{\frac{3M^2}{4n^2}(L' - l)\sin(v - 2U - pt - \Lambda)}{\frac{2M}{n} + \frac{p}{n} + N_1 - 1},$$

chacun de ces termes étant supposé représenter la somme des termes semblables, correspondants aux diverses valeurs de p.

Dans les éclipses du satellite m, U étant égal à fort peu près à $v - 200°$, la seconde de ces inégalités se réduit à

$$\frac{\frac{3M^2}{4n^2}(L' - l)\sin(v + pt + \Lambda)}{\frac{2M}{n} + \frac{p}{n} + N_1 - 1}.$$

Lorsque les valeurs de p sont relatives aux mouvements de l'équateur et de l'orbite de Jupiter, on peut négliger p, eu égard à M; de plus, la somme de tous les termes $(L' - l)\sin(v + pt + \Lambda)$ est alors égale à $-(\lambda - 1)\theta'\sin(v + \Psi'')$; l'inégalité précédente devient donc

$$- \frac{(\lambda - 1)\frac{3M^2}{4n^2}\theta'\sin(v + \Psi'')}{\frac{2M}{n} + N_1 - 1};$$

ainsi l'inclinaison θ' de l'équateur à l'orbite de Jupiter, conclue par les éclipses du satellite m, doit être augmentée dans le rapport de l'unité à

$$1 + \frac{3M^2}{4n^2\left(\frac{2M}{n} + N_1 - 1\right)}.$$

Considérons de la même manière les inégalités périodiques du mouvement du second satellite en latitude. Reprenons pour cela l'équation différentielle (3) du n° **2**; elle devient, relativement au second satellite,

$$0 = \frac{d^2 s'}{dv'^2} + s' - a' \frac{ds'}{dv'} \frac{\partial R'}{\partial v'} + a' \frac{\partial R'}{\partial s'},$$

R′ étant ce que devient R relativement à ce satellite. Les termes de cette équation différentielle qui dépendent de l'angle $2v - 3v'$ acquièrent un petit diviseur, parce que, v étant très-peu différent de $2v'$, le coefficient de v' dans l'angle $2v - 3v'$ diffère très-peu de l'unité; il importe donc de considérer ces termes. En n'ayant égard qu'à eux seuls, il est facile de voir, par le n° 9, que l'équation différentielle précédente devient

$$0 = \frac{d^2 s'}{dv'^2} + N_1'^2 s' - [a' A^{(2)} + \tfrac{1}{4} a'^2 a (B^{(1)} + B^{(3)})] m l' \sin\left(2v - 3v' - \frac{p}{n'} v' - A\right)$$
$$+ \tfrac{1}{2} a'^2 a B^{(3)} m l \sin\left(2v - 3v' - \frac{p}{n'} v' - A\right),$$

$N_1'^2$ étant ce que devient N_1^2 relativement à m', et les valeurs de $A^{(2)}$, $B^{(1)}$, $B^{(2)}$, … étant les mêmes pour R′ que pour R. On aura donc, par le n° 49 du Livre II,

$$0 = \frac{d^2 s'}{dv'^2} + N_1'^2 s' + \left\{ \begin{array}{l} \left(b_{\frac{1}{2}}^{(2)} - \frac{\alpha}{4} b_{\frac{3}{2}}^{(1)} - \frac{\alpha}{4} b_{\frac{3}{2}}^{(3)}\right) m l' \\[4pt] + \tfrac{1}{2} \alpha b_{\frac{3}{2}}^{(3)} m l \end{array} \right\} \sin\left(\frac{2n}{n'} v' - 3v' - \frac{p}{n'} v' - A\right).$$

On a, par le numéro cité,

$$b_{\frac{1}{2}}^{(2)} - \frac{\alpha}{4} b_{\frac{3}{2}}^{(1)} - \frac{\alpha}{4} b_{\frac{3}{2}}^{(3)} = - \tfrac{1}{2} \alpha b_{\frac{3}{2}}^{(3)},$$

ce qui donne

$$0 = \frac{d^2 s'}{dv'^2} + N_1'^2 s' + \tfrac{1}{2} \alpha b_{\frac{3}{2}}^{(3)} m (l - l') \sin\left(\frac{2n}{n'} v' - 3v' - \frac{p}{n'} v' - A\right),$$

d'où l'on tire, en intégrant,

$$s' = \frac{m \alpha b_{\frac{3}{2}}^{(3)} (l - l') \sin\left(\frac{2n}{n'} v' - 3v' - \frac{p}{n'} v' - A\right)}{4\left(\frac{2n}{n'} - 3 - \frac{p}{n} - N_1'\right)}.$$

L'action du troisième satellite ajoute encore à l'expression de s' un terme qui peut devenir sensible par son petit diviseur, et qui est analogue à celui que l'action de m' sur m produit dans l'expression de s; en nommant donc $b_{\frac{3}{2}}'^{(3)}$ ce que devient $b_{\frac{3}{2}}^{(3)}$ relativement au second satellite comparé au troisième, on aura, pour la partie de s' dépendante de l'action de m'',

$$s' = -\frac{m''a'^2(l''-l')b_{\frac{3}{2}}'^{(3)}\sin(3v'-4v''-pt-\Lambda)}{4a''^2\left(3-\dfrac{4n''}{n'}-N_1-\dfrac{p}{n'}\right)}.$$

On peut réunir dans un seul les deux termes de l'expression de s' qui dépendent de l'action du premier et du troisième satellite; en effet, on a à très-peu près, comme on l'a vu,

$$v - 3v' + 2v'' = 200°,$$

ce qui donne

$$\sin(3v'-4v''-pt-\Lambda) = \sin(2v-3v'-pt-\Lambda).$$

Si l'on joint à ce terme celui qui dépend de l'action du Soleil, et si l'on considère que l'équation $n - 3n' + 2n'' = 0$ donne $\dfrac{2n}{n'} - 3 = 3 - \dfrac{4n''}{n'}$, on aura, pour l'expression des inégalités du mouvement du second satellite en latitude, relative aux configurations mutuelles des satellites et du Soleil,

$$s' = -\frac{m\dfrac{a}{a'}(l-l')b_{\frac{3}{2}}^{(3)} + m''\dfrac{a'^2}{a''^2}(l''-l')b_{\frac{3}{2}}'^{(3)}}{4\left(\dfrac{2n}{n'}-3-N_1-\dfrac{p}{n'}\right)}\sin(2v-3v'-pt-\Lambda)$$

$$-\frac{3M^2(L'-l')\sin(v'-2U-pt-\Lambda)}{4n'^2\left(\dfrac{2M}{n'}+N_1+\dfrac{p}{n'}-1\right)}.$$

On trouvera de la même manière, pour l'expression des inégalités correspondantes du troisième satellite en latitude,

$$s'' = \frac{m'a'(l' - l'')b_{\frac{3}{2}}^{(3)}}{\sqrt[4]{a''\left(\frac{2n'}{n''} - 3 - \frac{p}{n''} - N'_1\right)}} \sin(2v' - 3v'' - pt - A)$$

$$- \frac{3M^2(L' - l'')\sin(v'' - 2U - pt - A)}{\sqrt[4]{n''^2\left(\frac{2M}{n''} + N''_1 + \frac{p}{n''} - 1\right)}}.$$

Enfin la même expression devient, relativement à s''',

$$s''' = - \frac{3M^2(L' - l''')\sin(v''' - 2U - pt - A)}{\sqrt[4]{n''^2\left(\frac{2M}{n''} + N''_1 + \frac{p}{n''} - 1\right)}},$$

N'_1 et N''_1 étant ce que devient N_1 relativement au troisième et au quatrième satellite. On doit appliquer au dernier terme de cette expression et aux termes semblables des expressions de s' et de s'' ce que nous avons dit sur le terme correspondant de s, c'est-à-dire que, dans les éclipses, il se confond avec celui qui dépend de l'inclinaison de l'équateur à l'orbite de Jupiter, et qu'ainsi il augmente l'inclinaison conclue de ces phénomènes. On doit observer encore que, dans toutes ces expressions, on peut supposer, sans erreur sensible,

$$N_1 = 1 + \frac{\rho - \frac{1}{2}\varphi}{a^2}, \quad N'_1 = 1 + \frac{\rho - \frac{1}{2}\varphi}{a'^2},$$

$$N''_1 = 1 + \frac{\rho - \frac{1}{2}\varphi}{a''^2}, \quad N'''_1 = 1 + \frac{\rho - \frac{1}{2}\varphi}{a'''^2}.$$

CHAPITRE V.

DES INÉGALITÉS DÉPENDANTES DES CARRÉS ET DES PRODUITS DES EXCENTRICITÉS
ET DES INCLINAISONS DES ORBITES.

12. Il suffit, dans le calcul de ces inégalités, d'avoir égard aux inégalités séculaires analogues à celles que nous avons déterminées pour les planètes, dans le n° 5 du Livre VI. Il résulte de ce numéro que, si l'on n'a égard qu'à l'action de m' sur m, la partie de anR dépendante des seules inégalités séculaires est

$$-\tfrac{1}{2}(0,1)(e^2 + e'^2) + \boxed{0,1}\, ee' \cos(\varpi' - \varpi)$$
$$+ \tfrac{1}{2}(0,1)[\gamma_1^2 - 2\gamma_1\gamma_1' \cos(\theta_1 - \theta_1') + \gamma_1'^2],$$

γ_1 et γ_1' étant les inclinaisons des orbites de m et de m' sur le plan fixe, θ_1 et θ_1' étant les longitudes de leurs nœuds ascendants sur ce plan.

La partie de anR dépendante de l'action du Soleil et relative aux inégalités séculaires est, par le n° 1,

$$-\tfrac{1}{2}\boxed{0}\,[e^2 + H^2 - \gamma_1^2 + 2\gamma_1\gamma \cos(\theta_1 - \theta) - \gamma^2].$$

Enfin, la partie de anR dépendante de l'ellipticité du sphéroïde de Jupiter est, par le même numéro,

$$\frac{(0)}{2}\,[\theta^2 + 2\theta\gamma_1 \cos(\Psi - \theta_1) + \gamma_1^2 - e^2].$$

On aura donc

$$
\begin{aligned}
andR =\ &- d(e\cos\varpi)\left\{\begin{aligned}&\left[(0)+\boxed{0}+(0,1)+(0,2)+(0,3)\right]e\cos\varpi\\&-\boxed{0,1}\,e'\cos\varpi'-\boxed{0,2}\,e''\cos\varpi''-\boxed{0,3}\,e''\cos\varpi''\end{aligned}\right\}\\
&- d(e\sin\varpi)\left\{\begin{aligned}&\left[(0)+\boxed{0}+(0,1)+(0,2)+(0,3)\right]e\sin\varpi\\&-\boxed{0,1}\,e'\sin\varpi'-\boxed{0,2}\,e''\sin\varpi''-\boxed{0,3}\,e''\sin\varpi''\end{aligned}\right\}\\
&+ d(\gamma_1\cos\theta_1)\left\{\begin{aligned}&\left[(0)+\boxed{0}+(0,1)+(0,2)+(0,3)\right]\gamma_1\cos\theta_1\\&+(0)\vartheta\cos\Psi-\boxed{0}\,\gamma\cos\theta-(0,1)\gamma_1\cos\theta_1-(0,2)\gamma_1\cos\theta_1-(0,3)\gamma_1''\cos\theta_1''\end{aligned}\right\}\\
&+ d(\gamma_1\sin\theta_1)\left\{\begin{aligned}&\left[(0)+\boxed{0}+(0,1)+(0,2)+(0,3)\right]\gamma_1\sin\theta_1\\&-(0)\vartheta\sin\Psi-\boxed{0}\,\gamma\sin\theta-(0,1)\gamma_1\sin\theta_1-(0,2)\gamma_1\sin\theta_1-(0,3)\gamma_1''\sin\theta_1''\end{aligned}\right\}.
\end{aligned}
$$

On a, par le n° 6,

$$e\sin\varpi = -h\sin(gt+\Gamma)-\dots,$$
$$e\cos\varpi = -h\cos(gt+\Gamma)-\dots;$$

les équations entre h, h', … du numéro cité donneront ainsi les suivantes

$$
\begin{aligned}
\frac{d(e\sin\varpi)}{dt} =\ &\left[(0)+\boxed{0}+(0,1)+(0,2)+(0,3)\right]e\cos\varpi\\
&-\boxed{0,1}\,e'\cos\varpi'-\boxed{0,2}\,e''\cos\varpi''-\boxed{0,3}\,e''\cos\varpi'',\\
\frac{d(e\cos\varpi)}{dt} =\ &-\left[(0)+\boxed{0}+(0,1)+(0,2)+(0,3)\right]e\sin\varpi\\
&+\boxed{0,1}\,e'\sin\varpi'+\boxed{0,2}\,e''\sin\varpi''+\boxed{0,3}\,e''\sin\varpi''.
\end{aligned}
$$

On a ensuite

$$s = \gamma_1\sin(v-\theta_1).$$

En comparant cette équation à celle-ci,

$$s = l\sin(v+pt+\Lambda)+l_1\sin(v+p_1t+\Lambda_1)+\dots,$$

on a

$$\gamma_1\sin\theta_1 = -l\sin(pt+\Lambda)-\dots,$$
$$\gamma_1\cos\theta_1 = \ \ l\cos(pt+\Lambda)+\dots.$$

Les équations entre l, l', ... du n° 9 donneront donc les suivantes

$$\frac{d(\gamma_1 \sin\theta_1)}{dt} = -\left[(o) + \boxed{o} + (o,1) + (o,2) + (o,3)\right]\gamma_1 \cos\theta_1$$

$$-(o)\vartheta\cos\Psi + \boxed{o}\,\gamma\cos\theta + (o,1)\gamma_1\cos\theta_1 + (o,2)\gamma'_1\cos\theta'_1 + (o,3)\gamma''_1\cos\theta''_1.$$

$$\frac{d(\gamma_1 \cos\theta_1)}{dt} = \left[(o) + \boxed{o} + (o,1) + (o,2) + (o,3)\right]\gamma_1 \sin\theta_1$$

$$-(o)\vartheta\sin\Psi - \boxed{o}\,\gamma\sin\theta - (o,1)\gamma_1\sin\theta_1 - (o,2)\gamma'_1\sin\theta'_1 - (o,3)\gamma''_1\sin\theta''_1.$$

En substituant ces valeurs de $d(e\sin\varpi)$, $d(e\cos\varpi)$, $d(\gamma_1\sin\theta_1)$, $d(\gamma_1\cos\theta_1)$ dans l'expression précédente de $an\,dR$, on trouve qu'elle se réduit à zéro.

Reprenons maintenant l'équation (2) du n° 2, ou plutôt sa différentielle, d'où nous l'avons tirée dans le n° 46 du Livre II,

$$\frac{d\,\delta v_1}{dt} = \frac{\dfrac{d(2r\,d\delta r + dr\,\delta r)}{a^2 n\,dt^2} + \dfrac{3an}{\mu}\int dR + \dfrac{2an}{\mu}r\dfrac{\partial R}{\partial r}}{\sqrt{1 - e^2}}.$$

On peut ici faire abstraction du diviseur $\sqrt{1 - e^2}$, et le supposer égal à l'unité. A la vérité, si le numérateur renfermait une constante g, elle produirait dans $\frac{d\delta v_1}{dt}$ le terme $\frac{1}{2}ge^2$, à raison de ce diviseur développé en série, et il serait nécessaire de conserver ce terme. Mais la constante g produirait dans δv_1 le terme gt, et alors nt ne serait plus le moyen mouvement de m, ce qui est contraire à nos suppositions; il faut donc que la constante g soit nulle, ce que l'on peut toujours faire, en ajoutant une constante convenable à l'intégrale $\int dR$.

Si l'on n'a égard qu'aux inégalités séculaires de e et de ϖ, on a

$$r = a[1 - e\cos(nt + \varepsilon - \varpi)],$$

$$\delta r = -at\left[\frac{de}{dt}\cos(nt + \varepsilon - \varpi) + e\frac{d\varpi}{dt}\sin(nt + \varepsilon - \varpi)\right],$$

ce qui donne, en ne conservant que les termes multipliés par t sans sinus et cosinus de nt, et négligeant les différences $\frac{d^2 e}{dt^2}$ et $\frac{d^2\varpi}{dt^2}$, qui sont incomparablement plus petites que $\dfrac{de}{dt}$ et $\dfrac{d\varpi}{dt}$,

$$\frac{2\,r\,d\partial r + dr\,\partial r}{a^2 n\,dt} = \tfrac{1}{2}\,t\left[e\cos\varpi\,\frac{d(e\sin\varpi)}{dt} - e\sin\varpi\,\frac{d(e\cos\varpi)}{dt}\right].$$

En différentiant, et négligeant les différences et les produits des quantités $\dfrac{de}{dt}$ et $\dfrac{d\varpi}{dt}$, on aura

$$\frac{d(2\,r\,d\partial r + dr\,\partial r)}{a^2 n\,dt^2} = \tfrac{1}{2}\left[e\cos\varpi\,\frac{d(e\sin\varpi)}{dt} - e\sin\varpi\,\frac{d(e\cos\varpi)}{dt}\right].$$

En substituant, au lieu de $\dfrac{d(e\sin\varpi)}{dt}$ et de $\dfrac{d(e\cos\varpi)}{dt}$, leurs valeurs précédentes, on aura

$$\frac{d(2\,r\,d\partial r + dr\,\partial r)}{a^2 n\,dt^2} = \tfrac{1}{2}\Big[(0) + \boxed{0} + (0,\,1) + (0,\,2) + (0,\,3)\Big]e^2$$
$$- \tfrac{1}{2}\boxed{0,\,1}\,ee'\cos(\varpi'-\varpi) - \tfrac{1}{2}\boxed{0,\,2}\,ee''\cos(\varpi''-\varpi) - \tfrac{1}{2}\boxed{0,\,3}\,ee'''\cos(\varpi'''-\varpi).$$

Le terme $\int dR$ est nul, par ce qui précède; il résulte du n° 5 du Livre VI qu'en ne considérant que l'action de m' sur m, et faisant $\mu = 1$, la partie constante de $\dfrac{2\,an}{\mu}\,r\,\dfrac{\partial R}{\partial r}$, qui est multipliée par les carrés et les produits des excentricités et des inclinaisons des orbites, est égale à

$$\tfrac{1}{2}m'n(e^2 + e'^2)\left(a^2\frac{\partial \Lambda^{(0)}}{\partial a} + 2a^3\frac{\partial^2 \Lambda^{(0)}}{\partial a^2} + \tfrac{1}{2}a^4\frac{\partial^3 \Lambda^{(0)}}{\partial a^3}\right)$$
$$- m'n\,ee'\cos(\varpi'-\varpi)\left(2a^3\frac{\partial^2 \Lambda^{(1)}}{\partial a^2} + \tfrac{1}{2}a^4\frac{\partial^3 \Lambda^{(1)}}{\partial a^3}\right)$$
$$- \frac{m'n}{4}\left(a^2 a'\,B^{(1)} + a^3 a'\frac{\partial B^{(1)}}{\partial a}\right)\left[\gamma_1^2 - 2\gamma_1\gamma_1\cos(7_1-7_1) + \gamma_1^2\right].$$

L'action des satellites m'' et m''' produit des termes analogues. L'action du Soleil produit dans $\dfrac{2\,an}{\mu}\,r\,\dfrac{\partial R}{\partial r}$ le terme

$$-2\,\boxed{0}\left[e^2 + H^2 - \gamma_1^2 + 2\gamma_1\gamma\cos(7_1-7) - \gamma^2\right].$$

Enfin, la partie de $\dfrac{2\,an}{\mu}\,r\,\dfrac{\partial R}{\partial r}$, dépendante de l'ellipticité de Jupiter, produit le terme

$$3(\mathrm{o})\left[e^2 - \theta^2 - 2\theta\gamma_1\cos(\Psi + \theta_1) - \gamma_1^2\right];$$

on aura donc ainsi l'expression de $\dfrac{d\delta v_1}{dt}$. Pour avoir celle de $\dfrac{d\delta v}{dt}$ ou, ce qui revient au même, de la projection de $d\delta v_1$ sur le plan fixe, divisée par dt, il faut, par le n° 5 du Livre VI, ajouter à $\dfrac{d\delta v_1}{dt}$ la quantité

$$\tfrac{1}{2}\left[\gamma_1\cos\theta_1\,\frac{d(\gamma_1\sin\theta_1)}{dt} - \gamma_1\sin\theta_1\,\frac{d(\gamma_1\cos\theta_1)}{dt}\right],$$

ou

$$-\tfrac{1}{2}\left[(\mathrm{o}) + \boxed{\mathrm{o}} + (\mathrm{o},1) + (\mathrm{o},2) + (\mathrm{o},3)\right]\gamma_1^2$$
$$-\tfrac{1}{2}(\mathrm{o})\,\theta\gamma_1\cos(\Psi + \theta_1) + \tfrac{1}{2}\boxed{\mathrm{o}}\,\gamma\gamma_1\cos(\theta_1 - \theta) + \tfrac{1}{2}(\mathrm{o},1)\gamma_1\gamma_1'\cos(\theta_1 - \theta_1')$$
$$+\tfrac{1}{2}(\mathrm{o},2)\gamma_1\gamma_1'\cos(\theta_1 - \theta_1') + \tfrac{1}{2}(\mathrm{o},3)\gamma_1\gamma_1''\cos(\theta_1 - \theta_1'').$$

En rassemblant ensuite tous les termes de $\dfrac{d\delta v}{dt}$, et intégrant, on aura l'équation séculaire du satellite m. On doit observer ici que

$$e^2 = (e\cos\varpi)^2 + (e\sin\varpi)^2,$$
$$ee'\cos(\varpi' - \varpi) = e\cos\varpi.e'\cos\varpi' + e\sin\varpi.e'\sin\varpi'.$$

Par ce qui précède, $e\sin\varpi$ est égal à la somme des termes

$$- h\sin(gt + \Gamma) - h_1\sin(g_1 t + \Gamma_1) - \ldots,$$

et $e\cos\varpi$ est égal à la somme correspondante

$$- h\cos(gt + \Gamma) - h_1\cos(g_1 t + \Gamma_1) - \ldots.$$

$e'\sin\varpi'$, $e'\cos\varpi'$, ... sont les sommes de termes semblables; on aura ainsi, dans l'expression de $\dfrac{d\delta v}{dt}$, 1° des termes constants, 2° des termes multipliés par les cosinus de $2gt + 2\Gamma$, $2g_1 t + 2\Gamma_1$, $(g - g_1)t + \Gamma - \Gamma_1$, ... On pourra négliger les termes constants, parce que, les termes qui en résultent après l'intégration étant proportionnels au temps, ils se confondent avec le moyen mouvement de m. On doit appliquer les mêmes considérations aux termes dépendants des inclinaisons des orbites.

13. Les termes les plus considérables de l'expression de l'équation séculaire de m sont relatifs aux variations séculaires de l'équateur et de l'orbite de Jupiter; ils sont analogues à ceux d'où résulte l'équation séculaire de la Lune, que nous avons développée dans le Livre VII. Pour les obtenir, il faut substituer, dans l'expression précédente de $\frac{d\delta v}{dt}$, les valeurs de $\gamma\sin l$, $\gamma\cos l$, Ψ, θ, $\gamma_1\sin l_1$, ..., trouvées dans le n° **10**. On aura ainsi, en négligeant les termes constants, et supposant que l'excentricité H de l'orbite de Jupiter, développée en série, est égale à $H_1 + ct + \ldots$, H_1 étant la valeur de H à l'origine du temps t,

$$
\begin{aligned}
\frac{d\delta v}{dt} = {} & \{\,\boxed{0}\,(1-\lambda)^2 . {}^{t}L.bt - 6(0)\lambda^2 . {}^{t}L.bt \\
& + (1-\lambda)\lambda\big[(0) + \boxed{0} + (0,1) + (0,2) + (0,3)\big] . {}^{t}L.bt \\
& - \tfrac{1}{2}\lambda(0) . {}^{t}L.bt - \tfrac{1}{2}(1-\lambda)\,\boxed{0}\, . {}^{t}L.bt \\
& + \tfrac{1}{2}(0,1)\big[(\lambda-1)\lambda' + (\lambda'-1)\lambda\big] . {}^{t}L.bt \\
& + \tfrac{1}{2}(0,2)\big[(\lambda-1)\lambda'' + (\lambda''-1)\lambda\big] . {}^{t}L.bt \\
& + \tfrac{1}{2}(0,3)\big[(\lambda-1)\lambda''' + (\lambda'''-1)\lambda\big] . {}^{t}L.bt - 4\,\boxed{0}\,H_1 ct,
\end{aligned}
$$

d'où il est facile de conclure, au moyen des équations entre λ, λ', λ'', λ''', données dans le n° **10**,

$$
\frac{d\delta v}{dt} = \{(1-\lambda)^2\,\boxed{0}\, . {}^{t}L.bt - 6(0)\lambda^2 . {}^{t}L.bt - 4\,\boxed{0}\,H_1 ct,
$$

ce qui produit, dans δv ou dans le mouvement du satellite m, l'équation séculaire

$$
2(1-\lambda)^2\,\boxed{0}\, . {}^{t}L.bt^2 - 3(0)\lambda^2 . {}^{t}L.bt^2 - 2\,\boxed{0}\,H_1 ct^2.
$$

Nous observerons ici que, relativement aux trois premiers satellites, les rapports qui existent entre leurs moyens mouvements changent considérablement leurs inégalités séculaires, comme on le verra dans la suite.

Lorsqu'il n'y a qu'un satellite, on a, par le n° **10**,

$$
\lambda = \frac{\boxed{0}}{\boxed{0} + (0)}.
$$

Dans la théorie de la Lune, $\boxed{\mathrm{o}}$ est incomparablement plus grand que (o); on a ainsi, à très-peu près,

$$\lambda = \mathrm{i} - \frac{(\mathrm{o})}{\boxed{\mathrm{o}}},$$

en sorte que λ diffère très-peu de l'unité, ce qui réduit l'expression précédente de l'équation séculaire au seul terme $-\mathrm{2}\,\boxed{\mathrm{o}}\,\mathrm{H}_{\mathrm{i}}\,ct^2$. En substituant $\frac{3}{4}\frac{\mathrm{M}^2}{n}$ au lieu de $\boxed{\mathrm{o}}$, elle devient $-\frac{3}{2}\frac{\mathrm{M}^2}{n}\,\mathrm{H}_{\mathrm{i}}\,ct^2$, ce qui s'accorde avec ce que nous avons trouvé dans le n° 23 du Livre VII.

Après les termes que nous venons de considérer et qui doivent à la longue devenir très-sensibles, les plus grands sont ceux qui dépendent des produits de $\theta' l$, $\theta' l'$, …; car on verra, dans la suite, que l, l', … sont de petites quantités, dont on peut négliger ici les carrés sans erreur sensible. Considérons, cela posé, le terme

$$\mathrm{2}\,\boxed{\mathrm{o}}\,[\gamma^2 - \mathrm{2}\gamma\gamma_{\mathrm{i}}\cos(\eta_{\mathrm{i}} - \eta) + \gamma_{\mathrm{i}}^2]$$

de l'expression de $\frac{d\delta v}{dt}$. Il est facile de s'assurer que

$$\tfrac{1}{2}[\gamma^2 - \mathrm{2}\gamma\gamma_{\mathrm{i}}\cos(\eta_{\mathrm{i}} - \eta) + \gamma_{\mathrm{i}}^2]$$

est égal à la partie indépendante de v dans le carré de l'expression de la latitude de m sur le plan de l'orbite de Jupiter. Nous avons donné cette expression dans le n° 10; en développant son carré en sinus et cosinus de v et de ses multiples, et négligeant les carrés et les produits de l et de l', on trouve, pour le double de la partie indépendante de ces sinus et cosinus,

$$(\mathrm{i} - \lambda)^2 \theta'^2 + \mathrm{2}(\lambda - \mathrm{i})\theta'\left[\begin{array}{l} l\,\cos(pt + \Lambda - \Psi'') + l_{\mathrm{i}}\cos(p_{\mathrm{i}}t + \Lambda_{\mathrm{i}} - \Psi'') \\ + l_2\cos(p_2 t + \Lambda_2 - \Psi'') + l_3\cos(p_3 t + \Lambda_3 - \Psi'') \end{array}\right];$$

le terme précédent de $\frac{d\delta v}{dt}$ produit donc le suivant

$$4(\lambda - \mathrm{i})\,\boxed{\mathrm{o}}\,\theta'\left[\begin{array}{l} l\,\cos(pt + \Lambda - \Psi'') + l_{\mathrm{i}}\cos(p_{\mathrm{i}}t + \Lambda_{\mathrm{i}} - \Psi'') \\ + l_2\cos(p_2 t + \Lambda_2 - \Psi'') + l_3\cos(p_3 t + \Lambda_3 - \Psi'') \end{array}\right].$$

Considérons ensuite le terme

$$-3(o)\left[\theta^2 + 2\theta\gamma_1\cos(\Psi+\eta_1) + \gamma_1^2\right].$$

L'expression de la latitude du satellite m, au-dessus du plan de l'équateur de Jupiter, est

$$\lambda\theta'\sin(v+\Psi'') + l\sin(v+pl+\Lambda) + l_1\sin(v+p_1 l+\Lambda_1)$$
$$+ l_2\sin(v+p_2 l+\Lambda_2) + l_3\sin(v+p_3 l+\Lambda_3),$$

d'où il est facile de conclure que le terme précédent de $\dfrac{d\delta v}{dt}$ produit le suivant

$$-6(o)\lambda\theta'\left[\begin{array}{l} l\cos(pl+\Lambda-\Psi'') + l_1\cos(p_1 l+\Lambda_1-\Psi'') \\ + l_2\cos(p_2 l+\Lambda_2-\Psi'') + l_3\cos(p_3 l+\Lambda_3-\Psi'') \end{array}\right].$$

Considérons encore le terme de $\dfrac{d\delta v}{dt}$,

$$\frac{m'n}{4}\left(a^2 a' B^{(1)} + a^3 a'\frac{\partial B^{(1)}}{\partial a}\right)\left[\gamma_1^2 - 2\gamma'_1\gamma_1\cos(\eta'_1-\eta_1) + \gamma'^2_1\right].$$

Nous observerons que, $\gamma'_1\cos\eta'_1 - \gamma_1\cos\eta_1$ et $\gamma'_1\sin\eta'_1 - \gamma_1\sin\eta_1$ étant de l'ordre λ, qui est une très-petite fraction relativement aux satellites de Jupiter, la somme $\gamma_1^2 - 2\gamma'_1\gamma_1\cos(\eta'_1-\eta_1) + \gamma'^2_1$ des carrés de ces deux quantités est de l'ordre λ^2, et qu'ainsi on peut la négliger sans erreur sensible.

Considérons enfin le terme de $\dfrac{d\delta v}{dt}$,

$$\frac{1}{2}\left[\gamma_1\cos\eta_1\frac{d(\gamma_1\sin\eta_1)}{dt} - \gamma_1\sin\eta_1\frac{d(\gamma_1\cos\eta_1)}{dt}\right].$$

Il est facile de s'assurer que l'on a

$$\gamma_1\cos\eta_1 = (\lambda-1)\theta'\cos\Psi' + l\cos(pl+\Lambda) + \ldots + \gamma\cos\eta,$$
$$\gamma_1\sin\eta_1 = -(\lambda-1)\theta'\sin\Psi' - l\sin(pl+\Lambda) - \ldots + \gamma\sin\eta;$$

le terme précédent produit ainsi les suivants

$$-\frac{1}{4}(\lambda-1)\theta'\left[\begin{array}{l} pl\cos(pl+\Lambda-\Psi'') + p_1 l_1\cos(p_1 l+\Lambda_1-\Psi'') \\ + p_2 l_2\cos(p_2 l+\Lambda_2-\Psi'') + p_3 l_3\cos(p_3 l+\Lambda_3-\Psi'') \end{array}\right].$$

Maintenant, si l'on réunit ces différents termes, et si l'on intègre, on aura, pour la partie correspondante de δv.

$$\delta v = - \left[G(o)\lambda + \tfrac{1}{4}(1 - \lambda) \boxed{o} \right] G' \begin{cases} \dfrac{l}{p} \sin(pt + \Lambda - \Psi') + \dfrac{l_1}{p_1} \sin(p_1 t + \Lambda_1 - \Psi') \\[2mm] + \dfrac{l_2}{p_2} \sin(p_2 t + \Lambda_2 - \Psi') + \dfrac{l_3}{p_3} \sin(p_3 t + \Lambda_3 - \Psi') \end{cases}$$
$$+ \tfrac{1}{2}(1 - \lambda) G' \begin{bmatrix} l \ \sin(pt + \Lambda - \Psi') + l_1 \sin(p_1 t + \Lambda_1 - \Psi') \\[2mm] + l_2 \sin(p_2 t + \Lambda_2 - \Psi') + l_3 \sin(p_3 t + \Lambda_3 - \Psi') \end{bmatrix}.$$

Cette partie de δv est peu sensible, et l'on peut n'y avoir égard que relativement au quatrième satellite. Elle doit être modifiée relativement aux autres satellites, en vertu des termes dépendants du carré de la force perturbatrice.

Si l'on transporte cette expression à la Lune, où l'on a vu que $\lambda = 1 - \dfrac{(o)}{\boxed{o}}$, et relativement à laquelle p est à très-peu près égal à $\boxed{o}$, on a

$$\delta v = - \tfrac{1}{2} \Omega (o) \frac{G' l}{p} \sin(v + pt - \Psi'),$$

équation qui coïncide avec sa correspondante, trouvée dans le nᵒ 29 du Livre VII, en supposant dans celle-ci l'obliquité de l'écliptique très-petite.

8.

CHAPITRE VI.

DES INÉGALITÉS DÉPENDANTES DU CARRÉ DE LA FORCE PERTURBATRICE.

14. Nous avons déjà considéré, dans le Chapitre VIII du Livre II, la plus remarquable de ces inégalités. Elle dépend, comme on l'a vu, de ce que, dans l'origine, la longitude moyenne du premier satellite, moins trois fois celle du second, plus deux fois celle du troisième, a très-peu différé de la demi-circonférence, et alors l'attraction mutuelle de ces trois satellites a suffi pour faire disparaitre cette différence. Nous allons reprendre ici cette théorie délicate par une autre méthode, lui donner plus de développement, et déterminer son influence sur les diverses inégalités de ces satellites.

Si l'on considère les orbites comme des ellipses variables, ζ représentant la longitude moyenne du satellite m, on a, par le n° 65 du Livre II,

$$d^2\zeta = 3an\,dt\,dR.$$

Ne considérons, dans l'expression du mouvement des satellites, que les termes dépendants de l'angle $nt - 3n't + 2n''t + \varepsilon - 3\varepsilon' + 2\varepsilon''$, et qui ont pour diviseur $(n - 3n' + 2n'')^2$, l'extrême petitesse de ce diviseur pouvant les rendre sensibles. Il est clair que, $3an\,dt\,dR$ renfermant des termes dépendants de l'angle dont il s'agit, ces termes acquièrent, par la double intégration, ce diviseur. Mais ils ne peuvent être introduits dans v que par l'expression de ζ; car il est facile de s'assurer, par l'inspection des valeurs de de, $d\varpi$, $d\varepsilon$, de', ..., données dans le Chapitre III du Livre II, qu'elles ne peuvent produire dans v de semblables termes, du moins si l'on n'a égard qu'au carré de la force perturbatrice.

En ne considérant donc que les termes qui doivent par les intégrations acquérir ce diviseur, on aura

$$d^2 v = 3 a n \, dt \, dR.$$

On aura pareillement

$$d^2 v' = 3 a' n' \, dt \, d' R',$$

$$d^2 v'' = 3 a'' n'' \, dt \, d'' R'',$$

R' et R'' étant ce que devient R relativement aux satellites m' et m'', et les caractéristiques d, d', d'' se rapportant respectivement aux coordonnées de m, m', m''. Il faut maintenant déterminer les termes de dR, $d'R'$, $d''R''$ qui dépendent de l'angle $nt - 3n't + 2n''t + \varepsilon - 3\varepsilon' + 2\varepsilon''$.

Les expressions de R, R', R'' ne renferment point d'angles dépendants de $v - 3v' + 2v''$; elles ne donnent, par leur développement, que des termes dépendants des rayons vecteurs, des latitudes, des élongations $v - v'$, $v - v''$, $v' - v''$ des satellites, et des multiples de ces élongations. Mais en y substituant, au lieu de r, v, r', v', ..., les parties de leurs valeurs dépendantes des forces perturbatrices, il peut en résulter, dans dR, $d'R'$, $d''R''$, des termes de l'ordre du carré des forces perturbatrices, et dépendants de l'angle $nt - 3n't + 2n''t + \varepsilon - 3\varepsilon' + 2\varepsilon''$. Nous avons déterminé précédemment les perturbations de r, v, r', v', r'', v'', et nous avons vu, dans le n° 4, que les principales inégalités de r et de v, dues aux forces perturbatrices, dépendent de l'angle $2nt - 2n't$, que celles de r' et de v' dépendent des deux angles $nt - n't$ et $2n't - 2n''t$, enfin que celles de r'' et de v'' dépendent de l'angle $n't - n''t$. Ces inégalités acquièrent, par les intégrations, de très-petits diviseurs, qui les rendent beaucoup plus grandes que les autres inégalités, en sorte que l'on peut ne considérer qu'elles dans la question présente. Quelques-uns des arguments de ces inégalités, en se combinant avec les élongations des satellites et leurs multiples, par addition ou par soustraction, peuvent former l'angle $nt - 3n't + 2n''t$. Les arguments $2nt - 2n't$ et $n't - n''t$ ne peuvent visiblement le former par leur combinaison avec les angles $v - v'$, $v - v''$, $v' - v''$ et leurs multiples, en y changeant v, v', v'', dans $nt + \varepsilon$, $n't + \varepsilon'$, $n''t + \varepsilon''$; ainsi, dans les expressions de dR, d'R', d''R'', on peut se dispenser de considérer les perturbations des satellites m et m''; il suffit d'avoir égard à celles du satellite m'. Son inégalité relative à l'angle $2n't - 2n''t$, en se combinant par voie de soustraction avec l'angle $v - v'$, et son inégalité relative à l'angle $nt - n't$, en se combinant de la même manière avec l'angle $2v' - 2v''$, produisent des termes dépendants de l'angle

$$nt - 3n't + 2n''t + \varepsilon - 3\varepsilon' + 2\varepsilon''.$$

Considérons le terme $m'A^{(1)}\cos(v - v')$ de l'expression de R. En n'ayant égard qu'à ce terme, on a

$$dR = - m'A^{(1)}dv\sin(v - v') + m'\frac{\partial A^{(1)}}{\partial r}dr\cos(v - v').$$

Si l'on néglige les perturbations de m et les excentricités des orbites, on a $dr = 0$ et $dv = ndt$, partant,

$$dR = - m'A^{(1)}ndt\sin(v - v'),$$

ce qui donne, dans dR, les termes de l'ordre du carré des forces perturbatrices,

$$m'A^{(1)}ndt\,\delta v'\cos(v - v') - m'\frac{\partial A^{(1)}}{\partial r'}ndt\,\delta r'\sin(v - v').$$

On a, par le n° 4, en ne considérant que les perturbations dépendantes de l'angle $2n't - 2n''t$,

$$\frac{\partial r'}{a'} = - \frac{n'm''F'}{2(2n' - 2n'' - N')}\cos(2n't - 2n''t + 2\varepsilon' - 2\varepsilon''),$$

$$\delta v' = \frac{n'm''F'}{2n' - 2n'' - N'}\sin(2n't - 2n''t + 2\varepsilon' - 2\varepsilon'').$$

En substituant ces valeurs dans les termes précédents, en ne conservant que les termes dépendants de $nt - 3n't + 2n''t$, et observant que n est à fort peu près égal à $2n'$, on aura

$$3andt\,dR = - \frac{3n^3m'm''\frac{a}{a'}F'\left(2a'A^{(1)} - a'^2\frac{\partial A^{(1)}}{\partial a'}\right)}{8(2n' - 2n'' - N')}dt^2\sin(nt - 3n't + 2n''t + \varepsilon - 3\varepsilon' + 2\varepsilon'').$$

On a à très-peu près, par le n° 4,

$$G = 2a'A^{(1)} - a'^2 \frac{\partial A^{(1)}}{\partial a'} ;$$

de plus, $2n' - 2n''$ est égal à $n - n'$, du moins à très-peu près, en sorte que leur différence est jusqu'à présent insensible; on aura donc, en changeant $nt + \varepsilon$, $n't + \varepsilon'$, $n''t + \varepsilon''$ respectivement dans v, v', v'', ce que l'on peut faire ici, et en substituant d^2v au lieu de $3andt dR$,

$$\frac{d^2 v}{dt^2} = - \frac{3n^3 m'm'' \frac{a}{a'} F'G}{8(n - n' - N')} \sin(v - 3v' + 2v'').$$

La partie de R relative à l'action de m'' sur m ne renfermant que des termes dépendants de l'angle $v - v''$ et de ses multiples, elle n'ajoute aucun terme à cette valeur de $\frac{d^2 v}{dt^2}$.

Considérons présentement le terme $mA_1^{(1)}\cos(v - v')$ de la partie de l'expression de R' qui dépend de l'action de m sur m', comme on l'a vu dans le n° 4. En n'ayant égard qu'à ce terme, on a

$$d'R' = mA_1^{(1)}dv'\sin(v - v') + mdr'\frac{\partial A_1^{(1)}}{\partial r'} \cos(v - v').$$

Cette fonction développée renferme la suivante

$$mA_1^{(1)}d\delta v' \cdot \sin(v - v') + md\delta r'\frac{\partial A_1^{(1)}}{\partial a'} \cos(v - v')$$

$$- mA_1^{(1)}n'dt\,\delta v'\cos(v - v') + m\frac{\partial A_1^{(1)}}{\partial a'} n'dt\,\delta r'\sin(v - v').$$

En substituant pour $\delta r'$ et $\delta v'$ leurs valeurs précédentes, et observant que $n'' = \frac{1}{2}n'$, à fort peu près, et que l'on a, par le n° 4, d'une manière fort approchée,

$$G = 2a'A_1^{(1)} - a'^2 \frac{\partial A_1^{(1)}}{\partial a'},$$

on aura

$$3a'n'dt\,d'R' = \frac{3n^3 mm'' F'G dt^2}{16(n - n' - N')} \sin(v - 3v' + 2v'').$$

On peut observer ici, en comparant les deux expressions précédentes de $3an\,dt\,dR$ et de $3a'n'\,dt\,d'R'$, que l'on a

$$o = m\,dR + m'\,d'R',$$

ce qui est conforme à ce que nous avons trouvé dans le n° 65 du Livre II.

La partie de R' relative à l'action de m'' sur m' renferme le terme $m''N'^{(2)}\cos(2v' - 2v'')$. En n'ayant égard qu'à ce terme, on a

$$d'R' = -2m''N'^{(2)}dv'\sin(2v' - 2v'') + m''dr'\frac{\partial N'^{(2)}}{\partial a'}\cos(2v' - 2v'').$$

Cette fonction développée renferme la suivante

$$-2m''N'^{(2)}d\partial v' \cdot \sin(2v' - 2v'') - 4m''N'^{(2)}n'dt\,\partial v'\cos(2v' - 2v'')$$
$$-2m''n'dt\,\partial r'\frac{\partial N'^{(2)}}{\partial a'}\sin(2v' - 2v'') + m''d\partial r'\frac{\partial N'^{(2)}}{\partial a'}\cos(2v' - 2v'').$$

On a, par le n° 4, en ne considérant que l'action du satellite m sur m',

$$\frac{\partial r'}{a'} = -\frac{mn'G}{4(n - n' - N')}\cos(nt - n't + \varepsilon - \varepsilon'),$$

$$\partial v' = \frac{mn'G}{n - n' - N'}\sin(nt - n't + \varepsilon - \varepsilon').$$

En observant donc que $n = 2n'$ à fort peu près, et que l'on a, par le n° 4, l'équation très-approchée

$$F' = -4a'N'^{(2)} - a'^2\frac{\partial N'^{(2)}}{\partial a'},$$

on aura

$$3a'n'\,dt\,d'R' = \frac{3mm''n^3dt^2}{32(n - n' - N')}F'G\sin(v - 3v' + 2v'').$$

En réunissant ces deux valeurs de $3a'n'\,dt\,d'R'$, on aura

$$\frac{d^2v'}{dt^2} = \frac{9mm''n^3}{32(n - n' - N')}F'G\sin(v - 3v' + 2v'').$$

Il nous reste à considérer la valeur de $d''R''$. Le terme de R'' dépendant de $2v' - 2v''$ est, par ce qui précède, égal à $m'A'^{(2)}\cos(2v' - 2v'')$; en n'ayant donc égard qu'à ce terme, on aura

$$d''R'' = 2m'A'^{(2)}dv''\sin(2v' - 2v'') + m'dr''\frac{\partial A'^{(2)}}{\partial r''}\cos(2v' - 2v'').$$

Cette fonction renferme la suivante

$$4m'A'^{(2)}n''dt\,\delta v'\cos(2v' - 2v'') + 2m'n''dt\,\delta r'\frac{\partial A'^{(2)}}{\partial a'}\sin(2v' - 2v'').$$

En substituant, pour $\delta v'$ et $\delta r'$, les parties de leurs valeurs qui dépendent de l'angle $nt - n't$, et observant que $n' = \frac{1}{2}n$, et $n'' = \frac{1}{4}n$ à fort peu près, on aura

$$3a''n''dt\,d''R'' = -\frac{3n^3\,mm'\,F'G\,dt^2}{64(n - n' - N')}\frac{a''}{a'}\sin(v - 3v' + 2v''),$$

d'où il est facile de conclure qu'en n'ayant égard qu'à l'action réciproque de m' et m'', on a

$$o = m'd'R' + m''d''R'',$$

ce qui est conforme au n° 65 du Livre II. On a donc

$$\frac{d^2v''}{dt^2} = -\frac{3n^3\,mm'\,F'G}{64(n - n' - N')}\frac{a''}{a'}\sin(v - 3v' + 2v'').$$

Soit

$$k = -\frac{3n\,F'G}{8(n - n' - N')}\left(\frac{a}{a'}m'm'' + \frac{9}{4}mm'' + \frac{a''}{4a'}mm'\right),$$

et nommons φ l'angle $v - 3v' + 2v''$; on aura, en réunissant les valeurs de $\frac{d^2v}{dt^2}$, $-\frac{3d^2v'}{dt^2}$ et $\frac{2d^2v''}{dt^2}$,

$$\frac{d^2\varphi}{dt^2} = kn^2\sin\varphi.$$

15. On peut supposer, dans cette équation, k et n^2 constants, parce que leurs variations sont très-petites; son intégrale donne alors

$$dt = \frac{\pm\,d\varphi}{\sqrt{c - 2kn^2\cos\varphi}},$$

c étant une constante arbitraire, dont la valeur peut donner lieu aux trois cas suivants :

1° Cette constante peut surpasser $2kn^2$, abstraction faite du signe; alors elle est nécessairement positive : l'angle $\pm \varphi$ croissant indéfiniment, il devient égal à une, deux, trois, ... circonférences.

2° La constante c peut être moindre, abstraction faite du signe, que $2kn^2$, k étant positif. Dans ce cas, le radical $\sqrt{c - 2kn^2 \cos \varphi}$ devient imaginaire, lorsque $\pm \varphi$ est égal à zéro, ou à une, deux, ... circonférences; l'angle φ ne peut donc alors qu'osciller autour de la demi-circonférence à laquelle sa valeur moyenne est égale.

3° La constante c peut être moindre, abstraction faite du signe, que $2kn^2$, k étant négatif. Dans ce cas le radical $\sqrt{c - 2kn^2 \cos \varphi}$ devient imaginaire, lorsque $\pm \varphi$ est égal à un nombre impair de demi-circonférences; l'angle φ ne peut donc alors qu'osciller autour de zéro, en sorte que sa valeur moyenne est nulle.

Le cas de l'égalité entre c et $\pm 2kn^2$ peut être censé compris dans les précédents; il est d'ailleurs infiniment peu probable. Voyons lequel de ces différents cas a lieu dans la nature.

Nous verrons dans la suite que k est une quantité positive; ainsi le troisième cas n'existe point, et l'angle $\pm \varphi$ doit ou croître indéfiniment, ou osciller autour de la demi-circonférence. Supposons

$$\varphi = \pi \pm \varpi,$$

π étant la demi-circonférence dont le rayon est l'unité; nous aurons

$$dt = \cdot \frac{d\varpi}{\sqrt{c + 2kn^2 \cos \varpi}} \cdot$$

Si les angles $\pm \varphi$ et ϖ croissent indéfiniment, c est positif et plus grand que $2kn^2$; on a donc, dans l'intervalle compris depuis $\varpi = 0$ jusqu'à ϖ égal au quart de la circonférence, $dt < \dfrac{d\varpi}{n\sqrt{2k}}$, et par conséquent $t < \dfrac{\varpi}{n\sqrt{2k}}$; ainsi le temps t que l'angle ϖ emploierait à parvenir au quart de la circonférence serait moindre que $\dfrac{\pi}{2n\sqrt{2k}}$. Nous verrons ci-après que ce temps est au-dessous de deux années; or, depuis la découverte des satellites, l'angle ϖ a toujours paru nul, ou du moins très-petit; il ne croît donc point indéfiniment, et il ne peut qu'osciller autour de zéro, en sorte que sa valeur moyenne est nulle. C'est ce que l'observation confirme, et en cela elle fournit une preuve nouvelle et remarquable de l'attraction mutuelle des satellites de Jupiter.

De là résultent plusieurs conséquences importantes. L'équation $v - 3v' + 2v'' = \pi + \varpi$ donne, en égalant séparément à zéro les quantités qui ne sont pas périodiques,

$$nt - 3n't + 2n''t + \varepsilon - 3\varepsilon' + 2\varepsilon'' = \pi,$$

d'où l'on tire $n - 3n' + 2n'' = 0$. Ainsi, 1° le moyen mouvement du premier satellite, plus deux fois celui du troisième, est rigoureusement égal au triple de celui du second satellite; 2° la longitude moyenne du premier, moins trois fois celle du second, plus deux fois celle du troisième, est exactement et constamment égale à la demi-circonférence. Le même résultat a lieu relativement aux longitudes moyennes synodiques; car on peut, dans l'équation

$$nt - 3n't + 2n''t + \varepsilon - 3\varepsilon' + 2\varepsilon'' = \pi,$$

rapporter les angles à un axe mobile suivant une loi quelconque, puisque la position de cet axe disparait dans cette équation; on peut donc y supposer que $nt + \varepsilon$, $n't + \varepsilon'$, $n''t + \varepsilon''$ expriment des longitudes moyennes synodiques.

De là il suit que les trois premiers satellites ne peuvent jamais être éclipsés à la fois. En effet, $nt + \varepsilon$, $n't + \varepsilon'$, $n''t + \varepsilon''$ étant supposés exprimer des longitudes moyennes synodiques, on a, dans les éclipses simultanées du premier et du second satellite, $nt + \varepsilon$ et $n't + \varepsilon'$ égaux à π; l'équation précédente donne donc

$$2n''t + 2\varepsilon'' = 3\pi;$$

ainsi la longitude moyenne du troisième satellite est alors égale à $\frac{3}{2}\pi$.

Dans les éclipses simultanées du premier et du troisième, $nt + \varepsilon$ et $n''t + \varepsilon''$ sont égaux à π, ce qui donne

$$3n't + 3\varepsilon' = 2\pi;$$

ainsi la longitude moyenne synodique du second satellite est alors $\frac{2}{3}\pi$. Enfin, dans les éclipses simultanées du second et du troisième satellite, $n't + \varepsilon'$ et $n''t + \varepsilon''$ sont égaux à π, ce qui donne

$$nt + \varepsilon = 2\pi.$$

La longitude moyenne synodique du premier satellite est donc nulle alors, et, au lieu d'être éclipsé, il peut produire sur Jupiter une éclipse de Soleil.

On a vu, dans le n° 4, que les deux principales inégalités du second satellite, produites par les actions du premier et du troisième, se réunissent, en vertu des théorèmes précédents, dans un seul terme qui forme la grande inégalité que les observations ont indiquée dans le mouvement du second satellite; ces inégalités seront donc constamment réunies, et il n'est point à craindre que dans la suite des siècles elles se séparent.

Sans l'action mutuelle des satellites, les deux équations

$$n - 3n' + 2n'' = 0,$$
$$\varepsilon - 3\varepsilon' + 2\varepsilon'' = \pi$$

n'auraient aucune liaison entre elles; il faudrait supposer d'ailleurs qu'à l'origine les époques et les moyens mouvements des satellites ont été ordonnés de manière à satisfaire à ces équations, ce qui est infiniment peu vraisemblable; et dans ce cas même, la force la plus légère, telle que l'attraction des planètes et des comètes, aurait fini par changer ces rapports. Mais l'action réciproque des satellites fait disparaître ces invraisemblances et donne de la stabilité aux rapports précédents. En effet, on a, par ce qui précède, à l'origine du mouvement,

$$\frac{dv}{ndt} - \frac{3dv'}{ndt} + \frac{2dv''}{ndt} = \pm\sqrt{\frac{c}{n^2} - 2k\cos(\varepsilon - 3\varepsilon' + 2\varepsilon'')},$$

c étant moindre que $2kn^2$; il suffit donc, pour l'exactitude des théorèmes précédents, qu'à l'origine la fonction $\dfrac{dv}{n\,dt} - \dfrac{3\,dv'}{n\,dt} + \dfrac{2\,dv''}{n\,dt}$ ait été comprise entre les limites

$$+ 2\sqrt{\overline{k}}\sin\left(\tfrac{1}{2}\varepsilon - \tfrac{3}{2}\varepsilon' + \varepsilon''\right),$$
$$- 2\sqrt{\overline{k}}\sin\left(\tfrac{1}{2}\varepsilon - \tfrac{3}{2}\varepsilon' + \varepsilon''\right);$$

et, pour la stabilité de ces théorèmes, il suffit que les attractions étrangères laissent toujours la fonction précédente dans ces limites.

Les observations nous apprennent que l'angle ϖ est très-petit, et qu'ainsi l'on peut supposer $\cos\varpi = 1 - \tfrac{1}{2}\varpi^2$; soit donc

$$\frac{c + 2kn^2}{n^2 k} = \delta^2,$$

δ étant une arbitraire, à cause de l'arbitraire c qu'il renferme; l'équation différentielle entre ϖ et t donnera

$$\varpi = \delta\sin\left(nt\sqrt{\overline{k}} + \Lambda\right),$$

Λ étant une nouvelle arbitraire.

Le mouvement des quatre satellites de Jupiter étant déterminé par douze équations différentielles du second ordre, leur théorie doit renfermer vingt-quatre constantes arbitraires : quatre de ces constantes sont relatives aux moyens mouvements des satellites, ou, ce qui revient au même, à leurs moyennes distances; quatre sont relatives aux époques des longitudes moyennes; huit dépendent des excentricités et des aphélies, et huit autres dépendent des inclinaisons et des nœuds des orbites. Les théorèmes précédents établissent deux relations entre les moyens mouvements et les époques des longitudes moyennes des trois premiers satellites, ce qui réduit à vingt-deux ces vingt-quatre arbitraires. C'est pour y suppléer que l'expression de ϖ renferme les deux nouvelles arbitraires δ et Λ.

Si l'on reprend la valeur précédente de $\dfrac{d^2 v}{dt^2}$, en y substituant $\pi + \delta\sin\left(nt\sqrt{\overline{k}} + \Lambda\right)$ au lieu de $v - 3v' + 2v''$, on aura

$$\frac{d^2 v}{dt^2} = \frac{3n^3 m'm''\,\mathrm{F'G}}{8(n - n' - N')}\,\frac{a}{a'}\,\delta\sin\left(nt\sqrt{\overline{k}} + \Lambda\right),$$

ce qui donne, en intégrant et négligeant les constantes arbitraires qui font partie de l'époque et de la longitude moyenne,

$$v = - \frac{3n^3 m'm'' F'G}{8n^2 k(n - n' - N')} \frac{a}{a'} \varepsilon \sin(nt\sqrt{k} + A),$$

et par conséquent, en substituant pour k sa valeur, on a

$$v = \frac{\varepsilon \sin(nt\sqrt{k} + A)}{1 + \frac{9a'm}{4am'} + \frac{a''m}{4am''}}.$$

On trouvera pareillement

$$v' = \frac{- \frac{3a'm}{4am'} \varepsilon \sin(nt\sqrt{k} + A)}{1 + \frac{9a'm}{4am'} + \frac{a''m}{4am''}},$$

$$v'' = \frac{\frac{a''m}{8am''} \varepsilon \sin(nt\sqrt{k} + A)}{1 + \frac{9a'm}{4am'} + \frac{a''m}{4am''}}.$$

Les trois premiers satellites sont donc assujettis à une inégalité dépendante de l'angle $nt\sqrt{k} + A$. Les observations seules peuvent fixer son étendue, qui dépend de l'arbitraire ε, et l'instant où elle est nulle, qui dépend de l'arbitraire A. Cette inégalité mérite une attention particulière de la part des astronomes : on peut la considérer comme une libration des mouvements moyens des trois premiers satellites, en vertu de laquelle la différence des deux premiers, moins le double de la différence du second et du troisième, oscille sans cesse autour de la demi-circonférence; par cette raison, nous désignerons cette inégalité sous le nom de *libration des satellites de Jupiter*. Elle a beaucoup d'analogie avec la libration du sphéroïde lunaire, dont nous avons donné l'analyse dans le Chapitre II du Livre V : elle remplace, comme elle, deux arbitraires des longitudes moyennes; elle est encore insensible comme elle, ce qui tient aux circonstances particulières des mouvements primitifs des satellites.

Les rayons vecteurs des trois satellites sont assujettis à la même inégalité. En effet, elle produit, dans l'expression du moyen mouvement $\int n\,dt$, l'inégalité

$$\frac{6\sin\left(nt\sqrt{k}+\mathrm{A}\right)}{1+\frac{9a'm}{4am'}+\frac{a''m}{4am''}},$$

ce qui donne dans n, considéré comme variable, l'inégalité

$$\frac{n\,6\sqrt{k}\cos\left(nt\sqrt{k}+\mathrm{A}\right)}{1+\frac{9a'm}{4am'}+\frac{a''m}{4am''}}.$$

En désignant cette inégalité par δn, et observant que $a = n^{-\frac{2}{3}}$, on aura

$$\delta a = -\tfrac{2}{3}a\frac{\delta n}{n}\,;$$

c'est la variation du rayon vecteur r, dépendante de l'inégalité précédente. On obtiendra de la même manière les variations correspondantes de r' et r''.

16. La libration des trois premiers satellites de Jupiter modifie toutes leurs inégalités à longues périodes : elle donne à leurs expressions une forme particulière qui les lie entre elles, et qui est un cas très-singulier de l'analyse des perturbations. Supposons que $\lambda\sin(it+o)$ soit une inégalité à longue période du satellite m, qui aurait lieu, si elle n'était pas modifiée par l'action des deux autres satellites. Soient $\lambda'\sin(it+o)$ et $\lambda''\sin(it+o)$ les inégalités correspondantes des satellites m' et m''; on aura, en n'ayant égard qu'à ces inégalités,

$$\frac{d^2v}{dt^2}=-i^2\lambda\,\sin(it+o),$$

$$\frac{d^2v'}{dt^2}=-i^2\lambda'\,\sin(it+o),$$

$$\frac{d^2v''}{dt^2}=-i^2\lambda''\sin(it+o).$$

Mais on a, par ce qui précède, en ne considérant que l'inégalité de la libration,

$$\frac{d^2v}{dt^2} = \frac{kn^2 \sin(v - 3v' + 2v'')}{1 + \frac{9a'm}{4am'} + \frac{a''m}{4am''}}.$$

En réunissant ces deux valeurs de $\frac{d^2v}{dt^2}$, on aura

$$\frac{d^2v}{dt^2} = \frac{kn^2 \sin(v - 3v' + 2v'')}{1 + \frac{9a'm}{4am'} + \frac{a''m}{4am''}} - i^2\lambda\,.\sin(it + o).$$

Soient donc $Q\sin(it + o)$, $Q'\sin(it + o)$ et $Q''\sin(it + o)$ les inégalités de v, v' et v'', dépendantes de $it + o$, et modifiées par l'action réciproque des satellites. En supposant $v - 3v' + 2v''$ égal à

$$\pi + (Q - 3Q' + 2Q')\sin(it + o),$$

on aura

$$\frac{d^2v}{dt^2} = -\left[i^2\lambda + \frac{kn^2(Q - 3Q' + 2Q'')}{1 + \frac{9a'm}{4am'} + \frac{a''m}{4am''}} \right] \sin(it + o),$$

d'où l'on tire, en substituant $Q\sin(it + o)$ pour v dans le premier membre de cette équation,

$$Q = \lambda + \frac{kn^2(Q - 3Q' + 2Q'')}{i^2\left(1 + \frac{9a'm}{4am'} + \frac{a''m}{4am''}\right)}.$$

On trouvera de la même manière

$$Q' = \lambda' - \frac{\frac{3a'm}{4am'}kn^2(Q - 3Q' + 2Q'')}{i^2\left(1 + \frac{9a'm}{4am'} + \frac{a''m}{4am''}\right)},$$

$$Q'' = \lambda'' + \frac{\frac{a''m}{8am''}kn^2(Q - 3Q' + 2Q'')}{i^2\left(1 + \frac{9a'm}{4am'} + \frac{a''m}{4am''}\right)}.$$

Ces trois équations donnent

$$Q - 3Q' + 2Q'' = \frac{i^2(\lambda - 3\lambda' + 2\lambda'')}{i^2 - kn^2};$$

par conséquent,

$$v = \left[\lambda + \frac{kn^2(\lambda - 3\lambda' + 2\lambda'')}{(i^2 - kn^2)\left(1 + \frac{9}{4}\frac{a'm}{am'} + \frac{1}{4}\frac{a''m}{am''}\right)} \right] \sin(it + o),$$

$$v' = \left[\lambda' - \frac{\frac{3}{4}\frac{a'm}{am'}kn^2(\lambda - 3\lambda' + 2\lambda'')}{(i^2 - kn^2)\left(1 + \frac{9}{4}\frac{a'm}{am'} + \frac{1}{4}\frac{a''m}{am''}\right)} \right] \sin(it + o),$$

$$v'' = \left[\lambda'' + \frac{\frac{1}{8}\frac{a''m}{am''}kn^2(\lambda - 3\lambda' + 2\lambda'')}{(i^2 - kn^2)\left(1 + \frac{9}{4}\frac{a'm}{am'} + \frac{1}{4}\frac{a''m}{am''}\right)} \right] \sin(it + o).$$

On doit faire ici une remarque importante. L'analyse précédente suppose i beaucoup plus petit que $n - 2n'$ ou $n' - 2n''$. En effet, pour pouvoir changer, comme nous l'avons fait dans le n° 14, $nt + \varepsilon$, $n't + \varepsilon'$, $n''t + \varepsilon''$ respectivement en v, v', v'' dans l'angle

$$nt - 3n't + 2n''t + \varepsilon - 3\varepsilon' + 2\varepsilon'',$$

il faut que le même changement soit permis dans les expressions de $\frac{r'\partial r'}{a'^2}$ et de $\partial v'$ dont nous avons fait usage dans le numéro cité. Ces expressions dépendent des angles

$$nt - n't + \varepsilon - \varepsilon' \quad \text{et} \quad 2n't - 2n''t + 2\varepsilon' - 2\varepsilon''.$$

Considérons d'abord la partie de $\frac{r'\partial r'}{a'^2}$ dépendante de l'angle

$$nt - n't + \varepsilon - \varepsilon'.$$

On a, par le n° 3, en n'ayant égard qu'aux termes dépendants de $\cos(v - v')$,

$$o = \frac{d^2 . r'\partial r'}{a'^2 dt^2} + N'^2 \frac{r'\partial r'}{a'^2} + P \cos(v - v'),$$

P étant un coefficient constant. Si l'on substitue pour v

$$nt + \varepsilon + Q \sin(it + o),$$

et pour v'

$$n't + \varepsilon' + Q' \sin(it + o),$$

on aura, en développant $\cos(v - v')$ en série,

$$0 = \frac{d^2 . r'\partial r'}{a'^2 dt^2} + \mathrm{N}'^2 \frac{r'\partial r'}{a'^2} + \mathrm{P}\cos(nt - n't + \varepsilon - \varepsilon')$$
$$+ \frac{\mathrm{P}(\mathrm{Q}' - \mathrm{Q})}{2}\cos(nt - n't + \varepsilon - \varepsilon' - it - o)$$
$$- \frac{\mathrm{P}(\mathrm{Q}' - \mathrm{Q})}{2}\cos(nt - n't + \varepsilon - \varepsilon' + it + o),$$

d'où l'on tire, en intégrant, et observant que i et $n - 2n'$ sont très-petits par rapport à n, et que N' diffère très-peu de n',

$$\frac{r'\partial r'}{a'^2} = \frac{\mathrm{P}}{n(n - n' - \mathrm{N}')}\cos(nt - n't + \varepsilon - \varepsilon')$$
$$+ \frac{\mathrm{P}(\mathrm{Q}' - \mathrm{Q})}{2n(n - n' - \mathrm{N}' - i)}\cos(nt - n't + \varepsilon - \varepsilon' - it - o)$$
$$- \frac{\mathrm{P}(\mathrm{Q}' - \mathrm{Q})}{2n(n - n' - \mathrm{N}' + i)}\cos(nt - n't + \varepsilon - \varepsilon' + it + o).$$

Si l'on suppose $\dfrac{i}{n - n' - \mathrm{N}'}$ assez petit pour pouvoir être négligé sans erreur sensible, on aura

$$\frac{r'\partial r'}{a'^2} = \frac{\mathrm{P}}{n(n - n' - \mathrm{N}')}\left\{ \begin{array}{l} \cos(nt - n't + \varepsilon - \varepsilon') \\ + \dfrac{\mathrm{Q}' - \mathrm{Q}}{2}\left[\begin{array}{l} \cos(nt - n't + \varepsilon - \varepsilon' - it - o) \\ - \cos(nt - n't + \varepsilon - \varepsilon' + it + o) \end{array} \right] \end{array} \right\}.$$

En substituant v et v' respectivement pour $nt + \varepsilon + \mathrm{Q}\sin(it + o)$ et $n't + \varepsilon' + \mathrm{Q}'\sin(it + o)$, on aura

$$\frac{r'\partial r'}{a'^2} = \frac{\mathrm{P}}{n(n - n' - \mathrm{N}')}\cos(v - v').$$

Il est aisé de voir que l'inégalité correspondante de $\delta v'$ sera

$$-\frac{2\mathrm{P}}{n(n - n' - \mathrm{N}')}\sin(v - v').$$

On appliquera le même raisonnement aux parties de $\dfrac{r'\partial r'}{a'^2}$ et de $\delta v'$ dépendantes de l'angle $2n't - 2n''t + 2\varepsilon' - 2\varepsilon''$, et l'on trouvera que l'on peut y changer semblablement les angles $n't + \varepsilon'$ et $n''t + \varepsilon''$ respectivement dans v' et v'', pourvu que l'on ne considère que les inégalités de v' et de v'' dépendantes d'un angle quelconque $it + o$, dans lequel i est beaucoup moindre que $n - 2n'$ ou $n' - 2n''$.

L'inégalité dépendante de $Mt + E - I$, que nous avons déterminée dans le n° 8, est de ce genre, sa période étant environ dix fois plus grande que celle de l'angle $nt - 2n't$. L'expression de cette inégalité, trouvée dans le numéro cité, donne, en la comparant à celle-ci $\lambda . \sin(it + o)$,

$$\lambda = -\frac{3M}{n} H,$$

$$\lambda' = -\frac{6M}{n} H,$$

$$\lambda'' = -\frac{12M}{n} H,$$

d'où l'on tire

$$\lambda - 3\lambda' + 2\lambda'' = -\frac{9M}{n} H;$$

on a donc, en n'ayant égard qu'à cette inégalité,

$$\delta v = -\frac{3M}{n}\left[1 + \frac{3kn^2}{(M^2 - kn^2)\left(1 + \frac{9a'm}{4am'} + \frac{a''m}{4am''}\right)}\right] H \sin(Mt + E - I),$$

$$\delta v' = -\frac{6M}{n}\left[1 - \frac{9a'm\,kn^2}{8am'(M^2 - kn^2)\left(1 + \frac{9a'm}{4am'} + \frac{a''m}{4am''}\right)}\right] H \sin(Mt + E - I),$$

$$\delta v'' = -\frac{12M}{n}\left[1 + \frac{3a''m\,kn^2}{32am''(M^2 - kn^2)\left(1 + \frac{9a'm}{4am'} + \frac{a''m}{4am''}\right)}\right] H \sin(Mt + E - I).$$

Nous avons déterminé, dans le n° 12, les inégalités séculaires des satellites. Leurs parties les plus sensibles sont celles qui dépendent des variations séculaires de l'orbite de Jupiter et de la position de son équateur. Les valeurs de i qui leur sont relatives sont très-petites, en sorte que l'on peut négliger i^2, en égard à kn^2; on a donc, en ne considérant que ces inégalités,

$$v = \Sigma'\left[\lambda - \frac{\lambda - 3\lambda' + 2\lambda''}{1 + \frac{9a'm}{4am'} + \frac{a''m}{4am''}}\right]\sin(it + o),$$

$$v' = \Sigma'\left[\lambda' + \frac{3a'm(\lambda - 3\lambda' + 2\lambda'')}{4am'\left(1 + \frac{9a'm}{4am'} + \frac{a''m}{4am''}\right)}\right]\sin(it + o),$$

$$v'' = \Sigma'\left[\lambda'' - \frac{a''m(\lambda - 3\lambda' + 2\lambda'')}{8am''\left(1 + \frac{9a'm}{4am'} + \frac{a''m}{4am''}\right)}\right]\sin(it + o),$$

la caractéristique Σ' se rapportant, comme dans le n° 9, à toutes les inégalités de la forme $\sin(it + o)$. De là on tire

$$v - 3v' + 2v'' = o;$$

ainsi les inégalités à longues périodes, dans lesquelles i^2 est considérablement plus petit que kn^2, ne troublent point les rapports que nous venons d'établir sur les longitudes moyennes et sur les moyens mouvements des trois premiers satellites; par l'action mutuelle de ces corps, ces inégalités se coordonnent de manière à satisfaire à ces rapports. C'est ainsi que nous avons vu, dans le n° 16 du Livre II, que l'action de la Terre sur le sphéroïde lunaire fait participer le mouvement de rotation de ce sphéroïde aux inégalités séculaires de son mouvement de révolution et maintient par là l'égalité de ces deux moyens mouvements.

Représentons par Ct^2, $C't^2$ et $C''t^2$ les équations séculaires des trois premiers satellites, dépendantes des variations séculaires de l'orbite et de l'équateur de Jupiter, et même de la résistance de l'éther, et qui auraient lieu sans l'action mutuelle de ces corps. On aura ces équations séculaires en développant en séries $\Sigma'\lambda\sin(it + o)$, $\Sigma'\lambda'\sin(it + o)$, $\Sigma'\lambda''\sin(it + o)$, jusqu'aux secondes puissances de t, et en observant que les termes des séries indépendants de t se confondent avec les époques des longitudes, et que ceux qui dépendent de la première puissance de t se confondent avec les moyens mouvements. Les expressions précédentes de v, v', v'' donneront ainsi, pour les expressions des équations séculaires modifiées par l'action réciproque des satellites,

$$\left[C - \frac{C - 3C' + 2C''}{1 + \frac{9}{4}\frac{a'm}{am'} + \frac{a''m}{4am''}} \right] t^2,$$

$$\left[C' + \frac{3a'm(C - 3C' + 2C'')}{4am'\left(1 + \frac{9}{4}\frac{a'm}{am'} + \frac{a''m}{4am''}\right)} \right] t^2,$$

$$\left[C'' - \frac{a''m(C - 3C' + 2C'')}{8am''\left(1 + \frac{9}{4}\frac{a'm}{am'} + \frac{a''m}{4am''}\right)} \right] t^2.$$

Ces valeurs peuvent être employées sans erreur sensible pendant plusieurs siècles, et elles suffiront pendant longtemps aux besoins de l'Astronomie.

17. Les rapports presque commensurables des moyens mouvements des trois premiers satellites ajoutent des termes sensibles aux équations (i), (i'), (i'') du n° 6, qui déterminent les variations des excentricités et des périjoves des orbites. Reprenons, en effet, les valeurs de df et de df' du n° 67 du Livre II. Elles donnent, en observant que $\mu = 1$ à fort peu près,

$$d(e\cos\varpi) = - \frac{an\,dt}{\sqrt{1 - e^2}}\left[2\cos v + \tfrac{3}{2}e\cos\varpi + \tfrac{1}{2}e\cos(2v - \varpi) \right]\frac{\partial R}{\partial v}$$
$$- a^2 n\,dt\sqrt{1 - e^2}\sin v\,\frac{\partial R}{\partial r},$$

$$d(e\sin\varpi) = - \frac{an\,dt}{\sqrt{1 - e^2}}\left[2\sin v + \tfrac{3}{2}e\sin\varpi + \tfrac{1}{2}e\sin(2v - \varpi) \right]\frac{\partial R}{\partial v}$$
$$+ a^2 n\,dt\sqrt{1 - e^2}\cos v\,\frac{\partial R}{\partial r}.$$

Si l'on néglige l'excentricité e dans le second membre de cette équation, et si l'on ne considère dans R que les termes

$$- \frac{\rho - \tfrac{1}{2}\rho}{3r^3} + m'A^{(2)}\cos(2v - 2v'),$$

la première de ces équations donnera, en y substituant $a^2 + 2r\,\delta r$ au lieu de r^2, et $nt + \varepsilon + \delta v$ au lieu de v,

$$d(e\cos\varpi) = \tfrac14\,an\,dt\,.\,m'\Lambda^{(2)}\sin(2v - 2v')\cos v$$
$$- a^2 n\,dt\,.\,m'\frac{\partial\Lambda^{(2)}}{\partial a}\cos(2v - 2v')\sin v$$
$$- n\,dt\,\frac{\rho - \frac12\varphi}{a^2}\sin(nt + \varepsilon) - n\,dt\,\frac{\rho - \frac12\varphi}{a^2}\,\delta v\cos(nt + \varepsilon)$$
$$+ \tfrac14\,n\,dt\,\frac{\rho - \frac12\varphi}{a^2}\,\frac{r\,\partial r}{a^2}\sin(nt + \varepsilon).$$

Ne considérons, dans le second membre de cette équation, que les termes dépendants de l'angle $nt - 2n't + \varepsilon - 2\varepsilon'$, et observons que l'on a à très-peu près, par le n° 4,

$$\frac{r\,\partial r}{a^2} = -\frac{m'n\mathrm{F}}{2(2n - 2n' - \mathrm{N})}\cos(2nt - 2n't + 2\varepsilon - 2\varepsilon'),$$
$$\delta v = \frac{m'n\mathrm{F}}{2n - 2n' - \mathrm{N}}\sin(2nt - 2n't + 2\varepsilon - 2\varepsilon'),$$

et que l'on a, par le même numéro,

$$\mathrm{F} = -\tfrac14 a\Lambda^{(2)} - a^2\frac{\partial\Lambda^{(2)}}{\partial a};$$

on aura

$$d(e\cos\varpi) = -\frac{m'\mathrm{F}n\,dt}{2}\left[1 - \frac{(o)}{2n - 2n' - \mathrm{N}}\right]\sin(nt - 2n't + \varepsilon - 2\varepsilon').$$

La longitude moyenne, dans l'ellipse variable, est augmentée, par le n° 7, de termes qui deviennent sensibles à raison des petits diviseurs qui les affectent, et qui dépendent de l'angle $nt - 2n't + \varepsilon - 2\varepsilon' + gt + \Gamma$. Soient

$$Q\sin(nt - 2n't + \varepsilon - 2\varepsilon' + gt + \Gamma),$$
$$Q'\sin(nt - 2n't + \varepsilon - 2\varepsilon' + gt + \Gamma)$$

les termes de v et de v' dépendants de cet angle. Il faut augmenter nt et $n't$ respectivement de ces quantités dans le terme précédent,

$$-\frac{m'\mathrm{F}n\,dt}{2}\left[1 - \frac{(o)}{2n - 2n' - \mathrm{N}}\right]\sin(nt - 2n't + \varepsilon - 2\varepsilon'),$$

et il en résulte, dans l'expression de $d(e\cos\varpi)$, le terme

$$\frac{m'\,\mathrm{F}\,n\,dt}{4}\left[1-\frac{(0)}{2n-2n'-\mathrm{N}}\right](2\mathrm{Q}'-\mathrm{Q})\sin(gt+\Gamma).$$

On a, par le n° 6,

$$e\cos\varpi = -h\cos(gt+\Gamma);$$

il faut donc augmenter la valeur de hg, donnée par l'équation (i) du même numéro, de la quantité

$$\frac{m'\,\mathrm{F}\,n}{4}\left[1-\frac{(0)}{2n-2n'-\mathrm{N}}\right](2\mathrm{Q}'-\mathrm{Q}),$$

ce qui revient à retrancher cette quantité du second membre de cette équation. Le terme

$$\frac{m'\,\mathrm{F}\,n}{4}\cdot\frac{(0)}{2n-2n'-\mathrm{N}}(2\mathrm{Q}'-\mathrm{Q})$$

est de l'ordre du cube de la force perturbatrice; mais, à raison de la grande ellipticité du sphéroïde de Jupiter et de la commensurabilité très-approchée des moyens mouvements des deux premiers satellites, la fraction $\dfrac{(0)}{2n-2n'-\mathrm{N}}$ est à peu près égale à $\frac{1}{6}$; il est donc nécessaire d'y avoir égard.

L'expression de $d(e'\cos\varpi')$ donne pareillement, en ne considérant dans R' que les termes $-\dfrac{\rho-\frac{1}{3}\varphi}{3r'^3}+m\,\Lambda_1^{(1)}\cos(v-v')+m''\Lambda'^{(2)}\cos(2v'-2v'')$,

$$
\begin{aligned}
d(e'\cos\varpi') = {}& -2a'n'\,dt\,.\,m\,\Lambda_1^{(1)}\sin(v-v')\cos v'\\[4pt]
& -a'^2n'\,dt\,.\,m\,\frac{\partial\Lambda_1^{(1)}}{\partial a'}\cos(v-v')\sin v'\\[4pt]
& +4a'n'\,dt\,.\,m''\Lambda'^{(2)}\sin(2v'-2v'')\cos v'\\[4pt]
& -a'^2n'\,dt\,.\,m''\frac{\partial\Lambda'^{(2)}}{\partial a'}\cos(2v'-2v'')\sin v'\\[4pt]
& -n'dt\,\frac{\rho-\frac{1}{2}\varphi}{a'^2}\sin(n't+\varepsilon')-n'dt\,\frac{\rho-\frac{1}{2}\varphi}{a'^2}\,\partial v'\cos(n't+\varepsilon')\\[4pt]
& +\tfrac{1}{4}n'dt\,\frac{\rho-\frac{1}{2}\varphi}{a'^2}\cdot\frac{r'\partial r'}{a'^2}\sin(n't+\varepsilon');
\end{aligned}
$$

or on a, par le n° 4,

$$\frac{r\,\delta r'}{a'^2} = -\frac{mn'\mathrm{G}}{2(n-n'-\mathrm{N}')}\cos(nt-n't+\varepsilon-\varepsilon') - \frac{m''n'\mathrm{F}'}{2(n-n'-\mathrm{N}')}\cos(2n't-2n''t+2\varepsilon'-2\varepsilon''),$$

$$\delta v' = \frac{mn'\mathrm{G}}{n-n'-\mathrm{N}'}\sin(nt-n't+\varepsilon-\varepsilon') + \frac{m''n'\mathrm{F}'}{n-n'-\mathrm{N}'}\sin(2n't-2n''t+2\varepsilon'-2\varepsilon'').$$

Par le même numéro on a, à très-peu près,

$$\mathrm{G} = 2a'\mathrm{A}_1^{(1)} - a'^2\,\frac{\partial\mathrm{A}_1^{(1)}}{\partial a'};$$

on aura donc, en ne conservant que les termes dépendants des angles $nt-2n't+\varepsilon-2\varepsilon'$ et $n't-2n''t+\varepsilon'-2\varepsilon''$,

$$d(e'\cos\varpi') = -\frac{mn'dt}{2}\mathrm{G}\left[1-\frac{(1)}{n-n'-\mathrm{N}'}\right]\sin(nt-2n't+\varepsilon-2\varepsilon'),$$

$$-\frac{m''n'dt}{2}\mathrm{F}'\left[1-\frac{(1)}{n-n'-\mathrm{N}'}\right]\sin(n't-2n''t+\varepsilon'-2\varepsilon'').$$

Soit $\mathrm{Q}''\sin(nt-2n't+\varepsilon-2\varepsilon'+gt+\Gamma)$ le terme de $\delta v''$ que nous avons déterminé dans le n° 7. Si l'on observe que

$$nt-2n't+\varepsilon-2\varepsilon' = \pi + n't-2n''t+\varepsilon'-2\varepsilon'',$$

on aura, dans $d(e'\cos\varpi')$, le terme

$$\frac{m}{4}n'dt\left[1-\frac{(1)}{n-n'-\mathrm{N}'}\right]\mathrm{G}\,(2\mathrm{Q}'-\mathrm{Q})\sin(gt+\Gamma)$$

$$-\frac{m''}{4}n'dt\left[1-\frac{(1)}{n-n'-\mathrm{N}'}\right]\mathrm{F}'(2\mathrm{Q}''-\mathrm{Q}')\sin(gt+\Gamma);$$

il faut donc ajouter au second membre de l'équation (i') du n° 6 la quantité

$$-\frac{m}{4}n'\left[1-\frac{(1)}{n-n'-\mathrm{N}'}\right]\mathrm{G}\,(2\mathrm{Q}'-\mathrm{Q})$$

$$+\frac{m''}{4}n'\left[1-\frac{(1)}{n-n'-\mathrm{N}'}\right]\mathrm{F}'(2\mathrm{Q}''-\mathrm{Q}').$$

On trouvera, de la même manière, qu'il faut ajouter au second membre de l'équation (i'') du même numéro le terme

$$\frac{m'}{4} n'' \left[1 - \frac{(2)}{n' - n'' - N''} \right] G'(2Q'' - Q');$$

les équations (i), (i'), (i'') et (i''') deviennent ainsi

$$(V) \begin{cases}
0 = h \left[g - (0) - \boxed{0} - (0,1) - (0,2) - (0,3) \right] \\
\qquad + \boxed{0,1} h' + \boxed{0,2} h'' + \boxed{0,3} h''' - \frac{m'n}{4} \left[1 - \frac{(0)}{2n - 2n' - N} \right] F(2Q' - Q), \\
0 = h' \left[g - (1) - \boxed{1} - (1,0) - (1,2) - (1,3) \right] \\
\qquad + \boxed{1,0} h + \boxed{1,2} h'' + \boxed{1,3} h''' - \frac{mn'}{4} \left[1 - \frac{(1)}{n - n' - N'} \right] G(2Q' - Q) \\
\qquad + \frac{m''n'}{4} \left[1 - \frac{(1)}{n - n' - N'} \right] F'(2Q'' - Q'), \\
0 = h'' \left[g - (2) - \boxed{2} - (2,0) - (2,1) - (2,3) \right] \\
\qquad + \boxed{2,0} h + \boxed{2,1} h' + \boxed{2,3} h''' + \frac{m'n''}{4} \left[1 - \frac{(2)}{n' - n'' - N''} \right] G'(2Q'' - Q'), \\
0 = h''' \left[g - (3) - \boxed{3} - (3,0) - (3,1) - (3,2) \right] \\
\qquad + \boxed{3,0} h + \boxed{3,1} h' + \boxed{3,2} h''.
\end{cases}$$

On pourrait croire que les équations (II) du n° 10, qui sont relatives aux inclinaisons et aux nœuds des orbites, peuvent, en vertu des considérations précédentes, acquérir quelques termes sensibles dépendants du carré de la force perturbatrice; mais il est facile de se convaincre que cela n'est pas, en considérant les équations différentielles de ces mouvements, trouvées dans le n° **71** du Livre II.

18. Le carré de l'inégalité principale des satellites, que nous avons développée dans les n^{os} **4** et **5**, peut produire un terme sensible, que nous allons déterminer. Cette inégalité peut être supposée relative à une ellipse variable, et, dans ce cas, elle affecte l'excentricité et le périjove de l'orbite. Ainsi $(1)\sin(2nt - 2n't + 2\varepsilon - 2\varepsilon')$ exprimant, par le n° **5**, cette inégalité dans le mouvement du premier satellite, et

$2e\sin(nt + \varepsilon - \varpi)$ étant le premier terme de la partie elliptique de v, si l'on représente par $\delta(e\sin\varpi)$ et par $\delta(e\cos\varpi)$ les variations de $e\sin\varpi$ et $e\cos\varpi$ dépendantes de la force perturbatrice, on aura dans v l'inégalité

$$2\delta(e\cos\varpi)\sin(nt+\varepsilon) - 2\delta(e\sin\varpi)\cos(nt+\varepsilon).$$

Donnons à l'inégalité $(1)\sin(2nt - 2n't + 2\varepsilon - 2\varepsilon')$ la forme suivante

$$(1)\cos(nt - 2n't + \varepsilon - 2\varepsilon')\sin(nt+\varepsilon)$$
$$+ (1)\sin(nt - 2n't + \varepsilon - 2\varepsilon')\cos(nt+\varepsilon).$$

En la comparant à l'inégalité précédente, on aura

$$2\delta(e\sin\varpi) = -(1)\sin(nt - 2n't + \varepsilon - 2\varepsilon'),$$
$$2\delta(e\cos\varpi) = (1)\cos(nt - 2n't + \varepsilon - 2\varepsilon').$$

Ces valeurs sont les mêmes que celles auxquelles nous sommes parvenus dans le numéro précédent. En effet, nous avons trouvé

$$d(e\cos\varpi) = -\frac{m'\,F\,n\,dt}{2}\left[1 - \frac{(0)}{2n - 2n' - N}\right]\sin(nt - 2n't + \varepsilon - 2\varepsilon'),$$

d'où l'on tire, en intégrant,

$$2\delta(e\cos\varpi) = \frac{m'\,F\,n}{n - 2n'}\left[1 - \frac{(0)}{2n - 2n' - N}\right]\cos(nt - 2n't + \varepsilon - 2\varepsilon').$$

Si l'on observe maintenant que N est à très-peu près égal à $n - (0)$, et que, par le n° 4,

$$(1) = \frac{m'\,F\,n}{2n - 2n' - N},$$

on verra que cette seconde valeur de $2\delta(e\cos\varpi)$ coïncide avec la précédente. Maintenant, l'expression elliptique de v contient le terme $\frac{5}{4}e^2\sin(2nt + 2\varepsilon - 2\varpi)$ ou

$$\frac{5}{4}(e^2\cos^2\varpi - e^2\sin^2\varpi)\sin(2nt + 2\varepsilon)$$
$$- \frac{5}{2}e^2\sin\varpi\cos\varpi\cos(2nt + 2\varepsilon).$$

En changeant $e\sin\varpi$ dans $e\sin\varpi + \delta(e\sin\varpi)$ et $e\cos\varpi$ dans

$e \cos \varpi + \delta(e \cos \varpi)$, on voit que l'expression de v contient la fonction

$$\tfrac{5}{4}\left\{[\delta(e\cos\varpi)]^2 - [\delta(e\sin\varpi)]^2\right\}\sin(2nt + 2\varepsilon)$$
$$- \tfrac{5}{2}\delta(e\cos\varpi).\delta(e\sin\varpi).\cos(2nt + 2\varepsilon).$$

En substituant pour $\delta(e\cos\varpi)$ et $\delta(e\sin\varpi)$ leurs valeurs précédentes, il en résulte, dans v, l'inégalité

$$\tfrac{5}{16}(1)^2 \sin(4nt - 4n't + 4\varepsilon - 4\varepsilon').$$

On trouvera de la même manière, dans v', l'inégalité

$$\tfrac{5}{16}(11)^2 \sin(2nt - 2n't + 2\varepsilon - 2\varepsilon'),$$

et, dans v'', l'inégalité

$$\tfrac{5}{16}(111)^2 \sin(2n't - 2n''t + 2\varepsilon' - 2\varepsilon'').$$

Ces inégalités sont très-petites; celle qui est relative à v' est la seule qui mérite d'être considérée.

Le carré de la force perturbatrice introduit encore, dans les coefficients de la principale inégalité des trois premiers satellites, des quantités qui augmentent considérablement par le diviseur $(n - 2n')^2$, qui les affecte. Nous avons eu égard, dans le n° 4, à la partie sensible de ces quantités, qui dépend du produit des masses des satellites par l'ellipticité du sphéroïde de Jupiter, en déterminant avec précision les valeurs de N, N' et N''. Les autres parties sont assez petites pour pouvoir être négligées sans erreur sensible.

19. Nous avons déterminé, dans le n° 13, les équations séculaires du mouvement des satellites de Jupiter, et nous avons observé que la seule partie de ces équations qui puisse devenir sensible à la longue est celle qui dépend des variations séculaires des éléments de l'orbite de Jupiter et de la position de son équateur. Si la partie de dR, dépendante du carré de la force perturbatrice, renfermait des termes de la forme $QH^2 dt$, Q étant un coefficient constant et H étant, comme précédemment, l'excentricité de l'orbe de Jupiter, il est visible que la partie

correspondante de la double intégrale $\int\int 3an\,dt\,dR$, qui entre dans l'expression de v, acquerrait par les intégrations un diviseur de l'ordre du carré de la force perturbatrice, ce qui le rendrait sensible et du même ordre que les quantités déterminées dans le n° 13; il importe donc d'avoir les termes de ce genre ou de s'assurer qu'il n'en existe point.

J'observe d'abord que H^2, dans R, ne peut pas être multiplié par le sinus ou cosinus de $2I$, I étant la longitude du périhélie de Jupiter, parce que la valeur de R est indépendante du point arbitraire où l'on fixe l'origine des longitudes. La partie non périodique de R, due au carré de la force perturbatrice, et multipliée par H^2, ne peut être que le résultat de la combinaison de deux angles qui se détruisent mutuellement sous le signe cosinus; car R ne renferme évidemment que des cosinus. Donnons à H^2 cette forme,

$$H^2 \cos\left[\begin{array}{l} i(nt - Mt + \varepsilon - E) + 2(Mt + E - I) \\ -\, i(nt - Mt + \varepsilon - E) - 2(Mt + E - I) \end{array}\right].$$

Une partie de l'angle compris sous le signe cosinus peut appartenir aux coordonnées de m, et cette partie est la seule que l'on doit faire varier dans R pour obtenir dR; or, quelle que soit cette partie, il est clair que la différentielle du terme précédent est nulle; dR ne renferme donc aucun terme de la forme $QH^2\,dt$, dépendant du carré de la force perturbatrice. Il est visible que le même raisonnement s'applique aux termes dépendants du déplacement de l'équateur et de l'orbite de Jupiter. Ainsi le carré de la force perturbatrice n'introduit aucune quantité sensible dans l'équation séculaire des satellites de Jupiter et dans celle de la Lune.

CHAPITRE VII.

VALEURS NUMÉRIQUES DES INÉGALITÉS PRÉCÉDENTES.

20. Pour réduire en nombres les inégalités déterminées ci-dessus, il faut connaître les durées de la révolution sidérale des satellites et leurs moyennes distances au centre de Jupiter. Ces durées sont, par les Tables :

$$
\begin{array}{ll}
\text{Premier satellite} \ldots \ldots & 1,76913778_7 \\
\text{Second satellite} \ldots \ldots & 3,55118101_7 \\
\text{Troisième satellite} \ldots \ldots & 7,15455280_8 \\
\text{Quatrième satellite} \ldots \ldots & 16,68901939_6
\end{array}
$$

Les valeurs de n, n', n'' et n''' étant réciproques aux durées précédentes, on a

$$
n = n'''.9,433419,
$$
$$
n' = n'''.4,699569,
$$
$$
n'' = n'''.2,332643.
$$

Pour déterminer les moyennes distances a, a', a'' et a''', nous observerons que la plus grande élongation du quatrième satellite à Jupiter, dans ses moyennes distances, et vue de la moyenne distance de Jupiter au Soleil, a été observée par Pound, de $1530'',864$. A cette même distance, le diamètre de l'équateur de Jupiter a été observé par le même astronome, de $120'',3704$; en prenant donc ce demi-diamètre pour unité, on a

$$
a''' = 25,43590.
$$

Il peut y avoir, sur ce rapport de a''' au demi-diamètre de Jupiter, une incertitude, qui tient principalement à l'évaluation du diamètre de

Jupiter et à l'influence de l'irradiation sur sa mesure; mais elle ne peut produire d'erreur sensible dans les résultats suivants; seulement l'unité dont nous faisons usage peut ne pas représenter exactement le demi-diamètre de l'équateur de Jupiter.

Quant aux distances a, a', a'', il est beaucoup plus exact de les déduire de la valeur de a'', par la loi de Kepler, que de les tirer immédiatement des observations. Suivant cette loi, la moyenne distance a du premier satellite au centre de Jupiter est $a'' \sqrt[3]{\frac{n''^2}{n^2}}$. Mais l'exactitude de cette expression est un peu altérée par les forces perturbatrices du mouvement des satellites, qui, comme on l'a vu dans le n° 3, ajoutent aux moyennes distances a et a'' les quantités δa et $\delta a''$, dont nous avons donné les valeurs analytiques dans le même numéro. Le seul terme sensible de ces valeurs est celui qui dépend de l'aplatissement de Jupiter, et qui, pour δa, est égal à $a\,\frac{\rho - \frac{1}{2}\varphi}{3a^2}$; il faut donc ajouter cette quantité à la valeur de a, que donne l'équation $n^2 = \frac{1}{a^3}$; on a ainsi

$$a = n^{-\frac{2}{3}}\left(1 + \frac{1}{3}\,\frac{\rho - \frac{1}{2}\varphi}{a^2}\right).$$

On a, par la même raison,

$$a'' = n''^{-\frac{2}{3}}\left(1 + \frac{1}{3}\,\frac{\rho - \frac{1}{2}\varphi}{a''^2}\right);$$

on aura donc

$$a = \left[1 + \tfrac{1}{3}(\rho - \tfrac{1}{2}\varphi)\left(\frac{1}{a^2} - \frac{1}{a''^2}\right)\right] a'' \sqrt[3]{\frac{n''^2}{n^2}},$$

expression dans laquelle on peut substituer $a'' \sqrt[3]{\frac{n''^2}{n^2}}$ au lieu de a dans le diviseur $\frac{1}{a^2}$. Il est facile d'en conclure les expressions de a' et de a''. La valeur de $\rho - \frac{1}{2}\varphi$ peut être déterminée avec précision par les mouvements des orbites des satellites. Une première approximation m'a donné $0,0217794$ pour cette quantité : cette valeur est suffisamment approchée pour que l'erreur dont elle est encore susceptible n'ait aucune influence sensible sur les déterminations suivantes. On trouve ainsi

$$a = 5,698491,$$
$$a' = 9,066548,$$
$$a'' = 14,461893,$$
$$a''' = 25,43590.$$

En comparant ensuite les satellites deux à deux, on a conclu, au moyen de ces valeurs et des formules du n° 49 du Livre II, les résultats suivants :

Premier et second satellites.

$$z = 0,62851829,$$

d'où l'on a conclu

$$b'^{(0)}_{-\frac{1}{2}} = 2,202968796, \quad b'^{(1)}_{-\frac{1}{2}} = -0,595719117.$$

Ensuite

$$b^{(0)}_{\frac{1}{2}} = 2,2588400, \quad b^{(1)}_{\frac{1}{2}} = 0,7543117, \quad b^{(2)}_{\frac{1}{2}} = 0,3632143,$$

$$b^{(3)}_{\frac{1}{2}} = 0,1923542, \quad b^{(4)}_{\frac{1}{2}} = 0,1065115, \quad b^{(5)}_{\frac{1}{2}} = 0,0605324,$$

$$b^{(6)}_{\frac{1}{2}} = 0,0349955, \quad b^{(7)}_{\frac{1}{2}} = 0,0204800 ;$$

$$\frac{db^{(0)}_{\frac{1}{2}}}{dx} = 1,099916, \quad \frac{db^{(1)}_{\frac{1}{2}}}{dx} = 1,750014, \quad \frac{db^{(2)}_{\frac{1}{2}}}{dx} = 1,452760,$$

$$\frac{db^{(3)}_{\frac{1}{2}}}{dx} = 1,084600, \quad \frac{db^{(4)}_{\frac{1}{2}}}{dx} = 0,773248, \quad \frac{db^{(5)}_{\frac{1}{2}}}{dx} = 0,537010,$$

$$\frac{db^{(6)}_{\frac{1}{2}}}{dx} = 0,366639,$$

$$b^{(3)}_{\frac{3}{2}} = 2,571615.$$

Premier et troisième satellites.

$$\alpha = 0,394034909,$$

d'où l'on a conclu

$$b^{(0)}_{-\frac{1}{2}} = 2,078416242, \quad b^{(1)}_{-\frac{1}{2}} = -0,386231350.$$

Ensuite

$$b^{(0)}_{\frac{1}{2}} = 2,0852433, \quad b^{(1)}_{\frac{1}{2}} = 0,4194902, \quad b^{(2)}_{\frac{1}{2}} = 0,1248495,$$

$$b^{(3)}_{\frac{1}{2}} = 0,0411410, \quad b^{(4)}_{\frac{1}{2}} = 0,0142110, \quad b^{(5)}_{\frac{1}{2}} = 0,0050800;$$

$$\frac{db^{(0)}_{\frac{1}{2}}}{d\alpha} = 0,476087, \quad \frac{db^{(1)}_{\frac{1}{2}}}{d\alpha} = 1,208235, \quad \frac{db^{(2)}_{\frac{1}{2}}}{d\alpha} = 0,681369,$$

$$\frac{db^{(3)}_{\frac{1}{2}}}{d\alpha} = 0,329802, \quad \frac{db^{(4)}_{\frac{1}{2}}}{d\alpha} = 0,149798.$$

Premier et quatrième satellites.

$$\alpha = 0,224033410,$$

d'où l'on a conclu

$$b^{(0)}_{-\frac{1}{2}} = 2,025175212, \quad b^{(1)}_{-\frac{1}{2}} = -0,222618894.$$

Ensuite

$$b^{(0)}_{\frac{1}{2}} = 2,025831, \quad b^{(1)}_{\frac{1}{2}} = 0,228387, \quad b^{(2)}_{\frac{1}{2}} = 0,0384562,$$

$$b^{(3)}_{\frac{1}{2}} = 0,0071873, \quad b^{(4)}_{\frac{1}{2}} = 0,0014098, \quad b^{(5)}_{\frac{1}{2}} = 0,0002846;$$

$$\frac{db^{(0)}_{\frac{1}{2}}}{d\alpha} = 0,237381, \quad \frac{db^{(1)}_{\frac{1}{2}}}{d\alpha} = 1,059579, \quad \frac{db^{(2)}_{\frac{1}{2}}}{d\alpha} = 0,350827,$$

$$\frac{db^{(3)}_{\frac{1}{2}}}{d\alpha} = 0,097721, \quad \frac{db^{(4)}_{\frac{1}{2}}}{d\alpha} = 0,025197.$$

Second et troisième satellites.

$$\alpha = 0,626926714,$$

d'où l'on a conclu

$$b^{(0)}_{-\frac{1}{2}} = 2,201911334, \quad b^{(1)}_{-\frac{1}{2}} = -0,594386339.$$

Ensuite

$$b^{(0)}_{\frac{1}{2}} = 2,3570986, \quad b^{(1)}_{\frac{1}{2}} = 0,7515340, \quad b^{(2)}_{\frac{1}{2}} = 0,3609108.$$

$$b^{(3)}_{\frac{1}{2}} = 0,1906386, \quad b^{(4)}_{\frac{1}{2}} = 0,1052935, \quad b^{(5)}_{\frac{1}{2}} = 0,0596691.$$

$$b^{(6)}_{\frac{1}{2}} = 0,0344428, \quad b^{(7)}_{\frac{1}{2}} = 0,0201075;$$

$$-\frac{db^{(0)}_{\frac{1}{2}}}{d\alpha} = 1,093150, \quad -\frac{db^{(1)}_{\frac{1}{2}}}{d\alpha} = 1,743650, \quad -\frac{db^{(2)}_{\frac{1}{2}}}{d\alpha} = 1,444842.$$

$$-\frac{db^{(3)}_{\frac{1}{2}}}{d\alpha} = 1,076290, \quad -\frac{db^{(4)}_{\frac{1}{2}}}{d\alpha} = 0,765517, \quad -\frac{db^{(5)}_{\frac{1}{2}}}{d\alpha} = 0,530315.$$

$$-\frac{db^{(6)}_{\frac{1}{2}}}{d\alpha} = 0,361124;$$

$$b^{(3)}_{\frac{3}{2}} = 2,537577.$$

Second et quatrième satellites.

$$\alpha = 0,356447000,$$

d'où l'on a conclu

$$b^{(0)}_{-\frac{1}{2}} = 2,064048552, \quad b^{(1)}_{-\frac{1}{2}} = -0,350692291.$$

Ensuite

$$b^{(0)}_{\frac{1}{2}} = 2,0685085, \quad b^{(1)}_{\frac{1}{2}} = 0,374917, \quad b^{(2)}_{\frac{1}{2}} = -0,1008003,$$

$$b^{(3)}_{\frac{1}{2}} = 0,0300272, \quad b^{(4)}_{\frac{1}{2}} = 0,0093817, \quad b^{(5)}_{\frac{1}{2}} = 0,0030277;$$

$$-\frac{db^{(0)}_{\frac{1}{2}}}{d\alpha} = 0,415141, \quad -\frac{db^{(1)}_{\frac{1}{2}}}{d\alpha} = 1,164667, \quad -\frac{db^{(2)}_{\frac{1}{2}}}{d\alpha} = 0,599392,$$

$$-\frac{db^{(3)}_{\frac{1}{2}}}{d\alpha} = 0,263317, \quad -\frac{db^{(4)}_{\frac{1}{2}}}{d\alpha} = 0,108542.$$

Troisième et quatrième satellites.

$$x = 0,568562391,$$

d'où l'on a conclu

$$b^{(0)}_{-\frac{1}{2}} = 2,165200864, \quad b^{(1)}_{-\frac{1}{2}} = -0,544549802.$$

Ensuite

$$b^{(0)}_{\frac{1}{2}} = 2,1996536, \quad b^{(1)}_{\frac{1}{2}} = 0,6558357, \quad b^{(2)}_{\frac{1}{2}} = 0,284370.$$

$$b^{(3)}_{\frac{1}{2}} = 0,135969, \quad b^{(4)}_{\frac{1}{2}} = 0,068124, \quad b^{(5)}_{\frac{1}{2}} = 0,035180.$$

$$b^{(6)}_{\frac{1}{2}} = 0,018696, \quad b^{(7)}_{\frac{1}{2}} = 0,010398;$$

$$\frac{db^{(0)}_{\frac{1}{2}}}{dx} = 0,878931, \quad \frac{db^{(1)}_{\frac{1}{2}}}{dx} = 1,545882, \quad \frac{db^{(2)}_{\frac{1}{2}}}{dx} = 1,190293,$$

$$\frac{db^{(3)}_{\frac{1}{2}}}{dx} = 0,812421, \quad \frac{db^{(4)}_{\frac{1}{2}}}{dx} = 0,526520, \quad \frac{db^{(5)}_{\frac{1}{2}}}{dx} = 0,330751.$$

$$\frac{db^{(6)}_{\frac{1}{2}}}{dx} = 0,201993.$$

21. Au moyen de ces valeurs et des formules du n° 3, on a conclu les résultats suivants, dans lesquels on a supposé, comme dans le numéro précédent,

$$p - \tfrac{1}{3}q = 0,0217794.$$

Les valeurs de N, N', N'' et N''' dépendent de cette quantité, et elle est principalement sensible dans la valeur de N. Ces valeurs dépendent encore des masses m, m', m'' et m''' des satellites. Une première approximation m'a donné

$$m = 0,0000184113,$$
$$m' = 0,0000258325,$$
$$m'' = 0,0000865185,$$
$$m''' = 0,00005590808,$$

la masse de Jupiter étant prise pour unité. La petitesse de l'influence de ces masses sur les valeurs de N, N', ... rend insensibles les erreurs qui peuvent avoir lieu dans les évaluations précédentes. La masse m' est multipliée dans l'expression de N^2 par la fonction

$$a^2 \frac{\partial \Lambda^{(0)}}{\partial a} + \tfrac{1}{2} a^3 \frac{\partial^2 \Lambda^{(0)}}{\partial a^2};$$

cette fonction est, par le n° **55** du Livre II, égale à

$$\frac{3\alpha^2 b^{(1)}_{-\frac{1}{2}}}{2(1-\alpha^2)^2};$$

on pourra donc l'obtenir aisément, ainsi que les fonctions analogues, au moyen des résultats numériques donnés précédemment. Cela posé, on a trouvé

$$N = n''.9,4269167, \qquad N'' = n''.2,3323090,$$
$$N' = n''.4,6979499, \qquad N''' = n'''.0,9999070.$$

En supposant ensuite la révolution sidérale de Jupiter, de $4332^{\text{j}},602208$, on a

$$M = n'''.0,0038\overline{5}196;$$

de là on a conclu les formules suivantes (¹), dans lesquelles les quantités m, m', m'' et m''' expriment les masses des satellites, multipliées par 10000 :

$$\delta v = m' \begin{cases} 187'',4465 . \sin \ (n't - nt + \varepsilon' - \varepsilon) \\ -2136'',4863 . \sin 2(n't - nt + \varepsilon' - \varepsilon) \\ -\ \ 70'',8315 . \sin 3(n't - nt + \varepsilon' - \varepsilon) \\ -\ \ 16'',1926 . \sin 4(n't - nt + \varepsilon' - \varepsilon) \\ -\ \ \ 5'',4039 . \sin 5(n't - nt + \varepsilon' - \varepsilon) \\ -\ \ \ 2'',1433 . \sin 6(n't - nt + \varepsilon' - \varepsilon) \end{cases}$$

(¹) M. Airy (*Mémoires de la Société Royale Astronomique de Londres*, t. VI. p. 88 et suiv.) a signalé dans ces formules plusieurs erreurs qui ont été corrigées par Bowditch dans l'édition américaine. Nous avons reproduit ici, sans aucun changement, le texte de l'édition princeps; mais on trouvera à la fin du volume la liste des corrections proposées par ces deux auteurs.   V. P.

$$+\, m'' \left\{ \begin{array}{l} 21'',9334.\sin\ (n''t - nt + \varepsilon' - \varepsilon) \\ -\ 18'',5197.\sin 2(n''t - nt + \varepsilon' - \varepsilon) \\ -\ 1'',9017.\sin 3(n''t - nt + \varepsilon'' - \varepsilon) \\ -\ 0'',3569.\sin 4(n''t - nt + \varepsilon'' - \varepsilon) \end{array} \right.$$

$$+\, m'' \left\{ \begin{array}{l} 3'',6109.\sin\ (n''t - nt + \varepsilon'' - \varepsilon) \\ -\ 1'',5588.\sin 2(n''t - nt + \varepsilon'' - \varepsilon) \\ -\ 0'',1079.\sin 3(n''t - nt + \varepsilon'' - \varepsilon) \end{array} \right.$$

$$+\, 0'',1460.\sin(2nt - 2Mt + 2\varepsilon - 2E),$$

$$\delta r = m' \left\{ \begin{array}{l} 0,00084865 \\ +\ 0,00046652.\cos\ (n't - nt + \varepsilon' - \varepsilon) \\ -\ 0,09764199.\cos 2(n't - nt + \varepsilon' - \varepsilon) \\ -\ 0,00040917.\cos 3(n't - nt + \varepsilon' - \varepsilon) \\ -\ 0,00010761.\cos 4(n't - nt + \varepsilon' - \varepsilon) \\ -\ 0,00003824.\cos 5(n't - nt + \varepsilon' - \varepsilon) \\ -\ 0,00001642.\cos 6(n't - nt + \varepsilon' - \varepsilon) \end{array} \right.$$

$$+\, m'' \left\{ \begin{array}{l} 0,00000703 \\ +\ 0,00007780.\cos\ (n''t - nt + \varepsilon'' - \varepsilon) \\ -\ 0,00010631.\cos 2(n''t - nt + \varepsilon'' - \varepsilon) \\ -\ 0,00001310.\cos 3(n''t - nt + \varepsilon'' - \varepsilon) \\ -\ 0,00000269.\cos 4(n''t - nt + \varepsilon'' - \varepsilon) \end{array} \right.$$

$$+\, m'' \left\{ \begin{array}{l} 0,00000113 \\ +\ 0,00001478.\cos\ (n''t - nt + \varepsilon'' - \varepsilon) \\ -\ 0,00000968.\cos 2(n'''t - nt + \varepsilon'' - \varepsilon) \\ -\ 0,00000078.\cos 3(n''t - nt + \varepsilon'' - \varepsilon) \end{array} \right.$$

$$+\, 0,00000095$$

$$-\, 0,00000095.\cos(2Mt - 2nt + 2E - 2\varepsilon),$$

$$\delta v' = m \begin{cases} - 6951'',4660 . \sin\ (nt\ - n't + \varepsilon\ - \varepsilon') \\ -\quad 52'',6315 . \sin 2 (nt\ - n't + \varepsilon\ - \varepsilon') \\ -\quad 10'',5253 . \sin 3 (nt\ - n't + \varepsilon\ - \varepsilon') \\ -\quad\ 3'',3448 . \sin 4 (nt\ - n't + \varepsilon\ - \varepsilon') \\ -\quad\ 1'',2969 . \sin 5 (nt\ - n't + \varepsilon\ - \varepsilon') \end{cases}$$

$$+ m'' \begin{cases} \quad 184'',5172 . \sin\ (n''t - n't + \varepsilon'' - \varepsilon') \\ -12108'',9920 . \sin 2 (n''t - n't + \varepsilon'' - \varepsilon') \\ -\quad 68'',8828 . \sin 3 (n''t - n't + \varepsilon'' - \varepsilon') \\ -\quad 15'',7643 . \sin 4 (n''t - n't + \varepsilon'' - \varepsilon') \\ -\quad\ 5'',2597 . \sin 5 (n''t - n't + \varepsilon'' - \varepsilon') \\ -\quad\ 2'',0814 . \sin 6 (n''t - n't + \varepsilon'' - \varepsilon') \end{cases}$$

$$+ m''' \begin{cases} \quad 12'',3755 . \sin\ (n'''t - n't + \varepsilon''' - \varepsilon') \\ -\ 10'',8356 . \sin 2 (n'''t - n't + \varepsilon''' - \varepsilon') \\ -\quad 1'',0646 . \sin 3 (n'''t - n't + \varepsilon''' - \varepsilon') \end{cases}$$

$$+ 0'',5881 . \sin (2n't - 2Mt + 2\varepsilon' - 2E),$$

$$\delta r' = m \begin{cases} - 0,00044608 \\ + 0,05069318 . \cos\ (nt\ - n't + \varepsilon\ - \varepsilon') \\ + 0,00059197 . \cos 2 (nt\ - n't + \varepsilon\ - \varepsilon') \\ + 0,00014002 . \cos 3 (nt\ - n't + \varepsilon\ - \varepsilon') \\ + 0,00004784 . \cos 4 (nt\ - n't + \varepsilon\ - \varepsilon') \\ + 0,00001928 . \cos 5 (nt\ - n't + \varepsilon\ - \varepsilon') \end{cases}$$

$$+ m'' \begin{cases} \quad 0,00006497 \\ + 0,00073255 . \cos\ (n''t - n't + \varepsilon'' - \varepsilon') \\ - 0,08670960 . \cos 2 (n''t - n't + \varepsilon'' - \varepsilon') \\ - 0,00063398 . \cos 3 (n''t - n't + \varepsilon'' - \varepsilon') \\ - 0,00016685 . \cos 4 (n''t - n't + \varepsilon'' - \varepsilon') \\ - 0,00006067 . \cos 5 (n''t - n't + \varepsilon'' - \varepsilon') \end{cases}$$

$$+\, m'' \left\{ \begin{array}{l} 0,00000798 \\[2pt] +\,0,00007146.\cos\,(n''t - n't + \varepsilon'' - \varepsilon') \\[2pt] -\,0,00010133.\cos 2(n''t - n't + \varepsilon'' - \varepsilon') \\[2pt] -\,0,00001189.\cos 3(n''t - n't + \varepsilon'' - \varepsilon') \end{array} \right.$$

$$+\,0,00000609$$

$$-\,0,00000609.\cos(2\mathrm{M}t - 2n't + 2\mathrm{E} - 3\varepsilon');$$

$$\delta v'' = m \left\{ \begin{array}{l} 24'',2648.\sin\,(nt - n''t + \varepsilon - \varepsilon'') \\[2pt] -\quad 0'',7044.\sin 2(nt - n''t + \varepsilon - \varepsilon'') \\[2pt] -\quad 0'',1277.\sin 3(nt - n''t + \varepsilon - \varepsilon'') \end{array} \right.$$

$$+\,m' \left\{ \begin{array}{l} -\ 3478'',2675.\sin\,(n't - n''t + \varepsilon' - \varepsilon'') \\[2pt] -\quad 50'',9399.\sin 2(n't - n''t + \varepsilon' - \varepsilon'') \\[2pt] -\quad 10'',2071.\sin 3(n't - n''t + \varepsilon' - \varepsilon'') \\[2pt] -\quad 3'',2305.\sin 4(n't - n''t + \varepsilon' - \varepsilon'') \\[2pt] -\quad 1'',2551.\sin 5(n't - n''t + \varepsilon' - \varepsilon'') \\[2pt] -\quad 0'',5453.\sin 6(n't - n''t + \varepsilon' - \varepsilon'') \end{array} \right.$$

$$+\,m'' \left\{ \begin{array}{l} 106'',1614.\sin\,(n'''t - n''t + \varepsilon''' - \varepsilon'') \\[2pt] -\ 362'',1030.\sin 2(n'''t - n''t + \varepsilon''' - \varepsilon'') \\[2pt] -\quad 25'',4655.\sin 3(n'''t - n''t + \varepsilon''' - \varepsilon'') \\[2pt] -\quad 5'',9227.\sin 4(n'''t - n''t + \varepsilon''' - \varepsilon'') \\[2pt] -\quad 1'',8800.\sin 5(n'''t - n''t + \varepsilon''' - \varepsilon'') \\[2pt] -\quad 0'',6997.\sin 6(n'''t - n''t + \varepsilon''' - \varepsilon'') \end{array} \right.$$

$$+\,2'',3870.\sin(2n''t - 2\mathrm{M}t + 2\varepsilon'' - 2\mathrm{E}),$$

$$\delta r'' = m \left\{ \begin{array}{l} -\ 0,00054798 \\[2pt] +\,0,00059147.\cos\,(nt - n''t + \varepsilon - \varepsilon'') \\[2pt] +\,0,00001906.\cos 2(nt - n''t + \varepsilon - \varepsilon'') \\[2pt] +\,0,00000348.\cos 3(nt - n''t + \varepsilon - \varepsilon'') \end{array} \right.$$

$$+ m' \left\{ \begin{array}{l} - 0,00070942 \\ + 0,04137743.\cos\ (n'l - n''l + \varepsilon' - \varepsilon'') \\ + 0,00091726.\cos 2(n'l - n''l + \varepsilon' - \varepsilon'') \\ + 0,00021712.\cos 3(n'l - n''l + \varepsilon' - \varepsilon'') \\ + 0,00007409.\cos 4(n'l - n''l + \varepsilon' - \varepsilon'') \\ + 0,00002980.\cos 5(n'l - n''l + \varepsilon' - \varepsilon'') \\ + 0,00001318.\cos 6(n'l - n''l + \varepsilon' - \varepsilon'') \end{array} \right.,$$

$$+ m'' \left\{ \begin{array}{l} 0,00006850 \\ + 0,00075191.\cos\ (n''l - n''l + \varepsilon'' - \varepsilon'') \\ - 0,00044961\ \ .\cos 2(n''l - n''l + \varepsilon'' - \varepsilon'') \\ - 0,00039801.\cos 3(n''l - n''l + \varepsilon'' - \varepsilon'') \\ - 0,00010474.\cos 4(n''l - n''l + \varepsilon'' - \varepsilon'') \\ - 0,00003569.\cos 5(n''l - n''l + \varepsilon'' - \varepsilon'') \\ - 0,00001379.\cos 6(n''l - n''l + \varepsilon'' - \varepsilon'') \end{array} \right.,$$

$$+ 0,00003944$$

$$- 0,00003944.\cos(2Ml - 2n'''l + 2E - 2\varepsilon''');$$

$$\delta v'' = m \left\{ \begin{array}{l} + 14'',2458.\sin\ (nl - n''l + \varepsilon - \varepsilon'') \\ - 0'',0206.\sin 2(nl - n''l + \varepsilon - \varepsilon''') \end{array} \right.$$

$$+ m' \left\{ \begin{array}{l} 32'',4521.\sin\ (n'l - n''l + \varepsilon' - \varepsilon'') \\ - 0'',3085.\sin 2(n'l - n''l + \varepsilon' - \varepsilon''') \\ - 0'',0540.\sin 3(n'l - n''l + \varepsilon' - \varepsilon'') \end{array} \right.$$

$$+ m'' \left\{ \begin{array}{l} - 35'',4372.\sin\ (n''l - n''l + \varepsilon'' - \varepsilon'') \\ - 15'',9570.\sin 2(n''l - n''l + \varepsilon'' - \varepsilon''') \\ - 3'',3293.\sin 3(n''l - n''l + \varepsilon'' - \varepsilon''') \\ - 1'',0197.\sin 4(n''l - n''l + \varepsilon'' - \varepsilon''') \\ - 0'',3735.\sin 5(n''l - n''l + \varepsilon'' - \varepsilon'') \end{array} \right.$$

$$+ 12'',9881.\sin(2n'''l - 2Ml - 2\varepsilon''' - 2E),$$

$$\delta r'' = m \left\{ \begin{array}{l} - 0,0008852 \\ + 0,0005708.\cos\left(nt - n't + \varepsilon - \varepsilon''\right) \\ + 0,0000113.\cos 2\left(nt - n''t + \varepsilon - \varepsilon''\right) \end{array} \right.$$

$$+ m' \left\{ \begin{array}{l} - 0,0009398 \\ + 0,0009758.\cos\left(n't - n''t + \varepsilon' - \varepsilon''\right) \\ + 0,0000109.\cos 2\left(n't - n''t + \varepsilon' - \varepsilon''\right) \\ + 0,00000166.\cos 3\left(n't - n''t + \varepsilon' - \varepsilon''\right) \end{array} \right.$$

$$+ m'' \left\{ \begin{array}{l} - 0,0011443 \\ + 0,0032607.\cos\left(n''t - n''t + \varepsilon'' - \varepsilon''\right) \\ + 0,0005836.\cos 2\left(n''t - n''t + \varepsilon'' - \varepsilon''\right) \\ + 0,0001364.\cos 3\left(n''t - n''t + \varepsilon'' - \varepsilon''\right) \end{array} \right.$$

$$+ 0,0003774$$

$$- 0,0003774.\cos\left(2\,\mathrm{M}t - 2n''t + 2\,\mathrm{E} - 2\varepsilon''\right).$$

22. Considérons maintenant les inégalités dépendantes des excentricités des orbites. Représentons, comme dans le n° 17, les inégalités de δv, $\delta v'$, $\delta v''$, dépendantes de l'angle $nt - 2n't + \varepsilon - 2\varepsilon' + gt + \Gamma$, par

$$\mathrm{Q} \ \sin\left(nt - 2n't + \varepsilon - 2\varepsilon' + gt + \Gamma\right),$$

$$\mathrm{Q}' \sin\left(nt - 2n't + \varepsilon - 2\varepsilon' + gt + \Gamma\right),$$

$$\mathrm{Q}'' \sin\left(nt - 2n't + \varepsilon - 2\varepsilon' + gt + \Gamma\right).$$

On aura, par le n° 7,

$$\mathrm{Q} = - \frac{3m'n^2}{2\left(n - 2n' + g\right)^2}\left(\mathrm{F}h + \frac{a}{a'}\,\mathrm{G}h'\right),$$

$$\mathrm{Q}' = \frac{3n'^2}{\left(n - 2n' + g\right)^2}\left[m\left(\mathrm{G}h' + \frac{a'}{a}\,\mathrm{F}h\right) + \frac{m''}{2}\left(\mathrm{F}'h' + \frac{a'}{a''}\,\mathrm{G}'h''\right)\right],$$

$$\mathrm{Q}'' = - \frac{3m'n''^2}{\left(n - 2n' + g\right)^2}\left(\mathrm{G}'h'' + \frac{a''}{a'}\,\mathrm{F}'h'\right).$$

Nous avons donné, dans le n° 4, les valeurs analytiques de F, G, F', G', ce qui donne, pour les valeurs numériques,

$$F = 1,483732,$$
$$G = -0,857159,$$
$$F' = 1,466380,$$
$$G' = -0,855370.$$

Au moyen de ces valeurs on trouve

$$Q = -m' \frac{16,850204.h - 6.118274.h'}{\left(1 + \dfrac{g}{3001300''}\right)^2},$$

$$Q' = m \frac{13,307450.h - 4,831907.h'}{\left(1 + \dfrac{g}{3001300''}\right)^2}$$
$$+ m'' \frac{4,133080.h' - 1,511467.h''}{\left(1 + \dfrac{g}{3001300''}\right)^2},$$

$$Q'' = -m' \frac{3,248934.h' - 1,188133.h''}{\left(1 + \dfrac{g}{3001300''}\right)^2}.$$

On déterminera les quantités h, h', h'', h''' et g au moyen des équations (V) du n° 17. Pour réduire ces équations en nombres, nous observerons que, la valeur $0,0217794$, qu'une première approximation m'a donnée pour $\rho - \frac{1}{2}\varphi$, étant susceptible d'incertitude, nous ferons

$$\rho - \tfrac{1}{2}\varphi = \nu.0,0217794,$$

ν étant un coefficient indéterminé. On trouve ainsi, par le n° 6,

$$(0) = 553878'',76.\nu, \qquad \boxed{0} = 103'',27,$$
$$(1) = 109003'',20.\nu, \qquad \boxed{1} = 207'',29,$$
$$(2) = 21264'',89.\nu, \qquad \boxed{2} = 417'',63,$$
$$(3) = 2946'',95.\nu, \qquad \boxed{3} = 974'',19;$$

$$(0,1) = m'.\ 39826'',00, \qquad \boxed{0,1} = m'.29516'',02,$$
$$(0,2) = m''.\ 5205'',05, \qquad \boxed{0,2} = m''.\ 2511'',39,$$
$$(0,3) = m''.\ 767'',12, \qquad \boxed{0,3} = m''.\ 213'',46;$$

$$(1,0) = m\ .\ 31573'',71, \qquad \boxed{1,0} = m\ .23400'',04,$$
$$(1,2) = m''.\ 19566'',65, \qquad \boxed{1,2} = m''.14169'',66,$$
$$(1,3) = m''.\ 1804'',18, \qquad \boxed{1,3} = m''.\ 790'',56;$$

$$(2,0) = m\ .\ 3267'',32, \qquad \boxed{2,0} = m\ .\ 1576'',46,$$
$$(2,1) = m'.\ 15192'',62, \qquad \boxed{2,1} = m'.11456'',90,$$
$$(2,3) = m''.\ 5886'',85, \qquad \boxed{2,3} = m''.\ 3995'',03;$$

$$(3,0) = m\ .\ 363'',09, \qquad \boxed{3,0} = m\ .\ 101'',03,$$
$$(3,1) = m'.\ 1077'',15, \qquad \boxed{3,1} = m'.\ 471'',99,$$
$$(3,2) = m''.\ 4438'',87, \qquad \boxed{3,2} = m''.\ 3012'',37.$$

Les équations (V) du n° 17 deviennent ainsi

$$0 = \{g - 553878'',78.\mu - 103'',27 - 39826'',00.m' - 5205'',05.m'' - 767'',12.m'''\}h$$
$$+\ 29516'',02.m'h' + 2511'',39.m''h'' + 213'',46.m'''h'''$$
$$+\ \frac{-688803''.m + 436089''.m')m'h + (250103''.m + 158343''.m' - 213931''.m'')m'h' + 78234''.m'm'''h'}{\left(1 + \dfrac{g}{3001300''}\right)^2}$$

$$0 = \{g - 109003'',20.\mu - 307'',29 - 31573'',71.m - 19566'',65.m'' - 1804'',18.m'''\}h'$$
$$+\ 23400'',04.mh + 14169'',66.m''h'' + 790'',56.m'''h'''$$
$$+\ \frac{(226503''.m + 143201''.m' - 196037''.m'')mh}{\left(1 + \dfrac{g}{3001300''}\right)^2}$$
$$+\ \frac{(82242''.m^2 + 52068''.mm' - 140696''.mm'' + 94603''.m'm'' + 60174''.m''^2)h'}{\left(1 + \dfrac{g}{3001300''}\right)^2}$$
$$+\ \frac{-25726''.m + 34596''.m' + 22518''.m''}{\left(1 + \dfrac{g}{3001300''}\right)^2}\,m''h'',$$

$$0 = \{g - 21264",89.\mu - 417",63 - 3267",32.m - 15492",62.m' - 5886",65.m"\}\,h'$$
$$- 1576",46.mh + 1156",90.m'h' + 3995",03.m"h"$$
$$+ \frac{5703".mm'h - (20952".m - 28176".m' - 17921".m").m'h - (10279".m' + 6554".m").m"h'}{\left(1 + \dfrac{g}{3001300"}\right)^2}.$$

$$0 = \{g - 2946",95.\mu - 974",19 - 363",10.m - 1077",15.m' - 4438",87.m"\}\,h"$$
$$+ 101",03.mh + 471",99.m'h' + 3013",37.m"h".$$

Lorsque les masses m, m', $m"$ et m''' seront connues, ainsi que l'indéterminée μ, on aura, en résolvant ces équations, quatre valeurs de g et les rapports correspondants des indéterminées h, h', $h"$ et h''' à l'une d'entre elles, qui restera indéterminée. Ces quatre systèmes de valeurs de g, h, h', $h"$, h''' donneront autant de valeurs pour Q, Q' et Q".

L'action du Soleil ajoute encore au mouvement du satellite m les deux inégalités

$$- \frac{15 M^2 h}{2n(2M + N - n - g)} \sin(nt - 2Mt + \varepsilon - 2E + gt + \Gamma),$$
$$- \frac{3 MH}{n} \sin(Mt + E - I).$$

La première n'est sensible que pour le troisième et le quatrième satellite, et l'on peut y supposer $n + g = N$, ce qui réduit le coefficient de cette inégalité à $- \dfrac{15M}{4n} h$. On a ensuite

$$\text{Premier satellite} \dots \quad \frac{15M}{4n} = 0,0015312$$

$$\text{Second satellite} \dots \quad \frac{15M}{4n'} = 0,0030737$$

$$\text{Troisième satellite} \dots \quad \frac{15M}{4n"} = 0,0061926$$

$$\text{Quatrième satellite} \dots \quad \frac{15M}{4n'''} = 0,0144449$$

Nous avons observé dans le n° 13, relativement à la seconde inégalité, qu'elle est modifiée par l'action réciproque des satellites. On peut ensuite prendre, pour $H \sin(Mt + E - I)$, la moitié du premier terme

13.

de la plus grande équation du centre de Jupiter, et ce terme est égal à

$$61208'',23.\sin(Ml + E - I).$$

Cela posé, on aura, en n'ayant égard qu'à l'inégalité précédente,

$$\delta v = -37'',49\left[1 + \frac{3kn^2}{(M^2 - kn^2)\left(1 + \frac{9a'm}{4am'} + \frac{a''m}{4am''}\right)}\right]\sin(Ml + E - I),$$

$$\delta v' = -74'',98\left[1 - \frac{9a'm.kn^2}{8am'(M^2 - kn^2)\left(1 + \frac{9a'm}{4am'} + \frac{a''m}{4am''}\right)}\right]\sin(Ml + E - I).$$

$$\delta v'' = -149'',96\left[1 + \frac{3a''m.kn^2}{32am''(M^2 - kn^2)\left(1 + \frac{9a'm}{4am'} + \frac{a''m}{4am''}\right)}\right]\sin(Ml + E - I),$$

$$\delta v''' = -349'',79.\sin(Ml + E - I) \; [1].$$

23. Déterminons les inégalités du mouvement des satellites en latitude. Les équations entre λ, λ', λ'' et λ''' du n° **10** deviennent

$$0 = (553878'',76.\mu + 103'',27 + 39826'',00.m' + 5205'',05.m'' + 767'',12.m''')\lambda$$
$$- 39826'',00.m'\lambda' - 5205'',05.m''\lambda'' - 767'',12.m'''\lambda''' - 103'',27,$$

$$0 = (109003'',20.\mu + 207'',29 + 31573'',71.m + 19566'',65.m'' + 1804'',18.m''')\lambda'$$
$$- 31573'',71.m\lambda - 19566'',65.m''\lambda'' - 1804'',18.m'''\lambda''' - 207'',29,$$

$$0 = (212464'',89.\mu + 417'',63 + 3267'',32.m + 15492'',62.m' + 5886'',85.m''')\lambda''$$
$$- 3267'',32.m\lambda - 15492'',62.m'\lambda' - 5886'',85.m'''\lambda''' - 417'',63,$$

$$0 = (29464'',95.\mu + 974'',19 + 363'',10.m + 1077'',15.m' + 4438'',87.m'')\lambda'''$$
$$- 363'',10.m\lambda - 1077'',15.m'\lambda' - 4438'',87.m''\lambda'' - 974'',19.$$

Les équations entre l, l', l'', l''' et p du même numéro deviennent

$$0 = (p - 553878'',76.\mu - 103'',27 - 39826'',00.m' - 5205'',05.m'' - 767'',12.m''')l$$
$$+ 39826'',00.m'l' + 5205'',05.m''l'' + 767'',12.m'''l''',$$

$$0 = (p - 109003'',20.\mu - 207'',29 - 31573'',71.m - 19566'',65.m'' - 1804'',18.m''')l'$$
$$+ 31573'',71.ml + 19566'',65.m''l'' + 1804'',18.m'''l''',$$

$$0 = (p - 212464'',89.\mu - 417'',63 - 3267'',32.m - 15494'',62.m' - 5886'',85.m''')l''$$
$$+ 3267'',32.ml + 15494'',62.m'l' + 5886'',85.m'''l''',$$

$$0 = (p - 29464'',95.\mu - 974'',19 - 363'',10.m - 1077'',15.m' - 4438'',87.m'')l'''$$
$$+ 363'',10.ml + 1077'',15.m'l' + 4438'',87.m''l''.$$

[1] D'après Bowditch, $\delta v''' = -353'',69.\sin(Ml + E - I)$.

Lorsque p et les masses m, m', m'' et m''' seront connues, on aura, au moyen des quatre équations entre les indéterminées λ, λ', λ'' et λ''', les valeurs de chacune de ces indéterminées. Les quatre dernières équations donneront, en éliminant, une équation en p du quatrième degré, et l'on en tirera, par les formules du n° 10, la latitude des satellites au-dessus de l'orbite de Jupiter.

On a vu, dans le n° 10, que la partie de la latitude s qui dépend de l'inclinaison θ' de l'équateur de Jupiter à son orbite est

$$(\lambda - 1)\,\theta'\sin(v + \Psi'').$$

Si l'on prend pour plan fixe l'orbite de Jupiter en 1750, et pour origine de v et Ψ'' l'équinoxe du printemps de Jupiter à cette époque, on a, par le même numéro,

$$\theta' = {}'\!L + bt,$$

$$\Psi'' = {}'pt - \frac{at}{{}'L}.$$

On déterminera a et b au moyen des équations suivantes, qui résultent des formules différentielles du n° 59 du Livre II,

$$a = \quad (4,5).\mathrm{I}\cos\mathrm{II} + (4,6).\mathrm{I}'\cos\mathrm{II}',$$
$$b = -(4,5).\mathrm{I}\sin\mathrm{II} - (4,6).\mathrm{I}'\sin\mathrm{II}',$$

les valeurs de $(4,5)$ et de $(4,6)$ étant celles du n° 24 du Livre VI. On doit observer de diminuer, dans la première de ces valeurs, la masse de Saturne dans le rapport de 3359,4 à 3515,6, comme on le verra dans la suite. I est ici l'inclinaison de l'orbite de Saturne sur celle de Jupiter en 1750. II est, à la même époque, la longitude de son nœud ascendant sur cette orbite, et comptée de l'équinoxe du printemps de Jupiter. I' et II' sont les mêmes quantités relativement à Uranus. Les observations donnent, à fort peu près,

$$'L = 3°,4411,$$

d'où l'on tire

$$\frac{a}{'L} = 9'',0529,$$

$$b = 0'',070350.$$

On a ensuite, par le n° 10,

$$'p = \frac{3}{4i} \cdot \frac{2C - A - B}{C} \left(M^2 + mn^2\lambda + m'n'^2\lambda' + m''n''^2\lambda'' + m'''n'''^2\lambda''' \right).$$

Si l'on suppose que Jupiter est un sphéroïde elliptique, on a, par le
n° 14 du Livre V,

$$\frac{2C - A - B}{C} = 2 \frac{\left(\rho - \frac{1}{2}\varphi \right) \int \delta R^2 dR}{\int \delta R^4 dR},$$

δ étant la densité d'une couche du sphéroïde dont le rayon est R, et R
devant être supposé égal à l'unité, à la surface. Si l'on suppose les densités des couches de Jupiter et de la Terre à des distances proportionnelles aux diamètres de ces deux planètes, en raison constante, ou, ce
qui revient au même, si δ est représenté par la même fonction de R
pour ces deux planètes, alors la fraction

$$\frac{\int \delta R^2 dR}{\int \delta R^4 dR}$$

est la même pour ces planètes. Dans l'hypothèse que nous venons de
faire, si les deux planètes étaient fluides, leurs ellipticités seraient, par
le n° 43 du Livre III, proportionnelles aux valeurs respectives de φ pour
chacune d'elles ou aux ellipticités qu'elles auraient si elles étaient
homogènes. Supposons que cela ait encore lieu dans leur état actuel, et
l'on a vu, dans le numéro cité, que cela est à peu près conforme aux
observations; alors les valeurs de $\frac{2C - A - B}{C}$ seront, pour chacune de
ces planètes, respectivement proportionnelles aux ellipticités relatives
au cas de l'homogénéité. Ces ellipticités sont, par le même numéro,
comme les nombres $0,10967$ et $0,0043344 1$, en sorte que l'on a

$$\frac{2C - A - B}{C} = \frac{2C - A - B}{C} \cdot \frac{10967}{433,441},$$

la valeur de $\frac{2C - A - B}{C}$, dans le second membre de cette équation,
étant relative à la Terre. Cette dernière valeur est, par le n° 14 du

Livre V, égale à

$$\frac{0,0051932 3}{1 + \delta.0,7 48 493}.$$

On a de plus, par le n° 44 du Livre VI,

$$3(1 + \delta) = 2,566.$$

Au moyen de ces données, on trouve, pour Jupiter,

$$\frac{2C - A - B}{C} = 0,14735.$$

Les observations donnent la durée de la rotation de Jupiter, égale à $0^{j},41377$, et celle de sa révolution sidérale, égale à $4332^{j},6$, d'où l'on tire

$$\frac{M}{i} = \frac{0^{j},41377}{4332,6}.$$

On aura ainsi

$$'p = 3'',5591$$
$$\div m \;.\; 2134'',60.\lambda$$
$$+ m' \;.\; 529'',78.\lambda'$$
$$+ m'' \;.\; 130'',52.\lambda''$$
$$+ m''' \;.\; 23'',99.\lambda'''.$$

Une première approximation m'a donné

$$\lambda' = 0,0006353 4,$$
$$\lambda' = 0,0064232,$$
$$\lambda'' = 0,0299802,$$
$$\lambda''' = 0,1346 12;$$

en adoptant les valeurs précédentes des masses des satellites, on aura

$$'p = 9'',8788.$$

d'où l'on tire

$$\mathcal{G}' = 'L + 0'',070350.t,$$

$$\Psi'' = 0'',8259.t.$$

Telle est donc à peu près la précession annuelle des équinoxes de Jupiter sur son orbite.

Pour réduire en nombres les inégalités du mouvement périodique des satellites en latitude, déterminées dans le n° 11, nous observerons que l'on peut y supposer, sans erreur sensible,

$$\mathrm{N}_1 + \frac{p}{n} = 1, \quad \mathrm{N}'_1 + \frac{p}{n'} = 1, \quad \mathrm{N}''_1 + \frac{p}{n''} = 1.$$

Cela posé, on trouve

$$s = m'.0,0034937.(l' - l) \sin(3v - 4v' - pt - \Lambda)$$
$$- 0,00015312.(\mathrm{L}' - l) \sin(v - 2\mathrm{U} - pt - \Lambda),$$

$$s' = [m.0,00276975.(l - l') + m''.0,00170910.(l'' - l')] \sin(2v - 3v' - pt - \Lambda)$$
$$- 0,00030736.(\mathrm{L}' - l') \sin(v' - 2\mathrm{U} - pt - \Lambda),$$

$$s'' = m'.0,00135305.(l' - l'') \sin(2v' - 2v'' - pt - \Lambda)$$
$$- 0,00061925.(\mathrm{L}' - l'') \sin(v'' - 2\mathrm{U} - pt - \Lambda),$$

$$s''' = - 0,00144785.(\mathrm{L}' - l''') \sin(v''' - 2\mathrm{U} - pt - \Lambda).$$

24. Considérons maintenant les inégalités dépendantes du carré des excentricités et des inclinaisons des orbites, dont nous avons donné les expressions dans le n° 13. Les plus sensibles à la longue sont les équations séculaires des satellites, dépendantes des variations séculaires de l'orbite et de l'équateur de Jupiter. Mais il est facile de s'assurer qu'elles ont été jusqu'à présent insensibles et qu'elles le seront longtemps encore. En effet, la plus grande est celle du quatrième satellite, et son expression est, par le n° 13,

$$2(1 - \lambda''')^2 \boxed{3}{}^{\text{'}}\mathrm{L}.bt^2 - 3(3)\lambda''^2.{}^{\text{'}}\mathrm{L}.bt^2 - 2\boxed{3}\mathrm{H}_1.ct^2.$$

On a, par ce qui précède,

$$b = 0'',070350, \quad {}^{\text{'}}\mathrm{L} = 3°,4444;$$

on a ensuite

$$2c = 1'',9446;$$

en faisant donc usage des valeurs de λ'', $\boxed{3}$ et (3), données précédemment, et supposant $\mu = 1$ dans (3), on trouve l'équation séculaire du quatrième satellite égale à

$$- 0'',00035 . t^2,$$

et, par conséquent, elle sera longtemps insensible.

Le n° 13 nous offre encore l'inégalité suivante, dans le moyen mouvement du quatrième satellite, rapporté à l'orbite de Jupiter,

$$- \frac{4(1 - \lambda''') \boxed{3} - \frac{1}{2}(1 - \lambda''')p + 6(3)\lambda'''}{p} g' l'' \sin (pt + \lambda - \Psi'').$$

Une première approximation m'a donné

$$pt + \lambda - \Psi'' = t . 7541'' + 31°,91988, \quad l'' = 2772'';$$

l'inégalité précédente devient ainsi

$$- 49'',51 . \sin (t . 7541'' + 31°,91988).$$

Les inégalités de ce genre sont insensibles, relativement aux autres satellites.

25. Il nous reste à considérer les inégalités dépendantes du carré de la force perturbatrice. On a vu, dans le n° 18, que le second satellite est assujetti à l'inégalité

$$\frac{5}{16}(11)^2 \sin (2nt - 2n't + 2\varepsilon - 2\varepsilon').$$

Les observations donnent, à fort peu près,

$$(11) = 11923'';$$

l'inégalité précédente devient ainsi

$$69'',78 . \sin (2nt - 2n't + 2\varepsilon - 2\varepsilon').$$

Les inégalités du même genre sont insensibles, relativement aux autres satellites.

CHAPITRE VIII.

DE LA DURÉE DES ÉCLIPSES DES SATELLITES.

26. Nous n'observons point immédiatement le mouvement des satellites de Jupiter autour de cette planète. Leur élongation à Jupiter, vue de la Terre, est si petite, que les plus légères erreurs dans les observations en produisent de plusieurs degrés dans leurs mouvements jovicentriques. Mais leurs éclipses offrent un moyen incomparablement plus exact pour déterminer ces mouvements, et nous devons à l'observation de ces phénomènes la connaissance de leurs inégalités. Jupiter projette derrière lui, relativement au Soleil, une ombre dans laquelle les satellites se plongent près de leurs conjonctions. L'inclinaison des orbites des trois premiers satellites à l'orbite de Jupiter et leurs distances à la planète sont telles, que ces corps s'éclipsent à chaque révolution; mais le quatrième cesse souvent de s'éclipser, et cela, joint à la durée de sa révolution, rend ses éclipses plus rares que celles des autres satellites.

Un satellite disparaît à nos yeux avant qu'il soit entièrement plongé dans l'ombre de Jupiter. Sa lumière, affaiblie par la pénombre et parce que son disque s'enfonce de plus en plus dans l'ombre de la planète, devient insensible avant qu'il soit totalement éclipsé; son bord, au moment où nous cessons de le voir, est donc encore à une petite distance de l'ombre de Jupiter, et, si l'on conçoit à cette distance une surface semblable à celle de l'ombre, l'immersion du satellite dans l'intérieur de cette surface et sa sortie seront pour nous le commencement et la fin de son éclipse.

Cette ombre fictive n'est pas la même pour tous les satellites. Elle dépend de leur distance apparente à Jupiter, dont l'éclat affaiblit leur lumière; elle dépend de l'aptitude plus ou moins grande de leurs surfaces à réfléchir la lumière; elle dépend encore de la pénombre, et probablement de la réfraction et de l'extinction des rayons solaires dans l'atmosphère de Jupiter. La plus grande durée des éclipses d'un satellite ne peut donc pas nous faire connaître avec précision celle des autres satellites; mais la comparaison de ces durées doit nous éclairer sur l'influence des causes que nous venons d'indiquer. Les variations des distances de Jupiter au Soleil et à la Terre, en changeant l'intensité de la lumière que nous recevons des satellites, influent sur la durée de leurs éclipses; l'élévation de Jupiter sur l'horizon, la pureté de l'atmosphère terrestre, enfin la force des instruments dont se sert l'observateur, influent pareillement sur cette durée. Toutes ces causes répandent de l'incertitude sur les observations des éclipses des satellites, et principalement sur celles du troisième et du quatrième. Heureusement, on peut observer assez fréquemment l'immersion et l'émersion de ces deux satellites, dans les mêmes éclipses, ce qui donne l'instant de leur conjonction d'une manière assez précise et indépendante de la plupart des causes dont nous venons de parler.

Déterminons d'abord la figure de l'ombre de Jupiter. Si cette planète et le Soleil étaient sphériques, l'ombre de Jupiter serait un cône tangent à la surface de ces deux corps. Mais Jupiter est sensiblement elliptique; la figure de son ombre doit donc différer sensiblement de celle du cône.

Considérons généralement l'ombre d'un corps opaque éclairé par un corps lumineux, quelles que soient les figures de ces corps. Si par un point quelconque de la surface de l'ombre on mène un plan tangent à cette surface, il sera tangent à la fois aux surfaces des deux corps. Il est visible que les trois points de contingence seront sur une même droite qui coïncidera par conséquent avec la surface de l'ombre; cette surface est donc formée par les intersections d'une suite de plans tangents aux surfaces des deux corps opaque et lumineux. Soit

$$x = ay + bz + c$$

l'équation générale de ces plans, a, b, c étant des quantités variables d'un plan à l'autre. Nous pouvons appliquer ici les considérations du n° 63 du Livre II, relativement aux orbes planétaires considérés comme des ellipses variables. Si l'on fait varier infiniment peu les coordonnées x, y, z, elles pourront encore être censées appartenir au même plan; ainsi l'on peut différentier l'équation

$$x = ay + bz + c,$$

en regardant a, b, c comme constants, ce qui donne

$$dx = a\,dy + b\,dz.$$

En la différentiant ensuite en faisant tout varier, et retranchant la première différentielle de la seconde, on aura

$$0 = y\,da + z\,db + dc,$$

en sorte que, si l'on considère b et c comme fonctions de a, on aura

$$0 = y + z\frac{db}{da} + \frac{dc}{da}.$$

Soit maintenant $\mu = 0$ l'équation à la surface du corps lumineux. Nommons X, Y, Z les trois coordonnées de cette surface au point où elle est touchée par le plan. Pour qu'il soit tangent à cette surface, il faut non-seulement que ces coordonnées puissent appartenir à l'équation de cette surface, mais qu'elles puissent encore appartenir à sa différentielle,

$$0 = \frac{\partial \mu}{\partial X}\,dX + \frac{\partial \mu}{\partial Y}\,dY + \frac{\partial \mu}{\partial Z}\,dZ.$$

Substituant pour dX sa valeur $a\,dY + b\,dZ$, on aura

$$0 = dY\left(\frac{\partial \mu}{\partial Y} + a\frac{\partial \mu}{\partial X}\right) + dZ\left(\frac{\partial \mu}{\partial Z} + b\frac{\partial \mu}{\partial X}\right).$$

Cette dernière équation doit évidemment avoir lieu, quels que soient

dY et dZ; on a donc

$$o = \frac{\partial \mu}{\partial Y} + a\,\frac{\partial \mu}{\partial X},$$

$$o = \frac{\partial \mu}{\partial Z} + b\,\frac{\partial \mu}{\partial X}.$$

En combinant ces équations avec celles-ci,

$$\mu = o, \quad X = aY + bZ + c,$$

μ étant fonction de X, Y, Z, on aura, en éliminant X, Y, Z, une équation finale en a, b, c.

Soit ensuite $\mu' = o$ l'équation à la surface du corps opaque, et nommons X', Y', Z' les coordonnées correspondantes aux points où elle est touchée par le plan. μ' étant considéré comme fonction de ces coordonnées, cette équation fournira de la même manière les quatre suivantes :

$$o = \frac{\partial \mu'}{\partial Y'} + a\,\frac{\partial \mu'}{\partial X'},$$

$$o = \frac{\partial \mu'}{\partial Z'} + b\,\frac{\partial \mu'}{\partial X'},$$

$$\mu' = o, \quad X' = aY' + bZ' + c,$$

d'où l'on tirera une seconde équation en a, b, c. Au moyen de cette équation et de la première, on aura b et c en fonction de a. Substituant ces fonctions dans les deux équations

$$x = ay + bz + c,$$

$$o = y + z\frac{db}{da} + \frac{dc}{da},$$

on aura deux équations entre x, y, z et a; éliminant a, on aura, entre x, y, z, une équation finale, qui sera celle de la surface de l'ombre. Telle est donc la solution générale du problème de la détermination de l'ombre du corps opaque, solution qui donne également l'équation à la surface de la pénombre; car il est clair que cette surface est formée, comme celle de l'ombre, par les intersections successives des plans qui touchent les surfaces du corps lumineux et du corps opaque, avec la seule différence que, dans le cas de l'ombre, on doit considérer les intersections des plans qui touchent ces surfaces du même côté, au lieu que, dans le cas de la pénombre, il faut considérer les intersections des plans qui touchent ces surfaces des côtés opposés. Appliquons cette solution à l'ombre de Jupiter.

Supposons d'abord Jupiter et le Soleil sphériques. Soit R le demi-diamètre du Soleil, R' celui de Jupiter. Soit D la distance des centres de ces deux corps, et fixons au centre du Soleil l'origine des coordonnées. L'équation de la surface du Soleil sera

$$X^2 + Y^2 + Z^2 - R^2 = 0,$$

en sorte qu'ici $\varphi = X^2 + Y^2 + Z^2 - R^2$; on aura donc, par ce qui précède, les quatre équations

$$X^2 + Y^2 + Z^2 - R^2 = 0,$$
$$Y + aX = 0,$$
$$Z + bX = 0,$$
$$X = aY + bZ + c.$$

Les trois premières équations donnent

$$X^2(1 + a^2 + b^2) = R^2.$$

Les trois dernières donnent

$$X(1 + a^2 + b^2) = c,$$

d'où l'on tire

$$c^2 = R^2(1 + a^2 + b^2).$$

L'équation de la surface de Jupiter est

$$(X' - D)^2 + Y'^2 + Z'^2 - R'^2 = 0,$$

en sorte qu'ici $\varphi' = (X' - D)^2 + Y'^2 + Z'^2 - R'^2$; on aura donc, par ce qui précède, les quatre équations

$$(X' - D)^2 + Y'^2 + Z'^2 - R'^2 = 0,$$

$$Y' + a(X' - D) = 0,$$

$$Z' + b(X' - D) = 0,$$

$$X' - D = aY' + bZ' + c - D.$$

d'où l'on tire

$$(c - D)^2 = R'^2(1 + a^2 + b^2).$$

En faisant donc

$$\frac{R'}{R} = \lambda,$$

on aura

$$\frac{c - D}{c} = \lambda,$$

et par conséquent

$$c = \frac{D}{1 - \lambda}.$$

L'équation

$$c^2 = R^2(1 + a^2 + b^2)$$

donnera ainsi, en faisant

$$f^2 = \frac{D^2}{R^2(1 - \lambda)^2} - 1,$$

l'équation

$$b^2 = f^2 - a^2.$$

Celle-ci

$$x = ay + bz + c$$

deviendra

$$x - \frac{D}{1 - \lambda} = ay + z\sqrt{f^2 - a^2}.$$

En différentiant cette dernière équation par rapport à a seul, on aura

$$0 = y - \frac{az}{\sqrt{f^2 - a^2}},$$

d'où l'on tire

$$a = \frac{fy}{\sqrt{y^2 + z^2}},$$

$$b = \sqrt{f^2 - a^2} = \frac{fz}{\sqrt{y^2 + z^2}},$$

et par conséquent

$$x - \frac{D}{1 - \lambda} = f\sqrt{y^2 + z^2},$$

ou

$$\left(\frac{D}{1 - \lambda} - x\right)^2 = f^2(y^2 + z^2),$$

équation à la surface du cône. y et z étant nuls à son sommet, on aura, à ce point,

$$x = \frac{D}{1 - \lambda};$$

c'est la distance du sommet du cône au centre du Soleil. En en retranchant D, on aura la distance du sommet du cône au centre de Jupiter, égale à

$$\frac{D\lambda}{1 - \lambda}.$$

Maintenant, pour avoir égard à l'ellipticité de Jupiter, nous supposerons que son équateur coïncide avec le plan de son orbite. L'erreur qui peut résulter de cette supposition serait nulle si Jupiter était sphérique; elle n'est donc que de l'ordre du produit de l'ellipticité de Jupiter par l'inclinaison de son équateur; elle doit, par conséquent, être insensible. Cela posé, on aura, comme précédemment,

$$c = R\sqrt{1 + a^2 + b^2}.$$

L'équation de la surface de Jupiter sera

$$(X' - D)^2 + Y'^2 + (1 + \rho)^2(Z'^2 - R'^2) = 0,$$

R' étant le demi-petit axe de Jupiter; en représentant donc par ρ' le premier membre de cette équation, on aura, par ce qui précède.

$$Y' + a(X' - D) = o,$$

$$(1 + \rho)^2 Z' + b(X' - D) = o,$$

$$X' - D = aY' + bZ' + c - D,$$

d'où l'on tire

$$c - D = (1 + \rho)R' \sqrt{1 + a^2 + \frac{b^2}{(1 + \rho)^2}} = R\sqrt{1 + a^2 + b^2} - D.$$

Soient

$$\frac{(1 + \rho)R'}{R} = \lambda,$$

$$f^2 = \frac{D^2}{R^2(1 - \lambda)^2} - 1;$$

on aura, en négligeant le carré de ρ,

$$b = \left(1 - \frac{\lambda\rho}{1 - \lambda}\right)\sqrt{f^2 - a^2},$$

$$c = \frac{D}{1 - \lambda} - \lambda\rho\frac{R^2}{D}(f^2 - a^2),$$

ce qui donne, pour l'équation du plan,

$$x = ay + \left(1 - \frac{\lambda\rho}{1 - \lambda}\right)z\sqrt{f^2 - a^2} + \frac{D}{1 - \lambda} - \frac{\lambda\rho R^2}{D}(f^2 - a^2).$$

En la différentiant par rapport à a seul, on a

$$o = y - az\frac{1 - \frac{\lambda\rho}{1 - \lambda}}{\sqrt{f^2 - a^2}} + \frac{2\lambda\rho R^2 a}{D}.$$

Éliminant a au moyen de ces équations, on aura l'équation de la surface de l'ombre. Mais on peut simplifier le calcul en observant que, si l'on suppose

$$a = \frac{fy}{\sqrt{y^2 + z^2}} + q\rho,$$

$\dfrac{fy}{\sqrt{y^2+z^2}}$ étant la valeur de a dans l'hypothèse sphérique, on a

$$\left(1 - \frac{\lambda\rho}{1-\lambda}\right)\sqrt{f^2-a^2} = \frac{fz}{\sqrt{y^2+z^2}} - \frac{q\rho y}{z} - \frac{\lambda f\rho z}{(1-\lambda)\sqrt{y^2+z^2}}.$$

L'équation du plan devient ainsi

$$x = f\sqrt{y^2+z^2} - \frac{\lambda f\rho z^2}{(1-\lambda)\sqrt{y^2+z^2}} + \frac{D}{1-\lambda} - \frac{\lambda\rho R^2}{D}\frac{f^2 z^2}{y^2+z^2},$$

d'où l'on tire

$$\left(x - \frac{D}{1-\lambda}\right)^2 = f^2(y^2+z^2) - \frac{2f^2\lambda\rho z^2}{1-\lambda} - \frac{2f^3\lambda\rho R^2 z^2}{D\sqrt{y^2+z^2}}.$$

f est égal à $-\sqrt{\dfrac{D^2}{R^2(1-\lambda)^2} - 1}$, le radical devant avoir le signe $-$,
parce que x est moindre que $\dfrac{D}{1-\lambda}\cdot$ On a ainsi, à très-peu près,

$$f = \frac{-D}{R(1-\lambda)},$$

D étant considérablement plus grand que R; on aura donc

$$\frac{R^2(1-\lambda)^2}{D^2}\left(\frac{D}{1-\lambda} - x\right)^2 = y^2 + z^2 + \frac{2\lambda}{1-\lambda}\rho z^2\left(\frac{R}{\sqrt{y^2+z^2}} - 1\right);$$

c'est l'équation de la figure de l'ombre de Jupiter. On trouvera, par la
même analyse, que l'équation de la pénombre est

$$\frac{R^2(1+\lambda)^2}{D^2}\left(x - \frac{D}{1+\lambda}\right)^2 = y^2 + z^2 + \frac{2\lambda}{1+\lambda}\rho z^2\left(\frac{R}{\sqrt{y^2+z^2}} + 1\right).$$

Considérons une section de l'ombre de Jupiter par un plan perpendiculaire à l'axe, à la distance r du centre de la planète. On aura, dans
ce cas, $x = D + r$, partant

$$\frac{R^2}{D^2}[D\lambda - r(1-\lambda)]^2 = y^2 + z^2 + \frac{2\lambda}{1-\lambda}\rho z^2\left(\frac{R}{\sqrt{y^2+z^2}} - 1\right).$$

On a d'abord, en négligeant ρ,

$$\sqrt{y'^2 + z^2} = R\lambda\left[1 - \frac{r(1 - \lambda)}{D\lambda}\right];$$

substituant cette valeur, dans le terme affecté de ρ, on aura

$$(1 + \rho)^2 R'^2\left[1 - \frac{r(1 - \lambda)}{\lambda D}\right]^2 = y'^2 + z^2 + \frac{2\rho z^2\left(1 + \frac{r}{D}\right)}{1 - \frac{r(1 - \lambda)}{\lambda D}}.$$

Cette équation est celle d'une ellipse dont l'ellipticité est $\dfrac{\rho\left(1 + \dfrac{r}{D}\right)}{1 - \dfrac{r(1 - \lambda)}{\lambda D}}$.

La quantité $\dfrac{r}{D\lambda}$ étant peu considérable, même relativement au quatrième satellite, on voit que cette ellipse est à peu près semblable à l'ellipse génératrice de Jupiter. Son demi-grand axe est

$$(1 + \rho)R'\left[1 - \frac{r(1 - \lambda)}{\lambda D}\right],$$

où l'on doit observer que $(1 + \rho)R'$ est le demi-diamètre de l'équateur de Jupiter. Soit α ce demi-grand axe, et faisons

$$\frac{\rho\left(1 + \dfrac{r}{D}\right)}{1 - \dfrac{r(1 - \lambda)}{\lambda D}} = \rho';$$

nous aurons, pour l'équation de la section de l'ombre de Jupiter,

$$\alpha^2 - y'^2 = (1 + \rho')^2 z^2,$$

et 2α sera la plus grande largeur de cette section.

En faisant λ négatif dans les valeurs de α et de ρ', l'équation précédente deviendra celle de la section de la pénombre; d'où il suit que, la plus grande largeur de la pénombre, à la distance r du centre de Jupiter, étant égale à la différence des deux valeurs de α relatives à l'ombre et à la pénombre, elle sera $\dfrac{2r}{\lambda D}(1 + \rho)R'$ ou $\dfrac{2r R}{D}$, R étant le demi-diamètre du Soleil.

15.

Nommons présentement Z la hauteur d'un satellite au-dessus de l'orbite de Jupiter au moment de sa conjonction, r sa distance au centre de Jupiter, et c_i l'angle décrit par le satellite sur l'orbite de la planète, depuis l'instant de la conjonction, en vertu de son mouvement synodique. Prenons ensuite pour axe des x la projection du rayon vecteur du satellite sur l'orbite de Jupiter au moment de la conjonction, ou, ce qui revient au même, le prolongement du rayon de l'orbite de Jupiter à cet instant ; on aura

$$y^2 = (r^2 - z^2)\sin^2 c_i.$$

L'équation de la section de la surface de l'ombre devient ainsi

$$(r^2 - z^2)\sin^2 c_i = x^2 - (1 + \rho')^2 z^2.$$

Nous négligerons les quantités de l'ordre z^4 et $z^2\sin^2 c_i$, ce qui réduit l'équation précédente à celle-ci,

$$r^2\sin^2 c_i = \alpha^2 - (1 + \rho')^2 z^2 ;$$

or, on a

$$z = Z + \sin c_i \frac{dZ}{dc_i} + \tfrac{1}{2}\sin^2 c_i \frac{d^2Z}{dc_i^2} + \ldots .$$

On aura donc, à très-peu près,

$$r^2\sin^2 c_i = \alpha^2 - (1 + \rho')^2 Z^2 - 2(1 + \rho')^2 \sin c_i\, Z\frac{dZ}{dc_i},$$

d'où l'on tire

$$\sin c_i = -\frac{(1 + \rho')^2 Z\dfrac{dZ}{dc_i}}{r^2} \pm \sqrt{\left[\frac{\alpha}{r} + (1 + \rho')\frac{Z}{r}\right]\left[\frac{\alpha}{r} - (1 + \rho')\frac{Z}{r}\right]}.$$

s étant supposé exprimer la tangente de la latitude du satellite au-dessus de l'orbite de Jupiter, au moment de sa conjonction, on a à fort peu près $Z = rs$, r étant à très-peu près constant ; l'équation précédente devient ainsi

$$\sin c_i = -(1 + \rho')^2 \frac{s\,ds}{dc_i} \pm \sqrt{\left[\frac{\alpha}{r} + (1 + \rho')s\right]\left[\frac{\alpha}{r} - (1 + \rho')s\right]}.$$

Cette formule, prise en donnant le signe $+$ au radical, exprime le sinus de l'arc décrit par le satellite, en vertu de son mouvement synodique, depuis la conjonction jusqu'à l'émersion. Avec le signe —, elle exprime moins le sinus de ce même arc, depuis l'immersion jusqu'à la conjonction.

Soit T le temps que le satellite emploie à décrire la demi-largeur α de l'ombre, en vertu de son mouvement synodique, et t le temps qu'il met à décrire l'angle v_i. Supposons

$$\frac{dv_i}{(n-M)dt} = 1 + X,$$

X étant une très-petite quantité. a étant la moyenne distance du satellite à Jupiter, $\frac{\alpha}{a}$ est le sinus de l'angle sous lequel la demi-largeur α serait vue à cette distance. Soit $\mathfrak{S}$ cet angle; on aura, à très-peu près,

$$t = \frac{T v_i (1 - X)}{\mathfrak{S}}.$$

Si l'on substitue dans cette expression, au lieu de v_i, son sinus, qui en diffère très-peu, au lieu de $\sin v_i$ sa valeur précédente, et $\mathfrak{S}$ au lieu de $\frac{\alpha}{a}$, on aura

$$t = T(1-X)\left\{ -(1+\rho')^2 \frac{s}{\mathfrak{S}} \frac{ds}{dv_i} \pm \sqrt{\left[\frac{a}{r} + (1+\rho')\frac{s}{\mathfrak{S}}\right]\left[\frac{a}{r} - (1+\rho')\frac{s}{\mathfrak{S}}\right]} \right\}.$$

Si l'on n'a égard qu'aux équations du centre des satellites, on a, comme l'on sait,

$$r = a(1 - \tfrac{1}{2}X),$$

et il résulte encore du n° 4 que la même équation subsiste, en ayant égard aux principales inégalités des satellites; on aura donc, à très-peu près,

$$t = T(1-X)\left\{ -(1+\rho')^2 \frac{s}{\mathfrak{S}} \frac{ds}{dv_i} \pm \sqrt{\left[1 + \tfrac{1}{2}X + (1+\rho')\frac{s}{\mathfrak{S}}\right]\left[1 + \tfrac{1}{2}X - (1+\rho')\frac{s}{\mathfrak{S}}\right]} \right\}.$$

Si l'on nomme t' la durée entière de l'éclipse, on aura

$$t' = 2T(1-X)\sqrt{\left[1 + \tfrac{1}{2}X + (1+\rho')\frac{s}{\mathfrak{S}}\right]\left[1 + \tfrac{1}{2}X - (1+\rho')\frac{s}{\mathfrak{S}}\right]},$$

d'où l'on tire

$$s = \frac{6\sqrt{\tfrac{1}{4}T^2(1-X)-t'^2}}{2T(1+\rho')(1-X)}.$$

Cette équation servira à déterminer les constantes arbitraires que renferme l'expression de s, en choisissant les observations des éclipses dans lesquelles ces constantes ont eu le plus d'influence.

La durée des éclipses étant un des points les plus importants de leur théorie, nous allons examiner particulièrement les formules précédentes. La demi-largeur α de l'ombre varie avec les distances du satellite à Jupiter et de Jupiter au Soleil. En nommant $D' - \delta D$ la distance de Jupiter au Soleil, D' étant sa moyenne distance, et faisant, comme ci-dessus, $r = a(1 - \tfrac{1}{2}X)$, la variation de α sera

$$(1+\rho)R'\left(\tfrac{1}{2}X - \frac{\delta D}{D'}\right)\frac{(1-\lambda)a}{\lambda D'}.$$

$\tfrac{1}{2}X$ est toujours fort petit par rapport à $\dfrac{\delta D}{D'}$, et cette dernière quantité est $\mathrm{H}\cos(\mathrm{M}t + \mathrm{E} - 1)$; ainsi la variation de α est, à fort peu près,

$$- \alpha\,\frac{1-\lambda}{\lambda}\,\frac{a}{D'}\,\mathrm{H}\cos(\mathrm{M}t + \mathrm{E} - 1),$$

d'où il suit que, dans les formules précédentes, il faut substituer au lieu de $\dfrac{\alpha}{6}$ la fonction

$$\frac{\alpha}{6}\left[1 - \frac{1-\lambda}{\lambda}\,\frac{a}{D'}\,\mathrm{H}\cos(\mathrm{M}t + \mathrm{E} - 1)\right],$$

6, dans cette fonction, étant relatif aux moyens mouvements et aux moyennes distances du satellite à Jupiter et de Jupiter au Soleil.

T exprimant le temps que le satellite emploie à traverser la demi-largeur α de l'ombre, ce temps diminue, par la variation de α, de la quantité

$$\mathrm{T}\,\frac{1-\lambda}{\lambda}\,\frac{a}{D'}\,\mathrm{H}\cos(\mathrm{M}t + \mathrm{E} - 1);$$

mais il augmente, parce que le mouvement synodique est à fort peu près, dans l'instant dt,

$$(n - \mathrm{M})dt\left[1 + \mathrm{X} - \frac{2\mathrm{M}}{n - \mathrm{M}}\,\mathrm{H}\cos(\mathrm{M}t + \mathrm{E} - 1)\right],$$

ce qui donne, pour l'accroissement de T dû à cette cause,

$$\mathrm{T}\left[\frac{2\mathrm{M}}{n - \mathrm{M}}\,\mathrm{H}\cos(\mathrm{M}t + \mathrm{E} - 1) - \mathrm{X}\right].$$

En négligeant donc X, comme nous l'avons fait ci-dessus, on trouvera que, en vertu des deux causes précédentes réunies, T se change dans

$$\mathrm{T}\left[1 + \left(\frac{2\mathrm{M}}{n - \mathrm{M}} - \frac{1-\lambda}{\lambda}\,\frac{a}{\mathrm{D}'}\right)\mathrm{H}\cos(\mathrm{M}t + \mathrm{E} - 1)\right];$$

mais ces deux causes n'ont d'effet sensible que sur les éclipses du quatrième satellite.

Dans ces éclipses, vers les limites de ces phénomènes, les quantités de l'ordre s^4, que nous avons négligées sous le radical de l'expression précédente de t, peuvent devenir sensibles. Mais la seule qui ait quelque influence est le carré de $(1 + \varrho')^2\,\dfrac{s\,ds}{6\,dv_1}$, qu'il aurait fallu ajouter à la quantité comprise sous ce radical. On en tiendra compte en augmentant, sous ce radical, ainsi que dans les expressions de t' et de s, X de la quantité $\dfrac{s^2 ds^2}{6^2 dv_1^2}$ ([1]).

Nous avons confondu l'arc v_1 avec son sinus; mais on a, à très-peu près,

$$v_1 = \sin v_1 + \tfrac{1}{6}\sin^3 v_1;$$

la valeur précédente de t' doit donc être multipliée par $1 + \tfrac{1}{6}\sin^2 v_1$. Relativement au premier satellite, v_1 est d'environ 10°, ce qui rend sensible le produit de t' par $\tfrac{1}{6}\sin^2 v_1$. Mais cette erreur est corrigée en grande partie par la supposition que nous avons faite de $\dfrac{\alpha}{a} = 6$, car on

____

([1]) Bowditch corrige ce passage comme il suit : On en tiendra compte en augmentant X de la quantité $\dfrac{s^2 ds^2}{6^2 dv_1^2}$ sous le radical de l'expression de t', et en diminuant X de la même quantité sous le radical de l'expression de s.

a $\frac{\alpha}{a} = \sin \mathcal{C}$. Nous aurions dû, par conséquent, supposer $\frac{\alpha}{a} = \mathcal{C} - \frac{1}{6} \sin^3 \mathcal{C}$, ce qui revient à peu près à multiplier la valeur de t' par $1 - \frac{1}{6} \sin^2 \mathcal{C}$, parce que le terme $- \frac{(1 + \rho')^2 s^2}{\mathcal{C}^2}$, compris sous le radical de l'expression de t', étant une petite fraction dans la théorie du premier satellite, on peut négliger son produit par $\frac{1}{3} \sin^2 \mathcal{C}$. La valeur t' déterminée par la formule précédente doit donc être multipliée par $1 + \frac{1}{6} \sin^2 v_1 - \frac{1}{6} \sin^2 \mathcal{C}$ ou par $1 - \frac{1}{12} \cos 2 v_1 + \frac{1}{12} \cos 2 \mathcal{C}$. L'arc v_1 différant peu de $\mathcal{C}$ relativement au premier satellite, le produit de t' par $\frac{1}{12} (\cos 2 v_1 - \cos 2 \mathcal{C})$ est insensible.

La valeur de T, déterminée par un très-grand nombre d'éclipses, donnerait la distance moyenne du satellite au centre de Jupiter, en parties du diamètre de l'équateur de cette planète, si le satellite disparaissait à l'instant où son centre entre dans l'ombre de Jupiter. En effet, $\frac{\alpha}{a}$ étant ici le sinus de l'angle sous lequel la demi-largeur de l'ombre est vue du centre de Jupiter, dans les moyennes distances de la planète au Soleil et du satellite à Jupiter, nous nommerons q cet angle, et nous aurons, par ce qui précède,

$$\frac{(1 + \rho)\, \mathrm{R}'}{a} \left(1 - \frac{1 - \lambda}{\lambda} \frac{a}{\mathrm{D}'} \right) = \sin q.$$

La valeur observée de T donnera celle de l'angle q, qui n'est que l'arc correspondant décrit par le satellite en vertu de son moyen mouvement synodique; on aura donc les quatre équations suivantes :

$$\frac{(1 + \rho)\, \mathrm{R}'}{a''} \left(\frac{a''}{a} - \frac{1 - \lambda}{\lambda} \frac{a''}{\mathrm{D}'} \right) = \sin q,$$

$$\frac{(1 + \rho)\, \mathrm{R}'}{a'''} \left(\frac{a'''}{a'} - \frac{1 - \lambda}{\lambda} \frac{a'''}{\mathrm{D}'} \right) = \sin q',$$

$$\frac{(1 + \rho)\, \mathrm{R}'}{a''} \left(\frac{a''}{a''} - \frac{1 - \lambda}{\lambda} \frac{a'''}{\mathrm{D}'} \right) = \sin q'',$$

$$\frac{(1 + \rho)\, \mathrm{R}'}{a'''} \left(1 - \frac{1 - \lambda}{\lambda} \frac{a''}{\mathrm{D}'} \right) = \sin q'''.$$

Chacune de ces quatre équations donne une valeur de $\dfrac{a''}{(1+\rho)R'}$, c'est-à-dire la valeur de a'' en parties du rayon $(1+\rho)R'$ de l'équateur de Jupiter; car il y a très-peu d'incertitude sur le rapport de $\dfrac{a''}{D'}$, donné par les observations de Pound citées par Newton, et les rapports $\dfrac{a''}{a}$, $\dfrac{a''}{a'}$, $\dfrac{a''}{a'''}$ sont bien déterminés par le n° 20. Les différences de ces valeurs de a'' feront connaître les erreurs de la supposition que les satellites s'éclipsent au moment de l'entrée de leurs centres dans l'ombre. En effet, la pénombre, la grandeur et le plus ou le moins de clarté des disques, la réfraction que les rayons solaires peuvent éprouver dans l'atmosphère de Jupiter sont autant de causes d'erreur qu'il est très-difficile d'apprécier.

CHAPITRE IX.

DÉTERMINATION DES MASSES DES SATELLITES ET DE L'APLATISSEMENT DE JUPITER.

27. Les formules du Chapitre VI renferment un grand nombre de constantes indéterminées, dont la connaissance est indispensable pour établir la théorie de chaque satellite. Les principales sont les masses des quatre satellites et l'aplatissement de Jupiter : nous allons d'abord nous en occuper. Pour en fixer la valeur, il faut cinq données de l'observation. Nous prendrons pour première donnée l'inégalité principale du premier satellite, inégalité dont le plus grand terme, d'après les recherches de Delambre, est égal à $223^s,471$ en temps, c'est-à-dire qu'il avance ou retarde les éclipses du satellite de cette quantité, dans son maximum. Pour le convertir en arc de cercle, il faut le multiplier par la circonférence entière ou par $400°$, et le diviser par la durée de la révolution synodique du premier satellite, durée qui est égale à $1^j,769861$. On aura ainsi pour ce terme

$$0°,505059.$$

Le plus grand terme de cette inégalité est, par le n° 21,

$$m'.2°,17364863.$$

En égalant ces deux quantités, on trouve

$$m' = 0,232355.$$

Nous prendrons pour seconde donnée l'inégalité principale du second satellite, dont le plus grand terme, d'après les recherches de Delambre, est égal à $1059^s,18$ en temps. Pour le réduire en arc de cercle, il faut le multiplier par $400°$, et le diviser par la durée de la révolution synodique du second satellite, durée qui est égale à $3^j,554065$; on aura ainsi, pour ce terme,

$$1°,192068.$$

Par le n° 21, le plus grand terme de cette inégalité est

$$m.6951'',466 + m''.12108'',992.$$

En égalant ces deux quantités, on aura

$$(1) \qquad m = 1,714843 - m''.1,741934.$$

La troisième donnée dont nous ferons usage est le mouvement annuel et sidéral du périjove du quatrième satellite, mouvement qui, d'après les recherches de Delambre, est égal à $7959'',105$. Nous supposerons donc, dans la dernière des équations en g du n° 22, $g = 7959'',105$. Elle devient alors, en la divisant par h''',

$$0 = 6984'',915 - 2946'',95.\mu - 363'',10.m - 1077'',15.m' - 4438'',87.m''$$
$$+ 101'',03.m\frac{h}{h'''} + 471'',99.m'\frac{h'}{h'''} + 3012'',37.m''\frac{h''}{h'''}.$$

Pour réduire cette équation à ne renfermer que les indéterminées μ, m et m'', il faut en éliminer les fractions $\frac{h}{h'''}$, $\frac{h'}{h'''}$, $\frac{h''}{h'''}$. La comparaison d'un grand nombre d'éclipses du troisième satellite avec la théorie m'a fait voir que l'expression de son mouvement renferme deux équations du centre très-distinctes, dont une se rapporte au périjove du quatrième satellite. Delambre a fixé cette équation à $756'',605$, et il a trouvé l'équation du centre du quatrième satellite égale à $9265'',56$, ce qui donne

$$\frac{h''}{h'''} = \frac{756'',605}{9265'',56} = 0,081657\overline{8}.$$

C'est la quatrième donnée que nous tirerons des observations, pour déterminer les masses. L'équation précédente devient ainsi

$$(2)\quad \left\{ \begin{aligned} &0 = 6734'',634 - 2946'',95.\mu - 363'',10.m + 101'',03.m\,\frac{h}{h''} \\ &\qquad - 4192'',89.m'' + 109'',67.\frac{h'}{h''}. \end{aligned} \right.$$

Les trois premières équations en g du n° **22** deviennent, en y substituant, pour g, m' et $\frac{h''}{h'''}$, leurs valeurs précédentes, et en les divisant par h'',

$$(3)\quad \left\{ \begin{aligned} &0 = -(24817'',58 + 553878'',78.\mu + 159201'',5.m + 5205'',03.m'' + 767'',12.m''')\frac{h}{h''} \\ &\quad \pm (15361'',81 + 57805'',9.m - 49145'',3.m'')\frac{h'}{h''} + 1681'',67.m'' + 213'',46.m'''. \end{aligned} \right.$$

$$(4)\quad \left\{ \begin{aligned} &0 = (56497'',7.m + 225306'',4.m^2 - 195001'',4.mm'')\frac{h}{h''} \\ &\quad + \left(\begin{aligned} &7751'',815 - 109003'',2.\mu - 43608'',1.m - 41432'',0.m'' - 1804'',18.m''' \\ &- 81807'',5.m^2 + 139953''.mm'' - 59856'',1.m''^2 \end{aligned} \right)\frac{h'}{h''} \\ &\quad + 1834'',50.m'' + 790'',56.m''' - 2089'',63.mm'' + 1829'',06.m''^2, \end{aligned} \right.$$

$$(5)\quad \left\{ \begin{aligned} &0 = 14913'',3.m\,\frac{h}{h''} + (4175'',23 - 4842'',59.m + 4142'',04.m'')\frac{h'}{h''} \\ &\quad + 276'',79 - 1736'',11.\mu - 266'',80.m - 123'',70.m'' + 3514'',34.m'''. \end{aligned} \right.$$

Enfin, la cinquième donnée dont nous ferons usage est le mouvement annuel et sidéral du nœud de l'orbite du second satellite sur le plan fixe. Ce mouvement est rétrograde et égal à 133870'',4, d'après les dernières recherches de Delambre : c'est la valeur de p. En la substituant dans la seconde des équations du n° **23**, en p, l, l', ..., et divisant cette équation par l', on aura

$$(6)\quad \left\{ \begin{aligned} &0 = 133663'',10 - 109003'',20.\mu - 31573'',71.m\left(1 - \frac{l}{l'}\right) \\ &\qquad - 19566'',65.m''\left(1 - \frac{l''}{l'}\right) - 1804'',18.m'''\left(1 - \frac{l''}{l'}\right). \end{aligned} \right.$$

La première, la troisième et la quatrième des mêmes équations deviennent, en les divisant par l' et substituant pour p et m' leurs valeurs précédentes,

$$(7)\ \begin{cases} 0 = 9253'',79 + \left(124513'',3 - 553878'',76.\mu - 5205'',05.m'' - 767'',12.m'''\right)\dfrac{l}{l'} \\[2mm] \quad + 5205'',05.m''\dfrac{l''}{l'} + 767'',12.m'''\dfrac{l''}{l'}, \end{cases}$$

$$(8)\ \begin{cases} 0 = 3600'',26 + 3267'',32.m\,\dfrac{l}{l'} + \left(129853'',51 - 21264'',89.\mu - 3267'',32.m - 5886'',85.m''\right)\dfrac{l''}{l'} \\[2mm] \quad + 5886'',85.m'''\dfrac{l''}{l'}, \end{cases}$$

$$(9)\ \begin{cases} 0 = 250'',28 + 363'',10.m\,\dfrac{l}{l'} + 4438'',87.m''\dfrac{l''}{l'} \\[2mm] \quad + \left(132645'',93 - 2946'',95.\mu - 363'',10.m - 4438'',87.m''\right)\dfrac{l''}{l'}. \end{cases}$$

Pour tirer de ces équations les valeurs des neuf inconnues μ, m, m'', m''', $\dfrac{h}{h''}$, $\dfrac{h'}{h'''}$, $\dfrac{l}{l'}$, $\dfrac{l''}{l'}$, $\dfrac{l''}{l'}$, on observera que, les cinq dernières étant peu considérables, on peut d'abord les supposer nulles dans les équations (2), (5) et (6). En éliminant ensuite m de ces trois équations, au moyen de sa valeur en m'' donnée par l'équation (1), on aura trois équations entre μ, m'' et m''', au moyen desquelles on déterminera ces trois inconnues, et par conséquent m au moyen de l'équation (1).

On substituera ces premières valeurs approchées de μ, m, m'', m''' dans les équations (3) et (4), et l'on en conclura les valeurs de $\dfrac{h}{h''}$ et de $\dfrac{h'}{h'''}$. On substituera encore ces mêmes valeurs approchées dans les équations (7), (8) et (9), et l'on en conclura les valeurs de $\dfrac{l}{l'}$, $\dfrac{l''}{l'}$, $\dfrac{l''}{l'}$; on substituera ensuite ces valeurs de $\dfrac{h}{h''}$, $\dfrac{h'}{h'''}$, $\dfrac{l}{l'}$, $\dfrac{l''}{l'}$, $\dfrac{l''}{l'}$ dans les équations (2), (5) et (6), qui ne renfermeront plus alors que les quatre inconnues μ, m, m'', m'''. On en éliminera m au moyen de l'équation (1), et, en résolvant ensuite ces équations, on aura des valeurs de μ, m'', m''', et par conséquent aussi de m, plus approchées que les premières.

On fera de ces secondes valeurs approchées le même usage que des premières. On continuera ainsi jusqu'à ce que les deux valeurs approchées consécutives de chaque inconnue soient extrêmement peu différentes, ce qui aura lieu après un petit nombre d'opérations. On a trouvé ainsi

$$\mu = 1,0055974,$$
$$m = 0,173281,$$
$$m' = 0,232355,$$
$$m'' = 0,884972,$$
$$m''' = 0,426591,$$
$$h = h''.0,00206221,$$
$$h' = h'''.0,0173350,$$
$$h'' = h'''.0,0816578,$$
$$l = l'.0,0207938,$$
$$l'' = -l'.0,0342530,$$
$$l''' = -l'.0,00093116\tfrac{1}{4}.$$

La quantité μ détermine l'aplatissement de Jupiter. Pour cela, nous observerons que l'on a, par le n° **22**,

$$\rho - \tfrac{1}{2}\varphi = \mu.0,0217794.$$

En substituant pour μ sa valeur précédente, on aura

$$\rho - \tfrac{1}{2}\varphi = 0,0219013.$$

Pour déterminer φ, nommons t la durée de la rotation de Jupiter et T celle de la révolution sidérale du quatrième satellite; on aura, à très-peu près,

$$\varphi = \frac{T^2}{a'''^3 t^2}.$$

On a, par le n° **20**,

$$a''' = 25,4359,$$
$$T = 16^{j},689019;$$

suivant Cassini,

$$t = 0^{j},413889.$$

On aura ainsi

$$\varphi = 0.0987990,$$

ce qui donne

$$\rho = 0,0713008.$$

Le demi-diamètre de l'équateur de Jupiter étant pris pour l'unité, le demi-axe du pôle sera $1 - \rho$, et par conséquent égal à 0,9286992. Le rapport de l'axe du pôle à celui de l'équateur a été mesuré en différents temps. Le milieu entre les diverses mesures est 0,929, ce qui ne diffère du résultat précédent que d'une quantité insensible. Mais, si l'on considère la grande influence de la valeur de φ sur les mouvements des nœuds et des apsides des orbes des satellites, on voit que le rapport des axes de Jupiter est donné par les observations des éclipses avec plus d'exactitude que par les mesures les plus précises. L'accord de ces mesures avec le résultat de la théorie nous montre d'une manière sensible que la pesanteur vers Jupiter se compose des attractions de chacune de ses molécules, puisque la variation dans la force attractive de Jupiter, qui résulte de l'aplatissement observé de cette planète, représente exactement les mouvements des nœuds et des apsides des orbes des satellites.

Rassemblons maintenant les résultats que nous venons de trouver. Si l'on divise les valeurs de m, m', m'' et m''' par 10000, on aura, par le n° **21**, les rapports des masses des satellites à celle de Jupiter, et ces rapports seront :

$$
\begin{array}{ll}
\text{Premier satellite} & 0,0000173281 \\
\text{Second satellite} & 0,0000232355 \\
\text{Troisième satellite} & 0,0000884972 \\
\text{Quatrième satellite} & 0,0000426591 \\
\end{array}
$$

Le rapport des deux axes de Jupiter sera 0,9286992.

Si l'on adopte les valeurs des masses de Jupiter et de la Terre, que nous avons données dans le n° **21** du Livre VI, on trouve que la masse du troisième satellite est 0,027337, celle de la Terre étant prise pour unité. Nous avons trouvé, dans le n° **44** du même Livre, la masse de la Lune égale à $\frac{1}{68,5}$, ou 0,014599; ainsi la masse du troisième satellite de Jupiter est presque double de celle de la Lune, à laquelle la masse du quatrième est presque égale.

CHAPITRE X.

DES EXCENTRICITÉS ET DES INCLINAISONS DES ORBES DES SATELLITES.

28. Après avoir déterminé l'aplatissement de Jupiter et les masses de ses satellites, nous allons évaluer en nombres les inégalités séculaires des éléments de leurs orbes. Les excentricités et les mouvements des apsides dépendent de la résolution des équations en g du n° 22. Si l'on y substitue, pour μ, m, m', m'' et m''', leurs valeurs précédentes, elles deviennent

$$(1)\quad \begin{cases} 0 = \left[g - 571269'',6 - \dfrac{51277'',10}{\left(1 + \dfrac{g}{3001300''}\right)^2} \right] h + \left[6858'',2 - \dfrac{25371'',60}{\left(1 + \dfrac{g}{3001300''}\right)^2} \right] h' \\[4ex] \quad + \left[2222'',5 + \dfrac{16087'',10}{\left(1 + \dfrac{g}{3001300''}\right)^2} \right] h'' + 91'',060.h''', \end{cases}$$

$$(2)\quad \begin{cases} 0 = \left[4054'',77 - \dfrac{17495'',31}{\left(1 + \dfrac{g}{3001300''}\right)^2} \right] h + \left[g - 133377'',2 - \dfrac{49185'',95}{\left(1 + \dfrac{g}{3001300''}\right)^2} \right] h' \\[4ex] \quad + \left[12805'',3 + \dfrac{20804'',40}{\left(1 + \dfrac{g}{3001300''}\right)^2} \right] h'' + 337'',25.h''', \end{cases}$$

$$(3)\quad \begin{cases} 0 = \left[276'',18 + \dfrac{2322'',70}{\left(1 + \dfrac{g}{3001300''}\right)^2} \right] h + \left[2662'',1 + \dfrac{4362'',65}{\left(1 + \dfrac{g}{3001300''}\right)^2} \right] h' \\[4ex] \quad + \left[g - 28478'',7 - \dfrac{1902'',60}{\left(1 + \dfrac{g}{3001300''}\right)^2} \right] h'' + 1704'',20.h''', \end{cases}$$

$$(4)\quad 0 = 17'',506.h + 109'',67.h' + 2665'',86.h'' + (g - 8179'',12)h'''.$$

Ces équations donnent une équation finale en g d'un degré fort élevé. A chacune des valeurs de g répond un système des constantes h, h', h'' et h''', dans lequel trois de ces constantes sont données au moyen de la quatrième, qui reste arbitraire. Ainsi, la nature du problème ne demandant que quatre arbitraires, l'équation en g n'a que quatre racines utiles. La grande influence de l'aplatissement de Jupiter sur les mouvements des apsides des satellites rend les valeurs de g peu différentes de celles qui auraient lieu par l'effet seul de cet aplatissement : on aura ainsi une première approximation de ces valeurs en égalant à zéro les termes des équations précédentes dans lesquels se trouve l'inconnue g. Cette considération facilite extrêmement la détermination des valeurs de g, que l'on peut obtenir par une approximation prompte, de la manière suivante.

On observera d'abord que la première valeur de g, dans l'ordre des grandeurs, est peu différente de $620000''$; on supposera donc $g = 620000''$ dans les équations (2), (3) et (4), et, après les avoir divisées par h, on en tirera les valeurs de $\frac{h'}{h}$, $\frac{h''}{h}$, $\frac{h'''}{h}$. On substituera ensuite ces valeurs dans l'équation (1), et l'on mettra, pour g, $620000''$ dans le diviseur $\left(1 + \frac{g}{3001300''}\right)^2$. On aura ainsi une valeur de g plus exacte que la valeur supposée. On fera de cette nouvelle valeur le même usage que de la première, et ainsi de suite, jusqu'à ce que l'on trouve deux valeurs consécutives de g qui soient à très-peu près les mêmes. Un petit nombre d'essais suffira pour cet objet, et alors on sera certain que les équations (1), (2), (3) et (4) seront satisfaites, ce que l'on vérifiera d'ailleurs en y substituant, pour g, $\frac{h'}{h}$, $\frac{h''}{h}$, $\frac{h'''}{h}$, leurs valeurs. On trouve ainsi

$$g\ = 606989'',9,$$
$$h' =\ \ \ 0,0185238.h,$$
$$h'' = -\,0,0034337.h,$$
$$h''' = -\,0,00001735.h.$$

Les valeurs de h', h'', h''', relatives à cette valeur de g, étant plus petites que h, on peut considérer h comme l'excentricité propre du premier satellite, dont l'apside a un mouvement annuel et sidéral de $606989'',9$.

La seconde valeur de g est donnée par approximation en égalant à zéro le terme de l'équation (2) qui contient g : cette valeur est à peu près de $180000''$. On supposera donc $g = 180000''$ dans les équations (1), (3) et (4), et, en les divisant par h', on en tirera les valeurs des fractions $\frac{h}{h'}$, $\frac{h''}{h'}$, $\frac{h'''}{h'}$. On substituera ensuite ces valeurs dans l'équation (2) divisée par h', et l'on y fera $g = 180000''$ dans le diviseur $\left(1 + \frac{g}{3001300''}\right)^2$. On aura ainsi une valeur plus approchée de g, dont on fera le même usage que de la première. En continuant ainsi, on trouve

$$g = 178141'',7,$$
$$h = -0,0375392.h',$$
$$h'' = -0,0436686.h',$$
$$h''' = \;\;\;0,00004357.h'.$$

Les valeurs de h, h'', h''' étant ici plus petites que h', on peut considérer h' comme l'excentricité propre du second satellite, dont l'apside a un mouvement annuel et sidéral de $178141'',7$.

La troisième valeur de g est donnée par approximation en égalant à zéro le terme qui contient g dans l'équation (3). Cette valeur est à peu près de $30000''$. On supposera donc $g = 30000''$ dans les équations (1), (2) et (4), et, en les divisant par h'', on en tirera les valeurs de $\frac{h}{h''}$, $\frac{h'}{h''}$ et $\frac{h'''}{h''}$, que l'on substituera dans l'équation (3) divisée par h'', et l'on y fera $g = 30000''$ dans le diviseur $\left(1 + \frac{g}{3001300''}\right)^2$. On aura ainsi une valeur de g plus approchée et dont on fera le même usage que de la première. En continuant ainsi, on trouve

$$g = 29009'',8,$$
$$h = \;\;\;0,0238111.h'',$$
$$h' = \;\;\;0,2152920.h'',$$
$$h''' = -0,1291564.h''.$$

Ces valeurs de h, h', h''' étant plus petites que h'', on peut considérer h''

comme l'excentricité propre au troisième satellite, dont l'apside a un mouvement annuel et sidéral de 29009″,8.

Enfin, la quatrième valeur de g est celle que les observations donnent pour le mouvement annuel et sidéral de l'apside du quatrième satellite, et l'on a vu précédemment que, dans ce cas,

$$g = 7959″,105,$$
$$h = 0,0020622 . h‴ \ (^1),$$
$$h' = 0,0173350 . h‴,$$
$$h'' = 0,0816578 . h‴.$$

Les valeurs de h, h', h'' étant ici plus petites que h'', on peut considérer $h‴$ comme l'excentricité propre au quatrième satellite, dont l'apside a un mouvement annuel et sidéral de 7959″,105.

On voit par là que chaque satellite a une excentricité qui lui est propre. Cette circonstance, qui n'a pas lieu dans la théorie des planètes, est due à l'aplatissement de Jupiter, dont l'effet sur les péri-joves des satellites est très-considérable. Il ne s'agit plus maintenant que de connaitre les excentricités propres à chaque satellite et les positions de leurs apsides à une époque donnée. Nous dirons, en exposant la théorie de chaque satellite, ce que les observations ont appris sur cet objet.

Considérons présentement les inclinaisons et les mouvements des nœuds des orbes des satellites. Ces éléments dépendent des équations en λ et en l, données dans le n° **23**. Rappelons ici ces équations. Les équations en λ deviennent, en y substituant pour μ, m, m', m'' et $m‴$ leurs valeurs précédentes,

$$0 = -103″,27 + 571269″,64.\lambda - 9253″,80.\lambda' - 4606″,32.\lambda'' - 327″,25.\lambda‴.$$
$$0 = -207″,26 - 5471″,12.\lambda + 133377″,33.\lambda' - 17315″,94.\lambda'' - 769″,65.\lambda‴.$$
$$0 = -417″,63 - 566″,16.\lambda - 3599″,79.\lambda' + 28478″,73.\lambda'' - 2511″,25.\lambda‴.$$
$$0 = -974″,19 - 62″,92.\lambda - 250″,28.\lambda' - 3928″,28.\lambda'' + 8179″,11.\lambda‴.$$

(¹) D'après Bowditch le coefficient de h'' dans la valeur de h est 0,0020522 au lieu de 0,0020622. Le savant commentateur indique encore comme inexacts quelques autres nombres de ce Chapitre, mais en faisant remarquer que ces petites erreurs n'ont pas d'influence sensible sur le calcul des positions des satellites de Jupiter.

En résolvant ces équations, on trouve

$$\lambda = 0,00057879,$$
$$\lambda' = 0,00585888,$$
$$\lambda'' = 0,02708801,$$
$$\lambda''' = 0,13235804.$$

Ces valeurs de λ, λ', λ'' et λ''' déterminent la partie de la latitude des satellites qui dépend de l'inclinaison de l'équateur de Jupiter à son orbite. Il résulte du n° **10** que, $200° - \Psi'$ étant la longitude du nœud ascendant de cet équateur sur l'orbite de la planète, et θ' exprimant l'inclinaison mutuelle de ces deux plans, on a, en faisant, pour abréger, $200° - \Psi' = I$, pour ces parties de la latitude des satellites sur l'orbite de Jupiter,

$$(1 - \lambda)\,\theta' \sin(v - I),$$
$$(1 - \lambda')\,\theta' \sin(v' - I),$$
$$(1 - \lambda'')\,\theta' \sin(v'' - I),$$
$$(1 - \lambda''')\,\theta' \sin(v''' - I).$$

L'inclinaison θ' de l'équateur de Jupiter à son orbite et la longitude I de son nœud ascendant sur cette orbite doivent être déterminées par les observations. Delambre a trouvé, pour l'époque de 1750,

$$\theta' = \quad 3°,43519,$$
$$I = 348°,62129.$$

Ces valeurs de θ' et de I ne sont pas rigoureusement constantes; on a vu, dans le n° **23**, que la valeur de θ' croît chaque année de $0'',07035$ et que la valeur de I diminue annuellement de $0'',8259$, relativement à un équinoxe fixe. Ces quantités sont si petites, que l'on peut se dispenser d'y avoir égard dans tout l'intervalle de temps que comprennent les observations des satellites; mais il sera facile de les faire entrer dans le calcul, si on le juge à propos.

Les équations en l du n° **23** deviennent, en y substituant pour μ, m,

m', m'' et m''' leurs valeurs précédentes,

$$(5) \quad 0 = (p - 571269'',64)l + 9253'',80.l' + 4606'',32.l'' + 327'',25.l''',$$

$$(6) \quad 0 = 54171'',12.l + (p - 133377'',33)l' + 17315'',94.l'' + 769'',65.l''',$$

$$(7) \quad 0 = 566'',16.l + 3599'',79.l' + (p - 28478'',73)l'' + 2511'',25.l''',$$

$$(8) \quad 0 = 62'',92.l + 250'',28.l' + 3928'',28.l'' + (p - 8179'',11)l'''.$$

Ces quatre équations donnent une équation en p du quatrième degré. Pour en obtenir les racines, on fera usage de la méthode d'approximation que nous venons d'employer pour déterminer les valeurs de g. On aura ainsi une première valeur de p relative à l'orbe du premier satellite, en égalant à zéro le coefficient de l dans l'équation (5), ce qui donne $p = 571269'',64$. En supposant donc à p cette valeur dans les équations (6), (7) et (8), on en tirera les valeurs de $\frac{l'}{l}, \frac{l''}{l}, \frac{l'''}{l}$. On substituera ces valeurs dans l'équation (5) divisée par l, et l'on aura une nouvelle valeur de p plus approchée. On fera de cette nouvelle valeur le même usage que de la première, et l'on continuera ainsi jusqu'à ce que l'on arrive à deux valeurs consécutives de p extrêmement peu différentes. On trouve ainsi, après un petit nombre d'essais,

$$p = 571389'',32,$$
$$l' = - 0,0124527.l,$$
$$l'' = -- 0,0009597.l,$$
$$l''' = - 0,0000995.l.$$

Les valeurs de l', l'' et l''' étant ici moindres que l, on peut considérer cette quantité comme exprimant l'inclinaison propre de l'orbe du premier satellite sur un plan qui, passant constamment par les nœuds de l'équateur de Jupiter, entre cet équateur et l'orbite de la planète, est incliné de l'angle $\lambda \theta'$ à ce même équateur. Si l'on substitue pour λ et θ' leurs valeurs précédentes, on trouve cette inclinaison de $19'',88$. La valeur précédente de p exprime alors le mouvement annuel et rétrograde des nœuds de l'orbe sur ce plan, mouvement qui, par conséquent, est de $571389'',32$.

La seconde valeur de p est relative à l'orbe du second satellite. Elle est donnée par les observations, et l'on a vu, dans le numéro précédent, que l'on a, dans ce cas,

$$p = 133870'',4,$$
$$l = \quad 0,0207938.l',$$
$$l'' = -0,0342530.l',$$
$$l' = -0,0009312.l'.$$

La troisième valeur de p est relative à l'orbe du troisième satellite; on en aura une première valeur approchée en égalant à zéro le coefficient de l'' dans l'équation (7), ce qui donne $p = 28478'',73$. En substituant cette valeur dans les équations (5), (6) et (8), on en tirera les valeurs de $\frac{l}{l''}$, $\frac{l'}{l''}$ et $\frac{l'''}{l''}$. Ces valeurs, substituées dans l'équation (7) divisée par l'', donneront une seconde valeur de p dont on fera le même usage que de la première. En continuant ainsi, on trouve

$$p = 28375'',48,$$
$$l = \quad 0,0111626.l'',$$
$$l' = \quad 0,1640530.l'',$$
$$l''' = -0,1965650.l''.$$

Les valeurs de l, l', l''' étant ici moindres que l'', cette quantité peut être considérée comme exprimant l'inclinaison propre de l'orbe du troisième satellite sur un plan qui, passant constamment par les nœuds de l'équateur de Jupiter, entre l'équateur et l'orbite de la planète, est incliné de $\lambda''\theta'$ à cet équateur. En substituant pour λ'' et θ' leurs valeurs précédentes, on trouve cette inclinaison de $930'',52$. Le mouvement annuel et rétrograde des nœuds de l'orbe du troisième satellite sur ce plan est de $28375'',48$.

Enfin, la quatrième valeur de p est relative à l'orbe du quatrième satellite. On en aura une première valeur approchée en égalant à zéro le coefficient de l''' dans l'équation (8), ce qui donne $p = 8179'',11$. En substituant cette valeur dans les équations (5), (6) et (7), on en tirera les valeurs de $\frac{l}{l'}$, $\frac{l'}{l''}$, $\frac{l''}{l'''}$. Ces valeurs, substituées dans l'équation (8) divisée par l''', donneront une seconde valeur de p dont on fera le même usage que de la première. En continuant ainsi, on trouve

$$p = 7682'',64,$$
$$l = 0,0019856.l'',$$
$$l' = 0,0234108.l''',$$
$$l'' = 0,1248622.l'''.$$

Les valeurs de l, l', l'' sont ici moindres que l'''; cette quantité peut donc être considérée comme exprimant l'inclinaison propre de l'orbe du quatrième satellite sur un plan qui, passant constamment par les nœuds de l'équateur de Jupiter, entre l'équateur et l'orbite de la planète, est incliné à cet équateur de l'angle $\lambda''' \theta'$. En substituant pour λ''' et θ' leurs valeurs précédentes, on trouve cette inclinaison de $4546'',74$. Le mouvement annuel et rétrograde des nœuds de l'orbe du quatrième satellite sur ce plan est de $7682'',64$.

On voit par là que l'orbe de chaque satellite a une inclinaison qui lui est propre, circonstance qui est due à l'aplatissement de Jupiter, dont l'influence sur les mouvements des nœuds des orbes des satellites est très-considérable. Il reste maintenant à connaître les inclinaisons propres à chaque orbe et les positions des nœuds. Nous verrons bientôt ce que les observations ont appris sur cet objet.

CHAPITRE XI.

DE LA LIBRATION DES TROIS PREMIERS SATELLITES DE JUPITER.

29. On a vu, dans le n° 15, que les moyens mouvements des trois premiers satellites de Jupiter sont assujettis au théorème suivant, qui a lieu généralement par rapport à un axe mobile suivant une loi quelconque :

Le moyen mouvement du premier satellite, plus deux fois celui du troisième, est rigoureusement égal à trois fois le moyen mouvement du second satellite.

Pour faire voir jusqu'à quel point ce théorème est conforme aux observations, je vais rapporter ici les moyens mouvements séculaires de ces trois corps, tels que Delambre les a déterminés par la discussion d'un nombre immense d'éclipses. Il a trouvé qu'en cent années juliennes ces mouvements sont, par rapport à l'équinoxe,

$$\text{Premier satellite.}\ldots\ldots\ldots\quad 8258261'',63313$$
$$\text{Second satellite.}\ldots\ldots\ldots\quad 4114125,81277$$
$$\text{Troisième satellite.}\ldots\ldots\quad 2042057,90398$$

Le moyen mouvement du premier, moins trois fois celui du second, plus deux fois celui du troisième, est ainsi égal à $27'',8$. Cette différence est si petite, que l'on doit être étonné de l'accord de la théorie avec les observations. Cependant, comme les Tables doivent être rigoureusement assujetties au théorème précédent, Delambre a, pour cet objet, légèrement altéré les trois résultats précédents.

Par le n° 15, les époques des moyens mouvements des trois satellites sont assujetties au théorème suivant :

L'époque du premier satellite, moins trois fois celle du second, plus deux fois celle du troisième, est exactement égale à la demi-circonférence ou à 200 degrés.

Delambre a déterminé ces époques par la discussion d'un très-grand nombre d'éclipses, et il a trouvé les époques suivantes pour le minuit commençant le 1er janvier de 1750 :

$$
\begin{array}{lr}
\text{Premier satellite......} & 16,69584 \\
\text{Second satellite.......} & 346,0521 \\
\text{Troisième satellite....} & 11,41354
\end{array}
$$

L'époque du premier, moins trois fois celle du second, plus deux fois celle du troisième, est ainsi égale à 200°,01962, ce qui surpasse la demi-circonférence de 196″,2. Les observations satisfont donc un peu moins exactement au théorème sur les époques qu'à celui sur les moyens mouvements. Elles pourraient en différer encore plus, par la considération suivante.

A la distance où nous sommes des satellites de Jupiter, ils disparaissent à nos yeux avant que d'être entièrement plongés dans l'ombre de cette planète; ils ne reparaissent qu'après s'en être en partie dégagés. Pour déterminer l'instant de la conjonction d'un satellite, on suppose qu'au moment de l'immersion son centre est à la même distance du cône d'ombre qu'au moment de l'émersion; or il peut arriver que la partie du disque du satellite qui se plonge la première dans l'ombre, et qui par conséquent reparait la première, soit plus ou moins propre à réfléchir la lumière du Soleil que la partie qui s'éclipse la dernière, et alors il est visible qu'au moment de l'immersion la distance du centre du satellite à la surface du cône d'ombre sera plus ou moins grande qu'au moment de l'émersion. L'instant de la conjonction, tiré des observations, sera donc plus ou moins avancé que le véritable instant. Les époques des longitudes moyennes des trois premiers satellites, conclues des observations de leurs éclipses, peuvent différer ainsi des époques réelles et ne pas satisfaire exactement au théorème énoncé ci-dessus. A la vérité, cela suppose que la partie du disque qui s'éclipse la première est toujours sensiblement la même, et c'est ce qui a lieu dans la nature, les satellites présentant constamment, comme on sait, la même face à Jupiter, ainsi que la Lune à la Terre. La considération que nous venons de présenter n'empêche pas les observations de satisfaire au théorème sur les moyens mouvements, qui, donnés par la différence des époques séparées par de grands intervalles, sont indépendants des inégalités qui peuvent exister dans la lumière des diverses parties du disque des satellites, du moins lorsque l'on considère autant d'immersions que d'émersions.

La différence entre le résultat des observations et le théorème sur les époques étant peu considérable, Delambre a jugé plus convenable d'y assujettir les époques de ses Tables, les corrections qu'il faut faire aux observations étant dans les limites des erreurs dont elles sont susceptibles.

Les deux théorèmes précédents donnent lieu, comme on l'a vu dans le n° 15, à une inégalité particulière que nous avons désignée sous le nom de *libration des satellites*, et dont nous avons donné l'expression analytique. Pour l'évaluer en nombres, nous observerons que l'on a, par le n° **22**,

$$F' = 1,466380,$$
$$G = -0,857159.$$

L'expression k du n° **14** devient ainsi

$$k = 123,855 \left(\frac{a}{a'} m'm'' + \tfrac{9}{7} mm'' + \frac{a''}{4a'} mm' \right);$$

la valeur de k est donc positive, comme nous l'avons annoncé dans le n° **15**, où nous avons fait voir que le signe de k détermine si la longitude moyenne du premier satellite, moins trois fois celle du second, plus deux fois celle du troisième, est égale à zéro ou à la demi-circonférence, le signe négatif déterminant le premier cas, et le signe positif le second cas.

Si l'on substitue pour m, m', m'' leurs valeurs précédentes, on aura

$$k = 0,0000000607302.$$

Nous avons observé, dans le n° 15, que, si le théorème sur les moyens mouvements des trois premiers satellites n'était pas rigoureusement exact, les observations s'en écarteraient de 100 degrés dans un temps plus petit que $\dfrac{100°}{n\sqrt{2k}}$. Soit T la durée de la révolution sidérale du premier satellite; on aura $nT = 400°$; le temps précédent devient ainsi $\dfrac{T}{4\sqrt{2k}}$. En substituant pour T sa valeur donnée dans le n° 20, il devient $401^{j},314$; par conséquent, il est au-dessous de deux années, comme nous l'avons annoncé dans le n° 15.

Les expressions de v, v' et v'', dépendantes de la libration, et que nous avons trouvées dans le n° 15, deviennent, en y substituant pour m, m' et m'' leurs valeurs précédentes,

$$v = \mathrm{P}\sin\!\left(nt\sqrt{k}+\mathrm{A}\right),$$
$$v' = -\,\mathrm{P}.0,889912.\sin\!\left(nt\sqrt{k}+\mathrm{A}\right),$$
$$v'' = \mathrm{P}.0,062115.\sin\!\left(nt\sqrt{k}+\mathrm{A}\right),$$

P et A étant deux arbitraires que les observations doivent déterminer. La durée de la période de cette inégalité est $\dfrac{400°}{n\sqrt{k}}$ ou $\dfrac{T}{\sqrt{k}}$; cette durée est donc de $2270^{j},18$, c'est-à-dire d'un peu plus de six ans.

Après avoir considéré l'ensemble du système des satellites, nous allons développer la théorie particulière de chacun d'eux, en commençant par le quatrième.

CHAPITRE XII.

THÉORIE DU QUATRIÈME SATELLITE (¹).

30. Delambre a trouvé, par la discussion de toutes les éclipses observées du quatrième satellite, que son mouvement moyen, par rapport à l'équinoxe terrestre du printemps, est, en cent années juliennes, égal à

$$875427°,45956.$$

Il a trouvé, de plus, que la longitude moyenne de ce satellite, par rapport au même équinoxe, à l'instant du minuit commençant le 1er janvier de 1750 (et c'est ce que j'entendrai dans la suite par l'époque de 1750), était égale à

$$80°,61249.$$

Soit donc

$$\theta''' = 80°,61249 + t.8754°,2745956;$$

t exprimant ici un nombre d'années juliennes écoulées depuis le commencement de 1750, θ''' exprimera la longitude moyenne du quatrième satellite, observée du centre de Jupiter et rapportée à l'équinoxe terrestre du printemps.

Delambre a pareillement trouvé que le périjove de ce satellite avait un mouvement annuel et sidéral de 7959″,105, ou de 8113″,735 par rapport à l'équinoxe du printemps, et que la longitude moyenne de ce périjove était, en 1750, égale à

$$200°,38055.$$

(¹) Plusieurs nombres de ce Chapitre et des Chapitres suivants sont affectés d'erreurs signalées par M. Airy et corrigées par Bowditch dans l'édition américaine. On trouvera l'indication de ces corrections à la fin du volume.

Soit donc
$$\varpi'' = 200°,3805\overline{5} + t.8113'',735;$$

$\theta''- \varpi''$ sera l'anomalie moyenne du satellite, comptée du périjove, et l'on aura
$$\theta'' - \varpi'' = 280°,23194 + t.8753°,4632221.$$

On a vu, dans le Chapitre IX, que le coefficient du plus grand terme de l'équation du centre est égal à $9265'',56$. Il est facile d'en conclure que la partie elliptique de la longitude du quatrième satellite est

$$\theta'' + 9265'',56.\sin\ (\theta'' - \varpi'')$$
$$+\quad 42'',14.\sin 2(\theta'' - \varpi'')$$
$$+\quad 0'',27.\sin 3(\theta'' - \varpi'').$$

Le quatrième satellite participe un peu de l'équation du centre du troisième. Delambre a trouvé le coefficient de cette équation égal à $1709'',05$, et la longitude du périjove correspondante, en 1750, égale à

$$343°,82067.$$

Le mouvement annuel et sidéral de ce périjove est, par le n° 28, égal à $29009'',8$, et, par conséquent, son mouvement annuel tropique est égal à $29164'',43$. Soit donc

$$\varpi'' = 343°,82067 + t.29164'',43.$$

Désignons par θ'' la longitude moyenne tropique du troisième satellite; $\theta'' - \varpi''$ sera sa longitude moyenne, comptée du périjove. Pour déterminer θ'', nous observerons que Delambre a trouvé le mouvement annuel de ce satellite, en cent années juliennes, égal à

$$2042057°,9040,$$

et sa longitude moyenne, à l'époque de 1750, égale à

$$11°,39349;$$

on a ainsi
$$\theta'' = 11°,39349 + t.20420°,579040,$$

et par conséquent

$$\theta'' - \varpi'' = 67°,57282 + t.20417°,662597.$$

L'équation du centre du troisième satellite sera ainsi

$$1709'',05.\sin(\theta'' - \varpi'').$$

On a, par le Chapitre X, relativement à cette équation du centre,

$$h'' = -0,1291564.h'';$$

l'équation du quatrième satellite, dépendante du périjove du troisième, sera donc

$$-1709'',05 \times 0,1291564.\sin(\theta'' - \varpi''),$$

et par conséquent elle sera

$$-220'',73.\sin(\theta'' - \varpi'').$$

Si l'on nomme Ⅱ la longitude moyenne de Jupiter, rapportée à l'équinoxe du printemps, l'expression de $\delta v'''$ du n° **21** devient, en y substituant pour m'' sa valeur trouvée dans le n° **27**, et négligeant les termes dépendants de m et de m', ce que l'on peut faire ici sans erreur sensible,

$$-31'',36.\sin\ (\theta'' - \zeta'')$$
$$-14'',12.\sin 2(\theta'' - \zeta'')$$
$$-2'',95.\sin 3(\theta'' - \zeta'')$$
$$-0'',90.\sin 4(\theta'' - \theta''')$$
$$-0'',33.\sin 5(\theta'' - \theta''')$$
$$+12'',99.\sin(2\theta'' - 2\Pi).$$

Si l'on considère ensuite que, par le n° **6**, $-2h''$ étant le coefficient du plus grand terme de l'équation du centre du quatrième satellite, on a, en considérant la plus grande équation du centre,

$$-2h'' = 9265'',56,$$

on aura, par le n° **22**, l'inégalité

$$0,0144449 \times \tfrac{1}{2} \times 9265'',56.\sin(\theta'' + \varpi''' - 2\Pi),$$

inégalité qui se réduit à

$$66'',91 . \sin(\theta'' + \varpi'' - 2\Pi).$$

En désignant par V l'anomalie moyenne de Jupiter, comptée du périhélie, on a, par le n° **22**, l'inégalité

$$- 349'',79 . \sin V.$$

Enfin, on a, par le n° **24**, l'inégalité

$$- 49'',51 . \sin(t . 7541'' + 31°,91988).$$

7541 secondes est le mouvement annuel et sidéral supposé au nœud du quatrième satellite; mais nous avons trouvé, dans le Chapitre X, que ce mouvement est un peu plus grand et égal à 7682'',64. Il en faut retrancher la variation annuelle de Ψ', qui, par le n° **23**, est égale à 0'',8259; l'inégalité précédente devient ainsi

$$- 49'',51 . \sin(t . 7681'',81 + 31°,91988).$$

En rassemblant toutes ces inégalités, on a, pour la longitude v'' du quatrième satellite, comptée sur son orbite, de l'équinoxe du printemps terrestre,

$$
\begin{aligned}
v'' = \theta'' &+ 9265'',56 . \sin (\theta'' - \varpi'') \\
&+ 42'',14 . \sin 2(\theta'' - \varpi'') \\
&+ 0'',27 . \sin 3(\theta'' - \varpi'') \\
&- 31'',36 . \sin (\theta'' - \theta''') \\
&- 14'',12 . \sin 2(\theta'' - \theta''') \\
&- 2'',95 . \sin 3(\theta'' - \theta''') \\
&- 0'',90 . \sin 4(\theta'' - \theta''') \\
&- 0'',33 . \sin 5(\theta'' - \theta''') \\
&- 220'',73 . \sin (\theta'' - \varpi'') \\
&+ 12'',99 . \sin (2\theta^{iv} - 2\Pi) \\
&+ 66'',94 . \sin (\theta''' + \varpi''' - 2\Pi) \\
&- 349'',79 . \sin V \\
&- 49'',51 . \sin(t . 7681'',81 + 31°,91988).
\end{aligned}
$$

Considérons maintenant le mouvement en latitude. Ce mouvement dépend de l'inclinaison de l'équateur de Jupiter à son orbite et de la longitude de son nœud ascendant à une époque donnée. Delambre a trouvé, par la discussion d'un très-grand nombre d'éclipses, principalement du troisième et du quatrième satellite, que l'inclinaison de l'équateur à l'orbite de Jupiter était de $3°,4352$ en 1750, et qu'à la même époque la longitude de son nœud ascendant était $348°,6213$. De plus, la précession moyenne annuelle des équinoxes étant $154'',63$, et la précession annuelle de l'équinoxe de Jupiter étant, par le n° 23, égale à $0'',8259$, le mouvement annuel de ce second équinoxe, relativement au premier, sera $153'',8$; en sorte que la longitude du nœud ascendant de l'équateur de Jupiter sera

$$348°,6213 + t.153'',8.$$

Le terme $(\lambda'' - 1)\theta \sin(v''' + \Psi')$ de l'expression de la latitude s'' du quatrième satellite, trouvée dans le n° 10, deviendra ainsi

$$(1 - \lambda''').3°,4352.\sin(v''' - 348°,6213 - t.153'',8);$$

en substituant pour λ'' sa valeur donnée dans le n° 28, on aura

$$2°,98051.\sin(v''' + 51°,3787 - t.153'',8).$$

Le terme $l''\sin(v'' + pt + \Lambda)$, qui, par le n° 10, entre dans l'expression de s'', et qui est relatif à l'inclinaison propre de l'orbite du quatrième satellite sur son plan fixe, suppose la connaissance de l'' et de Λ. Delambre a trouvé

$$l'' = -2771'',6,$$

et en 1750

$$\Lambda = 83°,29861.$$

La valeur de p relative à ce terme est, par le Chapitre X, $7682'',64$; pour la rapporter à l'équinoxe mobile du printemps terrestre, il faut en retrancher $154'',63$; le terme précédent devient ainsi

$$-2771'',6.\sin(v'' + 83°,29861 + t.7528'',01).$$

La comparaison des éclipses du troisième satellite a donné à Delambre la valeur de l'', propre à l'orbite du troisième satellite, égale à $-2283'',9$, et la valeur de Λ, qui lui est relative, égale en 1750 à

$208°,32562$. De plus, la valeur correspondante de p est, par le n° **28**, $28375'',48$; en en retranchant $154'',63$, on aura $28220'',85$ pour le mouvement annuel tropique du nœud de l'orbite du troisième satellite sur son plan fixe. La partie de s'' relative à ce mouvement est donc

$$- 2283'',9.\sin(v'' + 208°,32562 + t.28220'',85).$$

Pour avoir la partie correspondante de s''', il faut multiplier le coefficient de ce terme par $\dfrac{l''}{l'''}$, et cette fraction, par le Chapitre X, est égale à $-0,1965650$, ce qui donne dans s''' le terme

$$448'',93.\sin(v''' + 208°,32562 + t.28220'',85).$$

Delambre a trouvé la valeur de l', relative à l'inclinaison propre de l'orbite du second satellite sur son plan fixe, égale à $-5152'',2$, et la valeur correspondante de Λ en 1750 égale à $303°,76542$. La valeur de p relative à cette inclinaison est, par le n° **28**, $133870'',4$. En en retranchant $154'',63$, on aura $133715'',77$ pour le mouvement annuel tropique du nœud de l'orbite du second satellite sur son plan fixe. La partie de s' relative à ce mouvement est donc

$$- 5152'',2.\sin(v' + 303°,76542 + t.133715'',77).$$

Pour avoir la partie correspondante de s''', il faut multiplier le coefficient de ce terme par $\dfrac{l'''}{l'}$, et cette fraction, par le Chapitre X, est égale à $-0,00093164$, ce qui donne dans s''' le terme

$$4'',80.\sin(v''' + 303°,76542 + t.133715'',77).$$

Il nous reste à considérer l'inégalité de s''',

$$- 0,00144785.(L' - l''')\sin(v''' - 2U - pt - \Lambda),$$

donnée à la fin du n° **23**. Si l'on suppose que la valeur de p soit relative au déplacement de l'équateur et de l'orbite de Jupiter, on a, par le n° **10**,

$$L - l''' = \lambda'''(L - L'),$$

et par conséquent

$$l''' - L' = (1 - \lambda''')(L - L').$$

〔146〕 MÉCANIQUE CÉLESTE.

$(1 - \lambda'')(L - L')\sin(v'' + pt + \Lambda)$ est la latitude du satellite au-dessus
de l'orbite de Jupiter, en le supposant mû sur son plan fixe, et nous
venons de voir que ce terme est égal à

$$2°,98051 . \sin(v'' + 51°,3787 - t.153'',8);$$

l'inégalité précédente de s'' deviendra donc

$$2°,98051 \times 0,001447815 . \sin(v'' - 2U - 51°,3787 + t.153'',8),$$

et, par conséquent, elle sera

$$43'',15 . \sin(v'' - 2U - 51°,3787 + t.153'',8).$$

Parmi les autres termes renfermés dans l'expression

$$- 0,001447815 . (L' - l'') \sin(v'' - 2U - pt - \Lambda),$$

le seul qui soit sensible est celui qui est relatif à l'inclinaison propre
de l'orbite du satellite sur son plan fixe. Dans ce cas, L' est nul, puisque
la position de l'orbite de Jupiter n'est point sensiblement altérée par
l'action des satellites. On a, de plus, par ce qui précède,

$$l''\sin(v'' + pt + \Lambda) = - 2771'',6 . \sin(v'' + 83°,29861 + t.7528'',01);$$

le terme précédent devient ainsi

$$- 4'',01 . \sin(v'' - 2U - 83°,29861 - t.7528'',01).$$

En rassemblant ces différents termes de la latitude s'' du quatrième
satellite, au-dessus de l'orbite de Jupiter, on aura

$$
\begin{aligned}
s'' = {}& 2°,98051 . \sin(v'' + 51°,3787 - t. & 153'',8 \ ) \\
& - 2771'',6 \ . \sin(v'' + 83°,29861 + t. & 7528'',01) \\
& + 418'',93 . \sin(v'' + 108°,32562 + t. & 28220'',85) \\
& + \quad 4'',80 . \sin(v'' + 303°,76542 + t.133715'',77) \\
& + \quad 43'',15 . \sin(v'' - 2U - 51°,3787 + t. \ 153'',8 \ ) \\
& - \quad 4'',01 . \sin(v'' - 2U - 83°,29861 - t.7528'',01).
\end{aligned}
$$

Dans les éclipses du satellite et dans celles de Jupiter par ce satellite,
ces expressions de v'' et de s'' se simplifient; car on peut y supposer 2U

et $2U$ égaux à $20''$ et à $2v''$, et alors on a dans ces phénomènes

$$v'' = \theta'' + 9198'',62 . \sin \; (\theta'' - \varpi'')$$
$$+ \quad 42'',14 . \sin 2 (\theta''' - \varpi'')$$
$$+ \quad 0'',27 . \sin 3 (\theta'' - \varpi'')$$
$$- \quad 31'',36 . \sin \; (\theta'' - \theta''')$$
$$- \quad 14'',12 . \sin 2 (\theta'' - \theta''')$$
$$- \quad 2'',95 . \sin 3 (\theta'' - \theta''')$$
$$- \quad 0'',90 . \sin 4 (\theta'' - \theta''')$$
$$- \quad 0'',33 . \sin 5 (\theta'' - \theta''') - 220'',73 . \sin (\theta'' - \varpi'')$$
$$- \quad 349'',79 . \sin V$$
$$- \quad 49'',51 . \sin (t . 7681'',81 + 31°,91988),$$

$$s'' = 2°,97621 . \sin (v'' + 51°,3787 - t . \qquad 153'',8 \;)$$
$$- 2767'',6 \; . \sin (v'' + 83°,29861 + t . \quad 7528'',01)$$
$$+ 448'',93 . \sin (v'' + 208°,32562 + t . 28220'',85)$$
$$+ \quad 4'',80 . \sin (v'' + 303°,76542 + t . 133715'',77).$$

Cette expression de s'' donne l'explication d'un phénomène singulier
que les observations ont présenté relativement à l'inclinaison de l'orbe
du quatrième satellite et au mouvement de ses nœuds. L'inclinaison
sur l'orbite de Jupiter a paru à peu près constante depuis 1680 jusque
vers 1760, et à peu près égale à $2°,7$. Les nœuds sur cette orbite ont
eu, dans cet intervalle, un mouvement direct d'environ 8 minutes
par année. L'inclinaison, depuis 1760, a augmenté d'une quantité très-
sensible. On aura l'inclinaison de l'orbite et la position de ses nœuds
à une époque déterminée, en donnant à t la valeur qui convient à cette
époque. Mettons l'expression précédente de s'' sous cette forme.

$$A \sin v'' - B \cos v''.$$

On déterminera A et B en faisant successivement $v'' = 100°$ et $v'' = 200°$
dans l'expression de s''; $\dfrac{B}{A}$ sera la tangente de la longitude du nœud
et $\sqrt{A^2 + B^2}$ sera l'inclinaison de l'orbite. Cela posé, si l'on fait succes-

sivement $t = -70$, $t = -3o$, $t = 1o$, ce qui répond aux années 1680, 1720 et 1760, on aura

	Inclinaison.	Longitude du nœud.
1680	$2,7515$	$346,0191$
1720	$2,7210$	$348,1186$
1760	$2,7123$	$352,3238$

Si l'on représente l'inclinaison par la formule $2^o,7515 + Nt + Pt^2$, t étant ici un nombre d'années juliennes écoulées depuis 1680, on aura, en comparant cette formule aux trois inclinaisons précédentes,

$$N = -0^o,001035, \quad P = 0^o,0000068125.$$

Le minimum de la formule répond à $t = 75,963$, ou à l'année 1756. La moyenne des trois inclinaisons précédentes est $2^o,7283$; le mouvement moyen annuel du nœud, depuis 1680 jusqu'à 1760, est de $7',88$. Ces résultats sont entièrement conformes à ceux que les astronomes ont trouvés par les éclipses observées dans cet intervalle. Mais, depuis 1760, l'inclinaison a varié d'une quantité très-sensible. La valeur précédente de s'' donne, en 1800, cette inclinaison égale à $2^o,8657$, et la longitude du nœud égale à $355^o,8817$. Les observations, en confirmant ces résultats, nous forcent ainsi de renoncer à l'hypothèse d'une inclinaison constante, et il eût été difficile, sans le secours de la théorie, de connaître la loi de ses variations.

Pour avoir la durée des éclipses du quatrième satellite, nous reprendrons la formule du n° 26 :

$$t = T(1 - X) \left\{ - (1 + \rho')^2 \frac{s'''}{6} \frac{ds''}{dv''} \pm \sqrt{\left[1 + \tfrac{1}{2}X + (1 + \rho') \frac{s''}{6} \right]\left[1 + \tfrac{1}{2}X - (1 + \rho') \frac{s''}{6} \right]} \right\}.$$

Dans cette formule, T est la demi-durée moyenne des éclipses du satellite dans ses nœuds. Delambre a trouvé, par un milieu entre toutes les observations, cette demi-durée égale à $9942''$. Mais, depuis l'invention des lunettes achromatiques, la demi-durée lui paraît moindre de 52 secondes, par la discussion de toutes les éclipses observées depuis cette époque. Nous supposerons donc $T = 9890''$. 6 est le moyen mouvement synodique du satellite, pendant le temps T, et l'on a $\varsigma = 23613''$. La valeur de ρ' est, par le n° **26**, égale à

$$\frac{\rho\left(1 + \frac{a''}{D'}\right)}{1 - \frac{1-\lambda}{\lambda}\cdot\frac{a''}{D'}}.$$

On a vu précédemment que $\rho = 0,07130082$; de là on tire

$$\rho' = 0,0729603.$$

La valeur de X est, par le n° **26**, à très-peu près égale à $\frac{dv''}{n''dt} - 1$, et, par conséquent, en ne considérant que le plus grand terme de v'', on aura

$$X = 0,0145543.\cos(v'' - \varpi'').$$

On a vu encore, dans le n° **26**, que la valeur de T doit être multipliée par le facteur

$$1 + \left(\frac{2M}{n'' - M} - \frac{1-\lambda}{\lambda}\cdot\frac{a''}{D'}\right) H \cos V,$$

H étant ici l'excentricité de l'orbite de Jupiter. Ce facteur devient ainsi

$$1 - 0,0006101.\cos V$$

Nommons ζ la valeur de $\frac{(1 + \rho')s''}{\varsigma}$; on aura

$$\zeta = 1,352380.\sin(v'' + \quad 51°,3787 \quad - t. \quad 153'',8 \;)$$
$$- 0.125759.\sin(v'' + \quad 83°,29861 + t. \quad 7528'',01\;)$$
$$+ 0,020399.\sin(v'' + 208°,32562 + t. \;28220'',85)$$
$$+ 0,000218.\sin(v'' + 303°,76542 + t.133715'',77).$$

Cela posé, si l'on néglige le carré de X, ce qui réduit la quantité sous le radical de l'expression de t à $1 + X - \zeta^2$, si l'on néglige les produits de X et de H par $\frac{\zeta d\zeta}{dv''}$, on aura

$$t = -366'',832\,\frac{\zeta d\zeta}{dv''} \pm 9890''.(1 - X - 0,0006101.\cos V)\sqrt{1 + X - \zeta^2}.$$

Il est facile d'en conclure les instants de l'immersion et de l'émersion du satellite, en observant que t, par le n° **26**, exprime le temps écoulé depuis l'instant de la conjonction du satellite projeté sur l'orbite de Jupiter, instant que l'on détermine au moyen des Tables de Jupiter et des expressions précédentes de v'' et de s''. La durée entière de l'éclipse sera

$$19780''.(1 - X - 0,0006101.\cos V)\sqrt{1 + X - \zeta^2}.$$

CHAPITRE XIII.

THÉORIE DU TROISIÈME SATELLITE.

31. On a vu, dans le Chapitre précédent, que

$$\theta'' = 11°,39349 + t.20420°,579040,$$
$$\varpi'' = 343°,82067 + t.29164'',43.$$

On a vu encore que l'équation du centre propre à ce satellite est

$$1709'',05.\sin(\theta'' - \varpi'').$$

Ce satellite a, comme on l'a vu, une seconde équation du centre, relative au périjove du quatrième, et égale à

$$756'',61.\sin(\theta'' - \varpi''').$$

L'expression de $\delta v''$ du n° 20 devient, en y substituant pour m, m' et m'' leurs valeurs,

$$\begin{aligned}
\delta v'' = \ \ & 4'',21.\sin\ (\theta\ -\theta'') \\
& -808'',20.\sin\ (\theta'-\theta'') \\
& -\ \ 11'',84.\sin 2(\theta'-\theta'') \\
& -\ \ \ 2'',37.\sin 3(\theta'-\theta'') \\
& -\ 45'',29.\sin\ (\theta''-\theta''') \\
& +154'',47.\sin 2(\theta''-\theta''') \\
& +\ 10'',86.\sin 3(\theta''-\theta''') \\
& +\ \ \ 2'',53.\sin 4(\theta''-\theta''') \\
& +\ \ \ 2'',39.\sin\ (2\theta''-2\Pi).
\end{aligned}$$

Le théorème sur les époques des trois premiers satellites donne

$$\theta - \theta'' = 200° + 3\theta' - 3\theta'';$$

les deux termes

$$4'',21.\sin(\theta - \theta''),$$
$$- 2'',37.\sin 3(\theta' - \theta'')$$

se réunissent ainsi dans un seul, $- 6'',58.\sin 3(\theta' - \theta'')$.

Si dans l'expression de Q'' du n° 22 on substitue d'abord pour g sa valeur relative à l'apside du troisième satellite, et qui est égale à $29009'',8$; si l'on y substitue encore pour $\frac{h'}{h''}$ sa valeur relative à cette valeur de g, et si l'on observe qu'ici

$$- 2h'' = 1709'',05,$$

l'inégalité $Q'' \sin(nt - 2n't + \varepsilon - 2\varepsilon' + gt + \Gamma)$ du n° 22 deviendra

$$- 95'',18.\sin(\theta - 2\theta' + \varpi'').$$

$\theta - 2\theta'$ est égal à $200° + \theta' - 2\theta''$, ce qui change l'inégalité précédente dans celle-ci

$$95'',18.\sin(\theta' - 2\theta'' + \varpi'').$$

En substituant dans Q'', pour g, la valeur relative à l'apside du quatrième satellite, et pour $\frac{h'}{h'''}$, $\frac{h''}{h'''}$ les valeurs dépendantes de cette valeur de g, et en observant, de plus, qu'ici

$$- 2h''' = 9265'',56,$$

la même inégalité devient

$$43'',58.\sin(\theta' - 2\theta'' + \varpi''').$$

L'inégalité du n° 22,

$$- 149'',96.\left[1 + \frac{3a''mkn^2}{32\,am''(M^2 - kn^2)\left(1 + \frac{9a'm}{4am'} + \frac{a''m}{4am''}\right)}\right]\sin(Mt + E - I).$$

devient, en y substituant pour m, m', m'' et k leurs valeurs,

$$- 147'',42 . \sin \mathrm{V}.$$

L'inégalité du n° 22,

$$- \frac{15\,\mathrm{M}\,h''}{4\,n''} \sin(n''t - 2\mathrm{M}t + \varepsilon'' - 2\mathrm{E} + gt + \Gamma),$$

produit, à cause de la double excentricité du troisième satellite, les deux inégalités suivantes

$$+ 5'',29 . \sin(\theta'' - 2\Pi + \varpi'')$$
$$+ 2'',34 . \sin(\theta'' - 2\Pi + \varpi''').$$

Il nous reste à considérer l'équation de la libration du troisième satellite; mais il résulte du n° 29 que cette équation n'est pas un dixième de celles du second et du premier satellite, et, celles-ci n'ayant pu encore être remarquées, il en résulte que celle du troisième est tout à fait insensible. En réunissant donc toutes les inégalités du troisième satellite, on aura, pour l'expression de sa longitude dans ses éclipses, où l'on peut supposer $2\Pi = 2\theta''$,

$$\begin{aligned}
v'' = \theta'' &+ 1703'',76 . \sin \ (\theta'' - \varpi'') \\
&+ \ 754'',27 . \sin \ (\theta'' - \varpi''') \\
&- \ 808'',20 . \sin \ (\theta' - \theta'') \\
&- \ \ 11'',84 . \sin 2 (\theta' - \theta'') \\
&- \ \ \ 6'',58 . \sin 3 (\theta' - \theta'') \\
&- \ \ 45'',29 . \sin \ (\theta'' - \theta''') \\
&+ \ 154'',47 . \sin 2 (\theta'' - \theta''') \\
&+ \ \ 10'',86 . \sin 3 (\theta'' - \theta''') \\
&+ \ \ \ 2'',53 . \sin 4 (\theta'' - \theta''') \\
&+ \ \ 95'',18 . \sin \ (\theta' - 2\theta'' + \varpi'') \\
&+ \ \ 43'',58 . \sin \ (\theta' - 2\theta'' + \varpi''') \\
&- \ 147'',42 . \sin \mathrm{V}.
\end{aligned}$$

Le troisième satellite présente dans ses mouvements des variations singulières, qui dépendent de la double équation du centre, que ren-

ferme sa théorie. Pour les expliquer, Wargentin eut recours à deux
équations particulières, dont les périodes dans les éclipses sont de
douze ans et demi et de quatorze ans, et qui sont en elles-mêmes deux
équations du centre, rapportées à des apsides mues avec différentes
vitesses; mais, les observations l'ayant forcé de les abandonner, il leur
a substitué une excentricité variable. La première hypothèse de ce
savant astronome était, comme on vient de le voir, conforme à la nature; mais il s'était trompé sur la période et la grandeur de ces équations, parce qu'il ignorait que l'une d'elles se rapporte à l'apside du
quatrième satellite. On a, par ce qui précède,

$$\varpi'' = 343°,82067 + t.29164'',43,$$
$$\varpi''' = 200°,380551 + t. 8113'',735.$$

En comparant ces deux expressions, on voit que les deux périjoves du
troisième et du quatrième satellite coïncidaient en 1682, et alors le
coefficient de l'équation du centre était égal à la somme des coefficients
des deux équations particielles, c'est-à-dire à 2458'',03. En 1777, le périjove du troisième satellite était plus avancé de 200° que celui du
quatrième, et alors le coefficient de l'équation du centre était égal à la
différence des coefficients des deux équations particielles, ou à 949'',49.
Ces résultats sont entièrement conformes aux observations.

Considérons présentement le mouvement du satellite en latitude. La
partie

$$(\lambda'' - 1)\theta'\sin(v'' + \Psi')$$

de l'expression de s'' du n° 10 devient, en y substituant pour λ'', θ'
et Ψ' leurs valeurs,

$$3°,34213.\sin(v'' + 51°,3787 - t.153'',8).$$

Le terme $l''\sin(v'' + pt + \Lambda)$, qui, par le même numéro, entre dans
l'expression de s'', et qui est relatif à l'inclinaison propre de l'orbite du
troisième satellite, est, par le numéro précédent,

$$- 2283'',9.\sin(v'' + 208°,32562 + t.28220'',85).$$

Si l'on substitue dans le même terme, pour p et Λ, leurs valeurs relatives à l'inclinaison propre de l'orbe du quatrième satellite, il devient, par le numéro précédent,

$$- 2771'',6 \cdot \frac{l''}{l'''} \sin(v'' + 83°,2986 + t.7528'',01);$$

or on a dans ce cas, par le Chapitre X,

$$\frac{l''}{l'''} = 0,124862;$$

le terme précédent devient ainsi

$$- 346'',07 . \sin(v'' + 83°,2986 + t.7528'',01).$$

Le terme $l''\sin(v'' + pt + \Lambda)$ devient encore, en y substituant, pour p et Λ, leurs valeurs relatives à l'inclinaison propre de l'orbe du second satellite,

$$- 5152'',2 \cdot \frac{l''}{l'} \sin(v'' + 303°,76542 + t.133715'',77);$$

on a dans ce cas, par le Chapitre X,

$$\frac{l'}{l''} = - 0,034253;$$

le terme précédent devient ainsi

$$176'',48 . \sin(v'' + 303°,76542 + t.133715'',77).$$

Le seul terme sensible de s'', parmi ceux que nous avons donnés à la fin du n° **23**, est celui-ci

$$- 0,00061925 . (L' - l'') \sin(v'' - 2U - pt - \Lambda);$$

en y substituant, pour $L' - l''$, p et Λ, les valeurs relatives à l'équateur de Jupiter, il devient

$$20'',70 . \sin(v'' - 2U - 51°,3787 + t.153'',8).$$

Si l'on y substitue encore, pour l'', p et Λ, leurs valeurs relatives à l'inclinaison propre de l'orbe du troisième satellite, et si l'on considère qu'alors $L' = o$, on aura

$$- 1'',42 . \sin(v'' - 2U - 208^o,32562 - t.28220'',85).$$

En rassemblant tous ces termes de la latitude, on aura, dans les éclipses où $2U = 2v''$ à fort peu près,

$$
\begin{aligned}
s'' = {}& 3^o,34006 \ .\sin(v'' + \ 51^o,37 87 \ - t. \quad\ 153'',8 \ ) \\
& - \ 2282'',5 \ .\sin(v'' + 208^o,32562 + t.\ 28220'',85) \\
& - \ \ 346'',07 .\sin(v'' + \ 83^o,29861 + t. \quad\ 7528'',01) \\
& + \ \ 176'',48 .\sin(v'' + 303^o,76542 + t.133715'',77).
\end{aligned}
$$

Pour avoir la durée des éclipses du troisième satellite, nous reprendrons la formule du n° 26,

$$t = T(1 - X)\left\{ - (1+\rho')^2 \frac{s''}{6}\frac{ds''}{dv''} \pm \sqrt{\left[1 + \tfrac{1}{2}X + (1+\rho')\frac{s''}{6}\right]\left[1 + \tfrac{1}{2}X - (1+\rho')\frac{s''}{6}\right]}\right\}.$$

Dans cette formule, T est la demi-durée moyenne des éclipses du satellite dans ses nœuds : Delambre a trouvé cette demi-durée, depuis l'invention des lunettes achromatiques, égale à 7419 secondes : nous supposerons donc à T cette valeur. 6 est le moyen mouvement synodique du satellite pendant le temps T, et l'on a $6 = 41410''$. La valeur de ρ' est ici $0,072236$; la valeur de X est, par le n° **26**, à très-peu près égale à $\frac{dv''}{n''dt} - 1$, et, par conséquent, en ne considérant que les plus grands termes de v'', on a

$$
\begin{aligned}
X = {}& 0,0026845 7 .\cos(\theta'' - \varpi'') \\
& + 0,0011884 8 .\cos(\theta'' - \varpi''') \\
& - 0,0012695 2 .\cos(\theta' - \theta'').
\end{aligned}
$$

On a vu encore, dans le n° **26**, que la valeur de T doit être multipliée par le facteur

$$1 + \left(\frac{2M}{n'' - M} - \frac{1 - \lambda}{\lambda}\frac{a''}{D'}\right) H \cos V;$$

ce facteur devient ainsi

$$1 - 0,0003987 1 .\cos V.$$

Nommons ζ la valeur de $\dfrac{(1 + \rho')s''}{6}$, on aura

$$\zeta = 0,864850 . \sin(v'' + \ \ 51°,3787 \ \ - l. \quad 153'',8 \ )$$
$$- 0,059101 . \sin(v'' + 208°,32562 + l. \ 28220'',85)$$
$$- 0,008961 . \sin(v'' + \ \ 83°,29861 + l. \ \ 7528'',01)$$
$$+ 0,004570 . \sin(v'' + 303°,76542 + l.133715'',77).$$

Cela posé, on aura

$$t = -\ 482'',6 . \frac{\zeta d\zeta}{dv''} \pm 7419'' . (1 - X - 0,0003987 1 . \cos V) \sqrt{1 + X - \zeta^2}.$$

Il est facile d'en conclure les instants de l'immersion et de l'émersion; la durée entière de l'éclipse sera

$$14838'' . (1 - X - 0,0003987 1 . \cos V) \sqrt{1 + X - \zeta^2}.$$

CHAPITRE XIV.

THÉORIE DU SECOND SATELLITE.

32. La discussion des éclipses de ce satellite a donné son mouvement séculaire, par rapport à l'équinoxe du printemps terrestre, égal à

$$4114125°,812765,$$

et sa longitude moyenne, à l'époque de 1750, égale à

$$146°,48931.$$

Soit donc

$$\theta' = 146°,48931 + t.41141°,25812765.$$

Les diverses équations du centre du satellite sont comprises dans le terme

$$- 2h' \sin(n't + \varepsilon' - gt - \Gamma').$$

Les valeurs de h et de h', relatives aux deux premières valeurs de g, ont paru insensibles à Delambre, malgré les tentatives qu'il a faites pour les reconnaitre; les orbes du premier et du second satellite ne paraissent donc point avoir d'excentricité propre sensible; seulement ils participent des excentricités des orbes du troisième et du quatrième satellite. On a, par le Chapitre X, relativement à la troisième valeur de g, l'excentricité propre de l'orbe du troisième satellite,

$$h' = 0,2152920.h'';$$

or on a, par le numéro précédent,

$$- 2h'' = 1709'',05;$$

ainsi l'équation du centre du second satellite, relative à cette valeur de g, est

$$367'',95.\sin(\theta' - \varpi'').$$

On a, relativement à la quatrième valeur de g,

$$h' = 0,0173350.h'';$$

mais on a, par le n° **30**,

$$-2h'' = 9265'',56;$$

l'équation du centre du second satellite, relative à cette valeur de g, est donc

$$160'',62.\sin(\theta' - \varpi'').$$

Si l'on substitue, pour m, m'' et m''', leurs valeurs précédentes dans l'expression de $\delta v'$ du n° **21**, et si l'on considère que le théorème des époques donne

$$\theta - \theta' = 200° + 2\theta' - 2\theta'',$$

on aura

$$\begin{aligned}
\delta v' = &- \quad 163'',29.\sin \ (\theta' - \theta'')\\
&+ 11920'',67.\sin 2(\theta' - \theta'')\\
&+ \quad 60'',96.\sin 3(\theta' - \theta'')\\
&+ \quad 4'',83.\sin 4(\theta' - \theta'')\\
&+ \quad 4'',66.\sin 5(\theta' - \theta'')\\
&+ \quad 3'',66.\sin 6(\theta' - \theta'')\\
&- \quad 5'',28.\sin \ (\theta' - \theta''')\\
&+ \quad 4'',62.\sin 2(\theta' - \theta''')\\
&+ \quad 0'',59.\sin \ (2\theta' - 2\Pi).
\end{aligned}$$

Il faut réunir à ces termes l'inégalité du n° **25**,

$$69'',78.\sin(2\theta - 2\theta'), \quad \text{ou} \quad 69'',78.\sin(4\theta' - 4\theta'').$$

Les valeurs de Q' relatives aux diverses valeurs de g sont

$$\begin{aligned}
Q' &= \quad 1,634693.h,\\
Q' &= \quad 2,488106.h',\\
Q' &= -0,662615.h'',\\
Q' &= -0,055035.h'''.
\end{aligned}$$

De là il suit que l'excentricité propre du premier satellite est plus sensible dans les éclipses du second que dans celles du premier, car l'équation du centre du premier est $-2h\sin(\theta-\varpi)$, et, quoique le coefficient $2h$ soit plus grand que la valeur de Q' qui lui est relative, cependant, le mouvement du second satellite étant deux fois moins rapide que celui du premier, l'inégalité dépendante de Q' produit en temps une plus grande variation dans les éclipses du second satellite que l'équation du centre du premier dans ses éclipses. Il est encore curieux de remarquer que l'équation du centre du second satellite serait plus sensible par l'inégalité dépendante de Q' que par elle-même, puisque son coefficient est $2h'$, tandis que celui de l'inégalité dépendante de Q' est $2,488106.h'$.

On a, par ce qui précède,

$$-2h'' = 1709'',05,$$
$$-2h''' = 9265'',56;$$

les deux inégalités dépendantes de Q' et relatives à h'' et h''' seront donc

$$566'',22.\sin(\theta-2\theta'+\varpi'')$$
$$+254'',97.\sin(\theta-2\theta'+\varpi''').$$

L'inégalité du n° 22,

$$\delta v' = -74'',98.\left[1-\frac{9a'm\,kn^2}{8am'(M^2-kn^2)\left(1+\frac{9a'm}{4am'}+\frac{a''m}{4am''}\right)}\right]\sin(Mt+E-I),$$

devient, en y substituant pour m, m' et m'' leurs valeurs,

$$\delta v' = -111'',34.\sin V.$$

Les autres inégalités du même numéro sont insensibles. Enfin le coefficient de l'équation de la libration relative au second satellite est, par le n° 29,

$$-0,889912.P,$$

P étant le coefficient de la même équation relative au premier, d'où il suit que cette inégalité doit être la plus sensible dans le mouvement du second satellite; cependant les observations ne l'ont point fait reconnaître.

En réunissant toutes ces inégalités, on aura, dans les éclipses du second satellite,

$$
\begin{aligned}
v' = \theta' &+ \quad 367'',95 . \sin \ (\theta' - \varpi'') \\
&+ \quad 160'',62 . \sin \ (\theta' - \varpi''') \\
&- \quad 163'',29 . \sin \ (\theta' - \theta'') \\
&+ 11920'',67 . \sin 2(\theta' - \theta'') \\
&+ \quad 60'',96 . \sin 3(\theta' - \theta'') \\
&+ \quad 74'',61 . \sin 4(\theta' - \theta'') \\
&+ \quad \ 4'',66 . \sin 5(\theta' - \theta'') \\
&+ \quad \ 3'',66 . \sin 6(\theta' - \theta'') \\
&- \quad \ 5'',28 . \sin \ (\theta' - \theta''') \\
&+ \quad \ 4'',62 . \sin 2(\theta' - \theta'') \\
&+ \quad 566'',22 . \sin \ (\theta - 2\theta' + \varpi'') \\
&+ \quad 254'',97 . \sin \ (\theta' - 2\theta'' + \varpi'') \\
&- \quad 111'',34 . \sin V.
\end{aligned}
$$

Considérons maintenant le mouvement du second satellite en latitude. La partie

$$(\lambda' - 1)\theta' \sin(v' + \Psi')$$

de l'expression de s' du n° **10** devient, en y substituant pour λ', θ' et Ψ' leurs valeurs,

$$3°,41507 . \sin(v' + 51°,3787 - t . 153'',8).$$

Le terme $l' \sin(v' + pt + \Lambda)$, qui, par le même numéro, entre dans l'expression de s', et qui est relatif à l'inclinaison propre de l'orbite du second satellite, est, par le n° **30**,

$$- 5152'',2 . \sin(v' + 303°,76542 + t . 133715'',77).$$

On a par le Chapitre X, relativement à la première des valeurs de p,

$$l' = - 0,012453 . l;$$

mais l'observation n'a point fait reconnaître d'inclinaison propre à l'orbe du premier satellite; on ne peut donc y avoir égard. Relativement à la troisième valeur de p, on a, par le Chapitre X,

$$\frac{l'}{l''} = 0,164053.$$

Le terme $l'\sin(v' + pt + \Lambda)$ devient, relativement à cette valeur,

$$-2283'',9 \cdot \frac{l'}{l''} \sin(v' + 208°,32562 + t.28220'',85);$$

on a donc dans s' l'inégalité

$$-374'',68.\sin(v' + 208°,32562 + t.28220'',85).$$

La valeur de $\dfrac{l'}{l''}$ relative à la quatrième valeur de p est

$$\frac{l'}{l''} = 0,023411.$$

Le terme précédent devient donc, relativement à cette valeur de p,

$$-64'',88.\sin(v' + 83°,29861 + t.7528'',01).$$

On peut négliger, sans erreur sensible, tous les termes de s' donnés à la fin du n° 23, à l'exception du terme

$$-0,0003o736.(L' - l')\sin(v' - 2U - pt - \Lambda),$$

qui devient, relativement à l'inclinaison de l'équateur de Jupiter à son orbite,

$$10'',49.\sin(v' - 2U - 51°,3787 + t.153'',8),$$

et, relativement à l'inclinaison propre de l'orbe du second satellite, il devient

$$-1'',58.\sin(v' - 2U - 303°,76542 - t.133715'',77).$$

En rassemblant tous ces termes, on aura, dans les éclipses du second satellite, où l'on peut supposer $2U$ et $2H$ égaux à $2v'$,

$$s' = 3^\circ,41402 . \sin(v' + 51^\circ,3787 \quad - t. \quad 153'',8\ )$$
$$- 5150'',6\ . \sin(v' + 303^\circ,76542 + t . 133715'',77)$$
$$- 374'',68 . \sin(v' + 208^\circ,32562 + t . 28220'',85)$$
$$- 64'',88 . \sin(v' + 83^\circ,29861 + t . \quad 7528'',01).$$

Pour avoir la durée des éclipses du second satellite, nous reprendrons la formule du n° 26,

$$t = T(1 - X)\left\{ - (1 + \rho')^2 \frac{s'}{6} \frac{ds'}{dv'} \pm \sqrt{\left[1 + \tfrac{1}{2}X + (1 + \rho')\frac{s'}{6}\right]\left[1 + \tfrac{1}{2}X - (1 + \rho')\frac{s'}{6}\right]} \right\}.$$

Dans cette formule, T est la demi-durée moyenne des éclipses du satellite dans ses nœuds ou lorsque s' est nul. Delambre a trouvé cette demi-durée, depuis l'invention des lunettes achromatiques, égale à $5975'',7$; nous supposerons donc à T cette valeur ; 6 est le moyen mouvement synodique du satellite pendant le temps T, et l'on trouve $6 = 67254'',2$. La valeur de ρ' est ici $0,0718862$. La valeur de X est, par le n° 26, à très-peu près égale à $\dfrac{dv'}{n'dt} - 1$, et, par conséquent, en ne considérant que les plus grands termes de v', dans lesquels l'argument diffère peu de v',

$$X = 0,00057797 . \cos\ (v' - \varpi'')$$
$$+ 0,0187249\ . \cos 2(v' - v'').$$

On peut négliger sans erreur sensible, pour ce satellite et pour le premier, le facteur

$$1 + \left(\frac{2M}{n' - M} - \frac{1 - \lambda}{\lambda} \frac{a'}{D'} \right) H \cos V,$$

qui, par le n° 26, doit multiplier la valeur de T. Nommons ζ la valeur de $(1 + \rho')\dfrac{s'}{6}$; nous aurons

$$\zeta = 0,544121\ . \sin(v' + 51^\circ,3787 \quad - t. \quad 153'',8\ )$$
$$- 0,082089\ . \sin(v' + 303^\circ,76542 + t . 133715'',77)$$
$$- 0,005972\ . \sin(v' + 208^\circ,32562 + t . 28220'',85)$$
$$- 0,0010340 . \sin(v' + 83^\circ,29861 + t . \quad 7528'',01).$$

Cela posé, on aura

$$t = -631'',29.\zeta\frac{d\zeta}{dv'} \pm 5975'',7.(1-X)\sqrt{1+X-\zeta^2}.$$

La durée entière de l'éclipse sera

$$11951'',4.(1-X)\sqrt{1+X-\zeta^2}.$$

CHAPITRE XV.

THÉORIE DU PREMIER SATELLITE.

33. La discussion des éclipses de ce satellite a donné son mouvement séculaire, par rapport à l'équinoxe du printemps, égal à

$$825826{,}°63035,$$

et sa longitude moyenne à l'époque de 1750 égale à

$$16°{,}68093.$$

Soit donc

$$\theta = 16°{,}68093 + t.82582°{,}6163035.$$

Les diverses équations du centre du satellite sont comprises dans le terme

$$- 2\,h \sin(nt + \varepsilon - gt - \Gamma),$$

et l'on a vu, dans le numéro précédent, qu'il suffit ici de considérer la troisième et la quatrième valeur de g. On a, par le Chapitre X, relativement à la troisième,

$$h = 0{,}023811 . h'';$$

or on a, par ce qui précède,

$$- 2h'' = 1709''{,}05;$$

l'équation du centre du premier satellite, relative à cette valeur de g, est donc

$$40''{,}69 . \sin(\theta - \varpi'').$$

On a, relativement à la quatrième valeur de g,

$$h = 0{,}0020622 . h''',$$

et, par ce qui précède,

$$-2h'' = 9265'',56;$$

l'équation du centre du premier satellite relative à cette valeur de g est donc

$$19'',11.\sin(\theta - \varpi'').$$

Si l'on substitue, dans l'expression de δv du n° 21, au lieu de m' et m'', leurs valeurs, et si l'on néglige les termes dépendants de m'''; si l'on considère, de plus, que le théorème des époques donne

$$2\theta - 2\theta'' = 200° + 3\theta - 3\theta',$$

on aura

$$\begin{aligned}
\delta v = - \quad & 43'',56.\sin\ (\theta - \theta') \\
- \quad & 19'',41.\cos\tfrac{3}{2}(\theta - \theta') \\
+\ & 5050'',59.\sin 2(\theta - \theta') \\
+ \quad & 0'',07.\sin 3(\theta - \theta') \\
+ \quad & 3'',76.\sin 4(\theta - \theta') \\
+ \quad & 1'',58.\sin 5(\theta - \theta').
\end{aligned}$$

Les valeurs de Q relatives aux diverses valeurs de g sont

$$\begin{aligned}
Q &= -2,690499.h, \\
Q &= \ \ \ 1,397738.h', \\
Q &= \ \ \ 0,208780.h'', \\
Q &= \ \ \ 0,016482.h'''.
\end{aligned}$$

Il est encore remarquable que l'excentricité de l'orbite du premier satellite serait plus sensible par l'inégalité dépendante de Q que par elle-même. En substituant pour h'' sa valeur $-\frac{1}{2}.1709'',05$ et pour h''' sa valeur $-\frac{1}{2}.9265'',56$, on aura les deux inégalités

$$\begin{aligned}
- 178'',41.\sin(\theta - 2\theta' + \varpi'') \\
- 76'',36.\sin(\theta - 2\theta' + \varpi''');
\end{aligned}$$

l'inégalité dépendante de V du n° 22 ne s'élevant pas à 3 secondes de degré, on peut la négliger ici.

En réunissant toutes ces inégalités, on aura, dans les éclipses, où l'on peut supposer $2\Pi = 2\theta$,

$$v = \theta + \quad 40'',69.\sin\ (\theta - \varpi'')$$
$$+ \quad 19'',11.\sin\ (\theta - \varpi'')$$
$$- \quad 43'',56.\sin\ (\theta - \theta')$$
$$- \quad 19'',41.\cos\tfrac{3}{2}(\theta - \theta')$$
$$+ 5050'',59.\sin 2(\theta - \theta')$$
$$+ \quad 3'',76.\sin 4(\theta - \theta')$$
$$+ \quad 1'',58.\sin 5(\theta - \theta')$$
$$- \quad 178'',41.\sin\ (\theta - 2\theta' + \varpi'')$$
$$- \quad 76'',36.\sin\ (\theta - 2\theta' + \varpi'').$$

Considérons maintenant le mouvement du premier satellite en latitude. La partie

$$(\lambda - 1)\theta'\sin(v + \Psi')$$

de l'expression de s du n° **10** devient, en y substituant pour λ, θ' et Ψ'' leurs valeurs,

$$3°,4332o.\sin(v + 51°,3787 - t.153'',8).$$

Le terme $l\sin(v + pt + \Lambda)$, qui, par le même numéro, entre dans l'expression de s, et qui est relatif à l'inclinaison propre de l'orbe du premier satellite, a paru jusqu'à présent insensible. On a, relativement à la seconde et à la troisième valeur de p, par le Chapitre X,

$$l = 0,020794.l', \quad l = 0,011163.l''.$$

Le terme $l\sin(v + pt + \Lambda)$ devient donc, relativement à ces valeurs,

$$- 105'',04.\sin(v + 303°,76542 + t.133715'',77),$$
$$- 25'',49.\sin(v + 208°,32562 + t.\ 28220'',85);$$

relativement aux autres valeurs de p, ce terme est insensible dans les éclipses. On peut encore négliger, sans erreur sensible, tous les termes de s donnés à la fin du n° **23**. Nous conserverons cependant le terme

$$- 0,00015312.(L' - l)\sin(v - 2U - pt - \Lambda),$$

qui devient, relativement à l'inclinaison de l'équateur de Jupiter à son orbite,

$$5'',26.\sin(v - 2U - 51°,3787 + t.153'',8).$$

En réunissant tous ces termes, on aura, dans les éclipses, où l'on peut supposer $2U = 2v$,

$$s = 3^u,43267 . \sin(v + 51^\circ,3787 - t . \quad 153'',8)$$
$$- 105'',04 . \sin(v + 303^\circ,76542 + t . 133715'',77)$$
$$- 25'',49 . \sin(v + 208^\circ,32562 + t . 28220'',85).$$

Pour avoir la durée des éclipses du premier satellite, nous reprendrons la formule du n° **26**,

$$t = T(1 - X)\left\{ - (1 + \rho')^2 \frac{s}{6} \frac{ds}{dv} \pm \sqrt{\left[1 + \tfrac{1}{2}X + (1 + \rho')\frac{s}{6} \right]\left[1 + \tfrac{1}{2}X - (1 + \rho')\frac{s}{6} \right]}\right\}.$$

Dans cette formule, T est la demi-durée moyenne des éclipses du satellite dans ses nœuds. Delambre a trouvé cette demi-durée, depuis l'invention des lunettes achromatiques, égale à 4713 secondes. Nous supposerons donc à T cette valeur. 6 est le moyen mouvement synodique du satellite pendant le temps T, et l'on trouve $6 = 106516''$. La valeur de ρ' est ici $0,0716667$. La valeur de X est, par le n° **26**, à très-peu près égale à $\frac{dv}{n\,dt} - 1$, et, par conséquent, en ne considérant que le plus grand terme de v, on a, à fort peu près,

$$X = 0,0079334 . \cos 2(\theta - \theta').$$

Nommons ζ la valeur de $(1 + \rho')\frac{s}{6}$; nous aurons

$$\zeta = 0,3453G4 . \sin(v + 51^\circ,3787 - t . \quad 153'',8)$$
$$- 0,001057 . \sin(v + 303^\circ,76542 + t . 133715'',77)$$
$$- 0,000256 . \sin(v + 208^\circ,32562 + t . 28220'',85).$$

Cela posé, on aura

$$t = - 788'',55 . \zeta \frac{d\zeta}{dv} \pm 4713'' . (1 - X) \sqrt{1 + X - \zeta^2},$$

et la durée entière de l'éclipse sera

$$9426'' . (1 - X) \sqrt{1 + X - \zeta^2}.$$

CHAPITRE XVI.

DE LA DURÉE DES ÉCLIPSES DES SATELLITES.

---

34. Nous avons donné, à la fin du n° **26**, l'expression du sinus de l'angle décrit par chaque satellite pendant la demi-durée de ses éclipses, en supposant que le satellite s'éclipse au moment où son centre pénètre dans l'ombre de la planète. Cet angle, divisé par la circonférence et multiplié par la durée de la révolution synodique du satellite, donnera cette demi-durée, et, en la comparant à la demi-durée observée, on aura l'erreur de la supposition précédente et des autres éléments qui entrent dans ce calcul. Reprenons les expressions citées,

$$\frac{(1+\rho)R'}{a'''}\left(\frac{a'''}{a} - \frac{1-\lambda}{\lambda}\cdot\frac{a'''}{D'}\right) = \sin q,$$

$$\frac{(1+\rho)R'}{a'''}\left(\frac{a'''}{a'} - \frac{1-\lambda}{\lambda}\cdot\frac{a'''}{D'}\right) = \sin q',$$

$$\frac{(1+\rho)R'}{a'''}\left(\frac{a'''}{a''} - \frac{1-\lambda}{\lambda}\cdot\frac{a'''}{D'}\right) = \sin q'',$$

$$\frac{(1+\rho)R'}{a'''}\left(1 - \frac{1-\lambda}{\lambda}\cdot\frac{a'''}{D'}\right) = \sin q''',$$

$(1+\rho)R'$ étant, par le n° **26**, le demi-diamètre de l'équateur de Jupiter. On a, par le n° **20**,

$$\frac{(1+\rho)R'}{a'''} = \frac{\frac{1}{2}.120'',3704}{1530'',864};$$

or on a, par le même numéro, $a''' = 25,43590$: cette valeur de a''' a été conclue de l'équation précédente, en prenant $(1+\rho)R'$ pour l'unité; on a donc

$$\frac{(1+\rho)R'}{a''}\,a'' = 1;$$

on aura, par conséquent,

$$\frac{(1+\rho)R'}{a''}\,\frac{a''}{a} = \frac{1}{a},$$

la valeur de a étant celle que nous avons donnée dans le n° **20**. On a ensuite, par le n° **26**,

$$\lambda = \frac{(1+\rho)R'}{R},$$

R étant le demi-diamètre du Soleil vu de Jupiter. Son demi-diamètre vu de la moyenne distance du Soleil à la Terre est de 5936 secondes; il est donc, vu de Jupiter, égal à $\frac{5936''}{D'}$, D' étant la distance moyenne de Jupiter au Soleil, celle de la Terre étant prise pour unité. On a, par le n° **20**, $2(1+\rho)R' = 120'',3704$; on a donc

$$\lambda = \frac{120'',3704.\,D'}{5936''} = 0,105469.$$

On a, de plus,

$$\frac{(1+\rho)R'}{a'''}\cdot\frac{a'''}{D'} = \frac{(1+\rho)R'}{D'} = \tfrac{1}{2}\sin 120'',3704 = 0,00009538\overline{7}.$$

De là on tire

$$\frac{(1+\rho)R'}{a'''}\,\frac{a'''}{D'}\,\frac{1-\lambda}{\lambda} = 0,000801823.$$

Les quatre équations précédentes deviennent ainsi

$$\frac{1}{a} - 0,000801823 = \sin q,$$

$$\frac{1}{a'} - 0,000801823 = \sin q',$$

$$\frac{1}{a''} - 0,000801823 = \sin q'',$$

$$\frac{1}{a'''} - 0,000801823 = \sin q'''.$$

En substituant, pour a, a', a'', a''', leurs valeurs trouvées dans le n° **20**,

on aura

$$q = 11°,1780,$$
$$q' = 6°,9846,$$
$$q'' = 4°,3544,$$
$$q''' = 2°,4524,$$

ce qui donne, pour les demi-durées des éclipses, les valeurs suivantes :

Premier satellite..... $4945^{s},87$
Second satellite...... $6205,93$
Troisième satellite... $7801,30$
Quatrième satellite... $10271,64$

Les demi-durées observées sont, par ce qui précède :

Premier satellite........ $4713''$
Second satellite........ 5976
Troisième satellite...... 7419
Quatrième satellite...... 9890

Elles sont toutes plus petites que les demi-durées calculées, et cela doit être, à raison de l'étendue des disques des satellites. Quoique très-petits, ils sont cependant sensibles, vus du centre de Jupiter; un satellite ne disparaît donc pas au moment de l'entrée de son centre dans l'ombre de Jupiter, et la demi-durée de son éclipse est diminuée de tout le temps qu'il met à disparaître après cet instant. Elle peut encore être diminuée par la réfraction de la lumière solaire dans l'atmosphère de Jupiter; mais elle est augmentée par la pénombre. Ces causes diverses ne suffisent pas pour expliquer la différence entre les demi-durées observées et les demi-durées calculées. Considérons le premier satellite, relativement auquel les effets de la pénombre et de la lumière réfractée par l'atmosphère de Jupiter sont très-peu sensibles. Pour avoir la largeur de son disque vu du centre de Jupiter, supposons sa densité la même que celle de la planète. En prenant pour unité le demi-diamètre de Jupiter, le demi-diamètre apparent du satellite, vu du centre de Jupiter, sera égal à $\dfrac{\sqrt[3]{m}}{a}$. En substituant pour a et m leurs valeurs pré-

cédentes, on a 2890″,93 pour ce demi-diamètre. Cet angle, multiplié par
la durée de la révolution synodique du satellite et divisé par 400 degrés,
donne 127″,913 pour la diminution de la demi-durée de l'éclipse, due
à la grandeur du disque. En retranchant cette quantité de 4945″,870,
on a 4817″,957 pour la demi-durée calculée. Cette demi-durée est plus
grande encore que la demi-durée observée, et cependant il y a lieu de
penser que le satellite disparait avant que d'être totalement plongé dans
l'ombre ; il parait donc qu'il faut diminuer de $\frac{1}{50}$ au moins le diamètre
de Jupiter, supposé de 120″,3704, et le réduire à 118 secondes.

Si l'on calcule de la même manière les disques des satellites vus du
centre de Jupiter et le temps qu'ils emploient à pénétrer perpendiculairement dans l'ombre, on trouve les résultats suivants :

	Disques des satellites vus du centre de Jupiter, dans leurs distances moyennes.	Temps de leur entrée dans l'ombre.
Premier satellite........	5619,86	255,826
Second satellite........	4007,30	356,055
Troisième satellite.....	3923,44	702,914
Quatrième satellite.....	1749,04	732,567

De là il est facile de conclure les temps de l'entrée et de la sortie des
satellites et de leurs ombres sur le disque de Jupiter. En comparant ces
temps à ceux que l'on observe, on aura les densités des satellites de
Jupiter, lorsque leurs masses seront bien connues. L'observation des
éclipses de Jupiter par ses satellites peut, en général, répandre beaucoup de lumières sur leurs théories ; on peut presque toujours en observer le commencement et la fin, et, cette observation pouvant être à la
fois relative aux satellites et à leurs ombres, elle équivaut réellement à
quatre observations, tandis que le plus souvent on ne peut observer
que le commencement ou la fin des éclipses des satellites. Ce genre
d'observations, beaucoup trop négligé par les astronomes, me parait
donc mériter toute leur attention.

CHAPITRE XVII.

DES SATELLITES DE SATURNE.

---

35. La théorie des satellites de Saturne est très-imparfaite, parce que
nous manquons d'observations suffisantes pour en déterminer les éléments. L'impossibilité où l'on a été jusqu'ici d'observer leurs éclipses
et la difficulté de mesurer leurs élongations à Saturne n'ont permis de
connaître encore avec quelque précision que les durées de leurs révolutions et leurs distances moyennes. Il reste même sur ce dernier point une
incertitude qui rend un peu douteuse la valeur qui en résulte pour la
masse de cette planète. Ignorant donc l'ellipticité des orbites de tous
ces corps, il est impossible de donner la théorie des perturbations qu'ils
éprouvent; mais la position constante de ces orbites dans le plan de
l'anneau, à l'exception de la dernière, qui s'en écarte sensiblement, est
un phénomène digne de l'attention des géomètres et des astronomes.
Il est analogue à celui dont nous avons donné l'explication dans le dernier Chapitre du Livre V, et qui consiste dans la permanence des anneaux
de Saturne dans un même plan. Nous avons déjà observé, dans l'en-
droit cité, que ces deux phénomènes dépendent d'une même cause,
savoir de l'aplatissement de Saturne, dont l'action maintient les anneaux
et les satellites dans le plan de son équateur. Mais nous allons ici développer la raison pour laquelle l'orbite du dernier satellite s'écarte de
ce plan d'une quantité très-sensible.

Reprenons l'équation (3) du n° **2**,

$$0 = \frac{d^2 s}{dv^2} + s - \frac{r^2}{h^2}\left(\frac{ds}{dv}\frac{\partial R}{\partial v} - \frac{\partial R}{\partial s}\right).$$

Si l'on néglige l'ellipticité de l'orbite, on a $h^2 = a$ et $r = a$. De plus, si l'on prend pour plan fixe celui de l'orbite primitive du satellite, s est de l'ordre des forces perturbatrices; en négligeant donc le carré de ces forces, on pourra négliger les produits de s et de $\frac{ds}{dv}$ par ces forces. L'équation précédente devient ainsi

$$0 = \frac{d^2 s}{dv^2} + s + a\frac{\partial R}{\partial s}.$$

Supposons que cette équation se rapporte au dernier satellite de Saturne, et déterminons la valeur de R qui lui est relative. On a par le n° 1, en vertu de l'action seule du Soleil,

$$R = -\frac{S}{D} + \frac{1}{2}\frac{Sr^2}{D^3} - \frac{3}{2}\frac{S(xX + yY + zZ)^2}{D^5}.$$

Prenons pour axe des x la ligne menée du centre de Saturne au nœud ascendant de l'orbite primitive du satellite sur l'orbite de Saturne. Soit λ l'inclinaison mutuelle de ces deux orbites. En nommant X' et Y' les coordonnées du Soleil, rapportées à l'orbite de Saturne, on aura

$$X = X',$$
$$Y = Y'\cos\lambda,$$
$$Z = -Y'\sin\lambda;$$

mais on a

$$X' = D\cos U,$$
$$Y' = D\sin U,$$
$$x = a\cos v, \quad y = a\sin v, \quad z = as;$$

on aura donc, en ne conservant dans $a\frac{\partial R}{\partial s}$ que les termes multipliés par le sinus et le cosinus de v, les seuls dont dépend le mouvement séculaire de l'orbite,

$$a\frac{\partial R}{\partial s} = \frac{3Sa^3}{2D^3}\sin\lambda.\cos\lambda.\sin v.$$

Pour déterminer la partie de $a\frac{\partial R}{\partial s}$ qui dépend de la non-sphéricité de Saturne, nous observerons que, par le n° 1, la partie de R qui lui est relative est égale à

$$(\rho - \tfrac{1}{2}\varphi)(v^2 - \tfrac{1}{3})\frac{MB^2}{r^3},$$

M étant la masse de Saturne et B son rayon moyen : nous prendrons l'un et l'autre pour unité. Si l'on nomme γ l'inclinaison de l'orbite primitive sur le plan de l'anneau et Ψ la distance de son nœud descendant sur ce plan à son nœud ascendant sur l'orbite de Saturne, le premier de ces nœuds étant supposé plus avancé que le second suivant l'ordre des signes, $v - \Psi$ sera la distance du satellite au nœud descendant de son orbite avec l'anneau, et l'on trouve facilement que, si l'on néglige le carré de s, on aura

$$v^2 = \sin^2\gamma \sin^2(v - \Psi) - 2s \sin\gamma \cos\gamma \sin(v - \Psi),$$

ce qui donne

$$a\frac{\partial R}{\partial s} = - \frac{2(\rho - \tfrac{1}{2}\varphi)}{a^2} \sin\gamma \cos\gamma \sin(v - \Psi).$$

Il nous reste à considérer l'action des anneaux et des six premiers satellites. Si l'on considère un satellite intérieur dont le rayon soit r' et dont m' soit la masse, son orbite étant supposée dans le plan de l'anneau ou de l'équateur de Saturne, on aura, par le n° 1, relativement à ce satellite,

$$R = \frac{m'(xx' + yy' + zz')}{r'^3} - \frac{m'}{[(x' - x)^2 + (y' - y)^2 + (z' - z)^2]^{\frac{1}{2}}}.$$

Prenons ici pour axe des x l'intersection du plan de l'orbite primitive avec celui de l'équateur de Saturne, ou de l'anneau ; nous aurons

$$x = r \cos(v - \Psi),$$
$$y = r \sin(v - \Psi),$$
$$z = rs,$$
$$x' = r' \cos v',$$
$$y' = r' \cos\gamma \sin v',$$
$$z' = r' \sin\gamma \sin v',$$

v' étant la distance angulaire du satellite m' au nœud descendant de l'orbite primitive sur le plan de l'anneau. Si dans $a\,\dfrac{\partial R}{\partial s}$ on change r et r' en a et a', si l'on rejette les termes qui ne dépendent point du sinus ou du cosinus de v et ceux qui sont multipliés par s, on aura

$$a\,\frac{\partial R}{\partial s} = -\frac{m'a^2 a' \sin\gamma \sin v'}{\left[a^2 + a'^2 - 2aa' \cos(v - \Psi)\cos v' - 2aa'\cos\gamma\sin(v - \Psi)\sin v'\right]^{\frac{3}{2}}}.$$

Supposons a' peu considérable par rapport à a, comme cela a lieu relativement aux satellites intérieurs et aux divers points des anneaux; on aura, en négligeant les termes de l'ordre $\dfrac{a'^4}{a^4}$,

$$a\,\frac{\partial R}{\partial s} = -\frac{3m'a^3 a'^2}{2\left(a^2 + a'^2\right)^{\frac{5}{2}}} \sin\gamma \cos\gamma \sin(v - \Psi).$$

En considérant donc les anneaux comme la réunion d'une infinité de satellites, on aura, en vertu de leur action et de celle des satellites intérieurs à l'orbite du dernier satellite,

$$a\,\frac{\partial R}{\partial s} = -\,B \sin\gamma \cos\gamma \sin(v - \Psi),$$

B étant ici un coefficient constant dépendant de la masse et de la constitution des anneaux et des satellites intérieurs. Soit

$$K = \frac{3Sa^3}{4D^3}, \quad K' = \frac{\rho - \frac{1}{2}\varphi}{a^3} + \tfrac{1}{2}B;$$

l'équation différentielle en s deviendra

$$0 = \frac{d^2 s}{dv^2} + s + 2K \sin\lambda \cos\lambda \sin v - 2K' \sin\gamma \cos\gamma \sin(v - \Psi),$$

d'où l'on tire, en intégrant et négligeant les constantes arbitraires, comme on le peut ici,

$$s = Kv \sin\lambda \cos\lambda \cos v - K'v \sin\gamma \cos\gamma \cos(v - \Psi).$$

Concevons maintenant, par le centre de Saturne, un plan passant par les nœuds de son équateur avec son orbite, entre ces deux derniers plans. Soit θ l'angle qu'il forme avec le plan de cet équateur. Nommons, de plus, ϖ l'inclinaison de l'orbite du satellite à ce nouveau plan, et Γ l'arc de cette orbite compris entre le nœud ascendant de la même orbite sur ce plan et son nœud ascendant sur l'orbite de Saturne, le premier de ces nœuds étant supposé moins avancé que le second, suivant l'ordre des signes. Enfin, soit Π la distance du premier de ces nœuds au nœud ascendant de l'équateur de Saturne avec son orbite, supposé plus avancé que le premier en longitude. Cela posé, si l'on fait varier ϖ de $\delta\varpi$, Π étant supposé constant, il en résultera pour s une valeur égale à $\delta\varpi \sin(v + \Gamma)$. Si, ϖ étant supposé constant, on fait varier Π de $\delta\Pi$, il en résultera pour s une valeur égale à $\delta\Pi \sin\varpi \cos(v + \Gamma)$; on aura donc, en faisant tout varier à la fois,

$$s = \delta\varpi \sin(v + \Gamma) + \delta\Pi \sin\varpi \cos(v + \Gamma).$$

En égalant cette valeur à la précédente, on aura

$$(1) \quad \delta\varpi \sin(v + \Gamma) + \delta\Pi \sin\varpi \cos(v + \Gamma) = K v \sin\lambda \cos\lambda \cos v - K' v \sin\gamma \cos\gamma \cos(v - \Psi);$$

si l'on ne porte l'approximation que jusqu'à la première puissance de v, on a

$$\delta\varpi = v \frac{d\varpi}{dv}, \quad \delta\Pi = v \frac{d\Pi}{dv};$$

en substituant, dans le second membre de l'équation (1), $\cos(v - \Gamma + \Gamma)$ au lieu de $\cos v$ et $\cos(v - \Gamma - \Psi + \Gamma)$ au lieu de $\cos(v - \Psi)$, et développant par rapport aux sinus et cosinus de $v + \Gamma$, la comparaison de leurs coefficients avec ceux du premier membre donnera les deux équations

$$(2) \quad \left\{ \begin{aligned} \frac{d\varpi}{dv} &= K \sin\lambda \cos\lambda \sin\Gamma - K' \sin\gamma \cos\gamma \sin(\Psi + \Gamma), \\ \frac{d\Pi}{dv} \sin\varpi &= K \sin\lambda \cos\lambda \cos\Gamma - K' \sin\gamma \cos\gamma \cos(\Psi + \Gamma). \end{aligned} \right.$$

Si l'on nomme A l'inclinaison de l'équateur de Saturne à son orbite, les formules trigonométriques donnent.

$$\sin\lambda\,\sin\Gamma = \sin(\Lambda - \theta)\sin\Pi,$$

$$\sin\lambda\cos\Gamma = \sin\varpi\cos(\Lambda - \theta) + \cos\varpi\sin(\Lambda - \theta)\cos\Pi,$$

$$\cos\lambda = \cos\varpi\cos(\Lambda - \theta) - \sin\varpi\sin(\Lambda - \theta)\cos\Pi,$$

$$\sin\gamma\,\sin(\Psi + \Gamma) = \sin\theta\sin\Pi,$$

$$\sin\gamma\cos(\Psi + \Gamma) = -\sin\varpi\cos\theta + \cos\varpi\sin\theta\cos\Pi,$$

$$\cos\gamma = \cos\varpi\cos\theta + \sin\varpi\sin\theta\cos\Pi.$$

En faisant donc

$$K\sin(\Lambda - \theta)\cos(\Lambda - \theta) = K'\sin\theta\cos\theta,$$

ce qui donne pour déterminer θ l'équation

$$\tan g\, 2\theta = \frac{K\sin 2\Lambda}{K' + K\cos 2\Lambda},$$

on aura

$$\frac{d\varpi}{dv} = -\tfrac{1}{2}\left[K\sin^2(\Lambda - \theta) + K'\sin^2\theta\right]\sin\varpi\,\sin 2\Pi,$$

$$\frac{d\Pi}{dv} = \quad\left[K\cos^2(\Lambda - \theta) + K'\cos^2\theta\right]\cos\varpi$$

$$\qquad\quad - \left[K\sin^2(\Lambda - \theta) + K'\sin^2\theta\right]\cos\varpi\cos^2\Pi.$$

Soit donc

$$q = \tfrac{1}{2}\left(K + K' - \sqrt{K^2 + 2KK'\cos 2\Lambda + K'^2}\right),$$

$$p = \tfrac{1}{2}\left(K + K' + \sqrt{K^2 + 2KK'\cos 2\Lambda + K'^2}\right) - q;$$

on aura

$$\frac{d\varpi}{dv} = -q\sin\varpi\,\sin 2\Pi,$$

$$\frac{d\Pi}{dv} = p\cos\varpi - q\cos\varpi\cos 2\Pi,$$

d'où l'on tire

$$\frac{d\varpi\,\cos\varpi}{\sin\varpi} = -\frac{q\,d\Pi\,\sin 2\Pi}{p - q\cos 2\Pi}.$$

En intégrant et regardant p et q comme constants, on aura

$$\sin \varpi = \frac{b}{\sqrt{p - q \cos 2\Pi}},$$

b étant une constante arbitraire; l'expression précédente de $\dfrac{d\Pi}{dv}$ donnera donc

$$dv = \frac{d\Pi}{\sqrt{(p - q \cos 2\Pi)(p - b^2 - q \cos 2\Pi)}},$$

équation différentielle dont l'intégration dépend de la rectification des sections coniques. On peut la mettre sous une forme plus simple, en faisant

$$\tang \Pi = \sqrt{\frac{p - q}{p + q}} \,\tang \Pi';$$

elle devient alors

$$dv = \frac{d\Pi'}{\sqrt{p^2 - q^2}\,\sqrt{1 - \dfrac{b^2 p}{p^2 - q^2} - \dfrac{b^2 q}{p^2 - q^2} \cos 2\Pi'}}.$$

Cette équation donne, en intégrant, l'expression de Π' en v. On aura ensuite, par le n° 22 du Livre II,

$$\Pi = \Pi' - 6 \sin 2\Pi' + \frac{6^2}{2} \sin 4\Pi' - \frac{6^3}{3} \sin 6\Pi' + \ldots,$$

6 étant déterminé par l'équation

$$6 = \frac{q}{p + \sqrt{p^2 - q^2}}.$$

36. Pour appliquer des nombres à ces formules, il faut connaitre les valeurs de K et de K'. Celle de K est facile à déterminer, car l'attraction $\dfrac{S}{D^2}$ du Soleil sur Saturne est égale à la force centrifuge due au mouvement de Saturne dans son orbite, et cette force est égale au carré de la vitesse, divisé par le rayon; en nommant donc T' la durée de la révolution sidérale de Saturne et π la demi-circonférence dont le rayon

est l'unité, la force centrifuge sera $\frac{4\pi^2 D}{T'^2}$; en l'égalant à $\frac{S}{D^2}$, on aura

$$\frac{S}{D^3} = \frac{4\pi^2}{T'^2}.$$

Si l'on nomme T la durée de la révolution du dernier satellite, on aura pareillement

$$\frac{1}{a^3} = \frac{4\pi^2}{T^2};$$

on aura donc

$$K = \frac{3}{4}\frac{S a^3}{D^3} = \frac{3}{4}\frac{T^2}{T'^2}.$$

Les observations donnent

$$T = \quad 79^{j},3296,$$
$$T' = 10759^{j},08,$$

d'où l'on tire

$$K = 0,00040773g.$$

La valeur de K′ est égale à $\frac{\rho - \frac{1}{2}\varphi}{a^2} \div \frac{1}{2}B$. Dans cette expression, le rayon moyen du sphéroïde de Saturne est pris pour unité. L'aplatissement ρ de cette planète est inconnu, ainsi que la quantité B, qui dépend des masses des anneaux et des six premiers satellites; il est donc impossible de déterminer exactement la valeur de K′. Mais on peut déterminer d'une manière approchée la partie de cette valeur qui dépend de l'aplatissement de Saturne. Pour cela, nommons t la durée de la rotation de Saturne; on aura

$$\varphi = \frac{T^2}{t^2 a^3}.$$

Les observations donnent

$$t = 0^{j},428, \quad a = 59,154,$$

d'où l'on tire

$$\varphi = 0,165970.$$

Supposons que l'aplatissement de la Terre soit à la valeur de φ qui lui correspond comme l'aplatissement de Saturne est à la valeur correspondante de φ : on a vu, dans le n° 43 du Livre III, que cette proportion a lieu à peu près pour Jupiter, comparé à la Terre. φ est égal à $\frac{1}{289}$ pour la Terre; en supposant donc l'aplatissement de cette planète $\frac{1}{335}$, conformément aux expériences du pendule, on aura

$$\rho - \tfrac{1}{2}\varphi = \frac{243}{670}\,\frac{T^2}{t^2 a^3};$$

ainsi, en n'ayant égard qu'à la partie de K' dépendante de cette quantité, on aura

$$K' = K\,\frac{162}{335}\,\frac{T'^2}{t^2 a^3} = 0,421903.K.$$

On ne doit pas supposer à K' une plus petite valeur, car elle est augmentée par l'action des satellites intérieurs et de l'anneau.

A étant, par les observations, égal à $33°,3333$, cette valeur de K' donne

$$\theta = 24°,0083,$$
$$p = 1,30412.K, \quad q = 0,03926.K.$$

Les observations faites par Bernard à Marseille, en 1787, donnent

$$\lambda = 25°,222,$$
$$\gamma = 13°,593,$$

d'où j'ai conclu

$$\Psi = 71°,354,$$
$$\varpi = 16°,961,$$
$$\Pi = 37°,789,$$

et par conséquent

$$b^2 = 0,00003644437.$$

On a ensuite à fort peu près, par les formules précédentes,

$$\Pi = C + v\sqrt{p^2 - q^2 - b^2 p} - \left[6 + \frac{b^2 q}{4(p^2 - q^2 - b^2 p)}\right]\sin 2\left[C + v\sqrt{p^2 - q^2 - b^2 p}\right],$$

ce qui donne, en réduisant en nombres et déterminant la constante arbitraire C de manière que Π soit égal à $37°,789$ en 1787,

$$\Pi = 38°,721 + i.944'',805 - 9937'',7.\sin 2(38°,721 + i.944'',805),$$

i étant le nombre des années juliennes écoulées depuis 1787.

Ces résultats sont subordonnés à l'exactitude des observations citées, et surtout au rapport précédent de K′ à K. Ce dernier élément dépend de tant d'éléments divers et si difficiles à connaître, qu'il est presque impossible de le déterminer *a priori*. On pourra le connaître *a posteriori*, lorsque l'observation aura donné exactement le mouvement annuel de l'orbite du satellite sur l'orbite de Saturne. En effet, l'analyse précédente donne, en supposant que le plan fixe auquel nous avons rapporté l'orbite du satellite est l'orbite même de Saturne, ce qui change ϖ en λ, et rend Γ nul,

$$\frac{d\lambda}{dv} = - \mathrm{K}'\sin\gamma\cos\gamma\sin\Psi,$$

$$\frac{d\Pi}{dv} = \mathrm{K}\cos\lambda - \mathrm{K}'\frac{\sin\gamma\cos\gamma}{\sin\lambda}\cos\Psi.$$

En y substituant les valeurs précédentes de γ, Ψ et λ, on trouve $140'',03 \cdot \dfrac{\mathrm{K}'}{\mathrm{K}}$ pour la diminution annuelle de λ en 1787, ce qui donne $-59'',074$ pour cette diminution, en adoptant le rapport précédent de K′ à K. On trouve ensuite, pour le mouvement annuel du nœud sur l'orbite,

$$-692'',76 + 175'',27 \cdot \frac{\mathrm{K}'}{\mathrm{K}},$$

ce qui donne $-618'',81$ pour ce mouvement, dans la même hypothèse. Jusqu'ici les observations sont trop incertaines pour conclure de leur comparaison avec la formule précédente le rapport $\dfrac{\mathrm{K}'}{\mathrm{K}}$; elles suffisent uniquement à faire voir que le nœud de l'orbite sur l'orbite de la planète est effectivement rétrograde.

Le rapport $\dfrac{\mathrm{K}'}{\mathrm{K}}$ est, comme on l'a vu, réciproque à la puissance cinquième du demi-axe de l'orbite du satellite ou de sa distance moyenne à Saturne, du moins en tant qu'il dépend de l'action de cette planète. Ainsi, pour le sixième ou avant-dernier satellite, il faut multiplier la valeur précédente de $\dfrac{\mathrm{K}'}{\mathrm{K}}$ par $\left(\dfrac{59,154}{10,295}\right)^5$ pour avoir la valeur de $\dfrac{\mathrm{K}'}{\mathrm{K}}$ qui lui est relative. On aura ainsi

$$\frac{K'}{K} = 88,754,$$

ce qui donne

$$\theta = 2933'',6.$$

L'inclinaison du plan fixe que nous avons considéré à l'équateur de Saturne est donc insensible pour nous, et, comme le satellite se meut à très-peu près sur ce plan si l'arbitraire b est nulle ou très-petite, on voit que l'action de Saturne peut maintenir à fort peu près dans un même plan l'orbite de l'avant-dernier satellite, et à plus forte raison celles des satellites plus intérieurs et des anneaux de Saturne, ce qui est conforme à ce que nous avons démontré dans le dernier Chapitre du Livre V.

Cependant, si la masse du dernier satellite était $\frac{1}{200}$ de celle de Saturne, le plan fixe sur lequel se meut l'orbite de l'avant-dernier satellite serait assez incliné au plan des anneaux pour que le satellite s'écartât de ce dernier plan d'une quantité sensible. Pour le faire voir, nous observerons que le plan fixe sur lequel nous concevons l'orbite du satellite en mouvement peut se déterminer en considérant le satellite mû sur ce plan et retenu sur lui par la destruction mutuelle des forces qui tendent à l'en écarter. Reprenons, en effet, l'expression de s, trouvée précédemment,

$$s = K v \sin\lambda \cos\lambda \cos v - K' v \sin\gamma \cos\gamma \cos(v - \Psi).$$

Le plan fixe sur lequel se meut l'orbite du dernier satellite étant incliné de l'angle θ à l'équateur de Saturne, si l'on conçoit l'orbite du satellite couchée sur ce plan, on aura

$$\gamma = \theta, \quad \lambda = A - \theta, \quad \Psi = 0,$$

partant

$$s = v \cos v [K \sin(A - \theta) \cos(A - \theta) - K' \sin\theta \cos\theta];$$

s sera donc nul, et le satellite restera sur le plan fixe si l'on a

$$K \sin(A - \theta) \cos(A - \theta) = K' \sin\theta \cos\theta;$$

c'est l'équation par laquelle nous avons déterminé précédemment l'inclinaison θ du plan fixe à l'équateur.

Considérons maintenant l'avant-dernier satellite, et supposons que a, v, s, θ, K et K′ se rapportent à lui, et que m' et θ' se rapportent au dernier satellite. Soit θ' l'inclinaison à l'équateur du plan fixe du dernier satellite, et concevons que les deux satellites se meuvent sur leurs plans fixes. Il est aisé de voir, par ce qui précède, que l'action du dernier satellite introduit dans l'expression de s le terme

$$\frac{\frac{3}{4}m'a^3 a'^2}{(a^2 + a'^2)^{\frac{5}{2}}} v \sin(\theta' - \theta) \cos(\theta' - \theta) \cos v;$$

ainsi l'on a

$$s = v \cos v \left[K \sin(A - \theta) \cos(A - \theta) - K' \sin\theta \cos\theta + \frac{3}{4} \frac{m'a^3 a'^2}{(a^2 + a'^2)^{\frac{5}{2}}} \sin(\theta' - \theta) \cos(\theta' - \theta) \right].$$

Le plan fixe relatif à l'avant-dernier satellite sera donc déterminé par l'équation

$$0 = K \sin(A - \theta) \cos(A - \theta) - K' \sin\theta \cos\theta + \frac{3}{4} \frac{m'a^3 a'^2}{(a^2 + a'^2)^{\frac{5}{2}}} \sin(\theta' - \theta) \cos(\theta' - \theta),$$

d'où l'on tire

$$\operatorname{tang} 2\theta = \frac{K \sin 2A + \dfrac{\frac{3}{4}m'a^3 a'^2}{(a^2 + a'^2)^{\frac{5}{2}}} \sin 2\theta'}{K' + K \cos 2A + \dfrac{\frac{3}{4}m'a^3 a'^2}{(a^2 + a'^2)^{\frac{5}{2}}} \cos 2\theta'}.$$

Les observations donnent

$$A = 33^\circ,333, \quad a = 20,295, \quad a' = 59,154,$$
$$T = 15^j,9453, \quad T' = 10759^j,08;$$

en faisant donc, comme précédemment,

$$\theta' = 24^\circ,0083, \quad \frac{K'}{K} = 88,754,$$

et observant que

$$K = \frac{3}{4} \frac{T^2}{T'^2},$$

on aura

$$\frac{\frac{3}{4}m'a^3 a'^2}{(a^2 + a'^2)^{\frac{3}{2}}} = 13921,21 . m'\mathrm{K};$$

en supposant $m' = \frac{1}{200}$, on trouve

$$\theta' = 10°,622.$$

Cette inclinaison est trop considérable pour avoir échappé aux observations, qui n'ont fait reconnaitre aucune déviation sensible de l'avant-dernier satellite du plan de l'anneau. On ne peut donc pas supposer à m' une plus grande valeur; il y a même lieu de croire que la véritable valeur est plus petite encore, ce qui paraitra bien vraisemblable si l'on considère que la masse du plus gros satellite de Jupiter n'est pas $\frac{1}{10000}$ de celle de la planète et que le dernier satellite de Saturne est très-difficile à apercevoir.

37. Les plans fixes auxquels nous rapportons les orbites des deux derniers satellites de Saturne sont analogues à ceux auxquels nous avons rapporté les orbites de la Lune et des satellites de Jupiter, dans le Chapitre II du Livre VII et dans le n° 9 de ce Livre. Ces plans passent constamment par les nœuds de l'équateur et de l'orbite de Saturne, entre ces deux derniers plans; les orbites des satellites se meuvent sur eux, en y conservant une inclinaison à peu près constante, et leurs nœuds ont un mouvement rétrograde presque uniforme. Mais ces plans ne sont pas rigoureusement fixes; leur position varie par les mouvements de l'équateur et de l'orbite de Saturne. Déterminons ces mouvements et leur influence sur les mouvements des orbites des satellites.

Soit $\theta_{\text{,}}$ l'inclinaison de l'équateur de Saturne à un plan fixe très-peu incliné à l'orbite de cette planète. Soit $\mathrm{T}_{\text{,}}$ la distance de son nœud descendant sur ce plan à un axe fixe pris sur ce même plan et plus avancé que ce nœud suivant l'ordre des signes. Soient encore, comme dans le n° 4 du Livre V, A, B, C les moments d'inertie du sphéroïde de Saturne par rapport à ses axes principaux, et nt le mouvement angulaire de rotation de ce sphéroïde; on aura, par le numéro cité,

$$\frac{d\theta_1}{dt} = \frac{A + B - 2C}{2nC}\, P',$$

$$\frac{d\Psi_1}{dt}\sin\theta_1 = \frac{2C - A - B}{2nC}\, P.$$

P et P′ sont déterminés par les équations

$$P = \frac{3L}{r^3}\left[(Y^2 - Z^2)\sin\theta_1\cos\theta_1 + YZ(\cos^2\theta_1 - \sin^2\theta_1)\right],$$

$$P' = \frac{3L}{r^3}\left(XY\sin\theta_1 + XZ\cos\theta_1\right).$$

Dans ces équations, L est la masse de l'astre attirant; r est sa distance au centre de Saturne; X, Y, Z sont ses trois coordonnées, les deux premières étant dans le plan fixe, et l'axe des X, où l'on fixe l'origine de l'angle Ψ_1, étant dirigé vers le nœud descendant de l'équateur de Saturne.

Nommons présentement λ l'inclinaison de l'orbite de L au plan fixe, et A la longitude de son nœud ascendant, comptée du nœud descendant de l'équateur de Saturne. Soient X′, Y′, Z′ les coordonnées de L, rapportées à l'axe mené du centre de Saturne au premier de ces nœuds, et à deux autres axes perpendiculaires à celui-ci, l'un dans le plan fixe et l'autre perpendiculaire à ce plan. En nommant v la distance angulaire de l'astre L à son nœud ascendant, on aura

$$X' = r\cos v,$$
$$Y' = r\cos\lambda\sin v,$$
$$Z' = r\sin\lambda\sin v.$$

On aura ensuite

$$X = X'\cos A - Y'\sin A,$$
$$Y = X'\sin A + Y'\cos A,$$
$$Z = Z';$$

partant,

$$X = r\cos A\cos v - r\cos\lambda\sin A\sin v,$$
$$Y = r\sin A\cos v + r\cos\lambda\cos A\sin v,$$
$$Z = r\sin\lambda\sin v.$$

En négligeant donc les termes périodiques dépendants de l'angle v, on aura

$$Y^2 - Z^2 = \frac{r^2}{2} (\cos^2\lambda - \sin^2\lambda\cos^2 A),$$

$$XY = \frac{r^2}{2} \sin^2\lambda \cdot \sin A \cos A,$$

$$XZ = -\frac{r^2}{2} \sin\lambda\cos\lambda \cdot \sin A,$$

$$YZ = \frac{r^2}{2} \sin\lambda\cos\lambda \cdot \cos A;$$

on aura ainsi

$$\frac{d\theta_1}{dt} = \frac{A + B - 2C}{4nC} \frac{3L}{r^3} (\sin\theta_1 \sin^2\lambda \sin A \cos A - \cos\theta_1 \sin\lambda \cos\lambda \sin A),$$

$$\frac{d\Psi_1}{dt} \sin\theta_1 = \frac{2C - A - B}{4nC} \frac{3L}{r^3} \left[\begin{array}{c} \sin\theta_1 \cos\theta_1 (\cos^2\lambda - \sin^2\lambda \cos^2 A) \\ + (\cos^2\theta_1 - \sin^2\theta_1) \sin\lambda \cos\lambda \cos A \end{array} \right].$$

Il résulte d'abord de ces expressions que les satellites dont les orbites sont situées dans le plan de l'équateur de Saturne n'ont aucune influence sur les valeurs de $\frac{d\theta_1}{dt}$ et de $\frac{d\Psi_1}{dt}$; car on a, relativement à ces corps, $\lambda = 0$, et $A = 200°$, ce qui rend nulles ces valeurs. Les anneaux pouvant être considérés comme la réunion d'une infinité de satellites et étant situés dans le plan de l'équateur, ils ne peuvent influer sur ses mouvements; l'équateur de Saturne ne peut donc être sensiblement déplacé que par l'action du dernier satellite et du Soleil. Relativement à ce satellite, on avait en 1787, en prenant pour plan fixe celui de l'orbe de Saturne à cette époque,

$$\lambda = 25°,222,$$
$$A = 175°,134,$$
$$\theta' = 33°,333.$$

On a ensuite

$$\frac{L}{r^3} = Lm^2,$$

m étant ici le moyen mouvement du satellite et L étant sa masse, celle

de Saturne étant prise pour unité. La valeur de $\frac{2C - A - B}{C}$ est inconnue; nous supposerons, conformément au n° **23**, qu'elle est à sa valeur
correspondante pour la Terre comme le rapport de la force centrifuge
à la pesanteur à l'équateur de Saturne est à ce même rapport sur la
Terre. Nous supposerons ensuite que l'on a pour la Terre

$$\frac{2C - A - B}{C} = \frac{0,0051932}{1 + 2.0,718193}, \quad 3(1 + \delta) = 2,566,$$

et comme on a, par ce qui précède,

$$\varphi = 0,16597,$$

et que pour la Terre $\varphi = \frac{1}{289}$, on aura pour Saturne

$$\frac{2C - A - B}{C} = 0,0058233 \times 289 \times 0,16597.$$

On trouve ainsi, pour la variation annuelle $\frac{d\Psi_{\prime}}{dt}$ de $\Psi_{\prime}$.

$$\frac{d\Psi_{\prime}}{dt} = 6195''. \mathrm{L}.$$

On a vu précédemment que L est au-dessous de $\frac{1}{200}$; $\frac{d\Psi_{\prime}}{dt}$ est donc au
plus de 32 secondes, et il y a tout lieu de croire qu'il est fort au-dessous
et qu'il n'excède pas 2 ou 3 secondes.

La valeur de $\frac{d\Psi_{\prime}}{dt}$, due à l'action du Soleil, est à très-peu près égale
à $0'',878$, et, par conséquent, elle est insensible.

Il suit de là que le déplacement de l'équateur de Saturne sur l'orbite
de cette planète est beaucoup plus lent que celui de l'orbite du dernier
satellite, et il est facile de s'assurer, par les formules des Livres II
et VII, que le déplacement de l'orbite de Saturne, rapporté à son équateur, est pareillement beaucoup moindre que celui de l'orbite de ce
satellite. Cela posé, reprenons l'équation du n° **35**,

$$\frac{d\varpi \cos\varpi}{\sin\varpi} = -\frac{q\, d\Pi \sin 2\Pi}{p - q \cos 2\Pi}.$$

Cette équation donne, en négligeant le carré de q,

$$\sin \varpi = b\left(1 + \frac{q}{2p}\cos 2\Pi - \frac{1}{2}\int \cos 2\Pi\, d\frac{q}{p}\right),$$

b étant une constante arbitraire. Ainsi, en n'ayant point égard aux quantités périodiques dépendantes de l'angle 2Π, l'inclinaison ϖ de l'orbite du satellite sur le plan intermédiaire entre l'orbite et l'équateur de Saturne reste toujours la même malgré les variations de ce plan, ce qui est conforme à ce que nous avons trouvé pour la Lune dans le Livre VII, n° 3. L'équateur de Saturne entraine dans son mouvement le plan intermédiaire et l'orbite du satellite, qui conserve toujours sur ce plan la même inclinaison moyenne, avec un mouvement rétrograde presque uniforme, mais cependant un peu variable, à raison des variations de l'inclinaison respective de l'équateur et de l'orbite de Saturne.

CHAPITRE XVIII.

DES SATELLITES D'URANUS.

38. Nous avons, relativement aux satellites d'Uranus, beaucoup moins de connaissances encore que par rapport à ceux de Saturne. Herschel est jusqu'ici le seul qui les ait observés, et il résulte de ses observations qu'ils se meuvent tous à peu près dans un même plan presque perpendiculaire à celui de la planète; c'est donc le seul phénomène que nous ayons à expliquer.

En appliquant à ces corps les formules du Chapitre précédent, on voit que l'action seule de la planète ne suffit pas pour maintenir l'orbite du dernier satellite dans le plan des autres orbites. Quoique nous ignorions la durée de la rotation d'Uranus, il n'est cependant pas vraisemblable qu'elle soit beaucoup plus petite que celles de Jupiter et de Saturne. Supposons qu'elle soit la même que pour Saturne; nous aurons, par le Chapitre précédent,

$$K' = K \cdot \frac{162}{335} \cdot \frac{T'^2}{t^2 a^3}.$$

Ici $T' = 3o68g^j$, et, suivant Herschel, $a = g1,oo8$, d'où l'on tire

$$K' = o,3g824.K.$$

Le plan de l'équateur d'Uranus étant supposé à très-peu près perpendiculaire à son orbite, et A exprimant l'inclinaison mutuelle de ces deux plans, si l'on fait $A' = \frac{\pi}{2} - A$, π étant la demi-circonférence dont le rayon est l'unité, A' sera un très-petit angle. Soit $\theta' = \frac{\pi}{2} - \theta$; l'équation

$$\tang 2\theta = \frac{K \sin 2A}{K' + K \cos 2A},$$

trouvée dans le Chapitre précédent, donnera à très-peu près

$$\theta' = \frac{KA'}{K - K'};$$

or, $A - \theta$ ou $\theta' - A'$ étant l'inclinaison du plan sur lequel se meut l'orbite du satellite à l'orbite de la planète, cette inclinaison est

$$\frac{KA'}{K - K'} \quad \text{ou} \quad \frac{0,39824}{0,60176} A';$$

elle est donc très-petite, si l'on n'a égard qu'à l'action du satellite et d'Uranus. Le plan fixe coïnciderait alors à très-peu près avec l'orbite de la planète, et le dernier satellite cesserait, à la longue, de se mouvoir dans le plan de l'équateur d'Uranus et des orbes des autres satellites. Mais il peut être retenu dans ce dernier plan par l'action des satellites intérieurs. Pour le faire voir, nous observerons que, par le n° 35, si l'on nomme z le rapport du rayon de l'orbe de l'avant-dernier satellite à celui de l'orbe du dernier, la valeur de K' est augmentée par l'avant-dernier satellite de la quantité (^{1}) $\frac{1}{4} m' z^2 b_{\frac{3}{2}}^{(1)}$, m' étant la masse de ce satellite en parties de celle d'Uranus prise pour unité, et $b_{\frac{3}{2}}^{(1)}$ étant déterminé par les formules du n° 49 du Livre II; z est à très-peu près $\frac{1}{2}$, par les observations d'Herschel, ce qui donne à fort peu près

$$b_{\frac{3}{2}}^{(1)} = \frac{31}{12};$$

la valeur de K' est donc augmentée de la quantité $\frac{31 m'}{192}$. Si l'on suppose

---

(^{1}) Bowditch fait remarquer qu'au lieu de $\frac{1}{4} m' z^2 b_{\frac{3}{2}}^{(1)}$, il faut $\frac{1}{4} m' z b_{\frac{3}{2}}^{(1)}$. Cette correction entraîne les suivantes :

Page 191, ligne 5 en remontant, et page 192, ligne 10 : *au lieu de* $\frac{31 m'}{192}$, *lisez* $\frac{31 m'}{96}$.

Page 192, ligne 12 : *au lieu de* $m' = 0,0000572035$, *lisez* $m' = 0,0000286$.

cette quantité égale à K, on aura

$$K' = 1,39824.K,$$

et par conséquent

$$\theta = \frac{\Lambda'}{0,39824};$$

l'inclinaison de l'orbite du dernier satellite à l'équateur d'Uranus sera
donc très-petite.

La durée de la révolution sidérale de ce satellite est de $107^j,6944$;
ainsi K, relativement à Uranus, est égal à $0,0000923^{5}987$, ce qui, en
supposant

$$\frac{31\,m'}{192} = K.$$

donne

$$m' = 0,00057203^{5};$$

or cette masse de l'avant-dernier satellite, et même une masse supérieure, est très-admissible; l'orbe du dernier satellite peut donc être
retenu dans le plan de l'équateur de la planète par l'action des satellites
intérieurs. Quant aux orbes des autres satellites, l'action seule d'Uranus suffit pour les maintenir dans le plan de son équateur; car, le
rapport de K' à K augmentant réciproquement comme la cinquième
puissance du rayon de l'orbite, il est, relativement à l'avant-dernier
satellite, trente-deux fois plus grand que relativement au dernier, en
sorte que l'on a alors

$$K' = 12,7437.K,$$

ce qui donne

$$\theta = \frac{\Lambda'}{11,7437};$$

ainsi θ est très-petit et insensible.

LIVRE IX.

THÉORIE DES COMÈTES.

Les grandes excentricités des orbites des comètes et leurs inclinaisons considérables à l'écliptique ne permettent pas d'appliquer aux perturbations que ces astres éprouvent les formules relatives aux planètes et qui ont été présentées dans les Livres II et VI. Il n'est pas possible, dans l'état actuel de l'Analyse, d'exprimer ces perturbations par des formules analytiques qui embrassent, comme celles des planètes, un nombre indéfini de révolutions : on ne peut les déterminer que par parties et au moyen de quadratures mécaniques. La méthode du Chapitre VIII du Livre II est très-propre à cet objet, car elle donne, par de simples quadratures, les altérations de chaque élément de l'orbite, supposée elliptique, et, pour avoir à chaque instant le mouvement de la comète, il suffit de substituer les éléments augmentés de ces altérations dans les formules connues du mouvement elliptique. Je vais donc ici développer cette méthode, en sorte que ceux qui voudront l'appliquer au mouvement d'une comète n'éprouveront d'autre embarras que celui des substitutions numériques.

CHAPITRE PREMIER.

THÉORIE GÉNÉRALE DES PERTURBATIONS DES COMÈTES.

1. Soient, comme dans le n° 46 du Livre II, x, y, z les trois coordonnées de la comète m, rapportées au centre du Soleil ; soient x', y', z' celles de la planète perturbatrice m', et supposons, comme dans le même numéro,

$$R = \frac{m'(xx' + yy' + zz')}{r'^3} - \frac{m'}{\sqrt{(x'-x)^2 + (y'-y)^2 + (z'-z)^2}},$$

r et r' étant les rayons vecteurs de m et de m'. Représentons encore par l'unité la masse du Soleil, et faisons $1 + m = \mu$; on aura, par le numéro cité,

$$0 = \frac{d^2x}{dt^2} + \frac{\mu x}{r^3} + \frac{\partial R}{\partial x},$$

$$0 = \frac{d^2y}{dt^2} + \frac{\mu y}{r^3} + \frac{\partial R}{\partial y},$$

$$0 = \frac{d^2z}{dt^2} + \frac{\mu z}{r^3} + \frac{\partial R}{\partial z}.$$

Dans le cas où R est nul, ces équations appartiennent à une orbite elliptique, comme on l'a vu dans le Livre II ; mais, la valeur de R étant très-petite, si l'on nomme δx, δy, δz les altérations qu'elle produit dans les valeurs de x, y, z relatives à l'orbite elliptique, et si l'on néglige les carrés et les produits de ces altérations, les trois équations précédentes donneront les suivantes

$$(\text{A}) \quad \begin{cases} 0 = \dfrac{d^2\delta x}{dt^2} + \dfrac{\delta x}{r^3} - \dfrac{3x\delta r}{r^4} + \dfrac{\partial R}{\partial x}, \\[2ex] 0 = \dfrac{d^2\delta y}{dt^2} + \dfrac{\delta y}{r^3} - \dfrac{3y\delta r}{r^4} + \dfrac{\partial R}{\partial y}, \\[2ex] 0 = \dfrac{d^2\delta z}{dt^2} + \dfrac{\delta z}{r^3} - \dfrac{3z\delta r}{r^4} + \dfrac{\partial R}{\partial z}. \end{cases}$$

Il suffit de satisfaire à ces équations; car, en réunissant les valeurs de δx, δy, δz qui y satisfont aux valeurs de x, y, z relatives au mouvement elliptique et qui renferment six constantes arbitraires, on aura les intégrales complètes des trois équations différentielles primitives du mouvement de la comète.

2. Considérons la valeur de R dans les deux limites de la distance de la comète au Soleil. Lorsque le rapport $\frac{r}{r'}$ de son rayon vecteur à celui de la planète est une très-petite fraction, la valeur de $\frac{\partial R}{\partial x}$ est très-petite relativement à celle de $\frac{\mu x}{r^3}$, et le rapport de la première à la seconde de ces deux valeurs est de l'ordre $\frac{m'r^3}{r'^3}$. Dans ce cas, on peut considérer à fort peu près R comme nul et le mouvement de la comète comme elliptique.

Si $\frac{r}{r'}$ est un grand nombre, c'est-à-dire si la comète est beaucoup plus loin du Soleil que la planète, en réduisant alors R dans une série descendante par rapport à r et négligeant dans cette série les termes de l'ordre $\frac{m'}{r^4}$, on aura

$$\frac{\partial R}{\partial x} = \frac{m'(x - x')}{r^3} + \frac{m'x'}{r'^3} + 3m'(xx' + yy' + zz')\frac{x}{r^5};$$

l'équation différentielle en δx devient donc

$$0 = \frac{d^2\delta x}{dt^2} + \frac{\delta x}{r^3} - \frac{3x(x\delta x + y\delta y + z\delta z)}{r^5} + \frac{m'(x - x')}{r^4} + \frac{m'x'}{r'^3} + 3m'(xx' + yy' + zz')\frac{x}{r^5}.$$

Les équations différentielles en δy et δz donnent évidemment des équations semblables. Supposons maintenant

$$\delta x = \mathrm{A}x + \mathrm{A}'x',$$
$$\delta y = \mathrm{A}y + \mathrm{A}'y',$$
$$\delta z = \mathrm{A}z + \mathrm{A}'z',$$

et observons que l'on a à très-peu près

$$\frac{d^2 x}{dt^2} = -\frac{x}{r^3}, \quad \frac{d^2 x'}{dt^2} = -\frac{x'}{r'^3};$$

l'équation différentielle en δx donnera

$$0 = \frac{\mathrm{A}'x'}{r^3} - \frac{\mathrm{A}'x'}{r'^3} - \frac{3\mathrm{A}x}{r^3} - \frac{3\mathrm{A}'x(xx' + yy' + zz')}{r^5}$$
$$+ \frac{m'(x - x')}{r^3} + \frac{m'x'}{r'^3} + \frac{3m'x(xx' + yy' + zz')}{r^5}.$$

On satisfait à cette équation en faisant

$$\mathrm{A} = \frac{m'}{3}, \quad \mathrm{A}' = m',$$

ce qui donne

$$\delta x = \tfrac{1}{3}m'x + m'x',$$
$$\delta y = \tfrac{1}{3}m'y + m'y',$$
$$\delta z = \tfrac{1}{3}m'z + m'z'.$$

Ces valeurs satisfont donc à l'équation différentielle en δx, et il est clair qu'elles satisfont encore aux équations différentielles en δy et δz.

Le résultat précédent est un corollaire fort simple du théorème que nous avons donné dans le n° 10 du Livre II. Suivant ce théorème, lorsque la comète est à une grande distance du Soleil, elle peut être considérée comme étant attirée vers le centre commun de gravité du Soleil et de la planète par une masse égale à la somme de ces trois corps; elle décrit donc alors à très-peu près une ellipse autour de ce point, et la force attractive qui la lui fait décrire est $\dfrac{1 + m + m'}{r^2}$; $r + \delta r$

étant le rayon vecteur de cette nouvelle ellipse, représentons par $x + \delta x$, $y + \delta y$ et $z + \delta z$ les coordonnées correspondantes. On peut supposer cette ellipse entièrement semblable à celle dont les coordonnées sont x, y, z et décrite dans le même temps. Pour cela, il suffit que les forces attractives, dans les points correspondants des deux ellipses, soient entre elles comme $r + \delta r$ est à r, ce qui donne

$$\frac{1 + m + m'}{(r + \delta r)^2} : \frac{1 + m}{r^2} = r + \delta r : r,$$

d'où l'on tire

$$\delta r = \tfrac{1}{3} m' r;$$

les coordonnées de la nouvelle ellipse sont, par conséquent,

$$\left(1 + \frac{m'}{3}\right) x, \quad \left(1 + \frac{m'}{3}\right) y, \quad \left(1 + \frac{m'}{3}\right) z.$$

Ces coordonnées sont rapportées au centre commun de gravité du Soleil et de la planète. Pour avoir ses coordonnées rapportées au centre du Soleil, il faut y ajouter les coordonnées de ce centre de gravité relativement au centre du Soleil, et ces coordonnées sont évidemment $m'x'$, $m'y'$, $m'z'$; les coordonnées de la comète, rapportées au centre du Soleil, seront donc

$$\left(1 + \frac{m'}{3}\right) x + m'x', \quad \left(1 + \frac{m'}{3}\right) y + m'y', \quad \left(1 + \frac{m'}{3}\right) z + m'z',$$

ce qui est conforme à ce qui précède, et, comme ces coordonnées renferment six arbitraires, elles satisfont complétement aux équations différentielles du mouvement de la comète, lorsque l'on y suppose

$$R = -\frac{m'}{r} - m'(xx' + yy' + zz') \left(\frac{1}{r^3} - \frac{1}{r'^3}\right).$$

Cela posé, soit généralement

$$R' = R + \frac{m'}{r} + m'(xx' + yy' + zz') \left(\frac{1}{r^3} - \frac{1}{r'^3}\right),$$

et

$$\delta x = \frac{m'}{3} x + m'x' + \delta x_{\prime},$$

$$\delta y = \frac{m'}{3} y + m'y' + \delta y_{\prime},$$

$$\delta z = \frac{m'}{3} z + m'z' + \delta z_{\prime};$$

les équations différentielles en δx, δy et δz donneront

$$(\mathrm{B}) \quad \begin{cases} 0 = \dfrac{d^2 \delta x_{\prime}}{dt^2} + \dfrac{\delta x_{\prime}}{r^3} - \dfrac{3 x \delta r_{\prime}}{r^5} + \dfrac{\partial \mathrm{R}'}{\partial x}, \\[2mm] 0 = \dfrac{d^2 \delta y_{\prime}}{dt^2} + \dfrac{\delta y_{\prime}}{r^3} - \dfrac{3 y \delta r_{\prime}}{r^5} + \dfrac{\partial \mathrm{R}'}{\partial y}, \\[2mm] 0 = \dfrac{d^2 \delta z_{\prime}}{dt^2} + \dfrac{\delta z_{\prime}}{r^3} - \dfrac{3 z \delta r_{\prime}}{r^5} + \dfrac{\partial \mathrm{R}'}{\partial z}. \end{cases}$$

Dans ces équations, $\delta r_{\prime}$ est ce que devient δr lorsque l'on y change δx, δy, δz en $\delta x_{\prime}$, $\delta y_{\prime}$, $\delta z_{\prime}$. Ces équations ne diffèrent des équations (A) qu'en ce que R y devient R'. Elles peuvent servir avec beaucoup d'avantage pour le calcul des perturbations de la comète dans la partie supérieure de son orbite, parce que R' est alors très-petit.

3. Considérons maintenant les variations des éléments de l'orbite. Prenons pour plan fixe celui de l'orbite primitive de la comète, ce qui permet de négliger le carré de z, comme étant de l'ordre du carré de la force perturbatrice. En faisant, comme dans le n° 50 du Livre II,

$$h = e \sin\varpi, \quad l = e \cos\varpi,$$

e étant le rapport de l'excentricité de l'orbite au demi-grand axe et ϖ étant la longitude du périhélie comptée de l'axe des x, on aura, par le n° 64 du même Livre,

$$dh = dx \left(x \frac{\partial \mathrm{R}}{\partial y} - y \frac{\partial \mathrm{R}}{\partial x} \right) + (x\,dy - y\,dx) \frac{\partial \mathrm{R}}{\partial x},$$

$$dl = dy \left(y \frac{\partial \mathrm{R}}{\partial x} - x \frac{\partial \mathrm{R}}{\partial y} \right) + (y\,dx - x\,dy) \frac{\partial \mathrm{R}}{\partial y}.$$

Ces deux équations donnent les valeurs de de et de $d\varpi$, car on a

$$de = dh \sin\varpi + dl \cos\varpi,$$
$$e\, d\varpi = dh \cos\varpi - dl \sin\varpi,$$

et, si pour plus de simplicité on prend la ligne même des apsides pour l'axe des x, on aura

$$de = dl, \quad e\, d\varpi = dh.$$

Les équations du mouvement elliptique donnent, par le n° **20** du Livre II,

$$(\mathrm{O})\quad
\begin{cases}
\int n\, dt + \varepsilon - \varpi = u - e \sin u, \\[1ex]
r = a(1 - e \cos u), \\[1ex]
\tang\frac{1}{2}(v - \varpi) = \sqrt{\dfrac{1 + e}{1 - e}}\, \tang\frac{1}{2}u, \\[1ex]
n = \dfrac{\sqrt{\mu}}{a^{\frac{3}{2}}}.
\end{cases}$$

$\int n\, dt + \varepsilon$ est la longitude moyenne de la comète; $\int n\, dt + \varepsilon - \varpi$ est son anomalie moyenne; $v - \varpi$ est son anomalie vraie et u est son anomalie excentrique. x et y étant les coordonnées de m, si l'on prend la ligne des apsides pour l'axe des abscisses et si l'on compte les x du foyer vers le périhélie, on aura

$$x = r\cos(v - \varpi), \quad y = r\sin(v - \varpi).$$

La seconde et la troisième des équations précédentes (O) donnent ainsi

$$x = a\cos u - ae, \quad y = a\sqrt{1 - e^2}\sin u.$$

Si l'on nomme ensuite λ l'inclinaison de l'orbite de la planète m' sur celle de la comète, et γ la longitude de son nœud ascendant comptée de l'axe des apsides; si, de plus, on désigne par v' l'angle que le rayon r' fait avec la ligne des nœuds, on aura

$$x' = r'\cos\gamma \cos v' - r' \sin\gamma \cos\lambda \sin v',$$
$$y' = r'\sin\gamma \cos v' + r'\cos\gamma \cos\lambda \sin v',$$
$$z' = r'\sin\lambda \sin v'.$$

La valeur de R donne

$$\frac{\partial R}{\partial x} = \frac{m'x'}{r'^3} - \frac{m'(x'-x)}{f^3},$$

f étant supposé égal à $\sqrt{(x'-x)^2 + (y'-y)^2 + (z'-z)^2}$. On a pareillement

$$\frac{\partial R}{\partial y} = \frac{m'y'}{r'^3} - \frac{m'(y'-y)}{f^3}.$$

Cela posé, la valeur de de donnera

$$de = -m'a\,du\,\sqrt{1-e^2}\cos u\,(xy'-x'y)\left(\frac{1}{r'^3} - \frac{1}{f^3}\right)$$

$$- m'a^2\,du\,\sqrt{1-e^2}\,(1-e\cos u)\left(\frac{y'}{r'^3} - \frac{y'-y}{f^3}\right).$$

La valeur de $d\varpi$ donnera pareillement

$$e\,d\varpi = -m'a\,du\,\sin u\,(xy'-x'y)\left(\frac{1}{r'^3} - \frac{1}{f^3}\right)$$

$$+ m'a^2\,du\,\sqrt{1-e^2}\,(1-e\cos u)\left(\frac{x'}{r'^3} - \frac{x'-x}{f^3}\right).$$

Par le n° **64** du Livre II, on a, dans l'ellipse variable, et en observant que μ est à très-peu près égale à l'unité,

$$d\frac{1}{a} = 2\,dR,$$

la caractéristique différentielle d ne se rapportant qu'aux seules coordonnées de m. En négligeant le carré de z, on a

$$dR = \frac{m'(x'\,dx + y'\,dy)}{r'^3} - \frac{m'[(x'-x)\,dx + (y'-y)\,dy]}{f^3},$$

et par conséquent

$$dR = -m'a\,du\,\sin u\left(\frac{x'}{r'^3} - \frac{x'-x}{f^3}\right) + m'a\,du\,\sqrt{1-e^2}\cos u\left(\frac{y'}{r'^3} - \frac{y'-y}{f^3}\right),$$

d'où l'on tire

$$da = 2m'a^3\,du\,\sin u\left(\frac{x'}{r'^3} - \frac{x'-x}{f^3}\right) - 2m'a^3\,du\,\sqrt{1-e^2}\cos u\left(\frac{y'}{r'^3} - \frac{y'-y}{f^3}\right).$$

On a ensuite

$$dn = 3an\, dR,$$

et par conséquent

$$\int n\, dt = Nt + 3\int(n\, dt \int a\, dR),$$

N étant une constante. On aura donc ainsi les variations de l'excentricité et du périhélie de l'orbite, de son grand axe et du moyen mouvement de la comète.

Pour avoir la variation de ε ou de l'époque de la longitude moyenne, nous observerons que, dans le cas de l'ellipse invariable, la première des équations (O) donne, en la différentiant,

$$n\, dt = du\,(1 - e\cos u).$$

Dans le cas de l'ellipse variable, on doit avoir la même équation, par le Chapitre VIII du Livre II, ce qui donne

$$d\varepsilon - d\varpi = du\,(1 - e\cos u) - de\sin u,$$

u ne variant ici qu'à raison des variations de e et de ϖ, au lieu que dans le premier cas il ne varie qu'à raison du temps t. La troisième des équations (O) donne, en ne faisant varier que e et ϖ,

$$-\frac{d\varpi}{\cos^2\frac{1}{2}(v - \varpi)} = \frac{du}{\cos^2\frac{1}{2}u}\sqrt{\frac{1 + e}{1 - e}} + \frac{2\,de\,\mathrm{tang}\frac{1}{2}u}{(1 - e)\sqrt{1 - e^2}}.$$

En substituant pour $\cos^2\frac{1}{2}(v - \varpi)$ sa valeur donnée par la même équation, on aura

$$du = -\frac{d\varpi\,(1 - e\cos u)}{\sqrt{1 - e^2}} - \frac{de\sin u}{1 - e^2},$$

d'où l'on tire

$$d\varepsilon - d\varpi = -\frac{d\varpi\,(1 - e\cos u)^2}{\sqrt{1 - e^2}} - \frac{de\sin u\,(2 - e^2 - e\cos u)}{1 - e^2},$$

équation qui détermine $d\varepsilon - d\varpi$, et par conséquent la valeur de $d\varepsilon$.

En intégrant par des quadratures les différentielles de e, ϖ, a, n, ε, on aura pour un instant quelconque tous les éléments du mouvement de la comète dans son orbite; on aura ensuite sa position au moyen des équations (O). Il ne reste plus maintenant qu'à déterminer la situation de cette orbite.

Reprenons pour cela les équations du n° 64 du Livre II:

$$dc = dt\left(y\frac{\partial R}{\partial x} - x\frac{\partial R}{\partial y}\right),$$

$$dc' = dt\left(z\frac{\partial R}{\partial x} - x\frac{\partial R}{\partial z}\right),$$

$$dc'' = dt\left(z\frac{\partial R}{\partial y} - y\frac{\partial R}{\partial z}\right).$$

Si l'on nomme φ l'inclinaison de l'orbite sur le plan des x et des y, et θ la longitude de son nœud ascendant, on aura, par le même numéro,

$$\tan g\varphi = \frac{\sqrt{c'^2 + c''^2}}{c}, \quad \tan g\theta = \frac{c''}{c'},$$

$$a(1 - e^2) = c^2 + c'^2 + c''^2.$$

Lorsque l'on prend pour plan fixe celui de l'orbite primitive, c' et c'' sont, ainsi que z, de l'ordre des forces perturbatrices; en négligeant donc le carré de ces forces et substituant pour R sa valeur, on aura

$$\frac{dc'}{dt} = -m'a(\cos u - e)z'\left(\frac{1}{r'^3} - \frac{1}{f^3}\right),$$

$$\frac{dc''}{dt} = -m'a\sqrt{1 - e^2}.\sin u.z'\left(\frac{1}{r'^3} - \frac{1}{f^3}\right),$$

$$c = \sqrt{a(1 - e^2)};$$

or on a, par ce qui précède,

$$n\,dt = du(1 - e\cos u), \quad n^2 = \frac{1}{a^3};$$

on aura donc

$$\frac{dc'}{c} = -\frac{m'a^2\,du}{\sqrt{1 - e^2}}(1 - e\cos u)(\cos u - e)z'\left(\frac{1}{r'^3} - \frac{1}{f^3}\right),$$

$$\frac{dc''}{c} = -m'a^2\,du(1 - e\cos u)\sin u.z'\left(\frac{1}{r'^3} - \frac{1}{f^3}\right).$$

En intégrant ces deux équations, on déterminera pour un instant quelconque l'inclinaison de l'orbite sur le plan fixe et la position de ses nœuds.

4. Le point le plus important de la théorie des perturbations d'une comète est la différence de deux de ses retours consécutifs au périhélie; voyons comment on peut la déterminer. Prenons pour exemple la comète de 1682, qui a repassé à son périhélie en 1759. Soit T le temps compris entre ses deux passages au périhélie en 1682 et 1759. On peut déterminer N de manière que $NT = 2\pi$, π étant la demi-circonférence dont le rayon est l'unité. On a, par le numéro précédent,

$$n = N(1 + 3a \int dR).$$

Si l'on fait commencer l'intégrale $\int dR$ à l'instant du passage de la comète par le périhélie de 1682, où nous fixons l'origine du temps t, on pourra supposer

$$n = N(1 + \delta q + 3a \int dR),$$

δq étant une arbitraire. Maintenant on a, par le numéro précédent,

$$V = \int n\, dt + \varepsilon - \varpi,$$

V étant l'anomalie moyenne de la comète; on aura donc

$$V = Nt(1 + \delta q) + 3a \int (N\, dt \int dR) + \varepsilon - \varpi + \delta\varepsilon - \delta\varpi,$$

$\delta\varepsilon$ et $\delta\varpi$ étant les variations de ε et de ϖ depuis le passage au périhélie de 1682, ε et ϖ se rapportant à ce passage. $\varepsilon - \varpi$ est nul à cet instant, puisqu'alors $V = 0$, par la supposition. De plus, on a supposé que, t étant égal à T, $V = 2\pi$ et $NT = 2\pi$; on a donc

$$0 = \delta\varepsilon - \delta\varpi + \delta q\, NT + 3a \int (N\, dt \int dR),$$

les variations $\delta\varepsilon$ et $\delta\varpi$, ainsi que la double intégrale, étant étendues depuis $t = 0$ jusqu'à $t = T$. Cette équation donnera la valeur de δq, et, par conséquent, on aura pour un instant quelconque la valeur de n. Cette valeur donnera celle du grand axe de l'orbite, au moyen de l'équation $n^2 = \dfrac{1}{a^3}\cdot$

Nommons N' la valeur de n à l'instant du passage au périhélie de 1759. Prenons ensuite cet instant pour l'origine du temps t; nous aurons

$$V = N't + \delta\varepsilon - \delta\varpi + 3a_1 \int (N' dt \int dR),$$

$\delta\varepsilon$ et $\delta\varpi$ commençant ici, ainsi que les intégrales, à l'instant du passage au périhélie en 1759, et a_1 étant le demi-grand axe de l'orbite à cette époque. Les valeurs de ϖ, ε, e seront déterminées par les observations de la comète faites à la même époque; car, a_1 étant connu par ce qui précède, la distance périhélie en 1759 donnera la valeur correspondante de e. Soit T' l'intervalle inconnu du passage au périhélie en 1759 au prochain passage par le périhélie. A ce dernier instant, $V = 2\pi$; partant,

$$N'T' + \delta\varepsilon - \delta\varpi + 3a_1 \int (N' dt \int dR) = 2\pi,$$

les valeurs de $\delta\varepsilon$ et de $\delta\varpi$ s'étendant, comme les intégrales, depuis $t = 0$ jusqu'à $t = T'$. Cette équation déterminera T'.

On peut faire disparaître dans ces expressions les doubles intégrales, en observant que

$$3a_1 \int (N' dt \int dR) = 3N't \int a_1 dR - 3a_1 \int N't\, dR;$$

en marquant donc d'un trait horizontal placé au-dessus les quantités étendues depuis le périhélie de 1682 jusqu'à celui de 1759, et d'un double trait celles qui s'étendent depuis le périhélie de 1759 jusqu'au prochain périhélie, l'expression précédente de n donnera

$$N'T = 2\pi - \overline{\delta\varepsilon} + \overline{\delta\varpi} + \overline{3a \int N't\, dR}.$$

Cette équation déterminera N', et par conséquent a_1. On aura ensuite

$$N'(T' - T) = \overline{\delta\varepsilon} - \overline{\overline{\delta\varepsilon}} - \overline{\delta\varpi} + \overline{\overline{\delta\varpi}} - 3N'T'\overline{\overline{\int a_1\, dR}}$$

$$- 3a\overline{\int N't\, dR} + 3a_1\overline{\overline{\int N't\, dR}},$$

équation qui déterminera la différence $T' - T$ des deux révolutions anomalistiques de la comète.

5. Toute la difficulté se réduit donc à déterminer numériquement les altérations des éléments de l'orbite. Nous avons déjà observé que l'on ne peut y parvenir que par des quadratures mécaniques, et l'Analyse fournit pour cet objet divers moyens. Je vais exposer ici la formule qui me paraît la plus commode et la plus simple, et pour cela je vais rappeler en peu de mots le principe de la théorie des *fonctions génératrices*.

Soit u une fonction quelconque de t, et supposons qu'en la développant suivant les puissances de t on ait

$$u = y^{(0)} + y^{(1)} t + y^{(2)} t^2 + y^{(3)} t^3 + \ldots;$$

u sera la *fonction génératrice* des divers coefficients $y^{(0)}$, $y^{(1)}$, $y^{(2)}$, …. Il est clair que, $y^{(i)}$ étant le coefficient de t^i dans le développement de u, il sera le coefficient indépendant de t dans le développement de $\frac{u}{t^i}$; or on a

$$(i) \quad \frac{u}{t^i} = u\left(1 + \frac{1}{t} - 1\right)^i = u\left[1 + i\left(\frac{1}{t} - 1\right) + \frac{i(i-1)}{1.2}\left(\frac{1}{t} - 1\right)^2 + \ldots\right].$$

Le coefficient indépendant de t, dans $u\left(\frac{1}{t} - 1\right)$, est évidemment $y^{(1)} - y^{(0)}$ ou $\Delta y^{(0)}$, la caractéristique Δ étant celle des différences finies. Il est visible encore que, en considérant $u\left(\frac{1}{t} - 1\right)$ comme une nouvelle fonction génératrice, son développement, en n'ayant point égard aux puissances négatives de t, sera

$$\Delta y^{(0)} + \Delta y^{(1)} t + \Delta y^{(2)} t^2 + \Delta y^{(3)} t^3 + \ldots.$$

De là il suit que le coefficient indépendant de t dans le développement de $u\left(\frac{1}{t} - 1\right)\left(\frac{1}{t} - 1\right)$ ou $u\left(\frac{1}{t} - 1\right)^2$ est $\Delta y^{(1)} - \Delta y^{(0)}$ ou $\Delta^2 y^{(0)}$. En suivant le même raisonnement, on voit que le coefficient indépendant de t dans le développement de $u\left(\frac{1}{t} - 1\right)^3$ est $\Delta^3 y^{(0)}$, et ainsi de suite; l'équation (i) donnera donc, en repassant des fonctions génératrices aux coefficients,

$$y^{(i)} = y^{(0)} + i\,\Delta y^{(0)} + \frac{i(i-1)}{1.2}\Delta^2 y^{(0)} + \frac{i(i-1)(i-2)}{1.2.3}\Delta^3 y^{(0)} + \dots$$

Quoique cette expression de $y^{(i)}$ n'ait été conclue qu'en supposant i un nombre entier positif, cependant on l'étend à une valeur quelconque de i. Alors $y^{(i)}$ est l'ordonnée d'une courbe parabolique dont l'abscisse est i et qui passe par les extrémités des ordonnées équidistantes $y^{(0)}$, $y^{(1)}, y^{(2)}, \dots$, l'intervalle qui les sépare étant ici pris pour unité. Quelle que soit la nature de la courbe que l'on considère, on sait que chacun de ses arcs très-petits peut être pris pour un arc parabolique dont l'ordonnée $y^{(i)}$ est exprimée par une série de puissances successives de l'abscisse, comptée depuis l'origine de l'arc. Les coefficients de ces puissances devant être déterminés de manière que la courbe passe par les extrémités des ordonnées voisines $y^{(0)}$, $y^{(1)}, \dots$, on aura évidemment l'expression précédente de $y^{(i)}$. En la multipliant par di et en l'intégrant depuis $i = 0$ jusqu'à $i = 1$, on aura

$$\int y^{(i)}\,di = y^{(0)} + \tfrac{1}{2}\Delta y^{(0)} - \tfrac{1}{12}\Delta^2 y^{(0)} + \tfrac{1}{24}\Delta^3 y^{(0)} - \tfrac{19}{720}\Delta^4 y^{(0)} - \tfrac{3}{160}\Delta^5 y^{(0)} - \tfrac{863}{60480}\Delta^6 y^{(0)} + \dots$$

Ce sera l'aire de la courbe comprise entre $y^{(0)}$ et $y^{(1)}$. L'aire comprise entre l'ordonnée $y^{(1)}$ et l'ordonnée $y^{(2)}$ sera pareillement

$$\int y^{(i)}\,di = y^{(1)} + \tfrac{1}{2}\Delta y^{(1)} - \tfrac{1}{12}\Delta^2 y^{(1)} + \dots,$$

et ainsi de suite. $\int y^{(i)}\,di$ représentant donc l'aire entière comprise entre les ordonnées $y^{(0)}$ et $y^{(n)}$, on aura

$$\begin{aligned}
\int y^{(i)}\,di = {}& y^{(0)} + y^{(1)} + y^{(2)} + \dots + y^{(n-1)} \\
& + \tfrac{1}{2}\left(\Delta y^{(0)} + \Delta y^{(1)} + \Delta y^{(2)} + \dots + \Delta y^{(n-1)}\right) \\
& - \tfrac{1}{12}\left(\Delta^2 y^{(0)} + \Delta^2 y^{(1)} + \Delta^2 y^{(2)} + \dots + \Delta^2 y^{(n-1)}\right) \\
& + \dots\dots\dots\dots\dots\dots\dots\dots\dots\dots\dots\dots\dots\dots\dots\dots
\end{aligned}$$

Or on a

$$\Delta y^{(0)} + \Delta y^{(1)} + \dots + \Delta y^{(n-1)} = y^{(1)} - y^{(0)} + y^{(2)} - y^{(1)} + \dots + y^{(n)} - y^{(n-1)} = y^{(n)} - y^{(0)}.$$

On a pareillement

$$\Delta^2 y^{(0)} + \Delta^2 y^{(1)} + \dots + \Delta^2 y^{(n-1)} = \Delta y^{(n)} - \Delta y^{(0)},$$

et ainsi de suite; partant,

$$\int y^{(i)} \, di = \tfrac{1}{2} y^{(0)} + y^{(1)} + y^{(2)} + \ldots + y^{(n-1)} + \tfrac{1}{2} y^{(n)}$$
$$- \tfrac{1}{12} \left(\Delta y^{(n)} - \Delta y^{(0)} \right)$$
$$+ \tfrac{1}{24} \left(\Delta^2 y^{(n)} - \Delta^2 y^{(0)} \right)$$
$$- \tfrac{19}{720} \left(\Delta^3 y^{(n)} - \Delta^3 y^{(0)} \right)$$
$$+ \tfrac{3}{160} \left(\Delta^4 y^{(n)} - \Delta^4 y^{(0)} \right)$$
$$- \tfrac{863}{60480} \left(\Delta^5 y^{(n)} - \Delta^5 y^{(0)} \right)$$
$$+ \ldots \ldots \ldots \ldots \ldots$$

Les valeurs de $\Delta y^{(n)}$, $\Delta^2 y^{(n)}$, ... dépendent de $y^{(n+1)}$, $y^{(n+2)}$, ..., et l'on est censé n'avoir calculé que les ordonnées $y^{(0)}$, $y^{(1)}$, ..., $y^{(n)}$. Pour résoudre cette difficulté, on observera que le coefficient de t^n dans le développement de la fonction $u \left(\dfrac{1}{t} - 1 \right)^r$ est $\Delta^r y^{(n)}$; or on a

$$u \left(\frac{1}{t} - 1 \right)^r = u(1-t)^r [1 - (1-t)]^{-r} = u(1-t)^r \left[1 + r(1-t) + \frac{r(r+1)}{1 \cdot 2} (1-t)^2 + \ldots \right].$$

Le coefficient de t^n dans le développement de $u(1-t)^q$ est généralement $\Delta^q y^{(n-q)}$. L'équation précédente donne donc, en repassant des fonctions génératrices aux coefficients,

$$\Delta^r y^{(n)} = \Delta^r y^{(n-r)} + r \Delta^{r+1} y^{(n-r-1)} + \frac{r(r+1)}{1 \cdot 2} \Delta^{r+2} y^{(n-r-2)} + \ldots.$$

En faisant successivement $r = 1$, $r = 2$, $r = 3$, ..., on aura des valeurs de $\Delta y^{(n)}$, $\Delta^2 y^{(n)}$, ... qui ne dépendront que des ordonnées $y^{(n)}$, $y^{(n-1)}$, ... En les substituant dans l'expression précédente de $\int y^{(i)} di$, on aura

$$(\mathrm{P}) \quad \left\{ \begin{aligned} \int y^{(i)} \, di &= \tfrac{1}{2} y^{(0)} + y^{(1)} + y^{(2)} + \ldots + y^{(n-1)} + \tfrac{1}{2} y^{(n)} \\ &\quad - \tfrac{1}{12} \left(\Delta y^{(n-1)} - \Delta y^{(0)} \right) \\ &\quad - \tfrac{1}{24} \left(\Delta^2 y^{(n-2)} + \Delta^2 y^{(0)} \right) \\ &\quad - \tfrac{19}{720} \left(\Delta^3 y^{(n-3)} - \Delta^3 y^{(0)} \right) \\ &\quad - \tfrac{3}{160} \left(\Delta^4 y^{(n-4)} + \Delta^4 y^{(0)} \right) \\ &\quad - \tfrac{863}{60480} \left(\Delta^5 y^{(n-5)} - \Delta^5 y^{(0)} \right) \\ &\quad - \ldots \ldots \ldots \ldots \ldots \end{aligned} \right.$$

6. Pour appliquer la formule (P) aux variations des éléments de l'orbite de la comète, on prendra pour abscisse l'anomalie excentrique de la comète, que nous avons désignée précédemment par u, et, si l'on représente par $Q\,du$ la variation différentielle d'un des éléments de l'orbite, on fera varier u de degré en degré, et l'on déterminera les valeurs correspondantes de Q. En les désignant par $Q^{(0)}$, $Q^{(1)}$, ..., $Q^{(n)}$, la formule (P) donnera la valeur $\int Q\,du$ ou la variation de l'élément de l'orbite correspondante à la variation supposée dans l'arc de l'anomalie excentrique. Le plus souvent il suffira de ne considérer dans cette formule que la première différence finie; mais vers les points où la comète est près du minimum de sa distance à la planète perturbatrice, ce qui rend fort considérables les valeurs de $\frac{1}{f^3}$ et par conséquent celles de Q, il faut avoir égard aux différences suivantes; il sera même utile alors de diminuer l'intervalle qui sépare les coordonnées équidistantes en faisant varier l'anomalie excentrique de demi-degré en demi-degré.

7. On a vu dans le n° **1** que la partie la plus sensible des perturbations d'une comète peut être exprimée analytiquement lorsque la comète est considérablement éloignée de la planète perturbatrice ou lorsqu'elle est dans la partie supérieure de son orbite, ce qui donne un moyen à la fois exact et simple de calculer ces perturbations. Nous allons développer par ce moyen les variations correspondantes des éléments de l'orbite.

Reprenons l'expression de dh :

$$dh = dx\left(x\frac{\partial R}{\partial y} - y\frac{\partial R}{\partial x}\right) + (x\,dy - y\,dx)\frac{\partial R}{\partial x}.$$

En faisant, comme dans le n° **2**,

$$R = R' - \frac{m'}{r} - m'(xx' + yy' + zz')\left(\frac{1}{r^3} - \frac{1}{r'^3}\right),$$

on a vu, dans le numéro cité, que R' est peu considérable relativement à l'autre partie de R, lorsque le rayon vecteur r de la comète est beaucoup plus grand que celui de la planète perturbatrice. Par le même numéro, les perturbations de la comète dues à cette dernière partie de R sont représentées en supposant

$$\delta x = \tfrac{1}{3} m'x + m'x', \quad \delta y = \tfrac{1}{3} m'y + m'y', \quad \delta z = \tfrac{1}{3} m'z + m'z'.$$

Cela posé, on a par le n° 64 du Livre II, en négligeant le carré de z,

$$o = h + y\left(\frac{1}{r} - \frac{dx^2}{dt^2}\right) + \frac{x\,dx\,dy}{dt^2}.$$

En faisant varier cette équation par rapport à la caractéristique δ, on aura

$$o = \delta h + \delta y\left(\frac{1}{r} - \frac{dx^2}{dt^2}\right) - y\left(\frac{\delta r}{r^2} + \frac{2\,dx\,d\delta x}{dt^2}\right) + \frac{x\,dx\,d\delta y}{dt^2} + \frac{x\,d\delta x\,dy}{dt^2} + \delta x\,\frac{dx\,dy}{dt^2}.$$

Si l'on substitue, pour δx, δy, δz, leurs valeurs précédentes, on aura

$$\delta h = m'\left(y\,\frac{dx^2}{dt^2} - \frac{x\,dx\,dy}{dt^2}\right) - m'y'\left(\frac{1}{r} - \frac{dx^2}{dt^2}\right) + m'y\,\frac{xx' + yy'}{r^3} + \frac{2\,m'y\,dx\,dx'}{dt^2}$$
$$- \frac{m'x\,dx\,dy'}{dt^2} - \frac{m'x\,dy\,dx'}{dt^2} - \frac{m'x'\,dx\,dy}{dt^2}.$$

Cette valeur de δh, augmentée d'une constante arbitraire, exprime l'altération de h due à la partie de R indépendante de R'; elle doit donc résulter de l'intégration de l'expression précédente de dh, en y substituant pour R la fonction

$$- \frac{m'}{r} - m'(xx' + yy' + zz')\left(\frac{1}{r^3} - \frac{1}{r'^3}\right);$$

c'est, en effet, ce que le calcul confirme *a posteriori*, en observant que l'on peut supposer ici $\dfrac{m'x}{r^3}$, $\dfrac{m'x'}{r'^3}$, $\ldots$ égaux à $-m'\dfrac{d^2x}{dt^2}$, $-m'\dfrac{d^2x'}{dt^2}$, $\ldots$.

Si l'on substitue, dans cette valeur de δh, $h + \dfrac{y}{r}$ au lieu de $y\,\dfrac{dx^2}{dt^2} - \dfrac{x\,dx\,dy}{dt^2}$, on aura

$$\delta h = m'\left(h + \frac{y}{r}\right) - m'x\,\frac{xy' - x'y}{r^3} - \frac{m'\,dx'(x\,dy - y\,dx)}{dt^2}$$
$$- m'\,\frac{dx(x\,dy' - y'\,dx + x'\,dy - y\,dx')}{dt^2}.$$

Il suit de là que, pour obtenir la variation de h, depuis un point donné de l'orbite jusqu'à un autre point, due à la partie de R indépendante de R', il suffit de retrancher la valeur du second membre de l'équation précédente dans le premier point de sa valeur dans le second point.

Si l'on change, dans l'équation précédente, h en l, x en y, x' en y', et réciproquement, on aura la variation de l due à la partie de R indépendante de R', ce qui donne

$$\delta l = m'\left(l + \frac{x}{r}\right) + m'y\,\frac{xy' - x'y}{r^3} + m'dy'\,\frac{x\,dy - y\,dx}{dt^2}$$
$$+ m'dy\,\frac{x\,dy' - y'\,dx + x'\,dy - y\,dx'}{dt^2}.$$

En retranchant la valeur du second membre de cette équation dans un point donné de l'orbite de sa valeur dans un autre point, on aura dans cet intervalle la variation de l due à la partie de R indépendante de R'. Les variations de h et de l donnent celles de e et de ϖ, en observant que l'on a

$$e\,\delta e = h\,\delta h + l\,\delta l, \quad e^2\,\delta\varpi = l\,\delta h - h\,\delta l.$$

On a, par le n° 64 du Livre II,

$$\frac{1}{a} = \frac{2}{r} - \frac{dx^2 + dy^2}{dt^2},$$

ce qui donne

$$\frac{\delta a}{a^2} = \frac{2\,\delta r}{r^2} + \frac{2\,dx\,d\delta x + 2\,dy\,d\delta y}{dt^2}.$$

En substituant, pour δx et δy, $\frac{1}{3}m'x + m'x'$ et $\frac{1}{3}m'y + m'y'$, on aura

$$\frac{\delta a}{a^2} = \frac{2}{3}\,\frac{m'}{r} + \frac{2}{3}m'\,\frac{dx^2 + dy^2}{dt^2} + 2m'\,\frac{xx' + yy'}{r^3} + 2m'\,\frac{dx\,dx' + dy\,dy'}{dt^2}.$$

Si l'on substitue dans cette équation, au lieu de $\dfrac{dx^2 + dy^2}{dt^2}$, sa valeur $\dfrac{2}{r} - \dfrac{1}{a}$, on aura

$$\frac{\delta a}{a} = \frac{2m'a}{r} - \frac{2}{3}m' + 2m'a\,\frac{xx' + yy'}{r^3} + 2m'a\,\frac{dx\,dx' + dy\,dy'}{dt^2}.$$

De là on conclura δn au moyen de l'équation $n^2 = \dfrac{1}{a^3}$, qui donne

$$\frac{\delta n}{n} = -\frac{3}{2}\frac{\delta a}{a},$$

et par conséquent

$$\delta n = -\frac{3\,m'an}{r} + m'n - 3m'an\frac{xx' + yy'}{r^3} - 3m'an\frac{dx\,dx' + dy\,dy'}{dt^2}.$$

En retranchant les valeurs de δa et de δn à un point donné de l'orbite de leurs valeurs à un autre point, on aura les variations de a et de n dans cet intervalle, dues à la partie de R indépendante de R'.

Pour avoir la variation de l'anomalie moyenne due à la même partie de R, on observera que cette variation est égale à $\int \delta n\,dt + \delta\varepsilon - \delta\varpi$. Nommons $\overline{\delta n}$ la valeur entière de δn au point de l'orbite où l'on commence à considérer séparément cette partie de R, c'est-à-dire la valeur de δn qui résulte des perturbations antérieures; on aura, en faisant commencer ici le temps t à ce point,

$$\int \delta n\,dt + \delta\varepsilon - \delta\varpi = \overline{\delta n}.t + \int \delta'n\,dt + \delta\varepsilon - \delta\varpi,$$

$\delta'n$ étant la variation de n depuis le point dont il s'agit, due à la partie de R indépendante de R'. On a, par le n° 3,

$$\int \delta'n\,dt + \delta\varepsilon - \delta\varpi = \int\left[\delta'n\,dt - \frac{d\varpi(1 - e\cos u)^2}{\sqrt{1 - e^2}} - \frac{de\sin u(2 - e^2 - e\cos u)}{1 - e^2}\right],$$

et le second membre de cette équation est égal à

$$\text{const.} - \frac{\delta\varpi(1 - e\cos u)^2}{\sqrt{1 - e^2}} - \frac{\delta e\sin u(2 - e^2 - e\cos u)}{1 - e^2}$$

$$+ \int\left[\frac{\delta'n}{n}\,du(1 - e\cos u) + 2e\,\delta\varpi\frac{du\sin u(1 - e\cos u)}{\sqrt{1 - e^2}} + \frac{\delta e\,du(1 - e\cos u)(2\cos u + e)}{1 - e^2}\right],$$

$n\,dt$ étant, par le n° 3, égal à $du(1 - e\cos u)$. On a, par ce qui précède,

$$h = 0, \quad \delta h = e\,\delta\varpi, \quad l = e, \quad \delta l = \delta e.$$

Désignons par $m'nq$ la valeur de l'expression précédente de δn à la nouvelle origine que nous avons assignée au temps t; on aura

$$\delta'n = \delta n - m'nq;$$

en substituant ensuite, pour δh et δl, leurs expressions précédentes, on trouvera

$$\int \delta' n\, dt + \delta\varepsilon - \delta\varpi = - m'nq\, t + \frac{m'(xy' - x'y)}{a^2\sqrt{1 - e^2}} - \frac{\delta h(1 - e\cos u)^2}{e\sqrt{1 - e^2}}$$

$$- \frac{\delta l\sin u(2 - e^2 - e\cos u)}{1 - e^2} + \text{const.}$$

Si l'on retranche la valeur du second membre de cette équation, à la nouvelle origine de t, de sa valeur à un autre point de l'orbite, on aura la variation de l'anomalie moyenne dans cet intervalle, due à la partie de R indépendante de R'.

Pour avoir les variations de l'inclinaison de l'orbite et du nœud dues à la même partie de R, on doit observer que, par le n° 64 du Livre II, on a

$$c' = \frac{x\,dz - z\,dx}{dt}, \quad c'' = \frac{y\,dz - z\,dy}{dt},$$

ce qui donne

$$\delta c' = \frac{x\,d\delta z + \delta x\,dz - z\,d\delta x - \delta z\,dx}{dt},$$

$$\delta c'' = \frac{y\,d\delta z + \delta y\,dz - z\,d\delta y - \delta z\,dy}{dt}.$$

Si l'on substitue, pour δx, δy et δz, respectivement $\frac{1}{3}m'x + m'x'$, $\frac{1}{3}m'y + m'y'$, $\frac{1}{3}m'z + m'z'$, on aura

$$\delta c' = \tfrac{2}{3}m'c' + m'\frac{x\,dz' + x'\,dz - z\,dx' - z'\,dx}{dt},$$

$$\delta c'' = \tfrac{2}{3}m'c'' + m'\frac{y\,dz' + y'\,dz - z\,dy' - z'\,dy}{dt}.$$

Observons maintenant que z, $\dfrac{dz}{dt}$, c' et c'' sont ou nuls ou de l'ordre des forces perturbatrices; en négligeant donc le carré de ces forces, on aura

$$\delta c' = m'\frac{x\,dz' - z'\,dx}{dt},$$

$$\delta c'' = m'\frac{y\,dz' - z'\,dy}{dt},$$

équations d'où l'on tirera, par le n° 3, les variations des inclinaisons de l'orbite et du nœud, dues à la partie de R indépendante de R', dans la partie de l'orbite que l'on considère.

8. On aura les variations des éléments de l'orbite, relatives à la partie R' de R, par les formules des n°s 3 et 4, en changeant R en R' dans les expressions de dh, dl, $d\frac{1}{a}$, dc', dc'', et en les intégrant par des quadratures. Dans la portion supérieure de l'orbite, R' étant fort petit, les valeurs de ces intégrales seront aussi très-petites; mais dans cette portion, où il est avantageux de partager ainsi R en deux parties, on peut déterminer, sans quadratures et par des séries convergentes, les variations des éléments de l'orbite correspondantes à R'. Reprenons pour cela l'expression de R' du n° 2. En la développant en série, on aura

$$R' = \frac{m'r'^2}{2r^3} - \frac{3}{2}m'\frac{(xx' + yy' + zz' - \frac{1}{2}r'^2)^2}{r^5} - \frac{5}{2}m'\frac{(xx' + yy' + zz' - \frac{1}{2}r'^2)^3}{r^7} - \ldots;$$

or on a

$$x = r\cos v, \quad y = r\sin v, \quad z = 0,$$

$$r = \frac{a(1 - e^2)}{1 + e\cos(v - \varpi)};$$

on a ensuite x', y', z' en fonction de sinus et de cosinus de v' et de ses multiples. En substituant R' au lieu de R dans les expressions différentielles des éléments de l'orbite, en développant ces expressions et en observant que, par le n° 16 du Livre II,

$$r^2 dv = dt \sqrt{a(1 - e^2)},$$

$$r'^2 dv' = dt' \sqrt{a'(1 - e'^2)},$$

la partie de chacune de ces expressions différentielles correspondante à R' sera exprimée par une suite de termes de la forme

$$H\,dv'\cos(iv + i'v' + \Lambda),$$

i et i' étant des nombres entiers positifs ou négatifs, et H et Λ étant des constantes. L'intégrale de ce terme est

$$\text{const.} + \frac{\mathrm{H}}{i}\sin(iv + i'v' + \Lambda) - \mathrm{H}\frac{i}{i}\int dv\cos(iv + i'v' + \Lambda).$$

Si l'on substitue dans ce dernier terme, pour dv, sa valeur

$$\frac{r'^2 dv'}{r^2}\frac{\sqrt{a(1 - e^2)}}{\sqrt{a'(1 - e'^2)}},$$

il devient

$$\mathrm{H}\frac{i}{i}\frac{\sqrt{a(1 - e^2)}}{\sqrt{a'(1 - e'^2)}}\int\frac{r'^2 dv'}{r^2}\cos(iv + i'v' + \Lambda).$$

Ce terme est beaucoup plus petit que l'intégrale

$$\mathrm{H}\int dv'\cos(iv + i'v' + \Lambda)$$

lorsque $\dfrac{r'}{r}$ est une petite fraction; il est encore diminué par le fac-

teur $\dfrac{\sqrt{a(1 - e^2)}}{\sqrt{a'(1 - e'^2)}}$; car $a(1 - e)$ est la distance périhélie de la comète, et

cette distance est beaucoup plus petite que a', relativement aux trois

planètes supérieures. L'intégrale

$$\mathrm{H}\int dv'\cos(iv + i'v' + \Lambda)$$

est donc à fort peu près égale à const. $+\dfrac{\mathrm{H}}{i}\sin(iv + i'v' + \Lambda)$. Pour

avoir une valeur encore plus approchée de cette intégrale, il faut re-

trancher de sa première valeur l'intégrale

$$\mathrm{H}\frac{i}{i}\frac{\sqrt{a(1 - e^2)}}{\sqrt{a'(1 - e'^2)}}\int\frac{r'^2 dv'}{r^2}\cos(iv + i'v' + \Lambda).$$

En substituant, au lieu de $\dfrac{r'^2}{r^2}$, sa valeur

$$\frac{a'^2(1 - e'^2)^2[1 + e\cos(v - \varpi)]^2}{a^2(1 - e^2)^2[1 + e'\cos(v' - \varpi')]^2},$$

et observant que e' est très-petit, on développera cette intégrale dans

une suite de termes de la forme

$$\mathrm{H}'\int dv'\sin(sv + s'v' + \Lambda),$$

et l'on intégrera chacun de ces termes par la méthode que nous venons
d'exposer. On aura ainsi d'une manière fort convergente la valeur de

$$\mathrm{H} \int d e' \sin(i e + i' e' + \mathrm{A}),$$

et, par conséquent, on aura par des formules analytiques les variations
des éléments dans la partie supérieure de l'orbite.

9. On pourra donc, par les formules précédentes, calculer les perturbations que la comète de 1759 a éprouvées dans ses révolutions
successives et prédire son prochain retour; on procédera de la manière
suivante. On commencera par discuter de nouveau, et avec le plus
grand soin, les observations de cette comète dans ses deux apparitions
de 1682 et de 1759, et l'on déterminera les éléments de l'orbite à ces
deux époques, en la supposant une ellipse dont le grand axe répond à
la durée de la révolution de 1682 à 1759. En partant ensuite des éléments de 1682, on déterminera, par ce qui précède, les altérations des
éléments et de l'anomalie moyenne dans les trois premiers quarts de
l'anomalie excentrique, ou depuis $u = o$ jusqu'à $u = 3oo°$. Pour le dernier quart, il est préférable de remonter de l'époque de 1759 à l'extrémité de ce quart, ce qui revient à fixer l'origine de l'angle u au périhélie de 1759 et à remonter vers 1682, en faisant u négatif et en partant
des éléments et de l'époque observés en 1759. Dans le premier et le
dernier quart de l'ellipse, la comète est plus près des planètes perturbatrices, et surtout de Jupiter, la plus considérable de toutes, que dans
le second et le troisième quart; il importe donc d'avoir alors, le plus
exactement qu'il est possible, sa position et sa distance à ces planètes,
dont les attractions peuvent changer d'un grand nombre de degrés
leurs élongations à la comète. Pour plus d'exactitude encore, on pourra
calculer de nouveau les altérations des éléments et de l'anomalie
moyenne depuis 1682, en employant le grand axe correspondant à cette
époque et que l'approximation précédente aura fait connaître. On
pourra ensuite, à 25 degrés d'anomalie excentrique, employer les éléments de la nouvelle ellipse qui correspond à cette anomalie et calculer

par son moyen les altérations qu'elle éprouve depuis 25 jusqu'à 50 degrés d'anomalie. On rectifiera de nouveau l'ellipse à cette époque, et
l'on calculera dans cette ellipse ainsi rectifiée les perturbations depuis
50 jusqu'à 100 degrés. On rectifiera de la même manière l'ellipse fondamentale à 100 et à 200 degrés, et l'on déterminera les perturbations
jusqu'à 300 degrés d'anomalie excentrique. En partant ensuite des
éléments et de l'époque de 1759, et rectifiant l'ellipse à -25°, -50°
et -100°, on aura les altérations dans le dernier quart de l'anomalie
excentrique. On aura donc ainsi, par une seconde approximation et
avec beaucoup d'exactitude, les perturbations de la comète depuis 1682
jusqu'en 1759. On fera les mêmes opérations depuis 1759 jusqu'au
prochain périhélie; mais, comme l'instant du passage à ce dernier point
est inconnu, lorsqu'on sera parvenu à 300 degrés on rectifiera l'ellipse
de 25 en 25 degrés jusqu'à 400. Ces calculs, faits avec soin, doivent
donner, à quelques jours près, l'instant du passage de la comète à son
prochain périhélie; la seule incertitude qui puisse exister est relative
à la masse de la planète Uranus, et l'observation de ce passage sera
l'un des moyens les plus propres à la déterminer.

CHAPITRE II.

DES PERTURBATIONS DU MOUVEMENT DES COMÈTES LORSQU'ELLES APPROCHENT
TRÈS-PRÈS DES PLANÈTES.

10. Considérons maintenant le cas où la comète approche très-près
de la planète perturbatrice. Si cette planète est Jupiter, la comète peut
en éprouver une action beaucoup plus grande que de la part du Soleil,
et cette action peut entièrement changer les éléments de son orbite.
Ce cas singulier, qui paraît avoir eu lieu relativement à la première
comète observée en 1770, mérite une attention particulière.

On a, par le Chapitre précédent, les six équations suivantes :

$$0 = \frac{d^2 x}{dt^2} + (1 + m)\frac{x}{r^3} + \frac{m'x'}{r'^3} - \frac{m'(x' - x)}{f^3},$$

$$0 = \frac{d^2 y}{dt^2} + (1 + m)\frac{y}{r^3} + \frac{m'y'}{r'^3} - \frac{m'(y' - y)}{f^3},$$

$$0 = \frac{d^2 z}{dt^2} + (1 + m)\frac{z}{r^3} + \frac{m'z'}{r'^3} - \frac{m'(z' - z)}{f^3},$$

$$0 = \frac{d^2 x'}{dt^2} + (1 + m')\frac{x'}{r'^3} + \frac{mx}{r^3} + \frac{m(x' - x)}{f^3},$$

$$0 = \frac{d^2 y'}{dt^2} + (1 + m')\frac{y'}{r'^3} + \frac{my}{r^3} + \frac{m(y' - y)}{f^3},$$

$$0 = \frac{d^2 z'}{dt^2} + (1 + m')\frac{z'}{r'^3} + \frac{mz}{r^3} + \frac{m(z' - z)}{f^3}.$$

Supposons

$$x - x' = x_1, \quad y - y' = y_1, \quad z - z' = z_1;$$

les six équations précédentes donneront les trois suivantes :

$$(\text{Q}) \quad \begin{cases} 0 = \dfrac{d^2 x_1}{dt^2} + x_1\left(\dfrac{m+m'}{f^3} + \dfrac{1}{r^3}\right) + x'\left(\dfrac{1}{r^3} - \dfrac{1}{r'^3}\right), \\[2ex] 0 = \dfrac{d^2 y_1}{dt^2} + y_1\left(\dfrac{m+m'}{f^3} + \dfrac{1}{r^3}\right) + y'\left(\dfrac{1}{r^3} - \dfrac{1}{r'^3}\right), \\[2ex] 0 = \dfrac{d^2 z_1}{dt^2} + z_1\left(\dfrac{m+m'}{f^3} + \dfrac{1}{r^3}\right) + z'\left(\dfrac{1}{r^3} - \dfrac{1}{r'^3}\right). \end{cases}$$

Dans ces équations, x_1, y_1, z_1 sont les coordonnées de la comète, rapportées au centre de gravité de la planète, et f est la distance mutuelle de ces corps. Si l'on suppose f assez petit pour que $\dfrac{m+m'}{f^3}$ l'emporte considérablement sur les termes dépendants de l'action du Soleil, on pourra, du moins dans une première approximation, négliger ces derniers termes, et alors les trois équations précédentes donneront le mouvement elliptique de m autour de m'. La différence des actions du Soleil sur la comète et la planète est une force perturbatrice de ce mouvement ; elle est, relativement à l'action $\dfrac{m'}{f^2}$ de la planète sur la comète, de l'ordre $\dfrac{f^3}{m'r^3}$. Tant que cette dernière quantité sera peu considérable, on pourra, sans erreur sensible, supposer elliptique le mouvement relatif de la comète autour de la planète. Lorsqu'au contraire cette quantité sera fort grande, on pourra négliger $\dfrac{m'}{f^3}$ relativement à $\dfrac{1}{r^3}$ et considérer le mouvement de la comète autour du Soleil comme elliptique. Ce n'est donc qu'entre ces deux états qu'il peut y avoir de l'incertitude ; mais, vu la rapidité du mouvement de la comète, l'intervalle de temps qui sépare ces deux états est si petit, que l'on peut, sans erreur sensible, y considérer à volonté le mouvement de la comète ou comme elliptique autour de la planète ou comme elliptique autour du Soleil. Cependant, pour fixer avec quelque précision la limite en deçà de laquelle on peut considérer le mouvement de la comète comme elliptique autour de la planète et au delà de laquelle on peut l'envisager comme elliptique autour du Soleil, concevons la comète située entre la planète et le Soleil. L'action du Soleil sur la comète sera $\frac{1}{r^2}$; celle de la planète sur la comète sera $\frac{m'}{(r'-r)^2}$; il faut donc que, au delà de la limite que nous supposons à la sphère d'activité de la planète, $\frac{1}{r^2}$ l'emporte beaucoup sur $\frac{m'}{(r'-r)^2}$. La différence des actions du Soleil sur la comète et la planète est $\frac{1}{r^2} - \frac{1}{r'^2}$, ou à très-peu près $\frac{2(r'-r)}{r^3}$; en deçà de la limite, cette quantité doit être fort petite relativement à $\frac{m'}{(r'-r)^2}$. On satisfera à ces deux conditions si l'on suppose $\frac{m'}{(r'-r)^2}$ moyen proportionnel entre $\frac{1}{r^2}$ et $2\frac{r'-r}{r^3}$, ce qui donne, pour le rayon $r'-r$ de la sphère d'activité de la planète,

$$r' - r = r\sqrt[3]{\tfrac{1}{2}m'^2}.$$

L'erreur sera d'autant moindre que la masse de la planète sera plus petite. On peut même beaucoup augmenter le rayon de cette sphère sans qu'il en résulte d'erreur sensible. En effet, si l'on reprend la première des équations (Q),

$$o = \frac{d^2 x_1}{dt^2} + \frac{(m + m')x_1}{f^3} + \frac{x}{r^3} - \frac{x'}{r'^3},$$

on voit que le terme $\frac{x}{r^3} - \frac{x'}{r'^3}$ n'ajoute à la valeur de x_1 que la double intégrale $\int\!\int dt^2\left(\frac{x'}{r'^3} - \frac{x}{r^3}\right)$; or, cette double intégrale est très-petite lorsqu'elle ne s'étend qu'à une valeur de t peu considérable; car la fonction $\frac{x'}{r'^3} - \frac{x}{r^3}$ est fort petite, x' et r' différant très-peu de x et de r. On peut donc, dans le calcul des perturbations d'une comète qui approche très-près d'une planète, supposer à la planète une sphère d'activité dans laquelle le mouvement relatif de la comète n'est soumis qu'à l'attraction de la planète et au delà de laquelle le mouvement absolu de la comète autour du Soleil n'est soumis qu'à l'action du Soleil.

28.

11. Développons cette hypothèse, et déterminons les nouveaux éléments de l'orbite de la comète au sortir de la sphère d'attraction de la planète. Pour cela, commençons par déterminer les éléments de l'orbite relative de la comète autour de la planète dans cette sphère d'attraction. On a, par le n° 18 du Livre II, les six équations suivantes :

$$c_1 = \frac{x_1 dy_1 - y_1 dx_1}{dt}, \quad c'_1 = \frac{x_1 dz_1 - z_1 dx_1}{dt}, \quad c''_1 = \frac{y_1 dz_1 - z_1 dy_1}{dt},$$

$$h_1 = - \frac{m' y_1}{f} + \frac{y_1 (dx_1^2 + dz_1^2)}{dt^2} - \frac{x_1 dx_1 dy_1}{dt^2} - \frac{z_1 dz_1 dy_1}{dt^2},$$

$$l_1 = - \frac{m' x_1}{f} + \frac{x_1 (dy_1^2 + dz_1^2)}{dt^2} - \frac{y_1 dy_1 dx_1}{dt^2} - \frac{z_1 dz_1 dx_1}{dt^2},$$

$$\frac{m'}{a_1} = \frac{2m'}{f} - \frac{dx_1^2 + dy_1^2 + dz_1^2}{dt^2},$$

$c_1, c'_1, c''_1, h_1, l_1, a_1$ étant des constantes arbitraires. Si l'on nomme θ la longitude du nœud ascendant de l'orbite relative, comptée de l'axe des x_1, et φ l'inclinaison de cette orbite sur le plan des x_1 et des y_1, on aura, par le n° 19 du Livre II,

$$\tang \theta = \frac{c''_1}{c'_1}, \quad \tang \varphi = \frac{\sqrt{c'^2_1 + c''^2_1}}{c_1},$$

c_1, c'_1, c''_1 étant donnés par ce qui précède, en fonction des valeurs de $x_1, y_1, z_1, \dfrac{dx_1}{dt}, \dfrac{dy_1}{dt}, \dfrac{dz_1}{dt}$ à l'entrée de la comète dans la sphère d'activité de la planète, valeurs qui sont supposées connues; on connaîtra donc ainsi les valeurs de θ et de φ.

Si l'on nomme ensuite I la longitude de la projection du périhélie, on aura, par le même numéro,

$$\tang I = \frac{h_1}{l_1};$$

a_1 étant le demi-grand axe, il sera donné par ce qui précède. On a ensuite, par le numéro cité,

$$m' a_1 (1 - e_1^2) = 2 m' f - \frac{m' f^2}{a_1} - \frac{f^2 df^2}{dt^2},$$

ce qui donne l'excentricité e_1. Ainsi l'on aura tous les éléments de l'orbite relative de la comète.

Rapportons maintenant les coordonnées x_1 et y_1 à la ligne des nœuds. Soient x'_1, y'_1, z'_1 ces nouvelles coordonnées; nous aurons

$$x'_1 = x_1 \cos\theta + y_1 \sin\theta,$$
$$y'_1 = y_1 \cos\theta - x_1 \sin\theta,$$
$$z'_1 = z_1.$$

Rapportons ensuite les coordonnées x'_1 et y'_1 au plan même de l'orbite relative. Soient x''_1 et y''_1 les nouvelles coordonnées; nous aurons

$$x'_1 = x''_1,$$
$$y'_1 = y''_1 \cos\varphi,$$
$$z_1 = y''_1 \sin\varphi.$$

Enfin, rapportons les coordonnées x''_1 et y''_1 au grand axe, et supposons que ϖ soit la longitude du périhélie comptée de la ligne des nœuds: nous aurons, en nommant x'''_1 et y'''_1 les nouvelles coordonnées,

$$x'''_1 = x''_1 \cos\varpi + y''_1 \sin\varpi,$$
$$y'''_1 = y''_1 \cos\varpi - x''_1 \sin\varpi.$$

Ces diverses équations donnent

$$x'''_1 \cos\varphi = \quad x_1 (\cos\varpi \cos\theta \cos\varphi - \sin\varpi \sin\theta)$$
$$+ y_1 (\cos\varpi \sin\theta \cos\varphi + \sin\varpi \cos\theta),$$
$$y'''_1 \cos\varphi = \quad y_1 (\cos\varpi \cos\theta - \sin\varpi \sin\theta \cos\varphi)$$
$$- x_1 (\cos\varpi \sin\theta + \sin\varpi \cos\theta \cos\varphi).$$

On aura donc ainsi les valeurs de x'''_1 et y'''_1 relatives à l'entrée de la comète dans la sphère d'activité de la planète. On aura pareillement, en différentiant ces équations, les valeurs de $\dfrac{dx'''_1}{dt}$ et de $\dfrac{dy'''_1}{dt}$ relatives à cette entrée.

Les équations précédentes donnent encore

$$(\mathrm{S})\quad
\begin{cases}
x_{\mathrm{i}} = \;\; x_{\mathrm{i}}''(\cos\varpi\cos\theta - \sin\varpi\sin\theta\cos\varphi)\\
\qquad - y_{\mathrm{i}}''(\sin\varpi\cos\theta + \cos\varpi\sin\theta\cos\varphi),\\
y_{\mathrm{i}} = \;\; y_{\mathrm{i}}''(\cos\varpi\cos\theta\cos\varphi - \sin\varpi\sin\theta)\\
\qquad + x_{\mathrm{i}}''(\sin\varpi\cos\theta\cos\varphi + \cos\varpi\sin\theta),\\
z_{\mathrm{i}} = \;\; y_{\mathrm{i}}''\cos\varpi\sin\varphi + x_{\mathrm{i}}''\sin\varpi\sin\varphi.
\end{cases}$$

Si l'on désigne par $\overline{x_{\mathrm{i}}},\ \overline{y_{\mathrm{i}}},\ \overline{x_{\mathrm{i}}''},\ \ldots$ les valeurs de $x_{\mathrm{i}},\ y_{\mathrm{i}},\ x_{\mathrm{i}}'',\ \ldots$ à l'entrée de la comète dans la sphère d'activité de la planète, et si l'on désigne par les mêmes lettres surmontées de deux traits les mêmes quantités à sa sortie, on aura évidemment

$$\overline{\overline{x_{\mathrm{i}}''}} = \overline{x_{\mathrm{i}}''}, \qquad \overline{\overline{y_{\mathrm{i}}''}} = -\,\overline{y_{\mathrm{i}}''},$$

$$\frac{\overline{\overline{dx_{\mathrm{i}}''}}}{dt} = -\,\frac{\overline{dx_{\mathrm{i}}''}}{dt}, \quad \frac{\overline{\overline{dy_{\mathrm{i}}''}}}{dt} = \frac{\overline{dy_{\mathrm{i}}''}}{dt}.$$

Au moyen de ces équations, on aura d'abord les valeurs de $\overline{\overline{x_{\mathrm{i}}''}},\ \overline{\overline{y_{\mathrm{i}}''}},$ $\dfrac{\overline{\overline{dx_{\mathrm{i}}''}}}{dt},\ \dfrac{\overline{\overline{dy_{\mathrm{i}}''}}}{dt}$ en fonction des valeurs de $x_{\mathrm{i}},\ y_{\mathrm{i}},\ z_{\mathrm{i}},\ \dfrac{dx_{\mathrm{i}}}{dt},\ \dfrac{dy_{\mathrm{i}}}{dt},\ \dfrac{dz_{\mathrm{i}}}{dt}$ à l'entrée dans la sphère d'activité, et l'on en conclura, par les équations (S) et leurs différentielles, les valeurs de $x_{\mathrm{i}},\ y_{\mathrm{i}},\ z_{\mathrm{i}},\ \dfrac{dx_{\mathrm{i}}}{dt},\ \dfrac{dy_{\mathrm{i}}}{dt},\ \dfrac{dz_{\mathrm{i}}}{dt}$ à la sortie, en fonction de leurs valeurs à l'entrée. En ajoutant ensuite à ces valeurs les valeurs de $x',\ y',\ z',\ \dfrac{dx'}{dt},\ \dfrac{dy'}{dt},\ \dfrac{dz'}{dt}$ correspondantes à la sortie, on aura les valeurs correspondantes de $x,\ y,\ z,\ \dfrac{dx}{dt},\ \dfrac{dy}{dt},\ \dfrac{dz}{dt},$ et par conséquent on aura, au moyen des formules des nᵒˢ **18** et **19** du Livre II, les nouveaux éléments de l'orbite de la comète. Pour avoir les valeurs de $x',\ y',\ z'$ et de leurs différentielles au sortir de la sphère d'activité, il faut connaitre le temps que la comète emploie à traverser cette sphère, et cela est facile par les formules du mouvement elliptique, exposées dans le Chapitre III du Livre II.

12. Dans le cas où les variations $\delta x,\ \delta y,\ \delta z$ sont très-petites, comme cela a eu lieu par rapport au mouvement de la comète de 1770 troublé par la Terre, il sera beaucoup plus simple de calculer les altérations des éléments de l'orbite par les formules du Chapitre précédent. Considérons la plus importante de ces variations, celle du moyen mouvement de la comète. On a, par ce qui précède,

$$dn = 3an\,d\mathrm{R} = 3anm'\,\frac{x'dx + y'dy + z'dz}{r'^3} - 3anm'\,\frac{(x'-x)dx + (y'-y)dy + (z'-z)dz}{f^3}.$$

Dans l'intervalle de temps pendant lequel l'action de la Terre est sensible, on peut considérer les mouvements de la planète et de la comète comme rectilignes. Soit donc

$$x = \mathrm{A} + \alpha t, \quad y = \mathrm{B} + 6t, \quad z = \mathrm{C} + \gamma t,$$
$$x' = \mathrm{A}' + \alpha't, \quad y' = \mathrm{B}' + 6't, \quad z' = \mathrm{C}' + \gamma't;$$

on aura, en n'ayant égard qu'au terme divisé par f^3, le seul qui puisse être sensible à cause de la petitesse de f,

$$dn = - \frac{3anm'(\mathrm{F} + \mathrm{H}t)dt}{(\mathrm{M} + 2\mathrm{N}t + \mathrm{L}t^2)^{\frac{3}{2}}},$$

équation dans laquelle on doit observer que l'on a

$$\mathrm{F} = (\mathrm{A}'-\mathrm{A})\alpha + (\mathrm{B}'-\mathrm{B})6 + (\mathrm{C}'-\mathrm{C})\gamma,$$
$$\mathrm{H} = (\alpha'-\alpha)\alpha + (6'-6)6 + (\gamma'-\gamma)\gamma,$$
$$\mathrm{M} = (\mathrm{A}'-\mathrm{A})^2 + (\mathrm{B}'-\mathrm{B})^2 + (\mathrm{C}'-\mathrm{C})^2,$$
$$\mathrm{N} = (\mathrm{A}'-\mathrm{A})(\alpha'-\alpha) + (\mathrm{B}'-\mathrm{B})(6'-6) + (\mathrm{C}'-\mathrm{C})(\gamma'-\gamma),$$
$$\mathrm{L} = (\alpha'-\alpha)^2 + (6'-6)^2 + (\gamma'-\gamma)^2.$$

On aura ainsi

$$\delta n = - 3m'an \int \frac{dt(\mathrm{F} + \mathrm{H}t)}{(\mathrm{M} + 2\mathrm{N}t + \mathrm{L}t^2)^{\frac{3}{2}}}.$$

L'intégrale doit être prise pour tout le temps durant lequel l'action de la planète sur la comète est sensible. Avant et après, la distance $\sqrt{\mathrm{M} + 2\mathrm{N}t + \mathrm{L}t^2}$ de la comète à la planète est considérable et rend

insensibles les éléments de l'intégrale précédente, en sorte qu'elle peut
être prise depuis $t = -\infty$ jusqu'à $t = \infty$, ce qui donne

$$\delta n = \frac{G m' n a (FL - HN)}{(N^2 - ML)\sqrt{L}}.$$

Si l'on nomme f' la plus courte distance de la comète à la planète, on
aura

$$f'^2 L = ML - N^2,$$

partant

$$\delta n = \frac{G m' n a (HN - FL)}{f'^2 L \sqrt{L}}.$$

On peut observer ici que $\sqrt{L}$ est la vitesse relative de la comète.

13. Appliquons ces divers résultats au mouvement de la première
comète de 1770, troublé par l'action de la Terre et de Jupiter. Les
astronomes ont fait un grand nombre de tentatives infructueuses pour
assujettir son mouvement observé aux lois du mouvement parabolique.
Enfin Lexell a reconnu qu'elle décrivait une ellipse dans laquelle la
durée de la révolution n'était pas de cinq ans et deux tiers; il a représenté par ce moyen toutes les observations de la comète. Un résultat
aussi singulier ne devait être admis qu'après les preuves les plus incon-
testables, et, pour les acquérir, l'Institut National a proposé pour sujet
d'un prix la théorie de cette comète, fondée sur une nouvelle discussion des observations et des positions des étoiles auxquelles cet astre
a été comparé. C'est ce que Burckhardt a fait avec le plus grand soin
dans sa pièce, qui a remporté le prix, et ses recherches l'ont conduit à
très-peu près au résultat de Lexell, sur lequel il ne doit maintenant
rester aucun doute. Une comète dont la révolution est aussi prompte
devrait souvent reparaître; cependant elle n'a point été observée avant
1770; on ne l'a point revue depuis. Pour expliquer ce phénomène,
Lexell a remarqué qu'en 1767 et 1779 cette comète a fort approché de
Jupiter, dont la grande action a pu changer la distance périhélie de la
comète de manière à la rendre visible en 1770, d'invisible qu'elle était
auparavant; et à la rendre ensuite invisible depuis 1779. Mais, pour

admettre cette explication, il faut être assuré que les mêmes éléments
de l'orbite de la comète en 1770, qui satisfont à la première condition,
remplissent également la seconde, ou du moins qu'il suffit de supposer
dans ces éléments des altérations très-légères, comprises dans les
limites de celles que l'attraction des planètes a pu produire dans l'intervalle de 1767 à 1779. Burckhardt a bien voulu, à ma prière, appliquer à cet objet les formules précédentes, pour calculer l'effet de
l'action de Jupiter sur la comète en 1767; il a supposé à son orbite,
au moment de sa sortie de la sphère d'activité de Jupiter, les éléments
suivants :

Temps du passage au périhélie en 1770............ $14^{\text{août}},0348,$

le jour commençant à minuit.

Lieu du nœud ascendant sur l'écliptique en 1770.... $146°,5327$
Inclinaison de l'orbite............................ $1°,7377$
Lieu du périhélie en 1770......................... $395°,8525$
Rapport de l'excentricité au demi-grand axe........ $0°,785604$
Durée de la révolution sidérale.................... $2050^{j},095$

Il a fixé ensuite la sortie de la comète de la sphère d'attraction de
Jupiter au 9 mai 1767 à midi. En partant de ces données, et prenant
pour axe des x le rayon vecteur de Jupiter à cette époque, pour unité
de distance la moyenne distance de la Terre au Soleil, et un jour pour
l'élément dt du temps, il a trouvé, à la sortie de la sphère d'activité,

$$x_1 = 0,086953, \quad y_1 = -0,2144740, \quad z_1 = -0,0271989,$$
$$dx_1 = -0,001286, \quad dy_1 = 0,0036553, \quad dz_1 = -0,0000421.$$

Ces résultats ont donné les éléments suivants de l'orbite relative de
la comète autour de Jupiter :

Nœud ascendant sur l'orbite de Jupiter............ $313°,6573$
Inclinaison....................................... $77°,7185$
Demi-grand axe.................................... $-0,0220462$
Rapport de l'excentricité au demi-grand axe........ $1,86220$
Lieu du périjove.................................. $248°,6321$
Entrée dans la sphère d'attraction de Jupiter........ $18^{\text{janv}},358.$

De là on a conclu les valeurs de x_i, y_i, z_i, x, y, z et de leurs différences à l'entrée dans la sphère d'attraction, et l'on a trouvé

$$x_i = - 0,106206, \qquad y_i = 0,101175, \qquad z_i = - 0,181074,$$
$$dx_i = - 0,00169912, \quad dy_i = 0,00122295, \quad dz_i = - 0.00326065,$$

ce qui donne, à l'entrée,

$$x = \quad 5,263124, \qquad y = - 0,696215, \qquad z = - 0,181074,$$
$$dx = - 0,002949, \quad dy = - 0,008356, \quad dz = - 0,00326065.$$

Au moyen de ces valeurs, on a déterminé l'ellipse que décrivait la comète avant son entrée dans la sphère d'attraction, et l'on a trouvé son demi-grand axe égal à 13,293, et le rapport de l'excentricité au demi-grand axe égal à 0,61772. La distance périhélie est ainsi 5,0826. A cette distance la comète est invisible pour nous, et elle a disparu longtemps avant que de l'atteindre.

Pour déterminer l'effet de l'action de Jupiter sur la comète en 1779, Burckhardt a supposé à son orbite, au moment de son entrée dans la sphère d'attraction, les éléments suivants :

Temps du passage au périhélie en 1770............	$14^{août},0261$
Lieu du nœud ascendant sur l'écliptique en 1770....	$146°,5742$
Inclinaison à l'écliptique......................	$1°,7503$
Lieu du périhélie en 1770.....................	$395°,8367$
Rapport de l'excentricité au demi-grand axe........	$0,785474$
Durée de la révolution sidérale.................	$2042^{i},682$

Ces éléments diffèrent très-peu des précédents; leurs différences sont dans les limites des variations qui peuvent être dues à l'attraction des planètes, et l'action seule de la Terre a suffi pour en produire une partie considérable. On a supposé l'entrée de la comète dans la sphère d'activité de Jupiter le 20 juin 1779 à midi, et, en prenant pour axe des x le rayon vecteur de Jupiter à cette époque, on a trouvé

$$x_i = \quad 0,066007, \qquad y_i = \quad 0,227497, \qquad z_i = - 0,0095839,$$
$$dx_i = - 0,001319, \quad dy_i = - 0,00375765, \quad dz_i = \quad 0,00004690.$$

Ces valeurs ont donné les éléments suivants de l'orbite relative de la comète autour de Jupiter :

Nœud ascendant sur l'orbite de Jupiter............ 76°,9126
Inclinaison .... 30°,6056
Demi-grand axe............................ — 0,0205086
Rapport de l'excentricité au demi-grand axe....... 1,26586
Lieu du périjove............................ 36°,3407
Sortie de la sphère d'activité de Jupiter........... 3^{oct},9320

De là on a conclu les valeurs suivantes de x, y, z et de leurs différentielles au moment de la sortie :

$$x = 5,617747, \qquad y = 0,729731, \qquad z = 0,1072202,$$
$$dx = 0,00266133, \quad dy = 0,00692084, \quad dz = 0,00177469.$$

Au moyen de ces valeurs, on a déterminé l'ellipse que la comète a décrite autour du Soleil au sortir de la sphère d'activité de Jupiter, et l'on a trouvé son demi-grand axe égal à 6,388 et le rapport de l'excentricité au demi-grand axe égal à 0,47797, ce qui donne la distance périhélie égale à 3,3346. Avec une pareille distance périhélie, la comète sera toujours invisible. On voit donc que l'attraction de Jupiter a pu rendre cet astre visible en 1770, d'invisible qu'il était auparavant, et le rendre ensuite invisible depuis 1779, et l'on conçoit qu'une infinité d'autres variations dans les éléments, que l'action des planètes a pu produire, donnent des résultats semblables. Il me parait donc que c'est à l'action de Jupiter qu'il faut attribuer le double phénomène que nous nous sommes proposé d'expliquer.

De toutes les comètes que nous connaissons, cette comète est celle qui a le plus approché de la Terre; elle a dû en éprouver une action sensible. Déterminons par les formules du numéro précédent l'altération que cette action a produite dans la durée de sa révolution sidérale. En adoptant les derniers éléments que nous avons donnés de cette comète, en fixant l'origine du temps t au 2^{juillet},0567, ce qui est à peu près le moment de la plus grande proximité de la comète à la Terre, enfin en prenant un jour pour unité de temps, on a, en

228

prenant pour l'axe des x le rayon vecteur de la Terre à l'origine du temps t,

$$A' = 0, \qquad B' = 0, \qquad C' = 0,$$
$$A = 0,0048900, \quad B = 0,0031249, \quad C = 0,0146097,$$
$$x' = 0,000150, \quad \delta' = 0,0169135, \quad \gamma' = 0,$$
$$x = 0,012153, \quad \delta = 0,0186114, \quad \gamma = -0,006110.$$

Ces valeurs donnent

$$F = -0,00002832\,1, \quad H = -0,000214805, \quad L = 0,000184287,$$
$$M = 0,000247121, \quad N = -0,000025265,$$

d'où l'on tire

$$\frac{\delta n}{n} = 104,791 . m'a.$$

Le demi-grand axe a' de l'orbe terrestre étant pris pour unité, on a $\frac{a}{a'} = a$; de plus, $\frac{n^2}{n'^2} = \frac{a'^3}{a^3}$; on aura donc

$$\frac{\delta n}{n} = 104,791 . m' \frac{n'^{\frac{2}{3}}}{n^{\frac{2}{3}}}.$$

Si l'on nomme T la durée de la révolution de la comète et δT sa variation correspondante à δn, on aura

$$n\mathrm{T} = 400^\circ = (n + \delta n)(\mathrm{T} + \delta\mathrm{T}),$$

d'où l'on tire

$$\frac{\delta n}{n} = -\frac{\delta\mathrm{T}}{\mathrm{T}}.$$

En nommant T' la durée de l'année sidérale, on a

$$\frac{n}{n'} = \frac{\mathrm{T}'}{\mathrm{T}},$$

partant

$$\delta\mathrm{T} = -104,791 . m' \left(\frac{\mathrm{T}}{\mathrm{T}'}\right)^{\frac{2}{3}} \mathrm{T}.$$

En supposant, comme dans le Livre VI,

$$m' = \frac{1}{329630},$$

et faisant $T = 2042^{j},682$, on trouve

$$\delta T = -2^{j},046;$$

c'est la quantité dont l'action de la Terre a diminué la durée de la révolution de la comète.

CHAPITRE III.

DE L'ACTION DES COMÈTES SUR LES PLANÈTES ET DE LEURS MASSES.

Les comètes éprouvant, par l'action des planètes, de grandes perturbations, elles doivent réagir sur ces corps et troubler leurs mouvements. On peut déterminer, par les formules des deux Chapitres précédents, les altérations des éléments des orbes planétaires dues à l'action des comètes. Heureusement cette action est insensible, et l'attraction mutuelle des planètes suffit jusqu'à présent pour expliquer toutes les inégalités du mouvement des planètes et de leurs satellites. Les observations sont représentées par ce moyen avec une telle précision, que l'on ne peut se refuser à reconnaître que les masses des comètes sont d'une petitesse excessive. De toutes les comètes observées, celle qui paraît avoir le plus approché de la Terre est la première comète de 1770. On a vu, dans le Chapitre précédent, que l'action de la Terre sur elle a diminué de $2^j,046$ sa révolution sidérale; or on a, par le n° 65 du Livre II,

$$\delta n' = - \frac{m \sqrt{a}}{m' \sqrt{a'}} \delta n,$$

et par conséquent

$$\frac{\delta n'}{n'} = - \frac{m \sqrt{a}}{m' \sqrt{a'}} \frac{n}{n'} \frac{\delta n}{n}.$$

En substituant $\dfrac{n'^{\frac{1}{3}}}{n^{\frac{1}{3}}}$ pour $\sqrt{\dfrac{a}{a'}}$, et pour $\dfrac{\delta n}{n}$ sa valeur trouvée dans le numéro précédent, $104,791.m'\dfrac{n'^{\frac{2}{3}}}{n^{\frac{2}{3}}}$, on aura

$$\frac{\delta n'}{n'} = -104,791.m,$$

d'où l'on tire

$$\delta T' = 104,791.mT'.$$

Si l'on suppose la masse m de la comète égale à la masse m' de la Terre, on trouve, pour l'augmentation $\delta T'$ de l'année sidérale,

$$\delta T' = 0^j,11612.$$

Nous sommes bien certains, par toutes les observations et surtout par les nombreuses comparaisons des observations de Maskelyne que Delambre vient de faire pour construire ses Tables du Soleil, que la comète de 1770 n'a pas altéré de $2'',8$ l'année sidérale; ainsi nous pouvons être sûrs que sa masse n'est pas $\frac{1}{5000}$ de celle de la Terre.

Il résulte des calculs du Chapitre précédent que cette comète a traversé le système entier des satellites de Jupiter, et cependant elle ne paraît pas y avoir causé la plus légère altération.

Non-seulement les comètes ne troublent point sensiblement par leurs attractions les mouvements des planètes et des satellites, mais, si dans l'immensité des siècles écoulés quelques-unes d'elles ont rencontré ces corps, comme cela est très-vraisemblable, il ne paraît pas que leur choc ait eu sur ces mouvements une grande influence. Il est difficile de ne pas admettre que les orbes des planètes et des satellites ont été presque circulaires dès leur origine, et que leur petite ellipticité ainsi que la commune direction des mouvements d'occident en orient dépendent des circonstances primitives du système planétaire. L'action des comètes et leur choc n'ont point changé ces phénomènes, et cependant, si l'une de celles qui ont rencontré la Lune ou un satellite de Jupiter eût eu une masse égale à celle de la Lune, il n'est pas douteux qu'elle eût pu rendre leurs orbes très-excentriques. L'Astronomie nous offre encore deux autres phénomènes très-remarquables qui paraissent dater de l'origine du système planétaire et qu'un choc assez peu considérable aurait fait disparaître : je veux parler de l'égalité des mouvements de révolution et de rotation de la Lune et de la libration des trois premiers satellites de Jupiter. Il est aisé de voir, par les formules exposées dans le Livre V et dans le précédent, que le choc d'une comète dont la masse ne serait qu'un millième de celle de la Lune suffirait pour donner des valeurs très-sensibles à la libration réelle de la Lune et à celle des satellites. Nous devons donc être rassurés sur l'influence des comètes, et les astronomes n'ont aucune raison de craindre qu'elle puisse nuire à l'exactitude des Tables astronomiques.

LIVRE X.

Dans le plan que j'ai donné de cet Ouvrage, j'ai annoncé l'examen de diverses questions qui ont rapport au Système du monde. Ce Livre est destiné à remplir cet objet, après lequel il ne me restera plus qu'à présenter, dans une Notice historique, l'enchaînement des découvertes qui ont élevé la Physique céleste à la hauteur où elle est maintenant parvenue.

CHAPITRE PREMIER.

DES RÉFRACTIONS ASTRONOMIQUES.

1. Le mouvement de la lumière dans les milieux qu'elle traverse, et surtout dans notre atmosphère, est un des points les plus importants de l'Astronomie, soit par sa théorie, soit par son influence dans toutes les observations astronomiques. Nous n'apercevons les astres qu'à travers un milieu transparent qui, en infléchissant leurs rayons, change leur position apparente et nous les montre dans un lieu différent de celui qu'ils occupent ; il importe donc de connaître les lois de cette inflexion pour avoir la situation réelle de ces corps.

Équation différentielle du mouvement de la lumière.

Considérons la trajectoire décrite par un rayon de lumière qui traverse l'atmosphère, et supposons toutes les couches de l'atmosphère sphériques et de densités variables suivant une fonction de leur hauteur. Concevons encore que le rayon parte de l'œil de l'observateur pour retourner à l'astre. Il décrira visiblement la même courbe qu'il a décrite en venant de l'astre à l'observateur. Nommons r le rayon mené du centre de la Terre à un point quelconque de cette trajectoire, v l'angle que ce rayon forme avec la verticale de l'observateur ou avec le rayon mené du centre de la Terre, supposée sphérique, à l'observateur. Il est visible que la force qui écarte le rayon de lumière de sa direction est dirigée vers le centre de la couche ou de la Terre, puisqu'il n'y a pas de raison pour qu'elle s'en éloigne d'un côté plutôt que de l'autre. Nommons φ cette force, que nous considérerons comme une fonction de r. L'équation (3) du n° 2 du Livre II donnera

$$(1) \qquad dv = -\frac{c\,dr}{r^2\sqrt{q^2 - \dfrac{c^2}{r^2} - 2\int\varphi\,dr}},$$

q^2 étant une constante ajoutée à l'intégrale $2\int\varphi\,dr$. De plus, si l'on nomme dt l'élément du temps, on a, par le même numéro,

$$r^2\,dv = c\,dt.$$

Soient θ l'angle que la tangente à la courbe fait avec la verticale de l'observateur, et v' l'angle que cette même tangente fait avec le rayon r; on aura

$$v + v' = \theta,$$

$$\tan v' = \frac{r\,dv}{dr} = \frac{c}{r\sqrt{q^2 - \dfrac{c^2}{r^2} - 2\int\varphi\,dr}},$$

d'où il est facile de conclure

$$(2) \qquad d\theta = \frac{\dfrac{c}{r}\varphi\,dr}{(q^2 - 2\int\varphi\,dr)\sqrt{q^2 - \dfrac{c^2}{r^2} - 2\int\varphi\,dr}}.$$

L'angle θ à l'origine de la courbe est le complément de la hauteur apparente de l'astre. A l'autre extrémité, il exprime le complément de sa hauteur vraie. A la rigueur, le complément de cette dernière hauteur est l'angle formé par la verticale de l'observateur et par une droite menée de l'astre à l'observateur. Mais, vu le peu de hauteur de l'atmosphère et la petitesse des réfractions astronomiques, cette droite peut être censée se confondre avec la tangente menée à la courbe décrite par le rayon de lumière, au point où il entre dans l'atmosphère : la différence est insensible, même pour la Lune. Il suit de là que l'intégrale de l'expression de $d\theta$, prise depuis l'origine de la courbe jusqu'à son autre extrémité, est la réfraction de l'astre. Mais, pour avoir cette intégrale, il faut déterminer les valeurs des constantes c et q et la fonction φ.

La constante c se déterminera facilement en observant que, si l'on nomme a le rayon mené du centre de la Terre à l'observateur et si l'on fait commencer l'intégrale $\int \varphi\, dr$ à l'origine de la courbe, enfin si l'on nomme θ la valeur de θ à ce même point, ou, ce qui revient au même, la distance apparente de l'astre au zénith, on a, par ce qui précède,

$$\operatorname{tang}\theta = -\frac{\dfrac{c}{a}}{\sqrt{q^2 - \dfrac{c^2}{a^2}}},$$

d'où l'on tire

$$\frac{c}{a} = q \sin\theta.$$

2. La valeur de q dépend de l'intégrale $\int \varphi\, dr$, et par conséquent de la nature de φ. Pour déterminer cette fonction, considérons un rayon de lumière qui doit pénétrer dans un corps transparent terminé par des surfaces planes. La molécule de lumière, avant son entrée dans le corps, est attirée perpendiculairement à la surface plane par laquelle elle doit y pénétrer. En effet, l'action du corps sur la lumière n'étant sensible qu'à de très-petites distances, les parties du corps un peu éloignées de la molécule de lumière n'ont point d'action sensible sur elle, et l'on peut, dans le calcul de l'action du corps, le considérer comme un solide infini terminé par une surface plane indéfinie dans

tous les sens. Dans cette hypothèse, il est visible que l'action du corps sur la molécule de lumière est perpendiculaire à sa surface.

Considérons d'abord cette molécule avant son entrée dans le corps. Soit s la distance de la molécule de lumière à une couche infiniment mince du corps, parallèle à sa surface. Soit $\rho\,ds\,\Pi(s)$ l'action que cette couche exerce sur la molécule, ρ étant la densité du corps et ds étant l'épaisseur de la couche. Si l'on nomme s' la valeur de s relative à la surface extérieure, il faudra, pour avoir l'action totale du corps sur la molécule de lumière, intégrer $\rho\,ds\,\Pi(s)$ depuis $s = s'$ jusqu'à $s = \infty$. Soit $\Pi_1(s')$ l'intégrale $\int ds\,\Pi(s)$ prise dans ces limites.

Maintenant, si l'on nomme x et s' les coordonnées orthogonales de la molécule de lumière, x étant parallèle à la surface du corps et dans le plan formé par la verticale à cette surface et par la direction du rayon lumineux, on aura

$$\frac{d^2 x}{dt^2} = 0,$$

$$\frac{d^2 s'}{dt^2} = -\rho\,\Pi_1(s'),$$

dt étant l'élément du temps, supposé constant. On a donc, en multipliant la première de ces équations par dx, la seconde par ds', et en intégrant leur somme,

$$\frac{dx^2 + ds'^2}{dt^2} = \text{const.} - 2\int\rho\,ds'\,\Pi_1(s').$$

Pour déterminer la constante, nommons K l'intégrale $\int ds'\,\Pi_1(s')$, prise depuis $s' = 0$ jusqu'à $s' = \infty$; nommons encore n la vitesse de la lumière à une distance sensible du corps. A cette distance, $\int ds'\,\Pi_1(s')$ est égal à K, parce que l'action du corps sur la lumière n'est sensible qu'à de très-petites distances ; on a donc

$$n^2 = \text{const.} - 2\rho\,\text{K},$$

et par conséquent

$$\text{const.} = n^2 + 2\rho\,\text{K},$$

d'où l'on tire

$$\frac{dx^2 + ds'^2}{dt^2} = n^2 + 2\rho K - 2\rho \int ds'\, \Pi_{\text{\i}}(s').$$

Ainsi, à l'entrée de la lumière dans le corps, où s' est nul et où l'intégrale commence, le carré de la vitesse de la lumière est $n^2 + 2\rho K$.

Pour avoir la valeur du carré de cette vitesse lorsque la lumière a pénétré dans le corps de la quantité s', nous observerons que, s' étant la distance de la molécule à la surface du corps, elle est attirée vers cette surface par une couche de l'épaisseur s'; mais cette attraction est détruite par l'attraction d'une couche inférieure de la même épaisseur, en sorte que la molécule n'est sollicitée à se mouvoir que par l'attraction des couches inférieures à celle-ci; elle est donc sollicitée de la même manière que lorsqu'elle était au dehors et à la distance s' de la surface du corps; ainsi l'attraction que le corps exerce sur elle est égale à $\rho \Pi_{\text{\i}}(s')$. Mais ici cette attraction tend à augmenter s'; en nommant donc x et s' les deux coordonnées de la molécule, on aura

$$\frac{d^2 x}{dt^2} = 0,$$

$$\frac{d^2 s'}{dt^2} = \rho \Pi_{\text{\i}}(s'),$$

d'où l'on tire

$$\frac{dx^2 + ds'^2}{dt^2} = \text{const.} + 2\rho \int ds'\, \Pi_{\text{\i}}(s').$$

La constante est évidemment le carré de la vitesse de la molécule au point où elle pénètre dans le corps, et nous venons de voir que ce carré est égal à $n^2 + 2\rho K$. Pour déterminer la valeur de l'intégrale $\int ds'\, \Pi_{\text{\i}}(s')$ lorsque la molécule a sensiblement pénétré dans le corps, on doit observer qu'elle est à très-peu près égale à cette valeur prise depuis $s' = 0$ jusqu'à $s' = \infty$, et par conséquent égale à K; on a donc, lorsque la molécule a sensiblement pénétré dans le corps,

$$\frac{dx^2 + ds'^2}{dt^2} = n^2 + 4\rho K.$$

Nommons θ l'angle d'incidence que la direction du rayon de lumière
fait avec la perpendiculaire à la surface avant son entrée dans le corps
et lorsqu'il en est encore sensiblement éloigné ; on aura

$$\sin\theta = \frac{dx}{n\,dt}.$$

Nommons θ' l'angle de réfraction que ce rayon forme avec la perpendiculaire à la surface lorsqu'il a pénétré sensiblement dans le corps ;
on aura

$$\sin\theta' = \frac{dx}{\sqrt{dx^2 + ds'^2}} = \frac{dx}{n\,dt\sqrt{1 + \frac{4\rho K}{n^2}}}.$$

Les valeurs de $\frac{dx}{dt}$ sont les mêmes dans ces deux cas, puisque l'on a
constamment $\frac{d^2x}{dt^2} = 0$; on a donc,

$$(a) \qquad\qquad \sin\theta' = \frac{\sin\theta}{\sqrt{1 + \frac{4\rho K}{n^2}}},$$

c'est-à-dire que le sinus d'incidence est au sinus de réfraction en raison
constante, et cette raison est celle de la vitesse de la lumière après
avoir sensiblement pénétré dans le corps à sa vitesse avant que d'y
pénétrer et lorsqu'elle en est encore à une distance sensible.

La quantité $4\rho K$ est l'accroissement du carré de la vitesse de la
lumière lorsqu'elle a éprouvé toute l'action du corps transparent.
Cette quantité n'est pas la même dans les divers corps diaphanes ; elle
ne suit pas la raison de leurs densités. Il est possible que la fonction
de la distance qui exprime leur action sur la lumière soit différente
pour chacun d'eux ; il se peut qu'elle soit la même et qu'elle ne diffère
dans les divers corps que par le produit de leur densité multipliée par
un coefficient constant différent suivant leur nature. Dans ces deux
suppositions, l'action totale des corps sur la lumière sera la même, et,
comme dans le calcul on n'a besoin que du résultat total de cette action,

on peut employer la seconde supposition, comme la plus simple. Le coefficient constant dont je viens de parler peut représenter l'intensité respective de l'action des corps sur la lumière ou leur pouvoir réfringent. Ce coefficient est proportionnel à $\dfrac{4\mathrm{K}}{n^2}$; ainsi l'on peut représenter par cette dernière quantité le pouvoir réfringent des corps. Si l'on nomme i le rapport du sinus d'incidence au sinus de réfraction, on aura, par ce qui précède,

$$\frac{4\mathrm{K}}{n^2} = \frac{i^2 - 1}{\rho};$$

on aura donc, par cette formule, les rapports des pouvoirs réfringents des diverses substances de la nature.

Les rayons de diverses couleurs étant différemment réfrangibles, il faut ou que leurs vitesses ne soient pas les mêmes, ou que l'intensité de l'action des corps soit différente sur chacun de ces rayons. La différence des vitesses ne peut pas expliquer seule tous les phénomènes de la réfrangibilité des rayons; car alors la différence des réfractions des rayons extrêmes, c'est-à-dire la dispersion de la lumière, serait la même pour tous les corps qui réfracteraient également les rayons moyens, ce qui est contraire à l'expérience.

Considérons présentement le rayon en mouvement dans l'intérieur du corps et lorsqu'il est sur le point d'en sortir par une surface plane inclinée de l'angle ε à la surface d'entrée. Soit s' sa distance à cette surface, et nommons x l'abscisse parallèle à la même surface; on aura

$$\frac{d^2 x}{dt^2} = 0,$$

$$\frac{d^2 s'}{dt^2} = \rho\, \Pi_1(s'),$$

d'où l'on tire

$$\frac{ds'^2}{dt^2} = \text{const.} + 2\rho \int ds'\, \Pi_1(s'),$$

l'intégrale étant prise depuis $s' = 0$. Lorsque s' a une valeur sensible, cette intégrale est égale à $2K\rho$, et l'on a

$$\frac{dx}{dt} = n\sqrt{1 + \frac{4K}{n^2}\rho} \cdot \sin(\theta' + \varepsilon),$$

$$\frac{ds'}{dt} = n\sqrt{1 + \frac{4K}{n^2}\rho} \cdot \cos(\theta' + \varepsilon),$$

partant

$$\text{const.} = n^2\left(1 + \frac{4K}{n^2}\rho\right)\cos^2(\theta' + \varepsilon) - 2K\rho,$$

ce qui donne

$$\frac{ds'^2}{dt^2} = n^2\left(1 + \frac{4K}{n^2}\rho\right)\cos^2(\theta' + \varepsilon) - 2K\rho + 2\rho\int ds' \, \Pi_1(s').$$

Cette valeur de $\frac{ds'^2}{dt^2}$ deviendra nulle avant que le rayon ait atteint la surface de sortie, toutes les fois que $\left(1 + \frac{4K}{n^2}\rho\right)\cos^2(\theta' + \varepsilon)$ sera moindre que $\frac{2K}{n^2}\rho$. Dans ce cas, il est visible que la valeur de $\frac{dx}{dt}$ restera toujours la même et que le rayon décrira, en s'éloignant de la surface de sortie, une branche de courbe entièrement semblable à celle qu'il décrit en s'en approchant, le sommet de la courbe entière étant au point où $\frac{ds'}{dt}$ est nul. L'action des corps sur la lumière n'étant sensible qu'à de très-petites distances, la partie sensiblement courbe de cette trajectoire peut être regardée comme un point, et les deux branches de la courbe comme deux droites qui se réunissent à ce point, en sorte que le rayon parait se réfléchir de la surface de sortie, en formant l'angle de réflexion égal à l'angle d'incidence. La limite de cette réflexion a lieu lorsque le sinus de l'angle d'incidence $\theta' + \varepsilon$ sur la surface de sortie est égal à

$$\sqrt{\frac{1 + \frac{2K}{n^2}\rho}{1 + \frac{4K}{n^2}\rho}},$$

et cette réflexion a toujours lieu lorsque le sinus de l'angle d'incidence surpasse cette quantité; mais, lorsqu'il est plus petit, le rayon sort du corps, et il est facile de voir qu'à la distance s' de la surface de sortie on a

$$\frac{ds'^2}{dt^2} = n^2\left(1 + \frac{4\,\mathrm{K}}{n^2}\rho\right)\cos^2(\theta' + \varepsilon) - 2\,\mathrm{K}\rho - 2\rho\int ds'\,\Pi_1(s'),$$

l'intégrale étant prise depuis $s' = 0$. A une distance sensible s', on a $\int ds'\,\Pi_1(s') = \mathrm{K}$, partant

$$\frac{ds'^2}{dt^2} = n^2\left(1 + \frac{4\,\mathrm{K}}{n^2}\rho\right)\cos^2(\theta' + \varepsilon) - 4\,\mathrm{K}\rho;$$

$\dfrac{ds'^2}{dt^2}$ deviendra donc nul toutes les fois que l'on aura

$$\sin(\theta' + \varepsilon) > \frac{1}{\sqrt{1 + \dfrac{4\,\mathrm{K}}{n^2}\rho}}.$$

Dans ce cas, le rayon paraîtra encore se réfléchir de la surface, en formant l'angle de réflexion égal à l'angle d'incidence. Ainsi, depuis

$$\sin(\theta' + \varepsilon) = \frac{1}{\sqrt{1 + \dfrac{4\,\mathrm{K}}{n^2}\rho}} \text{ jusqu'à } \sin(\theta' + \varepsilon) = \frac{\sqrt{1 + \dfrac{2\,\mathrm{K}}{n^2}\rho}}{\sqrt{1 + \dfrac{4\,\mathrm{K}}{n^2}\rho}}, \text{ le rayon pa-}$$

raîtra encore se réfléchir de la surface, mais après être sorti du corps diaphane; et, depuis $\sin(\theta' + \varepsilon) = \dfrac{\sqrt{1 + \dfrac{2\,\mathrm{K}}{n^2}\rho}}{\sqrt{1 + \dfrac{4\,\mathrm{K}}{n^2}\rho}}$ jusqu'à $\sin(\theta' + \varepsilon) = 1$,

le rayon paraîtra se réfléchir de la surface, mais il ne l'atteindra pas.

Lorsque $\sin(\theta' + \varepsilon)$ est moindre que $\dfrac{1}{\sqrt{1 + \dfrac{4\,\mathrm{K}}{n^2}\rho}}$, le rayon sortira du

corps sans se réfléchir. On aura alors, à une distance sensible du corps,

$$\frac{dx^2}{dt^2} = n^2\left(1 + \frac{4\,\mathrm{K}}{n^2}\rho\right)\sin^2(\theta' + \varepsilon),$$

$$\frac{ds'^2}{dt^2} = n^2\left(1 + \frac{4\,\mathrm{K}}{n^2}\rho\right)\cos^2(\theta' + \varepsilon) - 4\,\mathrm{K}\rho,$$

ce qui donne le carré de la vitesse de la lumière égal à n^2, et par conséquent le même qu'avant l'entrée du rayon dans le corps. Après la sortie
et à une distance sensible, si l'on nomme θ'' l'angle que la direction
du rayon fait avec la perpendiculaire à la surface de sortie, on aura

$$\sin\theta'' = \frac{dr}{\sqrt{dx^2 + ds'^2}},$$

partant

$$\sin\theta'' = \sqrt{1 + \frac{4K}{n^2}\rho}.\sin(\theta' + \varepsilon).$$

Concevons la surface de sortie contiguë à la surface d'un second corps
opaque ou diaphane, et dont nous représenterons par $\rho' \Psi_i(s')$ l'action
sur la lumière à la distance s', ρ' étant sa densité; on aura, tant que le
rayon sera dans le premier corps,

$$\frac{d^2 s'}{dt^2} = \rho\, \Pi_i(s') - \rho'\, \Psi_i(s'),$$

ce qui donne

$$\frac{ds'^2}{dt^2} = n^2\left(1 + \frac{4K}{n^2}\rho\right)\cos^2(\theta' + \varepsilon) - 2K\rho + 2K'\rho' + 2\rho\!\int\!ds'\,\Pi_i(s') - 2\rho'\!\int\!ds'\,\Psi_i(s'),$$

K' étant l'intégrale $\int ds'\,\Psi_i(s')$ prise depuis $s' = 0$ jusqu'à $s' = \infty$. Dans
ce cas, le rayon paraît se réfléchir à la surface commune des deux
corps sans pénétrer dans le second, toutes les fois que le sinus d'inci-

dence $\sin(\theta' + \varepsilon)$ est égal ou plus grand que $\sqrt{\dfrac{1 + \dfrac{2K}{n^2}\rho + \dfrac{2K'}{n^2}\rho'}{1 + \dfrac{4K}{n^2}\rho}}$.

Si le rayon sort du premier corps et pénètre dans le second, il est
aisé de voir qu'à la distance s' de la surface on aura

$$\frac{ds'^2}{dt^2} = n^2\left(1 + \frac{4K}{n^2}\rho\right)\cos^2(\theta' + \varepsilon) - 2K\rho + 2K'\rho' - 2\rho\!\int\!ds'\,\Pi_i(s') + 2\rho'\!\int\!ds'\,\Psi_i(s').$$

À une distance sensible, on a

$$\frac{ds'^2}{dt^2} = n^2\left(1 + \frac{4K}{n^2}\rho\right)\cos^2(\theta' + \varepsilon) - 4K\rho + 4K'\rho';$$

le rayon se réfléchira donc toutes les fois que $\sin(\theta' + \varepsilon)$ sera

égal ou plus grand que $\sqrt{\dfrac{1 + \dfrac{4K'}{n^2}\rho'}{1 + \dfrac{4K}{n^2}\rho}}$, ce qui suppose $K'\rho'$ moindre

que $K\rho$. Lorsque $\sin(\theta' + \varepsilon)$ sera compris entre cette limite et celle-ci

$\sqrt{\dfrac{1 + \dfrac{2K}{n^2}\rho + \dfrac{2K'}{n^2}\rho'}{1 + \dfrac{4K}{n^2}\rho}}$, le rayon continuera de se réfléchir en péné-

trant dans le second corps. Lorsque $\sin(\theta' + \varepsilon)$ surpassera cette dernière
limite, le rayon continuera de se réfléchir, mais il cessera de pénétrer
dans le second corps. Si ce dernier corps, par sa nature, absorbe la
lumière, le rayon ne pourra être réfléchi que de cette seconde manière,
et alors l'observation de la limite à laquelle il cesse de se réfléchir
déterminera la valeur de $K'\rho'$, et par conséquent le pouvoir réfractif du
second corps. On pourra donc ainsi déterminer par l'expérience le
pouvoir réfractif des corps même opaques.

Lorsqu'un rayon de lumière traverse différents milieux terminés
par des surfaces planes et parallèles, il est facile de voir, par l'analyse
précédente : 1° que le carré de sa vitesse perpendiculaire à la surface
dans le premier milieu est augmenté d'une quantité Q dépendante de
l'action de ce milieu sur la lumière ; 2° que, après être sorti du premier
milieu et après avoir sensiblement pénétré dans le second, le carré de
cette vitesse s'accroît de la différence Q' — Q des actions du second et
du premier milieu, et ainsi de suite ; d'où il résulte que, pour un
nombre $i + 1$ de milieux, l'accroissement de ce carré est $Q^{(i)}$, et par
conséquent il est le même que si la lumière avait pénétré immédiatement dans le dernier milieu ; et, comme le carré de la vitesse horizontale
ou parallèle aux surfaces reste toujours le même, on voit que, dans ces
divers milieux, la vitesse de la lumière est la même que si elle eût
pénétré immédiatement dans chacun d'eux ; sa direction est parallèle à
celle qu'elle eût eue dans ce dernier cas.

En général, quels que soient les milieux par lesquels la lumière arrive dans un corps et quelle que soit l'inclinaison mutuelle de leurs surfaces, la vitesse de la lumière dans ce corps est toujours la même.

3. Nommons présentement ρ la densité d'une couche de l'atmosphère dont le rayon est r. Dans le calcul de l'action de cette couche sur la lumière, on peut la considérer comme étant plane, à cause du peu d'étendue de cette action et de la grandeur du rayon terrestre. La densité d'une couche inférieure de la quantité s est

$$\rho - s\frac{d\rho}{dr} + \frac{s^2}{1.2}\frac{d^2\rho}{dr^2} - \dots.$$

L'action de cette dernière couche sur un corpuscule placé à la distance r du centre de la Terre est

$$\Pi(s)\left(\rho - s\frac{d\rho}{dr} + \frac{s^2}{1.2}\frac{d^2\rho}{dr^2} - \dots\right).$$

L'action d'une couche supérieure de la quantité s sur le même corpuscule est

$$\Pi(s)\left(\rho + s\frac{d\rho}{dr} + \frac{s^2}{1.2}\frac{d^2\rho}{dr^2} + \dots\right).$$

La différence de ces actions est

$$-2\,\Pi(s)\left(s\frac{d\rho}{dr} + \frac{s^3}{1.2.3}\frac{d^3\rho}{dr^3} + \dots\right).$$

Il faut multiplier cette différence par ds et l'intégrer depuis $s = 0$ jusqu'à $s = \infty$ pour avoir la force totale avec laquelle l'atmosphère détourne le corps lumineux vers le centre de la Terre, ou la valeur de φ; or on a, par ce qui précède,

$$\Pi_1(s) = \int ds\,\Pi(s),$$

l'intégrale étant prise depuis $s = s$ jusqu'à $s = \infty$. En prenant donc l'intégrale depuis $s = 0$ jusqu'à $s = s$, on aura

$$\int ds\,\Pi(s) = \text{const.} - \Pi_1(s),$$

d'où il est aisé de conclure

$$\int s\, ds\, \Pi(s) = - s\, \Pi_1(s) + \int ds\, \Pi_1(s).$$

La fonction $s\,\Pi_1(s)$ est nulle lorsque $s = 0$; elle est encore nulle lorsque s est infini, car la fonction $\Pi_1(s)$ est alors infiniment petite et infiniment moindre que $\frac{1}{s}$, puisque l'action des corps sur la lumière est insensible à de très-petites distances. On a donc, en prenant l'intégrale depuis $s = 0$ jusqu'à $s = \infty$,

$$\int s\, ds\, \Pi(s) = \int ds\, \Pi_1(s) = K,$$

K étant ici la même chose que dans le n° 2. Les termes $\frac{1}{6}\int s^3 ds\, \Pi(s)$, $\frac{1}{120}\int s^5 ds\, \Pi(s)$, ... peuvent être négligés relativement à $\int s\, ds\, \Pi(s)$, à cause du peu d'étendue de l'action des corps sur la lumière. En effet, supposons, par exemple, que cette action soit représentée par Qc^{-is}, c étant le nombre dont le logarithme hyperbolique est l'unité, i étant un très-grand nombre, ce qui rend c^{-is} insensible à une très-petite distance. Les intégrales $\int s\, ds\, c^{-is}$, $\frac{1}{6}\int s^3 ds\, c^{-is}$, ... deviennent $\frac{1}{i^2}$, $\frac{1}{i^4}$, ..., d'où l'on voit que $\frac{1}{6}\int s^3 ds\, \Pi(s)$, $\frac{1}{120}\int s^5 ds\, \Pi(s)$, ... sont insensibles relativement à $\int s\, ds\, \Pi(s)$, et il est facile de voir que cela a lieu pour toute autre fonction qui rend l'action de la lumière insensible à de très-petites distances. Il suit de là que $\rho = - 2K\,\dfrac{d\rho}{dr}$, et par conséquent

$$\int \rho\, dr = 2K\,[(\rho) - \rho],$$

(ρ) étant la densité de la couche atmosphérique dont le rayon est a.

Lorsque r est infini, ρ est nul, et l'équation (1) du n° 1 donne

$$r^2\, dv = \frac{c\, dr}{\sqrt{q^2 - 4\,K(\rho)}}\cdot$$

Mais on a $r^2 dv = c\, dt$; d'ailleurs, r étant infini, on a $dr = n\, dt$; on a donc

$$\frac{n}{\sqrt{q^2 - 4\,K(\rho)}} = 1,$$

partant

$$q = n \sqrt{1 + \frac{4K}{n^2}(\rho)},$$

ce qui donne, par le n° 1, où l'on a vu que $\frac{c}{a} = q \sin\theta$,

$$\frac{c}{a} = n \sqrt{1 + \frac{4K}{n^2}(\rho)} \cdot \sin\theta,$$

et l'équation (2) du même numéro devient

$$(3) \qquad d\theta = - \frac{\frac{2K}{n^2} d\rho \sqrt{1 + \frac{4K}{n^2}(\rho)} \cdot a \sin\theta}{\left(1 + \frac{4K}{n^2}\rho\right) r \sqrt{1 + \frac{4K}{n^2}\rho - \left[1 + \frac{4K}{n^2}(\rho)\right]\frac{a^2}{r^2}\sin^2\theta}}.$$

Cette équation suppose que les forces réfractives des couches de l'atmosphère sont proportionnelles aux densités de ces couches; c'est ce qui résulte des expériences de Hawksbee. Cependant il est possible que cela ne soit pas rigoureusement exact, et il serait utile de faire sur cet objet un plus grand nombre d'expériences. Mais, quel qu'en soit le résultat, on peut toujours employer l'équation précédente, en y supposant que ρ représente la force réfractive de la couche de l'atmosphère dont le rayon est r. Nous supposerons, dans la suite, que cette force est proportionnelle à la densité de la couche, ce qui s'éloigne très-peu de la vérité.

Intégration de l'équation différentielle du mouvement de la lumière.

1. Pour intégrer l'équation (3), il faudrait connaître ρ en fonction de r, c'est-à-dire la loi suivant laquelle la densité des couches de l'atmosphère diminue à mesure que l'on s'élève au-dessus du niveau des mers. Les deux limites de cette loi sont une densité constante et une densité décroissante en progression géométrique quand la hauteur croît en progression arithmétique, ce qui, comme on le verra dans la suite, suppose une température uniforme dans toute l'atmosphère. Considérons donc les réfractions dans ces deux cas extrêmes.

La supposition d'une densité constante revient à ne faire varier ρ

qu'infiniment près de la surface extérieure de l'atmosphère. Soit donc, à cette surface, $r = a + l$, et faisons

$$t^2 = \cfrac{1 + \dfrac{4\,K\rho}{n^2}}{\left[1 + \dfrac{4\,K\,(\rho)}{n^2}\right]\dfrac{a^2}{(a+l)^2}\sin^2\theta} - 1;$$

l'équation (3) du numéro précédent deviendra

$$d\vartheta = -\frac{dt}{1 + t^2},$$

ce qui donne, en intégrant,

$$\delta\vartheta = \text{arc tang}\,T - \text{arc tang}\,T',$$

et par conséquent

$$\text{tang}\,\delta\vartheta = \frac{T - T'}{1 + TT'},$$

où l'on doit observer que $\delta\vartheta$ exprime la réfraction ou ce qu'il faut ajouter à la valeur de θ pour avoir la distance de l'astre au zénith, dépouillée de la réfraction. On doit observer encore que, l'intégrale devant être prise depuis $\rho = (\rho)$ jusqu'à $\rho = 0$, T est la valeur de t à l'origine de la courbe, où $\rho = (\rho)$, et T' est sa valeur à la fin, où $\rho = 0$, ce qui donne

$$T^2 = \frac{(a+l)^2}{a^2\sin^2\theta} - 1, \quad T'^2 = \frac{(a+l)^2}{\left[1 + \dfrac{4\,K}{n^2}(\rho)\right]a^2\sin^2\theta} - 1.$$

Pour conclure de ces formules la réfraction horizontale, il faut y supposer $\sin\theta = 1$; il faut, de plus, connaître les valeurs de l et de $\dfrac{K}{n^2}(\rho)$. Au niveau de la mer, à la température de la glace fondante, et la hauteur du baromètre étant $0^m,76$, on a

$$l = 7974^m.$$

C'est la valeur qui résulte d'un grand nombre d'observations sur les hauteurs des montagnes, déterminées par le baromètre et comparées à

leurs hauteurs mesurées trigonométriquement. Un très-grand nombre
d'observations sur les réfractions a donné, à la même température et à
la même hauteur du baromètre,

$$\frac{2\mathrm{K}}{n^2}(\rho) = 0,00029404\mathrm{7}, \quad \text{ou} \quad \frac{\dfrac{2\mathrm{K}}{n^2}(\rho)}{1 + \dfrac{4\mathrm{K}}{n^2}(\rho)} = 0,00029387\mathrm{6};$$

on a ensuite

$$a = 6366198^{\mathrm{m}}.$$

Au moyen de ces valeurs, on trouve, pour la réfraction horizontale,

$$\delta\theta = 3979'',5.$$

Quoique les astronomes ne soient point d'accord entre eux sur la
valeur de cette réfraction, cependant ils la trouvent tous beaucoup plus
grande à cette pression et à cette température. Le milieu entre leurs
résultats donne

$$\delta\theta = 6500''.$$

Ainsi, l'hypothèse d'une densité uniforme est trop contraire aux observations sur la réfraction pour pouvoir être admise.

5. Considérons maintenant l'hypothèse d'une température uniforme.
Si l'on fait

$$\frac{a}{r} = 1 - s,$$

$$\alpha = \frac{\dfrac{2\mathrm{K}}{n^2}(\rho)}{1 + \dfrac{4\mathrm{K}}{n^2}(\rho)},$$

l'équation (3) du n° 3 devient

$$(4) \quad d\theta = - \frac{\alpha \dfrac{d\rho}{(\rho)}(1 - s)\sin\theta}{\left\{1 - 2\alpha\left[1 - \dfrac{\rho}{(\rho)}\right]\right\}\sqrt{\cos^2\theta - 2\alpha\left[1 - \dfrac{\rho}{(\rho)}\right] + (2s - s^2)\sin^2\theta}};$$

z étant très-petit, nous pouvons supposer, sans erreur sensible, le facteur $1 - 2\alpha\left[1 - \dfrac{\rho}{(\rho)}\right]$ égal à sa valeur moyenne comprise entre ses deux valeurs extrêmes 1 et $1 - 2\alpha$; nous le supposerons donc égal à $1 - \alpha$. La température de l'atmosphère étant supposée uniforme, si l'on nomme p la pression ou la force élastique de l'air correspondante à la densité ρ, et (p) la pression correspondante à (ρ), on aura, comme il résulte de l'expérience,

$$p = (p)\frac{\rho}{(\rho)}\cdot$$

Si l'on nomme encore g la pesanteur correspondante à r, et (g) celle qui correspond à a, on aura, à très-peu près,

$$g = (g)\frac{a^2}{r^2}\cdot$$

La diminution de la pression p, lorsque l'on s'élève de l'élément dr, est visiblement égale à la petite colonne d'air $\rho\,dr$, multipliée par sa pesanteur g; on a donc

$$dp = -(g)\frac{a^2}{r^2}\rho\,dr,$$

et par conséquent

$$(p)\frac{d\rho}{(\rho)} = (g)\,a\rho\,d\frac{a}{r},$$

d'où l'on tire, en intégrant,

$$\rho = (\rho)c^{\left(\frac{a}{r}-1\right)a\cdot\frac{(\rho)(g)}{(p)}},$$

c étant le nombre dont le logarithme hyperbolique est l'unité. Désignons par l la hauteur d'une colonne d'air de la densité (ρ) et qui, animée par la pesanteur (g), ferait équilibre à (p); on aura

$$(p) = (g)(\rho)l,$$

partant

$$\rho = (\rho)c^{-\frac{as}{l}};$$

l'équation (4) devient ainsi, en réduisant le radical en série par rapport aux puissances de s,

$$(5) \quad \left\{ d\vartheta = \frac{\dfrac{\alpha a}{l}\, ds.c^{-\frac{as}{l}}\sin\theta}{(1-\alpha)\left[\cos^2\theta - 2\alpha\left(1-c^{-\frac{as}{l}}\right)+2s\sin^2\theta\right]^{\frac{1}{2}}} - \frac{\alpha\dfrac{a}{l}s\,ds.c^{-\frac{as}{l}}\sin\theta\left[\cos^2\theta + \tfrac{3}{2}s\sin^2\theta - 2\alpha\left(1-c^{-\frac{as}{l}}\right)\right]}{(1-\alpha)\left[\cos^2\theta - 2\alpha\left(1-c^{-\frac{as}{l}}\right)+2s\sin^2\theta\right]^{\frac{3}{2}}} - \ldots \right.$$

Le premier terme de cette expression différentielle est beaucoup plus grand que les autres, qui sont presque insensibles; nous allons d'abord l'intégrer. Pour cela, nous ferons

$$s = s' + \alpha\,\frac{1-c^{-\frac{as}{l}}}{\sin^2\theta},$$

et nous aurons, par le n° 21 du Livre II,

$$c^{-\frac{as}{l}} = c^{-\frac{as'}{l}} - \frac{\alpha a}{l\sin^2\theta}\left(1-c^{-\frac{as'}{l}}\right)c^{-\frac{as'}{l}} - \frac{\alpha^2 a}{1.2.l\sin^4\theta}\,\frac{d\left[\left(1-c^{-\frac{as'}{l}}\right)^2 c^{-\frac{as'}{l}}\right]}{ds'} - \ldots$$

$$- \frac{\alpha^i a}{1.2.3\ldots i.l\sin^{2i}\theta}\,\frac{d^{i-1}\left[\left(1-c^{-\frac{as'}{l}}\right)^i c^{-\frac{as'}{l}}\right]}{ds'^{i-1}} - \ldots$$

Le terme dont il s'agit deviendra donc, en observant que $\frac{a}{l}\,ds.c^{-\frac{as}{l}}$ est égal à $-d.c^{-\frac{as}{l}}$,

$$\frac{\alpha\dfrac{a}{l}\sin\theta\,ds'}{(1-\alpha)(\cos^2\theta + 2s'\sin^2\theta)^{\frac{1}{2}}}\left\{ \begin{aligned} & c^{-\frac{as'}{l}} - \frac{\alpha}{\sin^2\theta}\,\frac{d\left[\left(c^{-\frac{as'}{l}}-1\right)c^{-\frac{as'}{l}}\right]}{ds'} \\ & + \frac{\alpha^2}{1.2\sin^4\theta}\,\frac{d^2\left[\left(c^{-\frac{as'}{l}}-1\right)^2 c^{-\frac{as'}{l}}\right]}{ds'^2} \\ & - \ldots\ldots\ldots\ldots\ldots\ldots\ldots\ldots\ldots\ldots \\ & \pm \frac{\alpha^i}{1.2.3\ldots i\sin^{2i}\theta}\,\frac{d^i\left[\left(c^{-\frac{as'}{l}}-1\right)^i c^{-\frac{as'}{l}}\right]}{ds'^i} \\ & \mp \ldots\ldots\ldots\ldots\ldots\ldots\ldots\ldots\ldots\ldots \end{aligned} \right\},$$

le signe supérieur ayant lieu si i est pair et l'inférieur si i est impair.

On a généralement

$$\pm \frac{\alpha^i}{1.2.3\ldots i \, \sin^{2i}\theta} \frac{d^i\left[\left(c^{-\frac{as'}{l}}-1\right)^i c^{-\frac{as'}{l}}\right]}{ds'^i}$$

$$= \frac{\left(\alpha \frac{a}{l}\right)^i}{1.2.3\ldots i \, \sin^{2i}\theta}\left[(i+1)^i c^{-(i+1)\frac{a}{l}s'} - ii^i c^{-i\frac{a}{l}s'} + \frac{i(i-1)}{1.2}(i-1)^i c^{-(i-1)\frac{a}{l}s'} - \ldots\right].$$

Il faut multiplier chacun des termes de ce développement par

$$\frac{\alpha \frac{a}{l} ds' \sin\theta}{(1-\alpha)\sqrt{\cos^2\theta + 2s'\sin^2\theta}},$$

et prendre ensuite les intégrales depuis $s' = 0$ jusqu'à $s' = 1 - \dfrac{\alpha\left(1 - c^{-\frac{a}{l}}\right)}{\sin^2\theta}$.

Mais comme, à cette dernière limite, $c^{-\frac{as'}{l}}$ est d'une petitesse excessive, parce que c surpasse 2, et que $\frac{a}{l}$ est un très-grand nombre et à peu près égal à 800, on voit que les intégrales peuvent, sans crainte d'aucune erreur appréciable, être prises depuis $s' = 0$ jusqu'à $s' = \infty$. Considérons, cela posé, la différentielle

$$\frac{\frac{a}{l} ds' c^{-\frac{ra}{l}s'}\sin\theta}{\sqrt{\cos^2\theta + 2s'\sin^2\theta}},$$

et faisons

$$\frac{1}{2}\frac{\cos^2\theta}{\sin^2\theta} + s' = \frac{l}{ar} t^2;$$

la différentielle précédente devient

$$\sqrt{\frac{2a}{lr}} dt . c^{\frac{ra}{2l}\frac{\cos^2\theta}{\sin^2\theta} - t^2}.$$

L'intégrale doit être prise depuis $t = \sqrt{\dfrac{ar}{2l}}\dfrac{\cos\theta}{\sin\theta}$ jusqu'à $t = \infty$; supposons que l'on ait, dans ces limites,

$$\int dt\, c^{-t^2} = c^{-\frac{ar}{2l}\frac{\cos^2\theta}{\sin^2\theta}} \Psi(r);$$

on aura, en n'ayant égard qu'au premier terme de $d\theta$,

$$\delta\theta = \frac{\alpha}{1-\alpha}\sqrt{\frac{2a}{l}}\left\{\begin{array}{l} \Psi(1) + \dfrac{\alpha\frac{a}{l}}{\sin^2\theta}\left[2^{\frac{1}{2}}\Psi(2) - \Psi(1)\right] \\[2ex] + \dfrac{\alpha^2\frac{a^2}{l^2}}{1.2.\sin^4\theta}\left[3^{\frac{3}{2}}\Psi(3) - 2.2^{\frac{3}{2}}\Psi(2) + \Psi(1)\right] \\[2ex] + \dfrac{\alpha^3\frac{a^3}{l^3}}{1.2.3.\sin^6\theta}\left[4^{\frac{5}{2}}\Psi(4) - 3.3^{\frac{5}{2}}\Psi(3) + 3.2^{\frac{5}{2}}\Psi(2) - \Psi(1)\right] \\[2ex] + \ldots\ldots\ldots\ldots\ldots\ldots\ldots\ldots\ldots\ldots\ldots\ldots\ldots \end{array}\right.$$

expression que l'on peut mettre encore sous cette forme :

$$\delta\theta = \frac{\alpha}{1-\alpha}\sqrt{\frac{2a}{l}}\left\{\begin{array}{l} e^{-\frac{2a}{l\sin^2\theta}}\Psi(1) + \dfrac{\alpha a}{l\sin^2\theta}\cdot 2^{\frac{1}{2}}\cdot e^{-\frac{2.2a}{l\sin^2\theta}}\Psi(2) \\[2ex] + \dfrac{\alpha^2 a^2}{1.2.l^2\sin^4\theta}\cdot 3^{\frac{3}{2}}\cdot e^{-\frac{3.2a}{l\sin^2\theta}}\Psi(3) \\[2ex] + \ldots\ldots\ldots\ldots\ldots\ldots\ldots\ldots\ldots\ldots\ldots \end{array}\right.$$

La difficulté se réduit à former $\Psi(r)$ ou à prendre l'intégrale $\int dt\, e^{-t}$ depuis $t = \sqrt{\frac{ar}{2l}}\,\frac{\cos\theta}{\sin\theta}$ jusqu'à $t = \infty$. Dans le cas de la réfraction horizontale, $\cos\theta = 0$ et $\sin\theta = 1$; $\Psi(r)$ est donc alors indépendant de r et égal à l'intégrale $\int dt\, e^{-t}$, prise depuis t nul jusqu'à t infini. Pour déterminer cette intégrale, considérons la double intégrale $\int\int ds\, dx\, e^{-s(1+x^2)}$, les intégrales étant prises depuis s nul jusqu'à s infini, et depuis x nul jusqu'à x infini. Intégrant d'abord par rapport à s, on aura

$$\int\int ds\, dx\, e^{-s(1+x^2)} = \int \frac{dx}{1+x^2}.$$

L'intégrale $\int \frac{dx}{1+x^2}$ est l'angle dont la tangente est x; cette intégrale, prise depuis x nul jusqu'à x infini, est l'angle droit ou $\frac{\pi}{2}$, π étant la demi-circonférence dont le rayon est l'unité; on a donc

$$\int\int ds\, dx\, e^{-s(1+x^2)} = \frac{\pi}{2}.$$

Prenons maintenant cette intégrale d'une autre manière et supposons $sx^2 = t^2$, ce qui donne $dx = \dfrac{dt}{\sqrt{s}}$, s étant supposé constant dans la différentiation; la double intégrale précédente deviendra donc:

$$\int\int \frac{ds}{\sqrt{s}} dt\, c^{-s-t^2} \quad \text{ou} \quad \int \frac{ds}{\sqrt{s}} c^{-s} \int dt\, c^{-t^2}.$$

Nommons K l'intégrale $\int dt\, c^{-t^2}$, prise depuis t nul jusqu'à t infini; la double intégrale précédente devient $K \int \dfrac{ds}{\sqrt{s}} c^{-s}$. Soit $s = t^2$, ce qui donne

$$\int \frac{ds}{\sqrt{s}} c^{-s} = 2 \int dt\, c^{-t^2} = 2K;$$

on aura

$$\int \frac{ds}{\sqrt{s}} c^{-s} \int dt\, c^{-t^2} = 2K^2 = \int\int ds\, dx\, c^{-s(1+x^2)} = \frac{\pi}{2},$$

partant,

$$\int dt\, c^{-t^2} = \tfrac{1}{2} \sqrt{\pi} = \Psi(r);$$

l'expression de la réfraction à l'horizon est donc

$$\frac{\alpha}{1-\alpha} \sqrt{\frac{1}{2}\frac{a\pi}{l}} \left\{ \begin{array}{l} 1 + \dfrac{\alpha a}{l}\left(2^{\frac{1}{2}}-1\right) \\[1.2em] + \dfrac{\alpha^2 a^2}{1.2.l^2}\left(3^{\frac{3}{2}}-2.2^{\frac{3}{2}}+1\right) \\[1.2em] + \dfrac{\alpha^3 a^3}{1.2.3.l^3}\left(4^{\frac{5}{2}}-3.3^{\frac{5}{2}}+3.2^{\frac{5}{2}}-1\right) \\[1.2em] + \ldots\ldots\ldots\ldots\ldots\ldots\ldots\ldots\ldots \end{array} \right\},$$

expression que l'on peut encore mettre sous cette forme :

$$\frac{\alpha}{1-\alpha} \sqrt{\frac{1}{2}\frac{a\pi}{l}} \left(c^{-\frac{\alpha a}{l}} + \frac{\alpha a}{l}.2^{\frac{1}{2}}.c^{-\frac{2\alpha a}{l}} + \frac{\alpha^2 a^2}{1.2.l^2}.3^{\frac{1}{2}}.c^{-\frac{3\alpha a}{l}} + \ldots \right).$$

Pour avoir la valeur de $\Psi(r)$ lorsque l'astre est peu élevé sur l'horizon, supposons

$$T^2 = \frac{ar}{2l}\frac{\cos^2\theta}{\sin^2\theta};$$

nous aurons, en prenant l'intégrale depuis $t = 0$ jusqu'à $t = T$,

$$\int dt\, c^{-t^2} = T - \frac{T^3}{3} + \frac{1}{1.2}\frac{T^5}{5} - \frac{1}{1.2.3}\frac{T^7}{7} + \cdots$$

Nous aurons encore

$$\int dt\, c^{-t^2} = c^{-T^2}\, T\left[1 + \frac{2T^2}{1.3} + \frac{(2T^2)^2}{1.3.5} + \frac{(2T^2)^3}{1.3.5.7} + \cdots\right].$$

Ces deux séries finissent par être convergentes, quel que soit T; la première est alternativement plus grande et plus petite que l'intégrale, suivant que l'on s'arrête à un terme positif ou à un terme négatif, en sorte que, si l'on ajoute à un nombre quelconque de ses termes la moitié du terme suivant, l'erreur sera moindre que cette moitié, ce qui donne un moyen simple pour juger du degré d'approximation. En retranchant ensuite la valeur de la série de $\frac{1}{2}\sqrt{\pi}$, on aura celle de l'intégrale $\int dt\, c^{-t^2}$ depuis $t = T$ jusqu'à t infini. Lorsque T est égal ou plus grand que 3, on aura la valeur de l'intégrale au moyen de la série

$$\int dt\, c^{-t^2} = \frac{c^{-T^2}}{2T}\left(1 - \frac{1}{2T^2} + \frac{1.3}{2^2.T^4} - \frac{1.3.5}{2^3.T^6} + \cdots\right),$$

série qui jouit encore de l'avantage d'être alternativement plus grande et plus petite que l'intégrale, qui est ici prise depuis $t = T$ jusqu'à t infini.

On peut donner à cette série la forme d'une fraction continue par la méthode suivante, qui peut servir dans d'autres circonstances, et au moyen de laquelle la série peut être mise sous une infinité de formes différentes.

Supposons

$$u = \frac{1}{1 - t}\left[1 - \frac{q}{(1 - t)^2} + \frac{1.3.q^2}{(1 - t)^4} - \frac{1.3.5.q^3}{(1 - t)^6} + \cdots\right];$$

nous aurons, comme il est facile de s'en assurer par la différentiation,

$$q\frac{du}{dt} + (1 - t)u = 1.$$

Considérons u comme fonction génératrice de la série

$$y_1 + y_2 t + y_3 t^2 + y_4 t^3 + \ldots;$$

l'équation différentielle précédente donnera, en n'y considérant que les coefficients de la puissance t^r,

$$(r+1)q y_{r+2} + y_{r+1} - y_r = 0,$$

et, dans le cas de $r = 0$, on a

$$q y_2 + y_1 = 1,$$

ce qui revient à faire $y_0 = 1$. Nous observerons ici que généralement la fonction génératrice u de y_r, dans toute équation linéaire aux différences finies dans laquelle les coefficients sont des fonctions rationnelles et entières de r, peut être déterminée, par la considération précédente, au moyen d'une équation différentielle infiniment petite du même ordre que la plus haute puissance de r dans ces coefficients.

Maintenant toute équation linéaire du second ordre aux différences finies peut être facilement réduite en fraction continue par la méthode dont nous avons fait usage dans le n° **10** du Livre IV. Considérons généralement l'équation

$$y_r = a_r y_{r+1} + b_r y_{r+2};$$

on aura

$$\frac{y_r}{y_{r+1}} = a_r + b_r \frac{y_{r+2}}{y_{r+1}},$$

et par conséquent

$$\frac{y_{r+1}}{y_r} = \cfrac{1}{a_r + b_r \dfrac{y_{r+2}}{y_{r+1}}},$$

ce qui donne

$$\frac{y_{r+2}}{y_{r+1}} = \cfrac{1}{a_{r+1} + b_{r+1} \dfrac{y_{r+3}}{y_{r+2}}},$$

et ainsi de suite; partant,

$$\frac{y_{r+1}}{y_r} = \cfrac{1}{a_r + \cfrac{b_r}{a_{r+1} + \cfrac{b_{r+1}}{a_{r+2} + \dots}}}$$

Si l'on fait $a_r = 1$ et $b_r = (r+1)q$, on aura l'équation différentielle précédente,

$$y_r = y_{r+1} + (r+1)q\, y_{r+2},$$

et alors

$$\frac{y_{r+1}}{y_r} = \cfrac{1}{1 + \cfrac{(r+1)q}{1 + \cfrac{(r+2)q}{1 + \cfrac{(r+3)q}{1 + \dots}}}}$$

Faisons $r = 0$; nous aurons, en observant que $y_0 = 1$,

$$y_1 = \cfrac{1}{1 + \cfrac{q}{1 + \cfrac{2q}{1 + \cfrac{3q}{1 + \cfrac{4q}{1 + \dots}}}}}$$

y_1 est le coefficient indépendant de t dans le développement de la série

$$\frac{1}{1-t}\left[1 - \frac{q}{(1-t)^2} + \frac{1.3.q^2}{(1-t)^4} - \dots \right],$$

et, par conséquent, on a

$$y_1 = 1 - q + 1.3.q^2 - 1.3.5.q^3 + \dots$$

En supposant donc

$$q = \frac{1}{2 T^2},$$

on aura

$$\int dt\, e^{-t} = \frac{e^{-T}}{2T} \cdot \cfrac{1}{1 + \cfrac{q}{1 + \cfrac{2q}{1 + \cfrac{3q}{1 + \cfrac{4q}{1 + \cdots}}}}}$$

l'intégrale étant prise depuis $t = T$ jusqu'à t infini. Sous cette forme, on peut employer son expression pour toutes les valeurs de T; mais, pour la simplicité du calcul, il convient de n'en faire usage que dans le cas où q est égal ou plus petit que $\frac{1}{4}$; dans les autres cas, les deux premières séries donneront plus facilement l'intégrale. Pour employer la fraction continue précédente, il faudra la réduire en fractions ordinaires, qui seront alternativement plus grandes et plus petites que l'intégrale. Les deux premières fractions sont $\frac{1}{1}$ et $\frac{1}{1+q}$. Les numérateurs des fractions suivantes sont tels, que le numérateur de la $i^{\text{ième}}$ fraction est égal au numérateur de la $(i-1)^{\text{ième}}$ fraction, plus au numérateur de la $(i-2)^{\text{ième}}$ fraction, multiplié par $(i-1)q$. Les dénominateurs se forment de la même manière. Ces fractions successives sont ainsi

$$\frac{1}{1},\quad \frac{1}{1+q},\quad \frac{1+2q}{1+3q},\quad \frac{1+5q}{1+6q+3q^2},\quad \frac{1+9q+8q^2}{1+10q+15q^2},\quad \ldots$$

Considérons maintenant le second terme de $d\theta$, donné par la formule (5), et voyons quelle est son influence. Elle est la plus grande dans le cas de la réfraction horizontale, et dans ce cas ce second terme devient

$$\frac{\alpha\dfrac{as}{l}\,ds\,.\,c^{-\frac{as}{l}}\left[\frac{3}{2}s - 2\alpha\left(1 - c^{-\frac{as}{l}}\right)\right]}{(1-\alpha)\left[2s - 2\alpha\left(1 - c^{-\frac{as}{l}}\right)\right]^{\frac{3}{2}}}.$$

La partie la plus sensible de cette intégrale correspond à s très-petit, parce qu'alors le dénominateur est fort petit. On peut donc, dans ce dénominateur et dans le facteur $\frac{3}{2}s - 2\alpha\left(1 - c^{-\frac{as}{l}}\right)$, développer $c^{-\frac{as}{l}}$ en

série et n'en considérer que les premiers termes. Si l'on s'en tient aux
deux premiers, ce que l'on peut faire ici sans erreur sensible, on aura

$$- \frac{\alpha \frac{a}{l} \, ds \sqrt{s} \, e^{-\frac{\alpha s}{l}} \left(3 - 4 \alpha \frac{a}{l} \right)}{2^{\frac{3}{2}} (1 - \alpha) \left(1 - \alpha \frac{a}{l} \right)^{\frac{1}{2}}}.$$

En l'intégrant depuis s nul jusqu'à s infini, on aura

$$- \frac{\alpha \left(3 - 4 \alpha \frac{a}{l} \right) \sqrt{\frac{\pi l}{2 a}}}{8 (1 - \alpha) \left(1 - \alpha \frac{a}{l} \right)^{\frac{3}{2}}},$$

quantité qui ne s'élève qu'à trois ou quatre secondes et qui, par conséquent, est insensible à l'horizon, où la réfraction éprouve de grandes
variations. On peut donc, dans tous les cas, négliger le second terme
de la formule (5) et s'en tenir au premier.

Si l'on fait usage des valeurs de $\frac{2\mathrm{K}}{n^2}$ (ρ), l et a données dans le n° 5,
on trouve que, dans l'hypothèse que nous considérons, à zéro de tem-
pérature et à la hauteur $0^{\mathrm{m}},76$ du baromètre, la réfraction horizontale
est égale à $7390'',71$. Cette réfraction surpasse de près de 900 secondes
celle que l'on observe, ce qui prouve l'erreur de l'hypothèse d'une température uniforme dans toute l'étendue de l'atmosphère. On sait, en
effet, que cette température diminue à mesure que l'on s'élève, et,
comme l'air se condense par le froid, il en résulte que la différence de
la densité d'une couche de l'atmosphère à la densité de la couche immédiatement supérieure est par là diminuée. La limite de cette diminution est celle d'une différence nulle ou d'une densité constante, et l'on
a vu, dans le n° 4, que dans ce cas la réfraction horizontale est trop
petite; la constitution de l'atmosphère et les réfractions sont donc
entre les deux limites que donnent les hypothèses que nous venons de
considérer, mais on peut obtenir deux limites plus rapprochées de
cette manière.

6. L'équation différentielle (3) du n° 3 s'intègre rigoureusement, en y supposant

$$\frac{a}{r} = \left[\frac{1 + \frac{4K}{n^2}\rho}{1 + \frac{4K}{n^2}(\rho)} \right]^m.$$

Si l'on fait alors

$$\left[\frac{1 + \frac{4K}{n^2}\rho}{1 + \frac{4K}{n^2}(\rho)} \right]^{m-\frac{1}{2}} \sin\theta = z,$$

elle devient

$$d\theta = \frac{-dz}{(2m-1)\sqrt{1-z^2}},$$

d'où l'on tire, en intégrant depuis $z = \sin\theta$ jusqu'à $z = \dfrac{\sin\theta}{\left[1 + \frac{4K}{n^2}(\rho)\right]^{m-\frac{1}{2}}}$,

$$\delta\theta = \frac{1}{2m-1}\left\{ \theta - \arcsin\frac{\sin\theta}{\left[1 + \frac{4K}{n^2}(\rho)\right]^{m-\frac{1}{2}}} \right\},$$

équation que l'on peut encore mettre sous la forme

$$\tan\frac{2m-1}{2}\,\delta\theta = \frac{\left[1 + \frac{4K}{n^2}(\rho)\right]^{m-\frac{1}{2}} - 1}{\left[1 + \frac{4K}{n^2}(\rho)\right]^{m-\frac{1}{2}} + 1}\tan\left(\theta + \frac{2m-1}{2}\,\delta\theta\right).$$

Relativement à la réfraction horizontale, on a $\theta = 100°$, et alors

$$\tan\left(\theta - \frac{2m-1}{2}\,\delta\theta\right) = \frac{1}{\tan\frac{2m-1}{2}\,\delta\theta};$$

de plus, $\dfrac{K}{n^2}(\rho)$ étant une fraction extrêmement petite, on a, à fort peu près,

$$\frac{\left[1 + \frac{4K}{n^2}(\rho)\right]^{m-\frac{1}{2}} - 1}{\left[1 + \frac{4K}{n^3}(\rho)\right]^{m-\frac{1}{2}} + 1} = \frac{2m-1}{2}\cdot\frac{2K}{n^2}(\rho);$$

on aura donc, à fort peu près,

$$\tang \frac{2m-1}{2} \delta\theta = \sqrt{\frac{2m-1}{2}\,\frac{2K}{n^2}(\rho)},$$

et, en prenant l'arc lui-même pour sa tangente, ce que l'on peut faire ici sans erreur sensible, on aura

$$\delta\theta = \sqrt{\frac{\dfrac{4K}{n^2}(\rho)}{2m-1}}.$$

Si l'on voulait ne considérer que les réfractions, on pourrait déterminer m de manière que le second membre de cette équation représente la réfraction horizontale observée, que nous supposons de 6500 secondes. Alors l'expression générale de $\tang \frac{2m-1}{2}\delta\theta$ donnera, pour toutes les hauteurs, la réfraction $\delta\theta$. C'est le procédé qu'ont suivi plusieurs astronomes pour construire une Table de réfraction, et cette Table satisfait assez bien aux observations. Mais, pour représenter la nature, il faut que la constitution précédente donne non-seulement les réfractions observées, mais encore la hauteur du baromètre et la diminution observée de la chaleur à mesure que l'on s'élève ; considérons donc ces deux phénomènes dans l'hypothèse précédente.

Reprenons l'équation du n° 5,

$$dp = (g)\,a\rho.d\frac{a}{r};$$

si l'on substitue, pour $\dfrac{a}{r}$, $\left[\dfrac{1+\dfrac{4K}{n^2}\rho}{1+\dfrac{4K}{n^2}(\rho)}\right]^m$, on aura, après l'intégration, et en observant que p est nul avec ρ,

$$p = (g)\,a(\rho)\,\frac{\dfrac{\rho}{(\rho)}\left(1+\dfrac{4K}{n^2}\rho\right)^m + \dfrac{1}{(m+1)\dfrac{4K}{n^2}(\rho)}\left[1-\left(1+\dfrac{4K}{n^2}\rho\right)^{m+1}\right]}{\left[1+\dfrac{4K}{n^2}(\rho)\right]^m}.$$

Cette expression donne, à très-peu près,

$$p = (g)\, a(\rho)\, m\, \frac{2K}{n^2}\, (\rho)\, \frac{\rho^2}{(\rho)^2}.$$

(p) étant la pression à la surface de la Terre, où $\rho = (\rho)$ et $\frac{a}{r} = 1$, on a, par le n° 5,

$$(p) = (g)\,(\rho)\,l;$$

on aura donc

$$\frac{p}{(p)} = m\, \frac{a}{l}\, \frac{2K}{n^2}\, (\rho)\, \frac{\rho^2}{(\rho)^2}.$$

Cette équation donne, à la surface de la Terre,

$$m = \frac{\dfrac{l}{a}}{\dfrac{2K}{n^2}\,(\rho)}\,,$$

et, par conséquent, la réfraction horizontale $\delta\vartheta$ devient

$$\delta\vartheta = \frac{\dfrac{2K}{n^2}\,(\rho)}{\sqrt{\dfrac{l}{a} - \dfrac{1}{2}\,\dfrac{2K}{n^2}\,(\rho)}}.$$

Si l'on substitue pour a, l et $\frac{2K}{n^2}\,(\rho)$ leurs valeurs données dans le n° 4, on a

$$\delta\vartheta = 5630''.$$

Cette réfraction est moindre que la réfraction observée, mais elle est plus grande que celle qui résulte de l'hypothèse d'une densité constante; ainsi la constitution réelle de l'atmosphère est entre celles que donnent la supposition d'une température uniforme et l'hypothèse que nous considérons ici.

Dans cette dernière hypothèse, la densité des couches atmosphériques diminue en progression arithmétique quand leur hauteur croît suivant une progression semblable. En effet, si l'on suppose $r = a(1 + s)$, on a, à fort peu près,

$$as = \tfrac{1}{4} m\, \frac{K^2}{n^2}\, (\rho)\, a\left[1 - \frac{\rho}{(\rho)}\right] = 2l\left[1 - \frac{\rho}{(\rho)}\right],$$

as étant la hauteur de la couche atmosphérique. La limite de l'atmosphère a lieu au point où $\rho = 0$, et alors as est égal à $2l$; la hauteur
de l'atmosphère est donc ici double de sa hauteur dans l'hypothèse
d'une densité constante.

L'expression précédente de p donne

$$\frac{p(\rho)}{(p.\rho)} = \frac{\rho}{(\rho)} = 1 - \frac{as}{2l}.$$

La fonction $\frac{p(\rho)}{(p)\rho}$ est importante à considérer, en ce qu'elle exprime la
loi de la chaleur des couches de l'atmosphère. En effet, à la même température, l'expérience a prouvé que la pression de l'air est proportionnelle à sa densité; mais ce rapport croit avec la chaleur et peut la
représenter; car, les molécules d'air ne paraissant soumises qu'à la
force répulsive de la chaleur, il est naturel de penser que cette force
croit en même raison que la chaleur. Il résulte de l'expression précédente de $\frac{p(\rho)}{(p)\rho}$ que la chaleur des couches atmosphériques diminue,
comme leur densité, en progression arithmétique. $\frac{1}{250}$ de diminution
dans la valeur de $\frac{p(\rho)}{(p)\rho}$ suppose $\frac{1}{250}$ de diminution dans la valeur de
$1 - \frac{as}{2l}$; ainsi, en partant de la surface de la Terre, il faut s'élever de
la hauteur $\frac{2l}{250}$, ou de $63^{\mathrm{m}},8$, pour éprouver une diminution de $\frac{1}{250}$ dans
la force élastique de l'air, à densités égales, ce qui répond, à fort peu
près, à une diminution de 1 degré dans le thermomètre. Toutes les
observations concourent à faire voir que cette élévation est trop petite
et que la diminution de la chaleur est moins rapide; l'hypothèse que
nous examinons ne représente donc ni les réfractions observées ni la
loi observée de la diminution de la chaleur.

Dans l'hypothèse d'une densité constante, on a

$$\frac{p(\rho)}{(p)\rho} = 1 - \frac{as}{l};$$

il faut donc s'élever de moitié moins que dans l'hypothèse précédente
pour éprouver une diminution de 1 degré dans le thermomètre. Cette

hypothèse est donc encore plus éloignée de satisfaire aux observations sur les réfractions et sur la chaleur. On voit en même temps que, plus on se rapproche de l'observation sur les réfractions, plus on s'en rapproche relativement à la chaleur.

7. La constitution de l'atmosphère étant comprise entre les deux limites d'une densité décroissante en progression arithmétique et d'une densité décroissante en progression géométrique, une hypothèse qui participerait de l'une et de l'autre de ces progressions semble devoir représenter à la fois les réfractions et la diminution observée dans la chaleur des couches atmosphériques. L'hypothèse suivante réunit ces divers avantages à celui d'un calcul fort simple.

Reprenons l'équation (3) du n° 3, et supposons $\frac{a}{r} = 1 - s$; nous aurons à très-peu près, par le n° 5,

$$d\theta = \frac{- x\, d\, \frac{\rho}{(\rho)} \cdot \sin\theta}{(1 - x)\sqrt{\cos^2\theta - 2x\left[1 - \frac{\rho}{(\rho)}\right] + 2s - 2s\cos^2\theta}}.$$

s étant une fraction très-petite, tant que s a une valeur sensible, nous pouvons négliger le terme $- 2s\cos^2\theta$, relativement à $\cos^2\theta$; nous aurons ainsi

$$d\theta = \frac{- x\, \frac{d\rho}{(\rho)}\sin\theta}{(1 - x)\sqrt{\cos^2\theta - 2x\left[1 - \frac{\rho}{(\rho)}\right] + 2s}}.$$

Supposons maintenant

$$s - x\left[1 - \frac{\rho}{(\rho)}\right] = u,$$

$$\rho = (\rho)\left(1 + \frac{fu}{l}\right)c^{-\frac{u}{l}},$$

f et l étant deux indéterminées. Cette valeur de ρ participe à la fois des deux progressions arithmétique et géométrique. En déterminant f et l de manière à représenter la hauteur du baromètre et la réfraction horizontale, si cette valeur satisfait encore à la diminution observée de

la chaleur des couches atmosphériques, on pourra la considérer comme
représentant la vraie constitution de l'atmosphère et s'en servir pour
construire une Table des réfractions. L'équation différentielle précédente devient alors

$$d\vartheta = \frac{\alpha \dfrac{du}{l'}\left(1 - f + \dfrac{fu}{l'}\right)c^{-\frac{u}{l'}}\sin\Theta}{(1 - \alpha)\sqrt{\cos^2\Theta + 2u}}.$$

Soit

$$\cos^2\Theta + 2u = 2l'l^2;$$

on aura

$$d\vartheta = \frac{2\alpha\,dl\,\sin\Theta}{(1 - \alpha)\sqrt{2}\,l'}\left(1 - f - \frac{f\cos^2\Theta}{2l'} + fl^2\right)c^{\frac{\cos^2\Theta}{2l'} - l^2}.$$

L'intégrale doit être prise depuis $l = \dfrac{\cos\Theta}{\sqrt{2}\,l'}$ jusqu'à l infini; supposons

$$T = \frac{\cos\Theta}{\sqrt{2}\,l'}$$

et

$$\int dl\,c^{-l^2} = c^{-T^2}\,\Psi(T);$$

nous aurons

$$\delta\vartheta = \frac{2\alpha\sin\Theta}{(1 - \alpha)\sqrt{2}\,l'}\left(1 - \tfrac{1}{2}f - fT^2\right)\Psi(T) + \frac{\alpha f}{2(1 - \alpha)l'}\sin\Theta\cos\Theta.$$

T est nul à l'horizon, où $\cos\Theta = 0$; alors on a, par le n° 5, $\Psi(T) = \tfrac{1}{2}\sqrt{\pi}$;
la réfraction horizontale est donc

$$\delta\vartheta = \frac{\alpha\sqrt{\pi}}{(1 - \alpha)\sqrt{2}\,l'}\left(1 - \tfrac{1}{2}f\right),$$

en sorte que la réfraction serait nulle si f était égal à 2; elle serait
négative si l'on avait $f > 2$.

Déterminons maintenant la pression p de l'atmosphère. On a à très-
peu près, par le n° 5,

$$dp = -(g)\alpha\rho\,ds,$$

et par conséquent, en substituant pour s sa valeur $u + \alpha\left[1 - \dfrac{\rho}{(\rho)}\right]$, on a

$$dp = -(g)a\rho\,du + \alpha(g)a\,\frac{\rho\,d\rho}{(\rho)}.$$

En substituant pour ρ sa valeur

$$(\rho)\left(1 + \frac{fu}{l'}\right)e^{-\frac{u}{l'}},$$

et intégrant, en observant de plus que $(p) = (g)(\rho)l$, on trouvera

$$\frac{p}{(p)} = \frac{al'}{l}\left(1 + \frac{fu}{l'}\right)e^{-\frac{u}{l'}} + f\frac{al'}{l}e^{-\frac{u}{l'}} + \tfrac{1}{2}\alpha\frac{a}{l}\frac{\rho^2}{(\rho)^2}.$$

À la surface de la Terre, $p = (p)$, $u = 0$ et $\rho = (\rho)$; on a donc

$$l'(1 + f) = \frac{l}{a} - \tfrac{1}{2}\alpha.$$

Si nous supposons la réfraction horizontale de 6500 secondes, ou, en parties du rayon, de 0,01021018, nous aurons

$$0,01021018 = \frac{\alpha\sqrt{\pi}}{(1 - \alpha)\sqrt{2l'}}\left(1 - \tfrac{1}{2}f\right).$$

Ces deux dernières équations donnent

$$f = \frac{l}{al'} - \frac{\alpha}{2l'} - 1,$$

$$(0,01021018)^2(1 - \alpha)^2 . 8l'^3 = \alpha^2\pi\left(3l' - \frac{l}{a} + \frac{\alpha}{2}\right)^2.$$

En substituant pour α, a et l leurs valeurs précédentes, on trouvera

$$l' = 0,00074816,$$
$$f = 0,49042.$$

On aura donc, dans cette constitution de l'atmosphère,

$$u = s - 0,00029387\text{6}.\left[1 - \frac{\rho}{(\rho)}\right],$$
$$\rho = (\rho)(1 + u.661,107)\,e^{-u.1318,01},$$
$$\delta\theta = 8611'',6.(0,75479 - 0,49042.T^2)\sin\theta.\frac{2\Psi(T)}{\sqrt{\pi}} + 30930'',3.\sin 2\theta.$$

Déterminons la loi correspondante de la diminution de la chaleur, ou, ce qui revient au même, l'expression de $\frac{p(\rho)}{(p)\rho}$. En substituant pour p et ρ leurs valeurs précédentes, on a

$$\frac{p(\rho)}{(p)\rho} = \frac{al'}{l} + \frac{f\frac{al'}{l}}{1 + \frac{fu}{l}} + \tfrac{1}{2}\alpha\frac{a}{l}\frac{\rho}{(\rho)},$$

et par conséquent

$$\frac{p(\rho)}{(p)\rho} = 0,59224\mathrm{3} + \frac{0,290448}{1 + u.661,107} + 0,117311.\frac{\rho}{(\rho)}.$$

Pour comparer ce résultat à l'expérience, supposons

$$u = 0,00092727;$$

on aura

$$\frac{\rho}{(\rho)} = 0,46214, \quad as = 6909^{\mathrm{m}},44,$$

d'où l'on tire

$$\frac{p(\rho)}{(p)\rho} = 0,8266.$$

On verra ci-après que, x étant le nombre des degrés du thermomètre, on a

$$\frac{p(\rho)}{(p)\rho} = 1 + 0,00375.x.$$

En égalant cette quantité à $0,8266$, on trouve

$$x = -46°,24.$$

L'expérience la plus concluante de ce genre est celle de Gay-Lussac, qui, s'étant élevé de Paris, dans un ballon, à la hauteur de 6980 mètres au-dessus du niveau de la Seine, a observé le thermomètre à $-9°,5$ à cette hauteur, lorsqu'il était à $30°,75$ à l'Observatoire. La différence $-40°,25$ se rapproche autant qu'on peut le désirer du résultat précédent, vu surtout les variétés que les circonstances particulières de l'atmosphère doivent apporter dans ces résultats. On peut ainsi, par les observations sur la réfraction horizontale moyenne dans un climat, déterminer la diminution moyenne de la chaleur à mesure que l'on s'élève, et réciproquement.

Si l'on veut, en partant de la loi précédente, avoir la réfraction sur une montagne, à la hauteur h au-dessus du niveau de la mer, on déterminera d'abord les valeurs de u et de ρ correspondantes à cette hauteur, et que nous désignerons par U et (ρ'), au moyen des équations

$$(\rho') = (\rho)\left(1 + \frac{f\,U}{l'}\right) c^{-\frac{v}{l'}},$$

$$\frac{h}{a} = U + \alpha\left[1 - \frac{(\rho')}{(\rho)}\right].$$

En faisant ensuite $u = U + u'$, on aura

$$\rho = (\rho')\left(1 + \frac{f'u'}{l'}\right) c^{-\frac{u'}{l'}},$$

f' étant égal à $\dfrac{f l'}{l' + f\,U}$. Il suffira donc de changer, dans les formules précédentes, (ρ) en (ρ') et f en f'.

De là il suit que les réfractions horizontales, au niveau de la mer et à la hauteur h, sont entre elles comme $(1 - \frac{1}{2}f)f$ est à $(1 - \frac{1}{2}f')fc^{-\frac{v}{l'}}$.

Pour avoir la réfraction au-dessous de l'horizon, on observera que, un rayon lumineux qui part d'un astre sous l'horizon décrivant une courbe concave vers la Terre, il s'en approche jusqu'au moment où il devient horizontal, et s'en éloigne ensuite en décrivant une courbe semblable à celle qu'il avait d'abord décrite, d'où il est facile de conclure que sa réfraction, plus celle d'un second astre vu aussi élevé au-dessus de l'horizon que le premier paraît au-dessous, est égale au double de la réfraction horizontale, au point où la direction du rayon est horizontale, ce qui a lieu quand $2u' = -\cos^2\theta$. On aura donc facilement, par ce moyen, la réfraction de l'astre vu au-dessous de l'horizon.

Les formules précédentes renferment les trois indéterminées l', f et

34.

z, que nous avons déterminées au moyen de la réfraction horizontale
et des hauteurs observées du baromètre et du thermomètre. On pourrait, au lieu de la réfraction horizontale, employer les observations sur
la diminution de la chaleur. Pour construire une Table de réfraction,
il faudrait connaitre ou cette diminution ou les réfractions horizontales relatives à ces hauteurs, ce qui exigerait une longue suite d'observations; mais il en résulterait une Table beaucoup plus exacte que celle
dont on fait usage. Cependant elle laisserait encore de l'incertitude, la
loi de la nature sur les densités des couches de l'atmosphère n'étant
pas exactement celle que nous avons supposée, et variant par mille
causes inconnues. Par cette raison, les astronomes ne comptent que
sur des positions observées à 11 ou 12 degrés au moins de hauteur
apparente. Heureusement, à ces hauteurs, la réfraction devient indépendante de ces causes, et on peut l'obtenir avec beaucoup de précision, par la seule observation des hauteurs du baromètre et du thermomètre dans le lieu de l'observateur : c'est ce que nous allons
développer.

*Théorie des réfractions astronomiques correspondantes à des hauteurs
apparentes plus grandes que 12 degrés.*

8. Reprenons l'équation différentielle (4) du n° 5. En réduisant le
radical en série, elle devient

$$d\theta = \frac{-z\,\dfrac{d\varrho}{(\varrho)}(1-s)\,\tang\theta}{1-2z\left[1-\dfrac{\varrho}{(\varrho)}\right]}\left\{ 1 + \frac{z\left[1-\dfrac{\varrho}{(\varrho)}\right]}{\cos^2\theta} - \left(s-\tfrac{1}{2}s^2\right)\tang^2\theta + \tfrac{3}{2}\left(\frac{z\left[1-\dfrac{\varrho}{(\varrho)}\right]}{\cos^2\theta} - \left(s-\tfrac{1}{2}s^2\right)\tang^2\theta \right)^2 + \dots \right\}.$$

Si l'on néglige les produits de trois dimensions de z et de s, on aura

$$d\theta = -z\,\frac{d\varrho}{(\varrho)}\,\tang\theta\left\{ 1 - \frac{s}{\cos^2\theta} + z\left[1-\frac{\varrho}{(\varrho)}\right]\frac{2\cos^2\theta+1}{\cos^2\theta} \right\}.$$

En intégrant depuis $\rho = (\rho)$ jusqu'à $\rho = 0$, on aura

$$\delta\theta = z\,\tang\theta\left[1 + \frac{1}{2}\,\frac{z(2\cos^2\theta + 1)}{\cos^2\theta} + \frac{1}{\cos^2\theta}\int\frac{s\,d\rho}{(\rho)}\right].$$

L'intégrale $\int\frac{s\,d\rho}{(\rho)}$ est égale à $\frac{s\rho}{(\rho)} - \int\frac{\rho\,ds}{(\rho)}$. En la prenant depuis $\rho = (\rho)$ jusqu'à $\rho = 0$, et observant qu'à la limite $\rho = 0$ répond $s = 1$ ou r infini, on aura

$$\int s\frac{d\rho}{(\rho)} = -\int\frac{\rho\,ds}{(\rho)}.$$

Pour avoir cette dernière intégrale, nous observerons que, p exprimant la pression de l'air, on a

$$dp = -g\rho\,dr = -g\frac{r^2}{a}\rho\,ds;$$

or, (g) étant la pesanteur à la surface de la Terre, on a $g = (g)\frac{a^2}{r^2}$: donc

$$p = -(g)\,a\int\rho\,ds.$$

Ainsi l'intégrale $\int\rho\,ds$ est égale à la pression entière (p) à la surface de la Terre, divisée par $(g)a$; cette pression, par le n° 5, est égale à $(g)(\rho)l$; on a donc

$$\int\frac{\rho\,ds}{(\rho)} = \frac{l}{a};$$

l'expression précédente de $\delta\theta$ devient ainsi

$$(\mathrm{A})\qquad\qquad \delta\theta = z\,\tang\theta\left[1 + \frac{\frac{1}{2}z(2\cos^2\theta + 1) - \frac{l}{a}}{\cos^2\theta}\right].$$

Cette expression a l'avantage d'être indépendante de toute hypothèse sur la constitution de l'atmosphère et de ne dépendre que de sa nature dans le lieu de l'observateur; car les valeurs de (ρ) et de l sont données par les observations qu'il peut faire du baromètre et du thermomètre. Il importe donc de connaître jusqu'à quelle hauteur apparente on peut faire usage de cette formule.

En considérant l'expression précédente de $d\theta$ en série, il est aisé de voir que le terme le plus considérable parmi ceux que nous avons négligés est le suivant :

$$- \tfrac{3}{2}\alpha\frac{d\rho}{(\rho)}s^2\tan g^3\theta.$$

Il peut devenir sensible à de petites hauteurs, dans lesquelles $\tan g\theta$ est un grand nombre. Ce terme est diminué par ceux du même ordre de la formule, en sorte que, relativement aux hauteurs apparentes des astres dans lesquelles son intégrale est insensible, on peut sans crainte employer la formule (A). L'intégrale de ce terme, prise depuis $\rho = (\rho)$ jusqu'à $\rho = 0$, se réduit à

$$3\alpha\tan g^3\theta\int_{(\rho)}^{\rho}\frac{\rho}{(\rho)}s\,ds.$$

Si l'on suppose la température la même dans toute l'atmosphère, on a, par le n° 5,

$$\rho = (\rho)c^{-\frac{as}{l}},$$

et par conséquent

$$3\alpha\tan g^3\theta\int\frac{\rho}{(\rho)}s\,ds = 3\alpha\tan g^3\theta\,\frac{l^2}{a^2}.$$

La valeur de cette intégrale est plus grande dans l'hypothèse d'une température uniforme que dans la nature, où la température des couches de l'atmosphère diminue à mesure qu'elles sont plus élevées; car, si l'on conçoit que leur température, supposée d'abord uniforme, vienne à décroître suivant cette loi, il est clair que la molécule de l'atmosphère, représentée par ρds, s'abaissera, et que le produit $\rho s ds$, qui lui est relatif, deviendra plus petit; l'intégrale $\int\frac{\rho s ds}{(\rho)}$ deviendra donc moindre. Ainsi la formule (A) est exacte pour toutes les hauteurs dans lesquelles $3\alpha\tan g^3\theta\,\frac{l^2}{a^2}$ est insensible. En employant les valeurs de α, l et a données dans le n° 4, et supposant $\theta = 88°$, on trouve cette quantité égale à $3'',486$, quantité presque insensible. A de plus grandes hauteurs apparentes, l'erreur de la formule (A) devient tout à fait insensible; il importe donc de bien connaître les éléments de cette formule.

9. Ses éléments principaux sont : 1° les variations de la densité de l'air par les variations de sa pression et de sa chaleur; 2° la réfraction de l'air atmosphérique à une température et à une pression déterminées. Le changement de la densité de l'air par la variation de la pression qu'il éprouve est bien connu par la loi suivant laquelle, à température égale, sa densité est proportionnelle à cette pression, loi dont un grand nombre d'expériences a fait reconnaître l'extrême exactitude, au moins dans les limites des variations du baromètre, depuis le niveau de la mer jusqu'aux plus grandes hauteurs où nous puissions nous élever. La dilatation de l'air par la chaleur a été l'objet des recherches de plusieurs physiciens, qui diffèrent sensiblement entre eux à cet égard. J'ai prié Gay-Lussac de répéter ces expériences avec tout le soin possible, en graduant exactement des thermomètres à air et à mercure, et en mettant la plus grande attention à bien dessécher l'air et les tubes dont il a fait usage; car il me paraît que c'est de leur humidité que dépendent principalement les différences des résultats des physiciens. Il a trouvé, par un milieu entre vingt-cinq expériences, en ayant égard à la dilatation du verre et aux corrections des variations du baromètre pendant la durée de chaque expérience, qu'un volume d'air exprimé par l'unité à zéro de température devient 1,375 à la chaleur de l'eau bouillante, sous une pression équivalente à celle d'une colonne de mercure de 0^m,76 de hauteur. Il a, de plus, observé que, le thermomètre à air marquant 50 degrés, le thermomètre à mercure marquait pareillement 50 degrés, la différence donnée par le résultat moyen des vingt-cinq expériences citées étant insensible. Ainsi la marche des deux thermomètres paraît être la même dans l'intervalle de zéro à 100 degrés. En nommant donc x le nombre des degrés d'un thermomètre à mercure, un volume d'air représenté par l'unité à zéro de température devient, à la température de x degrés,

$$1 + 0,00375.x.$$

La densité de l'air est proportionnelle à sa pression. Prenons pour unité sa densité à zéro degré et à 0^m,76 de hauteur du baromètre.

Exprimons ensuite sa hauteur, corrigée de l'effet de la dilatation du mercure réduit à zéro degré de température, par $0^m,76.(1+y)$. Cette correction sera facile, en observant que, pour chaque degré du thermomètre, le mercure se dilate de $\frac{1}{5112}$. La densité de l'air à la température de x degrés sera

$$\frac{1+y}{1+0,00375.x}.$$

Supposons que z soit relatif à la température de zéro degré et à la hauteur $0^m,76$ du baromètre. Il paraît naturel de supposer la force réfractive de l'air proportionnelle à sa densité; c'est en effet ce que les expériences de Hawksbee confirment. La valeur de z relative à la température de x degrés et à la hauteur $(1+y)0^m,76$ du baromètre sera ainsi

$$\frac{z(1+y)}{1+0,00375.x}.$$

De plus, à la température de zéro degré et à $0^m,76$ de hauteur du baromètre, on a, par ce qui précède,

$$l = 7974^m.$$

La valeur de l ne varie point par les hauteurs du baromètre; car l'équation

$$(p) = l(g)(\rho)$$

nous montre que, (p) étant proportionnel à (ρ), lorsque la température reste la même, l est toujours le même. Mais, si la température change, alors l varie en raison inverse de (ρ), et l'on a

$$l = 7974^m(1+0,00375.x).$$

Cela posé, la formule (A) devient, en observant que $a = 6366198^m$,

$$(\text{B})\quad\begin{cases} \delta\theta = \dfrac{z(1+y)\,\tang\theta}{1+0,00375.x} \\[2ex] \qquad + \dfrac{\frac{1}{2}z^2(1+y)^2}{(1+0,00375.x)^2}\,\dfrac{(1+2\cos^2\theta)\,\tang\theta}{\cos^2\theta} \\[2ex] \qquad - z(1+y)\,0,0012525\dfrac{\tang\theta}{\cos^2\theta}. \end{cases}$$

Il ne reste ici d'autre indéterminée que z, et l'un des meilleurs moyens pour la connaître est l'observation de la hauteur des étoiles circompolaires dans leur plus grande et leur plus petite hauteur. Delambre, en comparant un grand nombre d'observations astronomiques, a trouvé la réfraction égale à $186'',728$ à 50 degrés de hauteur apparente, la température étant zéro et la hauteur du baromètre étant $0^m,76$. De là je conclus

$$z = 187'',087,$$

ou, en parties du rayon,

$$z = 0,0002938_76.$$

10. Jusqu'à présent on n'a point tenu compte de l'humidité de l'air dans les réfractions. A-t-elle sur ce phénomène une influence sensible? C'est ce que nous allons examiner. Rappelons, pour cela, quelques résultats auxquels on est parvenu sur l'évaporation des divers fluides. On a trouvé, par l'expérience, qu'un volume d'un gaz quelconque, lorsqu'il est complétement saturé d'eau, contient la même quantité de vapeurs qui s'élèverait dans le même espace vide, à la même température, en y supposant assez d'eau pour suffire à toute la vaporisation.

On a, de plus, observé que, la pression étant toujours la même, tous les gaz se dilatent de la même quantité par la chaleur, et que toutes les vapeurs se dilatent de la même quantité que les gaz. On a trouvé encore que, à la même température, la densité des gaz et des vapeurs est proportionnelle à leur pression ou à leur force élastique.

Si l'on place dans le vide un vase rempli d'eau, la force élastique de la vapeur qui s'en élève croit avec la température suivant une loi que l'on a cherchée par l'expérience. On a reconnu que cette force augmente à peu près en progression géométrique, tandis que la température croit en progression arithmétique, en sorte que ses logarithmes croissent à peu près suivant cette dernière progression. Cependant cela n'est pas entièrement exact : au moment de l'ébullition, lorsque la hauteur du baromètre est $0^m,76$, cette hauteur exprime la force élastique de la vapeur aqueuse, et je trouve que l'on satisfait à très-peu

près aux expériences de Dalton sur cet objet en supposant la force
élastique de la vapeur d'eau, à une température quelconque, égale à

$$0^m,76.(10)^{i.0,0131517-i^2.0,0000625826},$$

i étant le nombre des degrés décimaux du thermomètre à mercure
au-dessus de 100 degrés, ce nombre devant être supposé négatif pour
les degrés inférieurs. Ainsi l'on aura le logarithme tabulaire de cette
force élastique, exprimée en décimales du mètre, en ajoutant au logarithme de $0^m,76$ la quantité

$$i.0,0151547 - i^2.0,0000625826.$$

La formule précédente peut s'étendre depuis $i = -\infty$ jusqu'à i égal
à 50 ou 60 degrés. Elle peut servir pour tous les fluides, en observant
seulement de compter les i pour chacun d'eux à partir du terme de
leur ébullition, car on a trouvé ce résultat remarquable, savoir qu'en
partant de ce terme, et généralement d'un point quelconque où leur
force élastique est la même, les mêmes accroissements de température
produisent les mêmes accroissements dans leur force élastique.

De quelque manière que la vapeur existe dans l'atmosphère, il est
visible que l'action de l'air humide sur la lumière est composée de
l'action de l'air et de celle de la vapeur. Concevons que, à forces élastiques égales et à la même température, les actions de la vapeur et de
l'air sur la lumière soient dans le rapport de p à q, et que q représente
l'action de l'air sur la lumière à zéro de température et sous une pression déterminée par la hauteur $0^m,76$ du baromètre. Nommons ensuite
$z.0^m,76$ la force élastique qu'aurait, à zéro de température, la vapeur
aqueuse existante dans un volume donné d'air si cette vapeur existait
seule dans le même espace vide; il est clair qu'à cette température
l'humidité de l'air ajoutera à son action sur la lumière la quantité
$z(p-q)$, et si la température est de x degrés, la densité de la vapeur
étant diminuée d'environ $0,00375$ pour chaque degré, la correction
de la force réfringente de l'air, due à son humidité, sera

$$\frac{z(p-q)}{1+x.0,00375}.$$

Déterminons $p - q$. Pour cela, je supposerai que la valeur de $\dfrac{K}{n^2}$ est la même dans l'état liquide et dans l'état de vapeurs. C'est, en effet, l'hypothèse la plus naturelle que l'on puisse admettre; elle est analogue à celle que l'on fait dans la théorie des réfractions, et qui consiste à supposer que la densité de l'air ne fait point varier la valeur de $\dfrac{K}{n^2}$. Dans le passage du vide dans l'eau, le rapport du sinus d'incidence au sinus de réfraction est, suivant Newton, $\frac{529}{396}$, ce qui donne, par le n° **2**, relativement à l'eau,

$$\frac{4K}{n^2}\rho = \left(\frac{529}{396}\right)^2 - 1.$$

ρ étant ici la densité de l'eau. Il résulte des expériences de Dalton, Saussure et Watt que, à forces élastiques et à températures égales, la densité de la vapeur d'eau est $\frac{10}{13}$ de celle de l'air; et, suivant Lavoisier, à la température de $12°,5$ et à la pression de $0^{m},76$, la densité de l'air est $\frac{\rho}{842}$; on a donc, en nommant ρ' la densité de la vapeur d'eau à cette température,

$$\frac{4K}{n^2}z\rho' = \frac{10\,z}{14.842}\left[\left(\frac{529}{396}\right)^2 - 1\right],$$

ce qui donne, en réduisant en arcs de cercle,

$$\frac{2K}{n^2}\rho'z = 211'',84.z;$$

en multipliant cette quantité par $1 + 12,5.0,00375$, on aura, à zéro de température,

$$\frac{2K}{n^2}\rho'z = 221'',77.z;$$

à cette température, et (ρ) étant la densité de l'air sous une pression égale à $0^{m},76$ de hauteur du baromètre, les observations donnent

$$\frac{2K}{n^2}(\rho)z = 187'',09.z.$$

L'humidité de l'air ajoute donc à sa force réfractive la quantité

$$\frac{z.34'',68}{1+x.0,00375}.$$

En multipliant cette quantité par la tangente de la hauteur apparente θ, on aura à très-peu près, par ce qui précède, l'accroissement de la réfraction dû à l'humidité de l'air; cet accroissement est donc

$$\frac{z.34'',68}{1+x.0,00375}.\tang\theta.$$

En supposant l'air saturé d'eau, le logarithme tabulaire de z sera, par ce qui précède,

$$-(100-x).0,0154547-(100-x)^2.0,0000625826.$$

De là j'ai conclu les valeurs suivantes de l'accroissement de la réfraction, dû à l'humidité extrême de l'air, depuis 15 jusqu'à 40 degrés de température :

Accroissement de la réfraction.

15°...................	$0'',563.\tang\theta$
20....................	$0,744.\tang\theta$
25....................	$0,977.\tang\theta$
30....................	$1,274.\tang\theta$
35....................	$1,651.\tang\theta$
40....................	$2,122.\tang\theta$

Il résulte de cette Table que l'effet de l'humidité de l'air sur la réfraction est très-peu sensible, l'excès de la puissance réfractive de la vapeur aqueuse sur celle de l'air étant compensé en grande partie par sa plus petite densité. On pourra cependant y avoir égard par la Table précédente, dans le cas de l'humidité extrême; l'observation de l'hygromètre pourra faire connaître ensuite le rapport de la quantité de vapeur répandue dans un volume donné d'air à la quantité qui produirait dans ce volume l'extrême humidité. On multipliera par ce rapport l'accroissement de réfraction dû à cette humidité extrême.

Si l'on veut, dans la théorie des réfractions, tenir compte de la figure de la Terre, on doit observer que l'on peut toujours concevoir, au point qu'occupe l'observateur, un cercle osculateur à la surface de la Terre et dont le plan passe par l'astre ; or, la figure des couches de l'atmosphère est à très-peu près la même que celle de la Terre : les cercles concentriques au cercle dont il s'agit seront donc également osculateurs de ces diverses figures, et l'on pourra déterminer la réfraction de l'astre en supposant la Terre sphérique et d'un rayon égal à celui de ce cercle osculateur. On voit ainsi : 1° que les réfractions ont toujours lieu dans le plan vertical ; 2° qu'elles ne sont pas les mêmes de tous les côtés de l'horizon, puisque les cercles osculateurs ne sont pas les mêmes dans tous les sens ; mais il est facile de s'assurer que cela est insensible, pour peu que l'astre soit élevé. Il peut en résulter à l'horizon des différences de quelques secondes.

CHAPITRE II.

DES RÉFRACTIONS TERRESTRES.

11. La réfraction terrestre n'est en elle-même que la partie de la
réfraction astronomique comprise entre l'origine de la courbe du
rayon de lumière et le point où cette courbe rencontre l'objet terrestre.
Cette partie étant toujours peu considérable relativement à la réfraction entière, cela donne lieu à des simplifications que nous allons
exposer.

Lorsque l'élévation de l'objet est très-petite par rapport à sa distance,
au lieu de donner l'expression de la réfraction en fonction de cette
élévation, il est beaucoup plus exact et plus simple de l'avoir en fonction de l'angle formé par les rayons terrestres menés du centre de la
Terre à l'observateur et à l'objet, angle que nous avons désigné par ϵ
dans le n° 1. Il résulte de ce numéro et du n° 3 que l'on a

$$d\epsilon = \frac{\dfrac{a\,dr}{r^2}\sin\Theta\sqrt{1 + \dfrac{4K}{n^2}(\rho)}}{\sqrt{1 + \dfrac{4K}{n^2}\rho - \left[1 + \dfrac{4K}{n^2}(\rho)\right]\dfrac{a^2}{r^2}\sin^2\Theta}},$$

$$d\vartheta = - \frac{\dfrac{2K}{n^2}\dfrac{d\rho}{dr}r\,d\epsilon}{1 + \dfrac{4K}{n^2}\rho}.$$

L'élévation de l'objet étant supposée fort petite, on a, à très-peu près,

$$\rho = (\rho)\left(1 - \frac{ias}{l}\right),$$

i étant un coefficient constant qui dépend de la diminution de la chaleur des couches de l'atmosphère à mesure qu'elles sont plus élevées. Cette valeur de ρ donne, à fort peu près,

$$\delta\theta = \frac{2K}{n^2}(\rho)\frac{ia}{l}v.$$

$\delta\theta$ est la somme des réfractions terrestres à l'objet et à l'observateur, et cette somme est le double de la réfraction à l'un ou à l'autre de ces points, parce que la réfraction y est à très-peu près la même; la réfraction terrestre, pour des objets peu élevés, est donc, à fort peu près,

$$\frac{K}{n^2}(\rho)\frac{ia}{l}v.$$

Dans le cas d'une température uniforme dans l'atmosphère, $i = 1$; on aurait donc alors, à la température de la glace fondante et à $0^m,76$ de hauteur du baromètre, la réfraction terrestre égale à

$$\frac{v}{8,5191}.$$

Si l'on adopte la loi dont nous avons fait usage dans le n° 7, on aura à très-peu près, à de petites hauteurs,

$$\rho = (\rho)(1 - u.686,93),$$
$$u = s - u.0,20187,$$

ce qui donne

$$\rho = (\rho)(1 - s.571,551),$$

d'où l'on tire la réfraction terrestre égale à

$$\frac{v}{11,9003};$$

c'est la valeur qui me paraît devoir être adoptée, à moins que par des observations directes on n'ait déterminé la valeur de i. Cette dernière valeur est très-variable; il peut même arriver que, par des circonstances particulières, la densité des couches atmosphériques près de la surface de la Terre, loin d'aller en diminuant, aille au contraire en croissant, et alors la réfraction, au lieu d'élever les objets, les abaisse; aussi les observateurs ont trouvé de très-grandes variétés dans les réfractions terrestres.

On n'a besoin de connaître les réfractions que pour corriger les hauteurs observées des objets; mais on peut déterminer directement ces hauteurs en intégrant l'expression précédente de dv. En effet, si l'on y suppose $\rho = (\rho)\left(1 - \dfrac{ias}{l}\right)$, et qu'ensuite on l'intègre depuis $s = 0$, on trouvera

$$\frac{v}{\sin\theta} = \frac{\sqrt{\cos^2\theta + 2s\sin^2\theta - \dfrac{4\mathrm{K}}{n^2}(\rho)\dfrac{ia}{l}s} - \cos\theta}{\sin^2\theta - \dfrac{2\mathrm{K}}{n^2}(\rho)\dfrac{ia}{l}},$$

d'où l'on tire

$$as = \frac{av^2}{2}\left[1 - \frac{2\mathrm{K}}{n^2}(\rho)\frac{ia}{l\sin^2\theta}\right] + av\cot\theta,$$

as étant à très-peu près la hauteur de l'objet observé au-dessus du niveau de l'observateur. Il est facile de s'assurer que cette expression coïncide avec celle que l'on aurait en corrigeant la hauteur au moyen de l'expression précédente de la réfraction.

Pour déterminer as, quelle que soit la hauteur apparente θ, il faut intégrer l'expression de dv, et cette intégration suppose la connaissance de la loi suivant laquelle la densité des couches de l'atmosphère diminue. En partant de celle que nous avons adoptée dans le n°7, on pourra facilement intégrer l'expression de dv par l'analyse exposée dans ce numéro et en conclure la valeur de s en fonction de v. Mais, à des hauteurs apparentes un peu grandes, on peut obtenir cette valeur indépendamment de toute hypothèse sur la constitution de l'atmosphère, comme on a vu, dans le n° 8, que la réfraction astronomique en est alors indépendante.

Si l'on suppose $\dfrac{a}{r} = 1 - s$, on aura

$$dv = \frac{ds\sin\theta}{\sqrt{\cos^2\theta - 2\alpha\left[1 - \dfrac{\rho}{(\rho)}\right] + 2s\left(1 - \tfrac{1}{2}s\right)\sin^2\theta}}.$$

En réduisant en série, on aura

$$dv = ds\,\mathrm{tang}\,\theta\left\{1 - s\,(1 - \tfrac{1}{2}s)\,\mathrm{tang}^2\theta + \tfrac{3}{2}s^2\,\mathrm{tang}^4\theta + \frac{\alpha\left[1 - \dfrac{\rho}{(\rho)}\right]}{\cos^2\theta} + \dots\right\},$$

ce qui donne, en intégrant depuis $s = 0$,

$$v = s\,\mathrm{tang}\,\theta\left[1 - \tfrac{1}{2}s\,\mathrm{tang}^2\theta + \frac{s^2(2\sin^2\theta + 1)}{6\cos^2\theta}\,\mathrm{tang}^2\theta\right] + \frac{\alpha\,\mathrm{tang}\,\theta}{\cos^2\theta}\left[s - \frac{\int\rho\,ds}{(\rho)}\right].$$

Soit as' la hauteur calculée sans avoir égard à la réfraction, et désignons par $a\delta s$ la correction due à la réfraction, en sorte que $s = s' - \delta s$. La réfraction n'altère point la valeur de v, parce que, élevant les objets dans le plan d'un vertical, un point vu des deux extrémités d'une base est aperçu sur la commune intersection des deux verticaux qui passent par ces extrémités et par l'objet même ; or cette commune intersection est un rayon de la Terre ; la valeur de v reste donc la même que lorsqu'on n'a point égard à la réfraction. Ainsi, en substituant, pour s, $s' - \delta s$, et négligeant les produits $s\delta s$ et $\alpha\delta s$, on aura

$$0 = -\delta s\,\mathrm{tang}\,\theta + \frac{\alpha\,\mathrm{tang}\,\theta}{\cos^2\theta}\left[s' - \frac{\int\rho\,ds}{(\rho)}\right],$$

d'où l'on tire

$$a\delta s = \frac{\alpha}{\cos^2\theta}\left[as' - \frac{a\int\rho\,ds}{(\rho)}\right];$$

$ag\int\rho\,ds$ est, par le n° 5, la pression de l'atmosphère à la station de l'observateur, moins sa pression à l'objet observé. Soit ε la différence des hauteurs du baromètre à ces deux points, le mercure y étant réduit à zéro de température, et supposons que (ρ) réponde à cette température et à $0^{\mathrm{m}},76$ de hauteur du baromètre ; on aura

$$\frac{a\int\rho\,ds}{(\rho)} = \frac{\varepsilon\,l}{0^{\mathrm{m}},76}.$$

Il faut faire varier cette valeur en raison du rapport de la densité supposée pour (ρ) à sa densité véritable ; mais, comme la valeur de α

varie en raison inverse, il en résulte que, ε restant le même, la valeur de $\dfrac{z\alpha\int\rho\,ds}{(\rho)}$ restera toujours la même. En substituant pour z sa valeur donnée dans le n° 4, on aura

$$- z\,\frac{\alpha\int\rho\,ds}{(\rho)} = -3.08338.\varepsilon.$$

Pour avoir l'inclinaison de l'horizon visuel avec l'horizon vrai, lorsqu'on s'élève au-dessus du niveau de la mer, il faut connaître les valeurs de $\dfrac{dr}{r\,dv}$ dans les diverses parties de la trajectoire du rayon lumineux qui rase la surface de la mer. L'expression précédente de dv donne, lorsque $\Theta = 100$,

$$\frac{dr}{r\,dv} = \frac{r}{a}\sqrt{1 - \frac{a^2}{r^2} - 2z\left[1 - \frac{\rho}{(\rho)}\right]},$$

ou, à très-peu près,

$$\frac{dr}{r\,dv} = \sqrt{2s - 2z\left[1 - \frac{\rho}{(\rho)}\right]}.$$

On doit observer que $\dfrac{dr}{r\,dv}$ est la tangente de l'angle de dépression de l'horizon visuel à la hauteur as, tangente que l'on peut confondre avec l'angle lui-même.

Si la hauteur est peu considérable, on aura, pour l'expression de cet angle,

$$\sqrt{2s\left(1 - z\,\frac{ia}{l}\right)}.$$

CHAPITRE III.

DE L'EXTINCTION DE LA LUMIÈRE DES ASTRES DANS L'ATMOSPHÈRE TERRESTRE ET DE L'ATMOSPHÈRE DU SOLEIL.

12. L'extinction de la lumière des astres en traversant l'atmosphère a trop de rapport avec la théorie des réfractions pour ne pas nous occuper ici. Nommons ε l'intensité de la lumière d'un astre, parvenue à une couche quelconque de l'atmosphère dont le rayon est r, son intensité à son entrée dans l'atmosphère étant prise pour unité; on aura

$$d\varepsilon = -Q\rho\varepsilon\sqrt{dr^2 + r^2 d\omega^2},$$

Q étant un coefficient constant. En effet, il est visible que la différentielle de l'extinction de la lumière est proportionnelle à son intensité, à la densité de la couche et à l'élément décrit par le rayon de lumière. En substituant pour $rd\omega$ sa valeur donnée dans le Chapitre précédent, on aura

$$\frac{d\varepsilon}{\varepsilon} = \frac{-Q\rho\, dr\sqrt{1 + \frac{4\mathrm{K}}{n^2}\rho}}{\sqrt{1 + \frac{4\mathrm{K}}{n^2}\rho - \left[1 + \frac{4\mathrm{K}}{n^2}(\rho')\right]\frac{a^2}{r^2}\sin^2\theta}}.$$

On peut, dans cette expression de $\dfrac{d\varepsilon}{\varepsilon}$, supposer le facteur $\sqrt{1 + \dfrac{4\mathrm{K}}{n^2}\rho}$ égal à l'unité. Si l'astre est sensiblement élevé sur l'horizon, le dénominateur se réduit à fort peu près à $\cos\theta$. En intégrant et observant que $\int \rho\, dr = (\rho)l$, on a

$$\log\varepsilon = -\frac{Q(\rho)l}{\cos\theta}.$$

36.

Si l'on nomme E la valeur de ε au zénith, où $\cos\theta = 1$, on aura

$$\log\varepsilon = \frac{\log E}{\cos\theta}.$$

$\log E$ étant égal à $- Q(\rho)l$, et $(\rho)l$ étant proportionnel à la hauteur observée du baromètre, il est clair que $\log E$ et généralement les logarithmes de l'intensité de la lumière des astres sont proportionnels à cette hauteur. Il est visible, d'ailleurs, que les deux logarithmes précédents peuvent être supposés tabulaires dans la dernière équation.

On aura facilement la valeur de E, en comparant les intensités de la lumière du même astre, par exemple, de la Lune, à deux hauteurs différentes. Bouguer a trouvé de cette manière que la lumière d'un astre vu au zénith se réduit, après avoir traversé l'atmosphère, à 0,8123. Le logarithme tabulaire de ce nombre est $-$ 0,0902835; en divisant donc ce logarithme par le sinus de la hauteur apparente d'un astre, on aura le logarithme de l'intensité de sa lumière.

Très-près de l'horizon, la diminution de la lumière dépend, ainsi que la réfraction, de la constitution de l'atmosphère. En adoptant l'hypothèse que nous avons donnée dans le n° 7, on aura facilement, par l'analyse exposée dans ce numéro, la valeur correspondante de l'intensité de la lumière. Mais on pourra, sans crainte d'erreur sensible, employer l'hypothèse d'une température uniforme. Dans cette hypothèse, on a $\rho dr = - ld\rho$; en nommant donc $d\theta$ l'élément de la réfraction, on aura, à très-peu près,

$$\frac{d\varepsilon}{\varepsilon} = - \frac{H\, d\theta}{\sin\theta},$$

H étant une constante. Les logarithmes des intensités de la lumière sont donc alors comme les réfractions astronomiques divisées par les cosinus des hauteurs apparentes de l'astre.

On a vu précédemment qu'à la hauteur apparente de 50 degrés la réfraction est de 186″,728, et que, dans l'hypothèse d'une température uniforme, elle est, à l'horizon, de 7390″,71; d'où il est facile de conclure que l'extinction de la lumière à l'horizon est $\dfrac{1}{3779,1}$. On pourra, par ces formules, déterminer la quantité de lumière que la Lune reçoit encore dans ses éclipses, au moyen des réfractions que les rayons du Soleil éprouvent en traversant l'atmosphère terrestre, et de leur extinction dans cette atmosphère.

13. Suivant les expériences de Bouguer, la lumière du disque solaire est moins intense vers ses bords qu'à son centre. A une distance des bords égale au quart du demi-diamètre, il a trouvé l'intensité de la lumière plus petite qu'au centre, dans le rapport de 35 à 48. Cependant une portion du disque du Soleil, transportée par la rotation de cet astre, du centre vers les bords du disque, doit y paraître avec une lumière d'autant plus vive qu'elle est aperçue sous un plus petit angle ; car il est naturel de penser que chaque point de la surface du Soleil renvoie une lumière égale dans tous les sens. Si l'on nomme θ l'arc de grand cercle de la surface du Soleil, compris entre un point lumineux et le centre du disque apparent, le rayon du Soleil étant pris pour unité, une portion très-petite z de la surface, transportée à la distance θ du centre du disque, y paraîtra réduite à l'espace $z \cos\theta$; l'intensité de sa lumière sera donc augmentée dans le rapport de l'unité à $\cos\theta$. Au contraire, elle paraît diminuée. Cette différence s'explique très-simplement, au moyen d'une atmosphère qui enveloppe le Soleil. On a vu, dans le numéro précédent, que l'intensité de la lumière qui en résulte est égale à $c^{-\frac{f}{\cos\theta}}$, c étant le nombre dont le logarithme hyperbolique est l'unité. Ainsi l'intensité de la lumière étant c^{-f} au centre du disque, celle qui subsiste, à la distance du bord égale au quart du demi-diamètre, sera $\dfrac{1}{\cos\theta}\, c^{-\frac{f}{\cos\theta}}$, $\sin\theta$ étant égal à $\frac{3}{4}$; on aura donc

$$\sqrt{\frac{16}{7}}\; c^{-f\sqrt{\frac{16}{7}}} = \frac{35}{48}\, c^{-f}.$$

Cette équation détermine f, et l'on trouve

$$f = 1,42459.$$

ce qui donne

$$c^{-f} = 0,240686;$$

c'est-à-dire que la lumière du centre du disque solaire est réduite, par son extinction dans son atmosphère, à $0,240686$. Une colonne d'air à zéro de température, et à la pression de $0^m,76$ de hauteur du baromètre, devrait avoir 54622 mètres de hauteur, pour éteindre ainsi la lumière. Telle serait donc la hauteur de l'atmosphère solaire, réduite à la densité précédente, si, à densités égales, elle éteignait la lumière comme l'air de notre atmosphère.

On voit ainsi que le Soleil nous paraîtrait beaucoup plus lumineux sans l'atmosphère qui l'environne. Pour déterminer de combien sa lumière est affaiblie, nous observerons que, en prenant pour unité son demi-diamètre et faisant $\cos\theta = x$, sa lumière totale est $2\pi\int dx\, c^{-\frac{f}{x}}$, l'intégrale étant prise depuis $x = 0$ jusqu'à $x = 1$. A la vérité, l'intensité de la lumière n'est très-sensiblement proportionnelle à $c^{-\frac{f}{x}}$ que depuis $\theta = 0$ jusqu'à $\theta = 88°$; au delà, elle suit une autre loi. Mais le sinus de 88 degrés diffère si peu de l'unité, que l'on peut négliger la portion du disque solaire qui répond à cette différence, ou du moins y supposer, comme dans les autres parties du disque, l'intensité de la lumière proportionnelle à $c^{-\frac{f}{x}}$. En prenant donc pour unité la lumière du Soleil, dans le cas où il serait dépouillé de son atmosphère, et où l'on aurait par conséquent $f = 0$, on aura $\int dx\, c^{-\frac{f}{x}}$ pour sa lumière affaiblie par son atmosphère.

Pour avoir cette intégrale, supposons $\frac{1}{f} = q$ et $z = \frac{1}{qx}$; elle devient alors $-\int \frac{dz\, c^{-z}}{q z^2}$; mais alors l'intégrale doit être prise depuis $z = \infty$ jusqu'à $z = \frac{1}{q}$. On a

$$-\int \frac{dz\, c^{-z}}{q z^2} = \frac{c^{-z}}{q z^2}\left(1 - \frac{1.2}{z} + \frac{1.2.3}{z^2} - \frac{1.2.3.4}{z^3}\dots\dots\right) + \text{const.}$$

L'intégrale devant être prise depuis $z = \infty$ jusqu'à $z = \frac{1}{q}$, la constante est nulle, et par conséquent l'intégrale devient

$$q^c f \left(1 - 1.2 q + 1.2.3 q^2 - 1.2.3.4 q^3 + \ldots\right).$$

On réduira cette série en fraction continue par la méthode exposée dans le n° 5. Pour cela, supposons

$$u = 1 - 2 q (1 - t) + 1.2.3 q^2 (1 - t)^2 - \ldots ;$$

nous aurons

$$q \frac{du}{dt} (1 - t)^2 - 2 q u (1 - t) - u + 1 = 0.$$

Considérons u comme la fonction génératrice de y_r, en sorte que l'on ait

$$u = y_1 + y_2 t + y_3 t^2 + \ldots + y_{r+1} t^r + \ldots ;$$

le coefficient de t^{r-1}, dans l'équation différentielle précédente, donnera, en l'égalant à zéro, l'équation aux différences finies

$$q r y_{r+1} - (2 q r + 1) y_r + q r y_{r-1} = 0;$$

dans le cas de $r = 1$, ce coefficient donnera

$$0 = q y_2 - (2 q + 1) y_1 + 1,$$

ce qui rentre dans l'équation précédente, en y supposant $y_0 = \frac{1}{q}$. Maintenant, l'équation aux différences finies en y_r donne

$$\frac{y_{r-1}}{y_r} = \frac{2 q r + 1}{q r} - \frac{y_{r+1}}{y_r}.$$

Supposons

$$\frac{y_r}{y_{r-1}} = \frac{q r}{1 + (r - 1) q + z_r};$$

nous aurons

$$z_r = q (r + 1) - \frac{q^2 r (r + 1)}{1 + r q + z_{r+1}},$$

ou

$$z_r = \frac{q (r + 1)}{1 + \dfrac{r q}{1 + z_{r+1}}},$$

d'où l'on tire

$$z_1 = \cfrac{2q}{1 + \cfrac{q}{1 + \cfrac{3q}{1 + \cfrac{2q}{1 + \cfrac{4q}{1 + \cfrac{3q}{1 + \dots}}}}}};$$

partant,

$$\frac{y_1}{y_0} = \frac{q}{1 + z_1} = \cfrac{q}{1 + \cfrac{2q}{1 + \cfrac{q}{1 + \cfrac{3q}{1 + \cfrac{2q}{1 + \dots}}}}};$$

mais la comparaison des deux expressions précédentes de u donne

$$y_1 = 1 - 1.2q + 1.2.3q^2 - 1.2.3.4q^3 + \dots;$$

de plus $y_0 = \frac{1}{q}$; partant,

$$qc^{-f}(1 - 1.2q + 1.2.3q^2 - \dots) = \cfrac{qc^{-f}}{1 + \cfrac{2q}{1 + \cfrac{q}{1 + \cfrac{3q}{1 + \cfrac{2q}{1 + \dots}}}}}$$

C'est la valeur de l'intégrale $\int dx\, c^{-\frac{f}{x}}$, prise depuis $x = 0$ jusqu'à $x = 1$.
Soit

$$\varepsilon^{(1)} = 2q, \quad \varepsilon^{(2)} = q, \quad \varepsilon^{(3)} = 3q, \quad \varepsilon^{(4)} = 2q, \quad \varepsilon^{(5)} = 4q, \quad \varepsilon^{(6)} = 3q, \quad \varepsilon^{(7)} = 5q, \quad \dots$$

et formons une suite de fractions dont les deux premières soient $\frac{1}{1}$ et $\frac{1}{1 + 2q}$, et telles qu'en nommant $N^{(r)}$ le numérateur de la fraction $r^{\text{ième}}$, et $D^{(r)}$ son dénominateur, on ait

$$N^{(r)} = N^{(r-1)} + \varepsilon^{(r-1)} N^{(r-2)},$$
$$D^{(r)} = D^{(r-1)} + \varepsilon^{(r-1)} D^{(r-2)};$$

alors la valeur de la fraction continue

$$\cfrac{1}{1+\cfrac{2q}{1+\cfrac{q}{1+\cdots}}}$$

sera comprise entre les deux fractions $\dfrac{N^{(r)}}{D^{(r)}}$ et $\dfrac{N^{(r+1)}}{D^{(r+1)}}$. On trouve ainsi $\int dx\, c^{-\frac{x}{i}}$ égal à un douzième à fort peu près, d'où il suit que le Soleil, dépouillé de son atmosphère, nous paraîtrait douze fois plus lumineux. Au reste, ces résultats sont subordonnés à l'expérience de Bouguer, qui mérite d'être répétée plusieurs fois avec beaucoup de soin, sur divers points du disque solaire.

CHAPITRE IV.

DE LA MESURE DES HAUTEURS PAR LE BAROMÈTRE.

14. La mesure des hauteurs par le baromètre dépend, comme la théorie des réfractions, de la loi suivant laquelle la densité des couches de l'atmosphère diminue. Nommons ϱ la densité d'une molécule d'air, dont la distance au centre de la Terre est $a + r$, a étant la distance du même centre à la station inférieure de l'observateur. Soient g la pesanteur et p la pression de l'atmosphère dans le lieu de la molécule; on aura

$$dp = - g\varrho\,dr.$$

La pression p est proportionnelle à la densité ϱ de la molécule, multipliée par sa chaleur, que nous désignerons par z, en sorte que l'on a

$$p = \mathrm{K}\varrho z,$$

K étant un coefficient constant. On aura donc

$$\frac{dp}{p} = - \frac{g\,dr}{\mathrm{K}z},$$

ce qui donne

$$\int \frac{g\,dr}{z} = \mathrm{K} \log \frac{(p)}{p},$$

(p) étant la pression de l'atmosphère à la station inférieure, origine des r et de l'intégrale. Si l'on désigne par (g) la pesanteur à cette station, on aura, à fort peu près,

$$g = (g) \frac{a^2}{(a + r)^2} = (g)\left(1 - \frac{2r}{a}\right);$$

en faisant donc $r' = r\left(1 - \dfrac{r}{a}\right)$, on aura

$$\int g\frac{dr}{z} = (g)\int \frac{dr'}{z}.$$

Pour intégrer ces fonctions, il est nécessaire de connaître z en fonction de r'. Mais, comme les intégrales ne s'étendent jamais qu'à un intervalle peu considérable relativement à la hauteur entière de l'atmosphère, toute fonction qui représente à la fois les températures des deux stations inférieure et supérieure, et suivant laquelle la température diminue à peu près en progression arithmétique de l'une à l'autre, est admissible, et l'on peut choisir celle qui simplifie le plus le calcul. Nous supposerons donc

$$z = \sqrt{q^2 - ir'},$$

q étant la température à la station inférieure, et i étant déterminé de manière que cette expression de z représente la température à la station supérieure. Nous aurons

$$\int \frac{dr'}{z} = \frac{2\,r'}{q+z};$$

partant,

$$r' = \frac{q+z}{2}\,\frac{K}{(g)}\log\frac{(p)}{p},$$

équation dans laquelle nous emploierons les logarithmes tabulaires au lieu des logarithmes hyperboliques, ce qui n'influe que sur la constante K. Exprimons par l la température à la glace fondante, et supposons

$$q = l + t, \quad z = l + t';$$

nous aurons

$$r' = l\left(1 + \frac{t + t'}{2l}\right)\frac{K}{(g)}\log\frac{(p)}{p}.$$

En comparant un grand nombre de mesures des montagnes par le baromètre avec leurs mesures trigonométriques, Ramond a trouvé que, sur le parallèle de 50 degrés, le coefficient $\dfrac{Kl}{(g)}$ est égal à 18336 mètres.

Pour déterminer le coefficient l, nous supposerons que t et t' expriment des degrés du thermomètre centigrade de mercure, en partant de zéro. Si l'on considère un volume d'air invariable, à zéro de température, chaque degré d'accroissement dans sa température accroit également sa force élastique ou sa pression; l'accroissement de pression correspondant à un degré du thermomètre est à fort peu près $0,00375$, en sorte que, si l'on nomme $\overline{(p)}$ la pression ou la force élastique du volume d'air à zéro de température, nous pouvons supposer qu'à chaque degré du thermomètre cette pression s'accroit de $\overline{(p)}.0,00375$; mais cette pression est, par ce qui précède, égale à $K(l+t)\rho$; ainsi l'on a $\overline{(p)} = Kl\rho$. L'accroissement d'un degré dans la température donne un accroissement de pression égal à $K\rho$, ou à $Kl\rho\cdot\frac{1}{l}$, ou enfin à $\overline{(p)}\frac{1}{l}$; en égalant cette quantité à $\overline{(p)}.0,00375$, on a $l=\frac{100000}{375}$. On aura donc, sur le parallèle de 5o degrés,

$$r' = 18336^{m}\left(1 + \frac{t - t'}{2}\cdot 0,00375\right)\log\frac{(p)}{p}.$$

Les pressions (p) et p sont déterminées par les hauteurs du baromètre; mais il faut réduire le mercure du baromètre à la même température. J'ai trouvé, par une expérience exacte, que le mercure se dilate de sa 5412e partie à chaque degré du thermomètre; il faut donc, dans la station correspondante à la plus petite température, augmenter la hauteur observée du baromètre d'autant de fois sa 5412e partie qu'il y a de degrés de différence entre les températures du mercure du baromètre aux deux stations. La température du mercure du baromètre n'étant pas toujours exactement celle de l'air ambiant, on fait usage, pour la déterminer, d'un thermomètre enchâssé dans la monture même du baromètre. Cette correction de température ne suffit pas encore: il faut, de plus, réduire les hauteurs observées du baromètre à la même pesanteur (g) relative à la station inférieure. La pesanteur à la station supérieure est $(g)\frac{a^2}{(a+r)^2}$; en nommant donc (h) et h les hauteurs observées du baromètre aux deux stations et réduites à la même température, ces hauteurs, réduites à la même pesanteur du mercure, seront

(h) et $\dfrac{h}{\left(1+\dfrac{r}{a}\right)^2}$; on a ainsi

$$\log \frac{(p)}{p} = \log \frac{(h)}{h} + 2\log\left(1+\frac{r}{a}\right).$$

$\dfrac{r}{a}$ étant une très-petite fraction, le logarithme hyperbolique de $1+\dfrac{r}{a}$ est à très-peu près $\dfrac{r}{a}$, et par conséquent son logarithme tabulaire est $\dfrac{r}{a}\cdot 0,4342945$; on a donc

$$\log \frac{(p)}{p} = \log \frac{(h)}{h} + \frac{r}{a}\cdot 0,868589.$$

Le coefficient 18336 mètres n'est exact que sous le parallèle de 50 degrés; il varie avec la latitude, et réciproquement comme la pesanteur (g). Par le n° 42 du Livre III, si l'on nomme $[g]$ la pesanteur à l'équateur et Ψ la latitude correspondante à (g), on a

$$(g) = [g]\left(1 + \frac{0,004208}{0,739502}\sin^2\Psi\right)$$

Il est facile d'en conclure que le coefficient 18336 mètres, correspondant à 50 degrés de latitude, est, pour une latitude quelconque Ψ, égal à $18336^m.(1+0,002845\cos 2\Psi)$. Cela posé, on aura, pour déterminer les hauteurs par le baromètre, la formule suivante

$$r = 18336^m(1+0,002845.\cos 2\Psi)\left(1+\frac{t+t'}{2}\cdot 0,00375\right)\left[\left(1+\frac{r}{a}\right)\log\frac{(h)}{h} + \frac{r}{a}\cdot 0,868589\right].$$

Il suffira de substituer dans le second membre de cette équation, au lieu de r, sa valeur que donne la supposition de $r=0$ dans le second membre. On pourra, de plus, supposer, sans erreur sensible,

$$a = 6366198^m.$$

Les corrections relatives à la latitude et à la variation de la pesanteur sont très-petites; mais, comme elles sont certaines, il est utile de les employer, pour ne laisser subsister dans le calcul que les erreurs inévitables des observations, et celles qui résultent des attractions inconnues des montagnes, de l'état hygrométrique de l'air, auquel il serait nécessaire d'avoir égard, et enfin de l'hypothèse adoptée sur la loi de la diminution de la chaleur. On tiendrait compte en partie de l'état hygrométrique de l'air en augmentant un peu le coefficient $0,00375$ de $\frac{t+t'}{2}$ dans la formule précédente; car la vapeur aqueuse est plus légère que l'air, et l'accroissement de température en accroît la quantité, toutes choses égales d'ailleurs. Je trouve que l'on satisfait assez bien à l'ensemble des observations en employant, dans cette formule, au lieu de $\frac{t+t'}{2}.0,00375$, la quantité $\frac{2(t+t')}{1000}$, ce qui change la formule précédente dans celle-ci :

$$r = 18336^{m}.(1 + 0,002845.\cos 2\Psi)\left[1 + \frac{2(t+t')}{1000}\right]\left[\frac{1+r}{a}.\log\frac{(h)}{h} + \frac{r}{a}.0,868589\right].$$

CHAPITRE V.

DE LA CHUTE DES CORPS QUI TOMBENT D'UNE GRANDE HAUTEUR.

15. Un corps qui, partant de l'état de repos, tombe d'une grande hauteur, s'éloigne sensiblement de la verticale, en vertu du mouvement de rotation de la Terre; cet écart, bien observé, est donc propre à manifester ce mouvement. Quoique la rotation de la Terre soit maintenant établie avec toute la certitude que les sciences physiques comportent, cependant une preuve directe de ce phénomène doit intéresser les géomètres et les astronomes. Afin que l'on puisse comparer sur ce point la théorie aux observations, je vais donner ici l'expression de la déviation du corps à l'orient de la verticale, quelles que soient la figure de la Terre et la résistance de l'air; je ferai voir, de plus, que sa déviation est nulle vers l'équateur.

Soient x, y, z les trois coordonnées rectangles du corps, l'origine de ces coordonnées étant au centre de la Terre, supposée immobile, et l'axe des x étant l'axe de rotation de cette planète. Soient r le rayon mené de ce centre au point d'où le corps tombe, θ l'angle que r forme avec l'axe de rotation, et ϖ l'angle que le plan passant par r et par l'axe de la Terre forme avec le plan passant par le même axe et par l'un des axes principaux de la Terre, situés dans le plan de son équateur. En nommant X, Y, Z les coordonnées du point d'où le corps tombe, on aura

$$X = r \cos \theta,$$
$$Y = r \sin \theta \cos (nt + \varpi),$$
$$Z = r \sin \theta \sin (nt + \varpi),$$

$nt + \varpi$ étant l'angle que le plan passant par r et par l'axe de la Terre forme avec le plan des x et des y, en sorte que nt est le mouvement angulaire de rotation de la Terre, et t exprime le temps.

Supposons ensuite que, relativement au corps dans sa chute, r se change en $r - \alpha s$, θ dans $\theta + \alpha u$, et ϖ dans $\varpi + \alpha v$; on aura

$$x = (r - \alpha s)\cos(\theta + \alpha u),$$
$$y = (r - \alpha s)\sin(\theta + \alpha u)\cos(nt + \varpi + \alpha v),$$
$$z = (r - \alpha s)\sin(\theta + \alpha u)\sin(nt + \varpi + \alpha v).$$

Nommons V la somme de toutes les molécules du sphéroïde terrestre, divisées par leurs distances au corps attiré. Les forces dont ce corps est animé par l'attraction de ces molécules sont, parallèlement aux axes des x, des y et des z, $\dfrac{\partial V}{\partial x}$, $\dfrac{\partial V}{\partial y}$, $\dfrac{\partial V}{\partial z}$, comme il résulte du n° 11 du Livre II. Pour avoir égard à la résistance de l'air, nous pouvons représenter par $\varphi\left(\alpha s,\ \alpha\dfrac{ds}{dt}\right)$ l'expression de cette résistance, lorsque le corps, en tombant, part de l'état du repos; car la vitesse du corps, relative à l'air considéré comme immobile, étant considérablement plus grande dans le sens de r que dans le sens perpendiculaire à r, ainsi qu'on le verra bientôt, l'expression de cette vitesse relative est à très-peu près $\alpha\dfrac{ds}{dt}$. Si l'on fait, pour plus de simplicité, $r = 1$, la vitesse relative du corps dans le sens de θ est $\alpha\dfrac{du}{dt}$, et dans le sens de ϖ, elle est égale à $\alpha\dfrac{dv}{dt}\sin\theta$; la résistance de l'air sera donc

dans le sens de r . . . . . . $\quad \dfrac{\varphi\left(\alpha s,\ \alpha\dfrac{ds}{dt}\right)}{\alpha\dfrac{ds}{dt}}\,\alpha\dfrac{ds}{dt},$

dans le sens de θ . . . . . . $\quad -\dfrac{\varphi\left(\alpha s,\ \alpha\dfrac{ds}{dt}\right)}{\alpha\dfrac{ds}{dt}}\,\alpha\dfrac{du}{dt},$

dans le sens de ϖ . . . . . . $\quad -\dfrac{\varphi\left(\alpha s,\ \alpha\dfrac{ds}{dt}\right)}{\alpha\dfrac{ds}{dt}}\,\alpha\dfrac{dv}{dt}\sin\theta.$

Nommons S le facteur $\dfrac{\varphi\left(\alpha s,\ \alpha\dfrac{ds}{dt}\right)}{\alpha\dfrac{ds}{dt}}$; on aura, par le principe des vitesses virtuelles,

$$0 = \ \delta x\,\frac{d^2x}{dt^2} + \delta y\cdot\frac{d^2y}{dt^2} + \delta z\,\frac{d^2z}{dt^2}$$

$$- \delta x\,\frac{\partial V}{\partial x} - \delta y\cdot\frac{\partial V}{\partial y} - \delta z\,\frac{\partial V}{\partial z}$$

$$- S\delta r.\alpha\frac{ds}{dt} + S\delta\vartheta.\alpha\frac{du}{dt} + S\delta\varpi\sin^2\vartheta.\alpha\frac{dv}{dt},$$

la caractéristique différentielle δ se rapportant aux coordonnées r, ϑ et ϖ, dont x, y, z sont fonctions. En substituant pour x, y, z leurs valeurs précédentes, on a, en négligeant les termes de l'ordre α^2,

$$(1)\ \begin{cases} 0 = \delta r\left(-\alpha\frac{d^2s}{dt^2} - 2\alpha n r\frac{dv}{dt}\sin^2\theta - \alpha S\frac{ds}{dt}\right) \\[2ex] \quad + r^2\delta\vartheta\left(\alpha\frac{d^2u}{dt^2} - 2\alpha n\frac{dv}{dt}\sin\vartheta\cos\vartheta + \alpha S\frac{du}{dt}\right) \\[2ex] \quad + r^2\delta\varpi\left(\alpha\frac{d^2v}{dt^2}\sin^2\vartheta + 2\alpha n\frac{du}{dt}\sin\vartheta\cos\vartheta - \dfrac{2\alpha n\dfrac{ds}{dt}\sin^2\vartheta}{r} + \alpha S\frac{dv}{dt}\sin^2\vartheta\right) \\[2ex] \quad - \delta V - \frac{n^2}{2}\delta[(r-\alpha s)^2\sin^2(\vartheta+\alpha u)]. \end{cases}$$

L'équilibre de la couche d'air dans laquelle le corps se trouve donne, par le n° 35 du Livre I,

$$(2)\qquad 0 = \delta V + \frac{n^2}{2}\,\delta[(r-\alpha s)^2\sin^2(\vartheta+\alpha u)],$$

pourvu que la valeur de δr soit assujettie à la surface de la couche de niveau, où la pression est constante, par le n° 22 du Livre III. Soit, à cette surface,

$$r = a + y,$$

y étant fonction de ϑ, de ϖ et de a, a étant constant pour la même couche. Si l'on désigne par Q la fonction

$$V + \frac{n^2}{2}\left[r - \alpha s\,^2 \sin^2\theta + \alpha u \right],$$

l'équation (2) devient

$$o = \frac{\partial Q}{\partial r}\left(\frac{\partial r}{\partial\theta}\,\delta\theta + \frac{\partial r}{\partial\varpi}\,\delta\varpi \right) + \frac{\partial Q}{\partial\theta}\,\delta\theta + \frac{\partial Q}{\partial\varpi}\,\delta\varpi;$$

en ajoutant cette équation à l'équation (1), on aura

$$o = \delta r\left(- \alpha\frac{d^2 s}{dt^2} - 2\alpha n r\frac{dv}{dt}\sin^2\theta - \alpha S\frac{ds}{dt} \right)$$

$$+ r^2\delta\theta\left(\alpha\frac{d^2 u}{dt^2} - 2\alpha n\frac{dv}{dt}\sin\theta\cos\theta + \alpha S\frac{du}{dt} \right)$$

$$+ r^2\delta\varpi\sin\theta\left(\alpha\frac{d^2 v}{dt^2}\sin\theta + 2\alpha n\frac{du}{dt}\cos\theta - 2\alpha n\frac{ds}{dt}\frac{\sin\theta}{r} + \alpha S\frac{dv}{dt}\sin\theta \right)$$

$$- \frac{\partial Q}{\partial r}\left(\delta r - \frac{\partial r}{\partial\theta}\,\delta\theta - \frac{\partial r}{\partial\varpi}\,\delta\varpi \right).$$

Si l'on égale à zéro les coefficients des variations δr, $\delta\theta$ et $\delta\varpi$, et si l'on observe que $-\dfrac{\partial Q}{\partial r}$ exprime, par le n° 36 du Livre III, la pesanteur, que nous désignerons par g, on aura, en prenant pour unité le rayon r, ce que l'on peut faire ici sans erreur sensible, les trois équations suivantes :

$$(\mathrm{A})\;\begin{cases} o = \alpha\dfrac{d^2 s}{dt^2} + 2\alpha n\dfrac{dv}{dt}\sin^2\theta + \alpha S\dfrac{ds}{dt} - g, \\[2ex] o = \alpha\dfrac{d^2 u}{dt^2} - 2\alpha n\dfrac{dv}{dt}\sin\theta\cos\theta + \alpha S\dfrac{du}{dt} - g\dfrac{\partial r}{\partial\theta}, \\[2ex] o = \alpha\dfrac{d^2 v}{dt^2}\sin\theta + 2\alpha n\dfrac{du}{dt}\cos\theta - 2\alpha n\dfrac{ds}{dt}\sin\theta + \alpha S\dfrac{dv}{dt}\sin\theta - \dfrac{g}{\sin\theta}\dfrac{\partial r}{\partial\varpi} \end{cases}$$

L'inspection de ces équations fait voir que αs est, relativement à αu et αv, du même ordre que l'unité relativement à $\dfrac{\partial r}{\partial\theta}$ ou $\dfrac{\partial r}{\partial\varpi}$. De plus, $\alpha\dfrac{dv}{dt}$ est du même ordre que $gt\dfrac{\partial r}{\partial\varpi}$, et par conséquent $2\alpha n\dfrac{dv}{dt}\sin^2\theta$ est de l'ordre $gnt\dfrac{\partial r}{\partial\varpi}$. Si l'on prend pour unité de temps la seconde décimale ou la cent-millième partie du jour moyen, n exprime le petit angle décrit dans une seconde par la rotation de la Terre : nt est ce même angle multiplié par le nombre de secondes que dure la chute du corps. Ce nombre est toujours assez petit pour que le produit nt soit une très-petite fraction, que l'on peut négliger relativement à l'unité : on peut donc supprimer le terme $2\alpha n \frac{dv}{dt}\sin^2\theta$ de la première des équations précédentes, et le terme $-2\alpha n \frac{dv}{dt}\sin\theta\cos\theta$ de la seconde de ces équations. On peut, par une raison semblable, supprimer le terme $2\alpha n \frac{du}{dt}\cos\theta$ de la troisième de ces équations, qui se réduisent ainsi aux suivantes :

$$0 = \alpha \frac{d^2 s}{dt^2} + \alpha S \frac{ds}{dt} - S.$$

$$0 = \alpha \frac{d^2 u}{dt^2} + \alpha S \frac{du}{dt} - g \frac{\partial \gamma}{\partial \theta},$$

$$0 = \alpha \frac{d^2 v}{dt^2}\sin\theta - 2\alpha n \frac{ds}{dt}\sin\theta + \alpha S \frac{dv}{dt}\sin\theta - \frac{g}{\sin\theta}\frac{\partial \gamma}{\partial \varpi}.$$

S étant une fonction de αs et de $\alpha \frac{ds}{dt}$, la première de ces équations donne αs en fonction du temps t. Si l'on fait

$$\alpha u = \alpha s \frac{\partial \gamma}{\partial \theta},$$

on satisfera à la seconde de ces équations, parce que g et $\frac{\partial \gamma}{\partial \theta}$ peuvent être supposés constants pendant la durée du mouvement, vu la petitesse de la hauteur d'où le corps tombe, relativement au rayon terrestre. Cette manière de satisfaire à la seconde équation est la seule qui convienne à la question présente, dans laquelle u et $\frac{du}{dt}$ sont nuls, ainsi que s et $\frac{ds}{dt}$, à l'origine du mouvement. Maintenant, si l'on imagine un fil à plomb de la longueur αs, suspendu au point d'où le corps tombe, il s'écartera, au midi du rayon r, de la quantité $\alpha s \frac{\partial \gamma}{\partial \theta}$, et par conséquent de la quantité zu; le corps, en tombant, est donc toujours sur les parallèles des points de la verticale qui sont à la même hauteur que lui; il n'éprouve ainsi aucune déviation sensible vers le midi de cette ligne.

Pour intégrer la troisième équation, nous ferons

$$z v \sin \theta = \frac{\alpha s}{\sin \theta} \frac{\partial y}{\partial \varpi} + z v',$$

et nous aurons

$$o = \alpha \frac{d^2 v'}{dt^2} + \alpha S \frac{dv'}{dt} - 2 \alpha n \frac{ds}{dt} \sin \theta.$$

Le corps s'écarte à l'est du rayon r de la quantité $z v \sin \theta$, ou $\frac{\alpha s}{\sin \theta} \frac{\partial y}{\partial \varpi} + z v'$; mais le fil à plomb s'écarte à l'est de ce rayon de la quantité $\frac{\alpha s}{\sin \theta} \frac{\partial y}{\partial \varpi}$; $z v'$ est donc l'écart du corps à l'est de la verticale.

Supposons maintenant la résistance de l'air proportionnelle au carré de la vitesse, en sorte que $S = m z \frac{ds}{dt}$, m étant un coefficient qui dépend de la figure du corps et de la densité de l'air, densité variable à raison de la hauteur, mais qui peut être ici supposée constante sans erreur sensible; on aura

$$o = \alpha \frac{d^2 s}{dt^2} + \alpha^2 m \frac{ds^2}{dt^2} - g.$$

Pour intégrer cette équation, nous ferons

$$\alpha s = \frac{1}{m} \log s',$$

et nous aurons

$$o = \frac{d^2 s'}{dt^2} - m g s',$$

ce qui donne, en intégrant,

$$s' = A c^{t \sqrt{mg}} + B c^{-t \sqrt{mg}},$$

c étant le nombre dont le logarithme hyperbolique est l'unité, et A et B étant deux arbitraires. Pour les déterminer, nous observerons que αs

doit être nul lorsque $t = o$, ce qui donne alors $s' = 1$, et par conséquent

$$A + B = 1.$$

De plus, $\alpha \dfrac{ds}{dt}$ doit être nul avec t, et par conséquent aussi $\alpha \dfrac{ds'}{dt}$: ce qui donne

$$A - B = o;$$

on a donc $A = B = \frac{1}{2}$, d'où l'on tire

$$\alpha s = \frac{1}{m} \log \left(\tfrac{1}{2} e^{t\sqrt{mg}} + \tfrac{1}{2} e^{-t\sqrt{mg}} \right),$$

et, en réduisant en série,

$$\alpha s = \frac{g t^2}{2} - \frac{mg^2 t^4}{12} + \frac{m^2 g^3 t^6}{45} - \cdots$$

Pour déterminer $\alpha v'$, nous observerons que l'on a

$$\alpha \frac{ds}{dt} = \frac{1}{m} \frac{ds'}{s' dt},$$

et qu'ainsi l'équation différentielle en $\alpha v'$ devient

$$o = \alpha s' \frac{d^2 v'}{dt^2} + \alpha \frac{ds'}{dt} \frac{dv'}{dt} - \frac{2n}{m} \frac{ds'}{dt} \sin \vartheta,$$

d'où l'on tire, en intégrant,

$$\alpha s' \frac{dv'}{dt} = \frac{2n}{m} s' \sin \vartheta + C,$$

C étant une constante. Pour la déterminer, nous observerons que, t étant nul, $\dfrac{dv'}{dt} = o$, et qu'alors $s' = 1$, ce qui donne

$$C = - \frac{2n}{m} \sin \vartheta;$$

partant,

$$\alpha \frac{dv'}{dt} = \frac{2n}{m} \sin \vartheta \left(1 - \frac{1}{s'} \right) = \frac{2n}{m} \sin \vartheta \left(1 - \frac{2}{e^{t\sqrt{mg}} + e^{-t\sqrt{mg}}} \right).$$

En intégrant de manière que v' soit nul avec t, on aura

$$\alpha v' = \frac{2n}{m} t \sin\vartheta - \frac{4n\sin\vartheta}{m\sqrt{mg}} \operatorname{arc\,tang} \frac{c^{\frac{t}{2}\sqrt{mg}} - c^{-\frac{t}{2}\sqrt{mg}}}{c^{\frac{t}{2}\sqrt{mg}} + c^{-\frac{t}{2}\sqrt{mg}}},$$

et, en réduisant en série,

$$\alpha v' = \frac{ngt^3\sin\vartheta}{3}\left(1 - \frac{mgt^2}{4} + \frac{61}{840} m^2 g^2 t^4 - \ldots\right).$$

On doit observer, dans ces expressions de αs et de $\alpha v'$, que, t exprimant un nombre d'unités de temps ou de secondes décimales, g est le double de l'espace que la pesanteur fait décrire dans la première unité de temps; nt est l'angle de rotation de la Terre pendant le nombre t d'unités, et mg est un nombre dépendant de la résistance que l'air oppose au mouvement du corps.

Pour avoir le temps t de la chute du corps et l'écart vers l'est, en fonction de la hauteur d'où le corps est tombé, nommons h cette hauteur. On aura, par ce qui précède,

$$2c^{mh} = c^{t\sqrt{mg}} + c^{-t\sqrt{mg}},$$

d'où l'on tire

$$t = \frac{1}{\sqrt{mg}} \log\tfrac{1}{2}\left(\sqrt{c^{mh}+1} + \sqrt{c^{mh}-1}\right)^2,$$

et ensuite

$$\alpha v' = \frac{2n\sin\vartheta}{m\sqrt{mg}}\left[\log\tfrac{1}{2}\left(\sqrt{c^{mh}+1} + \sqrt{c^{mh}-1}\right)^2 - 2\operatorname{arc\,tang}\frac{\sqrt{c^{mh}-1}}{\sqrt{c^{mh}+1}}\right].$$

La hauteur h étant donnée, l'observation du temps t donnera la valeur de m, et l'on en conclura $\alpha v'$ ou la déviation du corps à l'est de la verticale. On pourra encore déterminer m par la figure et la densité du corps, et par les expériences déjà faites sur la résistance de l'air.

Dans le vide, ou, ce qui revient au même, dans le cas de m infiniment petit, on a

$$\alpha v' = \frac{2nh}{3}\sqrt{\frac{2h}{g}}\sin\vartheta.$$

On a déjà fait, en Italie et en Allemagne, plusieurs expériences sur la chute des corps, qui s'accordent avec les résultats précédents. Mais ces expériences, qui exigent des attentions très-délicates, ont besoin d'être répétées avec plus d'exactitude encore.

16. Considérons présentement le cas où le corps a un mouvement quelconque dans l'espace. Reprenons pour cela les équations (A) du numéro précédent, et supposons

$$\alpha u = \alpha s\, \frac{\partial y}{\partial \theta} + \alpha u',$$

$$\alpha v \sin\theta = \frac{\alpha s\, \dfrac{\partial y}{\partial \varpi}}{\sin\theta} + \alpha v';$$

$\alpha u'$ et $\alpha v'$ seront les déviations du corps de la verticale qui passe par le point de départ, l'une dans le sens du méridien, l'autre dans le sens du parallèle. Les équations (A) donneront ainsi les suivantes, en faisant abstraction de la résistance de l'air,

$$0 = \alpha \frac{d^2 s}{dt^2} + 2\alpha n\, \frac{dv'}{dt}\sin\theta + 2\alpha n\, \frac{ds}{dt}\, \frac{\partial y}{\partial \varpi} - g,$$

$$0 = \alpha \frac{d^2 s}{dt^2}\, \frac{\partial y}{\partial \theta} + \alpha \frac{d^2 u'}{dt^2} - 2\alpha n\, \frac{ds}{dt}\, \frac{\partial y}{\partial \varpi}\, \frac{\cos\theta}{\sin\theta} - 2\alpha n\, \frac{dv'}{dt}\cos\theta - g\, \frac{\partial y}{\partial \theta},$$

$$= \alpha \frac{d^2 s}{dt^2}\, \frac{\dfrac{\partial y}{\partial \varpi}}{\sin\theta} - \alpha \frac{d^2 v'}{dt^2} + 2\alpha n\, \frac{ds}{dt}\, \frac{\partial y}{\partial \theta}\cos\theta + 2\alpha n\, \frac{du'}{dt}\cos\theta$$

$$- 2\alpha n\, \frac{ds}{dt}\sin\theta - \frac{g\, \dfrac{\partial y}{\partial \varpi}}{\sin\theta}.$$

En retranchant des deux dernières équations la première, multipliée successivement par $\dfrac{\partial y}{\partial \theta}$ et $\dfrac{\dfrac{\partial y}{\partial \varpi}}{\sin\theta}$, et rejetant les produits de ces deux quantités par $2n\dfrac{ds}{dt}$, $2n\dfrac{dv'}{dt}$ et $2n\dfrac{du'}{dt}$, on formera les trois équations

$$0 = 2\,\frac{d^2u'}{dt^2} - 2\,2n\,\frac{dv'}{dt}\cos\theta,$$

$$0 = 2\,\frac{d^2v'}{dt^2} + 2\,2n\,\frac{du'}{dt}\cos\theta - 2\,2n\,\frac{ds}{dt}\sin\theta,$$

$$0 = 2\,\frac{d^2s}{dt^2} + 2\,2n\,\frac{dv'}{dt}\sin\theta - g.$$

Ces équations donnent, en les intégrant et fixant au point du départ l'origine des coordonnées $2s$, $2u'$ et $2v'$, et l'origine du temps t à l'instant du départ,

$$2u' = Bt\sin\theta + \tfrac{1}{2}gt^2\sin\theta\cos\theta + C\cos\theta[\cos(2nt + \varepsilon) - \cos\varepsilon],$$

$$2v' = \frac{gt\sin\theta}{2n} - C[\sin(2nt + \varepsilon) - \sin\varepsilon],$$

$$2s = Bt\cos\theta + \tfrac{1}{2}gt^2\cos^2\theta - C\sin\theta[\cos(2nt + \varepsilon) - \cos\varepsilon],$$

B, C, ε étant trois arbitraires, que déterminent les vitesses initiales du corps dans le sens des trois coordonnées.

Supposons, par exemple, que le corps soit lancé verticalement de bas en haut, avec une vitesse égale à K. Les valeurs positives de s étant prises ici de haut en bas, on aura, à l'origine du temps t, $\dfrac{ds}{dt} = -$ K. On aura de plus, à cette origine, $\dfrac{du'}{dt} = 0$, $\dfrac{dv'}{dt} = 0$; partant,

$$0 = B\sin\theta - 2nC\cos\theta\sin\varepsilon,$$

$$0 = \frac{K}{2n}\sin\theta - 2nC\cos\varepsilon,$$

$$- K = B\cos\theta + 2nC\sin\theta\sin\varepsilon,$$

d'où l'on tire

$$C\sin\varepsilon = -\frac{K\sin\theta}{2n},$$

$$C\cos\varepsilon = \frac{g\sin\theta}{4n^2},$$

$$B = -K\cos\theta,$$

ce qui donne

$$\alpha s = -Kt + \tfrac{1}{2}gt^2 + \frac{g\sin^2\theta}{4n^2}(1 - 2n^2t^2 - \cos 2nt) + \frac{K\sin^2\theta}{2n}(2nt - \sin 2nt,$$

$$\alpha u' = -\sin\theta\cos\theta\left[\frac{K}{2n}(2nt - \sin 2nt) + \frac{g}{4n^2}(1 - 2n^2t^2 - \cos 2nt)\right],$$

$$\alpha v' = \frac{\sin\theta}{2n}\left[gt - \frac{g\sin 2nt}{2n} - K(1 - \cos 2nt)\right].$$

En réduisant ces expressions en séries, et négligeant les quantités de l'ordre n^2, on a

$$\alpha s = -Kt + \tfrac{1}{2}gt^2,$$

$$\alpha u' = 0,$$

$$\alpha v' = \frac{nt^2}{3}\sin\theta(gt - 3K).$$

Ces expressions nous montrent que la déviation du corps, dans le sens du méridien, est très-peu sensible; elle ne l'est que dans celui du parallèle. En supposant K nul, on a la même expression que ci-dessus pour cette déviation. Si, K n'étant pas nul, on cherche le point où le corps doit retomber, on fera $\alpha s = 0$, ce qui donne $gt = 2K$, et par conséquent

$$\alpha v' = -\frac{4nK^3\sin\theta}{3g^2}.$$

Pour réduire en nombres cette formule, on observera que n est l'angle décrit par la rotation de la Terre dans une seconde, et cet angle est égal à $\dfrac{40''}{0,99727}$, parce que la durée du jour sidéral est de 99727 secondes. Il faut le réduire en parties du rayon, ou le diviser par l'arc égal au rayon, c'est-à-dire par 636619″,8. g est le double de l'espace que la pesanteur fait décrire aux graves dans la première seconde de leur chute, et ce double espace est, à la latitude de Paris, égal à 7ᵐ,32214. Supposons, par exemple, la vitesse K égale à 500 mètres par seconde: on aura pour Paris, dont la latitude est de 54°,2636, θ égal au complément de cette latitude, et, par conséquent, égal à 45°,7364, ce qui donne

$$zv' = -\frac{1}{3} \cdot 500^m \left(\frac{500^m}{7^m,3221^4}\right)^2 \frac{40''}{0,99727.6386619'',8}\,\sin 45'',7364,$$

d'où l'on tire

$$zv' = -128^m,9;$$

c'est la quantité dont le corps retombera à l'occident du point du départ ; car la rotation de la Terre ayant lieu d'occident en orient, les zv' négatifs ont lieu dans le sens opposé.

CHAPITRE VI.

SUR QUELQUES CAS OU L'ON PEUT RIGOUREUSEMENT OBTENIR LE MOUVEMENT D'UN SYSTÈME DE CORPS QUI S'ATTIRENT.

17. Le problème du mouvement de deux corps soumis à leur attraction mutuelle peut être résolu exactement, comme on l'a vu dans le Livre II; mais, lorsque le système est composé de trois ou d'un plus grand nombre de corps, le problème, dans l'état actuel de l'Analyse, ne peut être résolu que par approximation. Voici cependant quelques cas où il est susceptible d'une solution rigoureuse.

Si l'on conçoit les différents corps disposés dans un même plan, de manière que les résultantes des forces dont chacun d'eux est animé passent par le centre de gravité du système, et que ces diverses résultantes soient proportionnelles aux distances respectives des corps à ce centre, alors il est clair qu'en imprimant au système un mouvement angulaire de rotation autour de son centre de gravité, tel que la force centrifuge de chaque corps soit égale à la force qui le sollicite vers ce centre, tous les corps continueront de se mouvoir circulairement autour de ce point, en conservant entre eux la même position respective, en sorte qu'ils paraîtront décrire des cercles les uns autour des autres.

Les corps étant dans la position précédente, si l'on imagine que le polygone, aux angles duquel on peut toujours les supposer, varie d'une manière quelconque, en conservant toujours une figure semblable, il est visible que, la loi de l'attraction étant supposée proportionnelle à une puissance quelconque de la distance, les résultantes des forces dont les corps sont animés seront à chaque instant entre elles comme les distances des corps au centre de gravité du système. Cela posé, concevons que l'on imprime aux différents corps des vitesses proportionnelles à leurs distances à ce centre, et dont les directions soient également inclinées aux rayons menés de ce point à chacun des corps; alors les polygones formés à chaque instant par les droites qui joignent ces corps seront semblables; les corps décriront des courbes semblables, soit autour du centre de gravité du système, soit autour de l'un d'eux, et ces courbes seront de la même nature que celle que décrit un corps attiré vers un point fixe.

Pour appliquer ces théorèmes à un exemple, considérons trois corps dont les masses soient m, m', m'', et qui s'attirent suivant la fonction $\varphi(r)$ de la distance r. Soient x et y les coordonnées de m, rapportées au plan qui joint ces trois corps et au centre de gravité du système; soient x' et y' les coordonnées de m', et x'' et y'' celles de m''. La force qui sollicite m parallèlement à l'axe des x sera

$$m' \frac{\varphi'(s)}{s}(x - x') + m'' \frac{\varphi'(s')}{s'}(x - x''),$$

s étant la distance de m à m', et s' étant la distance de m à m''. La force qui sollicite m parallèlement à l'axe des y sera

$$m' \frac{\varphi'(s)}{s}(y - y') + m'' \frac{\varphi'(s')}{s'}(y - y'').$$

Pareillement, la force dont m' est animé parallèlement à l'axe des x sera

$$m \frac{\varphi'(s)}{s}(x' - x) + m'' \frac{\varphi'(s'')}{s''}(x' - x''),$$

s' étant la distance de m' à m''. La force qui sollicite m' parallèlement à l'axe des y sera

$$m \frac{\varphi'(s)}{s}(y' - y) + m'' \frac{\varphi'(s'')}{s''}(y' - y'').$$

Enfin les forces qui sollicitent m'' parallèlement aux axes des x et des y seront respectivement

$$m\,\frac{\varphi(s')}{s'}\,(x''-x) + m'\,\frac{\varphi(s'')}{s''}\,(x''-x'),$$

$$m\,\frac{\varphi(s')}{s'}\,(y''-y) + m'\,\frac{\varphi(s'')}{s''}\,(y''-y').$$

Maintenant, pour que la résultante des deux forces qui sollicitent m parallèlement aux axes des x et des y passe par le centre de gravité du système, il est nécessaire que ces forces soient dans le rapport de x à y; on aura donc

$$\frac{\varphi(s)}{s}\,(x-x') + m''\,\frac{\varphi(s')}{s'}\,(x-x'') = Kx,$$

$$m'\,\frac{\varphi(s)}{s}\,(y-y') + m''\,\frac{\varphi(s')}{s'}\,(y-y'') = Ky,$$

K étant une quantité quelconque. La force qui sollicite m vers le centre de gravité sera $K\sqrt{x^2+y^2}$. On aura pareillement, en considérant les forces dont m' est animé,

$$m\,\frac{\varphi(s)}{s}\,(x'-x) + m''\,\frac{\varphi(s'')}{s''}\,(x'-x'') = K'x',$$

$$m\,\frac{\varphi(s)}{s}\,(y'-y) + m''\,\frac{\varphi(s'')}{s''}\,(y'-y'') = K'y',$$

ce qui donne $K'\sqrt{x'^2+y'^2}$ pour la force qui sollicite m' vers le centre de gravité du système. Pour que cette force soit à celle qui sollicite le corps m dans le rapport des distances des deux corps à ce centre, il faut que l'on ait $K = K'$, et, comme on doit appliquer le même résultat aux forces dont m'' est animé, on aura les trois équations suivantes :

$$(a)\quad\begin{cases} m'\,\dfrac{\varphi(s)}{s}\,(x-x') + m''\,\dfrac{\varphi(s')}{s'}\,(x-x'') = Kx,\\[2ex] m\,\dfrac{\varphi(s)}{s}\,(x'-x) + m''\,\dfrac{\varphi(s'')}{s''}\,(x'-x'') = Kx',\\[2ex] m\,\dfrac{\varphi(s')}{s'}\,(x''-x) + m'\,\dfrac{\varphi(s'')}{s''}\,(x''-x') = Kx''. \end{cases}$$

En changeant dans ces équations x, x', x'' en y, y', y'', on aura celles qui sont relatives à ces trois dernières variables.

Les équations précédentes, multipliées respectivement par m, m', m'', et ajoutées ensemble, donnent

$$0 = mx + m'x' + m''x'',$$

équation qui résulte pareillement de la nature du centre de gravité. Cette équation, combinée avec la première des équations (a), donne

$$x\left[m'\frac{\varphi'(s)}{s} + (m+m'')\frac{\varphi'(s)}{s}\right] + m'x'\left[\frac{\varphi'(s')}{s} - \frac{\varphi'(s)}{s}\right] = \mathrm{K}x;$$

en supposant donc $s = s'$, on aura

$$\mathrm{K} = (m + m' + m'')\frac{\varphi'(s)}{s}.$$

Si l'on suppose, de plus, $s = s''$, les deux dernières des équations (a) donneront la même expression de K, d'où il suit que, dans la supposition de $s = s' = s''$, cette expression satisfait aux équations (a) et aux équations semblables en y, y' et y''.

Si, dans cette supposition, on nomme r, r', r'' les distances respectives des corps m, m', m'' au centre de gravité du système, les forces qui sollicitent ces corps vers ce point seront $\mathrm{K}r$, $\mathrm{K}r'$, $\mathrm{K}r''$; ainsi, en imprimant à ces trois corps des vitesses proportionnelles à r, r', r'', et dont les directions soient également inclinées à ces rayons, on aura, durant le mouvement, $s = s' = s''$, c'est-à-dire que les trois corps formeront toujours un triangle équilatéral par les droites qui les joignent; ils décriront des courbes parfaitement semblables les uns autour des autres, et autour de leur centre commun de gravité.

En nommant X et Y les coordonnées de ce centre, rapportées à un point quelconque, x et y celles du corps m rapportées au même point, x' et y' celles de m', et ainsi de suite, on a, par le n° 15 du Livre Ier,

$$\mathrm{X}^2 + \mathrm{Y}^2 = \frac{\Sigma m(x^2 + y^2)}{\Sigma m} - \frac{\Sigma mm'[(x - x')^2 + (y - y')^2]}{(\Sigma m)^2};$$

en prenant donc le centre du corps m pour origine des coordonnées, ce qui donne x et y nuls, et

$$X^2 + Y^2 = r^2,$$
$$(x' - x)^2 + (y' - y)^2 = s^2,$$
$$(x' - x)^2 + (y'' - y)^2 = s'^2 = s^2,$$
$$\dots\dots\dots\dots\dots\dots\dots\dots\dots,$$

on aura

$$r^2 = \frac{(m' + m'')s^2}{m + m' + m''} - \frac{(mm' + mm'' + m'm'')s^2}{(m + m' + m'')^2},$$

d'où l'on tire

$$s = \frac{(m + m' + m'')r}{\sqrt{m'^2 + m'm'' + m''^2}}.$$

En substituant cette valeur de s dans la fonction $\varphi(s)$, on aura la loi de la gravitation du corps m vers le centre de gravité du système. La force qui sollicite m vers ce point étant égale à Kr, et K étant égal à $(m + m' + m'')\frac{\varphi'(s)}{s}$, cette force sera

$$\sqrt{m'^2 + m'm'' + m''^2}\cdot\varphi\left[-\frac{(m + m' + m'')r}{\sqrt{m'^2 + m'm'' + m''^2}}\right].$$

On aura, par la formule (3) du n° 2 du Livre II, l'équation de la courbe décrite par le corps m autour du même point, et par conséquent celles des courbes décrites par les corps m' et m'', puisque ces trois courbes sont semblables entre elles, avec des dimensions respectivement pro-portionnelles à r, r' et r''.

Dans le cas de la nature, $\varphi(s) = \frac{1}{s^2}$: la force qui sollicite m vers le centre de gravité du système est donc

$$\frac{(m'^2 + m'm'' + m''^2)^{\frac{3}{2}}}{(m + m' + m'')^2 r^2}.$$

Ainsi les trois corps décrivent des sections coniques semblables autour du centre de gravité du système, en formant constamment entre eux un triangle équilatéral, dont les côtés varient sans cesse et s'étendent même à l'infini, si la section est une parabole ou une hyperbole.

Supposons maintenant que les trois quantités s, s', s'' ne soient point égales entre elles, que s, par exemple, ne soit point égal à s', et reprenons l'équation

$$x\left[m'\,\frac{\varphi(s)}{s}+(m+m'')\,\frac{\varphi(s')}{s'}\right]+m'x'\left[\frac{\varphi(s')}{s'}-\frac{\varphi(s)}{s}\right]=\mathrm{K}.x.$$

On aura une équation semblable entre y et y'; d'où l'on tirera

$$x:x'=y:y';$$

ainsi les deux corps m et m' sont sur une même droite avec le centre de gravité du système, ce qui exige que les trois corps m, m', m'' soient sur la même droite. Prenons, à un instant quelconque, cette droite pour l'axe des abscisses, et supposons les corps rangés dans l'ordre m, m', m'', et que leur centre commun de gravité soit entre m et m'. Soit

$$x'=-\mu.x,\quad x''=-\nu x;$$

supposons, de plus, que la loi d'attraction soit comme la puissance n de la distance, en sorte que $\varphi(s)=s^n$; les équations (a) donneront, en observant qu'ici $s=x(1+\mu)$, $s'=x(1+\nu)$,

$$\mathrm{K}=x^{n-1}[m'(1+\mu)^n+m''(1+\nu)^n],$$

$$\mu[m'(1+\mu)^n+m''(1+\nu)^n]=m(1+\mu)^n-m''(\nu-\mu)^n.$$

Soit

$$\nu-\mu=(1+\mu)z;$$

nous aurons

$$1+\nu=(1+\mu)(1+z),$$

et par conséquent

$$\mu[m'+m''(1+z)^n]=m-m''z^n;$$

mais l'équation

$$0=mx+m'x'+m''x''$$

donne

$$0=m-m'\mu-m''\nu,$$

d'où l'on tire

$$\mu = \frac{m - m''z}{m' + m''(1 + z)};$$

on aura donc

$$(m - m''z)\left[m' + m''(1 + z)^n\right] = \left[m' + m''(1 + z)\right](m - m''z'').$$

Dans le cas de la nature, où $n = -2$, cette équation devient

$$0 = m\,z^2\left[(1 + z)^3 - 1\right] - m'(1 + z)^2(1 - z^3) - m''\left[(1 + z)^3 - z^3\right],$$

équation du cinquième degré, et par conséquent susceptible d'une racine réelle; et comme, dans la supposition de $z = 0$, le second membre de cette équation est négatif, tandis qu'il est positif dans le cas de z infini, z a nécessairement une valeur réelle et positive.

Si l'on suppose que m soit le Soleil, m' la Terre et m'' la Lune, on aura, à très-peu près,

$$z = \sqrt[3]{\frac{m' + m''}{3m}},$$

ce qui donne $z = \frac{1}{100}$ à peu près. Donc si, à l'origine, la Terre et la Lune avaient été placées sur une même droite, à des distances respectives de cet astre proportionnelles à 1 et $1 + \frac{1}{100}$; si, de plus, on leur avait imprimé des vitesses parallèles et proportionnelles à ces distances, la Lune eût été sans cesse en opposition au Soleil; ces deux astres se seraient succédé l'un à l'autre sur l'horizon, et comme, à cette distance, la Lune n'eût point été éclipsée, sa lumière, pendant la nuit, eût remplacé la lumière du Soleil.

CHAPITRE VII.

SUR LES ALTÉRATIONS QUE LE MOUVEMENT DES PLANÈTES ET DES COMÈTES
PEUT ÉPROUVER PAR LA RÉSISTANCE DES MILIEUX QU'ELLES TRAVERSENT
ET PAR LA TRANSMISSION SUCCESSIVE DE LA PESANTEUR.

18. Imaginons un fluide répandu autour du Soleil, et déterminons
l'effet de sa résistance sur le mouvement des planètes et des comètes.
Nous nous sommes déjà occupés de cet objet dans le Chapitre VI du
Livre VII; mais nous allons le reprendre ici avec plus d'étendue, et
déterminer les altérations des orbites pour un temps quelconque.

Soit $\varphi\left(\dfrac{1}{r}\right)$ la densité du fluide à la distance r du centre du Soleil. Si
l'on nomme ds l'élément de la courbe planétaire décrit pendant l'in-
stant dt, on aura $K\varphi\left(\dfrac{1}{r}\right)\dfrac{ds^2}{dt^2}$ pour l'expression de la résistance que la
planète éprouve dans le sens de son mouvement, K étant un coefficient
constant dépendant de la figure et de la densité de la planète. Cette
résistance, décomposée parallèlement aux coordonnées x et y du corps
prises dans le plan de l'orbite, donne les résistances partielles

$$ K\varphi\left(\frac{1}{r}\right)\frac{ds\,dx}{dt^2}, \quad K\varphi\left(\frac{1}{r}\right)\frac{ds\,dy}{dt^2}. $$

Ayant donc représenté, dans le n° 64 du Livre II, par $-\dfrac{\partial R}{\partial x}$ et $-\dfrac{\partial R}{\partial y}$
les forces qui sollicitent la planète dans le sens des x et des y, on

aura ici

$$\frac{\partial R}{\partial x} = K\,\varphi\left(\frac{1}{r}\right)\frac{ds\,dx}{dt^2},$$

$$\frac{\partial R}{\partial y} = K\,\varphi\left(\frac{1}{r}\right)\frac{ds\,dy}{dt^2}.$$

On a ensuite, par le même numéro, et en prenant pour l'unité la somme des masses du Soleil et de la planète,

$$d\,\frac{1}{a} = 2\,dR = 2\,\frac{\partial R}{\partial x}\,dx + 2\,\frac{\partial R}{\partial y}\,dy;$$

partant,

$$d\,\frac{1}{a} = 2K\,\varphi\left(\frac{1}{r}\right)\frac{ds^2}{dt^2}.$$

e étant le rapport de l'excentricité au demi-grand axe, et ϖ étant la longitude du périhélie, on a, par le même numéro,

$$d(e\sin\varpi) = dx\left(x\,\frac{\partial R}{\partial y} - y\,\frac{\partial R}{\partial x}\right) + (x\,dy - y\,dx)\,\frac{\partial R}{\partial x},$$

$$d(e\cos\varpi) = dy\left(y\,\frac{\partial R}{\partial x} - x\,\frac{\partial R}{\partial y}\right) - (x\,dy - y\,dx)\,\frac{\partial R}{\partial y};$$

partant,

$$d(e\sin\varpi) = \quad 2K\,\varphi\left(\frac{1}{r}\right)\frac{dx\,ds}{dt^2}\,(x\,dy - y\,dx),$$

$$d(e\cos\varpi) = -\,2K\,\varphi\left(\frac{1}{r}\right)\frac{dy\,ds}{dt^2}\,(x\,dy - y\,dx).$$

Enfin on a, par le numéro cité du Livre II,

$$dn = 3an\,dR = 3K\,an\,\varphi\left(\frac{1}{r}\right)\frac{ds^2}{dt^2}.$$

Au moyen de ces équations, on aura les variations des éléments de l'orbite dues à la résistance du milieu; car cette résistance n'altère point la position du plan de l'orbite.

On a, par le n° 16 du Livre II,

$$x\,dy - y\,dx = r^2\,dv = dt\sqrt{a(1-e^2)},$$

$$r = \frac{a(1-e^2)}{1 + e\cos(v-\varpi)};$$

de plus, on a

$$ds = \sqrt{dr^2 + r^2 dv^2},$$

d'où l'on tire

$$ds = \frac{r^2 dv \sqrt{1 + 2e\cos(v - \varpi) + e^2}}{a(1 - e^2)},$$

$$\frac{ds^2}{dt^2} = \frac{r^2 dv[1 + 2e\cos(v - \varpi) + e^2]^{\frac{3}{2}}}{a^2(1 - e^2)^2};$$

partant,

$$d\frac{1}{a} = \frac{2K\varphi\left(\frac{1}{r}\right) r^2 dv[1 + 2e\cos(v - \varpi) + e^2]^{\frac{3}{2}}}{a^2(1 - e^2)^2}.$$

Supposons qu'en développant la fonction

$$K\varphi\left(\frac{1}{r}\right) r^2[1 + 2e\cos(v - \varpi) + e^2]^{\frac{1}{2}}$$

dans une série ordonnée par rapport aux cosinus de $v - \varpi$ et de ses multiples, on ait

$$A + eB\cos(v - \varpi) + e^2 C\cos(2v - 2\varpi) + \ldots,$$

A, B, C, $\ldots$ étant fonctions de e^2; on aura, en négligeant les quantités périodiques,

$$d\frac{1}{a} = \frac{[2A(1 + e^2) + 2e^2 B]dv}{a^2(1 - e^2)^2}.$$

On a ensuite

$$x = r\cos v, \quad y = r\sin v,$$

d'où l'on tire

$$dx = -\frac{r^2 dv}{a(1 - e^2)}(\sin v + e\sin\varpi),$$

$$dy = \frac{r^2 dv}{a(1 - e^2)}(\cos v + e\cos\varpi).$$

De là il est facile de conclure

$$d(e\sin\varpi) = -\frac{(2A + B)e\,dv\sin\varpi}{a(1 - e^2)},$$

$$d(e\cos\varpi) = -\frac{(2A + B)e\,dv\cos\varpi}{a(1 - e^2)},$$

et par conséquent

$$de = -\frac{(2A + B)e\,dv}{a(1 - e^2)},$$

$$d\varpi = 0;$$

ainsi le périhélie est immobile, et il n'y a d'altération que dans le grand axe et l'excentricité de l'orbite.

Les deux expressions précédentes de de et de $d\frac{1}{a}$ donnent

$$de = \frac{(2A + B)e(1 - e^2)\,da}{a[2A(1 + e^2) + 2e^2 B]}.$$

En intégrant cette équation différentielle, on aura e en fonction de a; en substituant ensuite cette fonction dans l'équation

$$da = -\frac{dv[2A(1 + e^2) + 2e^2 B]}{(1 - e^2)^2},$$

on aura, en l'intégrant, v en fonction de a, et réciproquement a en fonction de v.

Pour avoir la valeur de v en fonction du temps t, on observera que, si l'on rejette les quantités périodiques, on a $dv = n\,dt$; de plus, $n = \frac{1}{a^{\frac{3}{2}}}$; partant,

$$dt = a^{\frac{3}{2}}\,dv.$$

Substituant pour a sa valeur en fonction de v, et intégrant, on aura t en fonction de v, et réciproquement v en fonction de t.

Dans le cas des orbites peu excentriques, on a, en négligeant le carré de e,

$$A = \ \ Ka^2 \varphi\left(\frac{1}{a}\right),$$

$$B = -Ka^2 \varphi\left(\frac{1}{a}\right) + Ka \varphi'\left(\frac{1}{a}\right),$$

$\varphi'\left(\frac{1}{a}\right)$ étant la différence de $\varphi\left(\frac{1}{a}\right)$ divisée par la différence de $\frac{1}{a}$. On aura donc alors

$$da = -2\,\mathrm{K}a^2 dv\,\varphi\left(\frac{1}{a}\right),$$

$$\frac{de}{e} = -\mathrm{K}\,dv\left[a\varphi\left(\frac{1}{a}\right) + \varphi'\left(\frac{1}{a}\right)\right].$$

$\varphi\left(\frac{1}{a}\right)$ est toujours positif, et $\varphi'\left(\frac{1}{a}\right)$ est aussi positif, si, comme il est naturel de le supposer, $\varphi\left(\frac{1}{r}\right)$ augmente quand la distance r au Soleil diminue; ainsi, en même temps que la planète se rapproche de plus en plus du Soleil par l'effet de la résistance du milieu, l'orbite devient de plus en plus circulaire. Les deux équations précédentes donnent

$$e = q\sqrt{\frac{a}{\varphi\left(\frac{1}{a}\right)}},$$

q étant une constante arbitraire. On voit clairement que, a diminuant et $\varphi\left(\frac{1}{a}\right)$ augmentant sans cesse, la valeur de e diminue sans cesse.

19. Si la lumière consiste dans les vibrations d'un fluide élastique, l'analyse précédente donnera l'effet de sa résistance sur le mouvement des planètes et des comètes. Si elle est une émanation du Soleil, la même analyse donnera encore, avec quelques modifications légères, l'effet de sa résistance. En effet, on peut transporter, en sens contraire, à la lumière, le mouvement réel de la planète, et considérer celle-ci comme immobile, ce qui ne change rien à leur action réciproque. Alors la lumière agit sur la planète suivant une direction un peu inclinée à sa direction primitive; elle communique à son centre de gravité, suivant cette direction nouvelle, une force que l'on peut ensuite décomposer en deux, l'une suivant le rayon vecteur de la planète, l'autre en sens contraire de la direction de l'élément de la courbe qu'elle décrit. Si l'on nomme ϑ la vitesse de la lumière, ces deux forces sont entre elles comme ϑ est à $\frac{ds}{dt}$. Soit ρ la densité de la lumière à la distance r du

Soleil, et (ρ) sa densité à la distance 1; on aura $\rho = \dfrac{(\rho)}{r^2}$; les deux forces dont il s'agit pourront donc être représentées par $\dfrac{\mathrm{H}\rho}{r^2}$ et $\dfrac{\mathrm{H}}{r^2}\dfrac{ds}{dt}$. La première est en sens contraire de la gravitation vers le Soleil, et, comme elle suit la même loi, elle se confond avec elle en la diminuant un peu. La seconde force est en sens contraire du mouvement de la planète, et produit une résistance à ce mouvement. En la comparant à la résistance $\mathrm{K}\dfrac{ds^2}{dt^2}\varphi\left(\dfrac{1}{r}\right)$, on aura

$$\mathrm{K}\,\varphi\left(\frac{1}{r}\right) = \frac{\mathrm{H}}{r^2\dfrac{ds}{dt}},$$

ce qui donne, par le numéro précédent, les trois équations

$$d\frac{1}{a} = \frac{2\mathrm{H}}{r^2}\frac{ds^2}{dt},$$

$$d(e\sin\varpi) = \frac{2\mathrm{H}}{r^2}\frac{dx}{dt}(x\,dy - y\,dx),$$

$$d(e\cos\varpi) = -\frac{2\mathrm{H}}{r^2}\frac{dy}{dt}(x\,dy - y\,dx).$$

Ces trois équations deviennent, en négligeant les quantités périodiques,

$$d\frac{1}{a} = \frac{2\mathrm{H}\,dv(1+e^2)}{a^{\frac{3}{2}}(1-e^2)^{\frac{3}{2}}},$$

$$d(e\sin\varpi) = -\frac{2\mathrm{H}\,dv.e\sin\varpi}{\sqrt{a(1-e^2)}},$$

$$d(e\cos\varpi) = -\frac{2\mathrm{H}\,dv.e\cos\varpi}{\sqrt{a(1-e^2)}},$$

d'où l'on tire

$$d\varpi = 0,$$

$$de = -\frac{2\mathrm{H}e\,dv}{\sqrt{a(1-e^2)}} = \frac{e\,da(1-e^2)}{a(1+e^2)};$$

partant,

$$\frac{da}{a} = \frac{(1+e^2)\,de}{e(1-e^2)}.$$

En intégrant, on a

$$\frac{c}{1-e^2} = aq,$$

q étant une constante arbitraire. En substituant pour a cette valeur dans l'expression de de, on aura

$$de = -2\Pi\,dv\sqrt{qe},$$

ce qui donne

$$c = (h - \Pi v\sqrt{q})^2,$$

h étant une arbitraire égale à la racine carrée de c, lorsque $v = 0$.

On a $a^{\frac{3}{2}}dv = dt$; substituant pour a et dv leurs valeurs en c et de, on aura

$$dt = \frac{-e\,de}{2\Pi q^2(1-e^2)^{\frac{3}{2}}},$$

d'où l'on tire, en intégrant,

$$\varepsilon - t = \frac{1}{2\Pi q^2\sqrt{1-e^2}},$$

ε étant une arbitraire. Substituant pour e sa valeur en v, on aura

$$\varepsilon - t = \frac{1}{2\Pi q^2\sqrt{1-(h-\Pi v\sqrt{q})^2}}.$$

En réduisant en série et déterminant ε de manière que v commence avec le temps t, on aura à très-peu près

$$v = nt + \frac{3\Pi(1+e^2)}{2(1-e^2)^{\frac{3}{2}}\sqrt{a}}\,n^2 t^2,$$

n, e et a étant relatifs à l'origine du temps. Le second terme de l'expression de v est l'équation séculaire de la planète, due à l'action de la lumière.

20. Déterminons maintenant l'inégalité séculaire correspondante de la Lune. Si l'on marque d'un trait, pour ce satellite, les quantités que

nous avons désignées par Π, a et n pour la planète, que nous supposerons être ici la Terre, et si l'on nomme x', y', z' ses coordonnées rapportées au centre de la Terre, ses coordonnées rapportées au centre du Soleil seront $x + x'$, $y + y'$, $z + z'$; ainsi, en nommant f la distance de la Lune à cet astre, on aura

$$f^2 = (x + x')^2 + (y + y')^2 + (z + z')^2.$$

Il est aisé de voir, par le numéro précédent, que l'action de la lumière solaire produit sur le centre de la Lune, et en sens contraire de ses coordonnées, les forces

$$\frac{\Pi'}{f^2}\frac{dx' + dx}{dt}, \quad \frac{\Pi'}{f^2}\frac{dy' + dy}{dt}, \quad \frac{\Pi'}{f^2}\frac{dz' + dz}{dt}.$$

Il faut en retrancher les forces dont le centre de la Terre est animé par la même action, pour avoir son mouvement relatif autour de ce centre, et ces forces sont, par le numéro précédent,

$$\frac{\Pi}{r^2}\frac{dx}{dt}, \quad \frac{\Pi}{r^2}\frac{dy}{dt}, \quad \frac{\Pi}{r^2}\frac{dz}{dt};$$

on a donc ici

$$\frac{\partial R}{\partial x'} = \frac{\Pi'}{f^2}\frac{dx'}{dt} + \left(\frac{\Pi'}{f^2} - \frac{\Pi}{r^2}\right)\frac{dx}{dt},$$

$$\frac{\partial R}{\partial y'} = \frac{\Pi'}{f^2}\frac{dy'}{dt} + \left(\frac{\Pi'}{f^2} - \frac{\Pi}{r^2}\right)\frac{dy}{dt},$$

$$\frac{\partial R}{\partial z'} = \frac{\Pi'}{f^2}\frac{dz'}{dt} + \left(\frac{\Pi'}{f^2} - \frac{\Pi}{r^2}\right)\frac{dz}{dt},$$

ce qui donne

$$dR = \frac{\Pi'}{f}\frac{dx'^2 + dy'^2 + dz'^2}{dt} + \left(\frac{\Pi'}{f^2} - \frac{\Pi}{r^2}\right)\frac{dx\,dx' + dy\,dy' + dz\,dz'}{dt},$$

la caractéristique d ne se rapportant qu'aux coordonnées de l'orbite relative de la Lune. L'équation séculaire de ce satellite est, par le n° 65 du Livre II,

$$\frac{3a'n'}{\mu}\int(dt\int dR).$$

Ici μ est la somme des masses de la Terre et de la Lune. Si l'on néglige les quantités périodiques, on a, à très-peu près,

$$\frac{H'}{f^2}\,\frac{dx'^2 + dy'^2 + dz'^2}{dt} = \frac{H'a'^2}{a^2}\,n'^2 dt.$$

De plus, on a, à fort peu près,

$$\frac{H'}{f^2} = \frac{H'}{r^2}\left[1 - \frac{2(xx' + yy' + zz')}{r^2}\right].$$

En prenant ensuite pour plan fixe celui de l'écliptique, on a, à fort peu près,

$$x = a\cos nt, \quad y = a\sin nt, \quad z = 0,$$
$$x' = a'\cos n't, \quad y' = a'\sin n't;$$

en négligeant donc les termes périodiques, on aura

$$\left(\frac{H'}{f^2} - \frac{H'}{r^2}\right)\frac{dx\,dx' + dy\,dy' + dz\,dz'}{dt} = -\frac{H'a'^2}{a^2}\,nn'dt.$$

De là on conclut

$$dR = \frac{H'a'^2}{a^2}\,n'dt(n' - n).$$

Ainsi l'équation séculaire de la Lune, due à l'action de la lumière, sera

$$\frac{3}{2}H'n'^2(n' - n)\,t^2\,\frac{a'^3}{\mu a^2}.$$

Mais on a $n'^2 = \frac{\mu}{a'^3}$ et $n^2 = \frac{1}{a^3}$; cette équation devient ainsi

$$\frac{3}{2}\,\frac{H'n'(n' - n)\,t^2}{\sqrt{a}}.$$

L'équation séculaire de la Terre est, par le numéro précédent, en négligeant le carré de l'excentricité,

$$\frac{3H'n^2 t^2}{2\sqrt{a}};$$

ainsi l'équation séculaire de la Terre est à celle de la Lune comme l'unité est à $\dfrac{n'-n}{n}\dfrac{\mathrm{H'}}{\mathrm{H}}$.

Pour avoir le rapport $\dfrac{\mathrm{H'}}{\mathrm{H}}$, nous supposerons que les actions de la lumière du Soleil sur la Terre et la Lune sont proportionnelles aux surfaces de ces corps, ce qui est l'hypothèse la plus naturelle que l'on puisse faire. On aura les forces qui en résultent sur les centres de ces deux derniers corps en divisant respectivement ces actions par les masses de la Terre et de la Lune; on a ainsi, à fort peu près,

$$\frac{\mathrm{H'}}{\mathrm{H}} = \frac{\text{surface lunaire} \times \text{masse de la Terre}}{\text{surface terrestre} \times \text{masse de la Lune}} = \frac{\text{masse de la Terre} \times \text{carré du demi-diamètre apparent de la Lune}}{\text{masse de la Lune} \times \text{carré de la parallaxe lunaire}}.$$

On a vu, dans le Chapitre VI du Livre VII, que cette quantité est égale à $\dfrac{1}{0,195804}$. De plus, on a $\dfrac{n}{n'} = 0,0748013$, d'où il suit que l'équation séculaire de la Terre est à celle de la Lune comme $1:63,169$.

21. Ces équations séculaires dépendent de l'impulsion de la lumière du Soleil. Mais, si cette lumière est une émanation du Soleil, la masse de cet astre doit diminuer sans cesse, et il doit en résulter, dans le moyen mouvement de la Terre, une équation séculaire d'un signe contraire à celle que produit l'impulsion de la lumière et qui est incomparablement plus grande. Il est facile de la déterminer par les considérations suivantes. Si l'on n'a égard qu'à la diminution de la masse solaire, la Terre sera constamment sollicitée vers son centre; le principe des aires donnera donc

$$r^2\, dv = c\, dt,$$

c restant toujours le même. Or, si l'on néglige le carré de l'excentricité, on a $r^2\, dv = a^2 n\, dt$; ainsi $a^2 n$ est une constante, quoique la masse du Soleil diminue sans cesse. Soient a_1 et n_1 les valeurs de a et de n à l'origine du temps t; on aura

$$a^2 n = a_1^2 n_1.$$

Nous observerons ensuite que la force centrifuge est égale au carré de la vitesse divisé par le rayon. En négligeant donc l'excentricité de l'orbite, cette force sera an^2; mais elle est égale et contraire à la force attractive du Soleil, c'est-à-dire à sa masse divisée par le carré de la distance. Soient 1 cette masse à l'origine de t, et $1 - \alpha t$ sa valeur après le temps t, α étant un très-petit coefficient constant; on aura

$$an^2 = \frac{1 - \alpha t}{a^2}.$$

Cette équation, combinée avec la précédente, donne, en observant que $a_1^3 n_1^2 = 1$,

$$a = \frac{a_1}{1 - \alpha t},$$

$$n = n_1 (1 - \alpha t)^2.$$

La longitude moyenne de la Terre étant $\int n\, dt$, on aura, en négligeant le carré de α,

$$n_1 t - \alpha n_1 t^2$$

pour son expression. L'équation séculaire du moyen mouvement due à la diminution de la masse du Soleil est donc

$$- \alpha n_1 t^2.$$

Comparons son expression à l'expression $\dfrac{3\Pi n^2 t^2}{2\sqrt{a}}$ de l'équation séculaire due à l'impulsion de la lumière. Si l'on nomme i le rapport de la vitesse de la lumière à celle de la Terre dans son orbite, ian sera la première de ces vitesses. ρ étant la densité de la lumière au point de l'espace qu'occupe la Terre, la perte de la lumière du Soleil dans l'instant dt sera $\rho i a n\, dt$ multiplié par la surface de la sphère dont le rayon est a; elle sera donc $4 a^3 \pi i \rho n\, dt$, π étant la demi-circonférence dont le rayon est l'unité. On aura ainsi

$$\alpha = 4 a^3 \pi i \rho n,$$

et, par conséquent, l'équation séculaire due à la diminution de la masse du Soleil sera

$$- 4 \pi i \rho t^2.$$

Si l'on nomme ε la parallaxe du Soleil en parties du rayon, la surface d'un grand cercle de la Terre sera $\varepsilon^2 \pi a^2$. La lumière reçue par ce grand cercle dans l'instant dt sera $\varepsilon^2 \pi a^2 \rho\, i a n\, dt$, et, comme cette lumière est animée de la vitesse ian, son impulsion sera, en la supposant absorbée par la Terre,

$$\varepsilon^2 \pi a^4 i^2 n^2 \rho\, dt,$$

ce qui produit dans le centre de la Terre la force

$$\frac{\varepsilon^2 \pi a^4 i^2 n^2 \rho}{\mathrm{T}},$$

T étant la masse de la Terre. Cette force, par le n° 19, est égale à $\dfrac{\mathrm{H}}{a^2} ian$; on a donc

$$\mathrm{H} = \frac{\varepsilon^2 \pi a^3 i n \rho}{\mathrm{T}}.$$

L'équation séculaire $\dfrac{3\,\mathrm{H}\,n^2 t^2}{2\sqrt{a}}$ devient ainsi, en observant que $a^3 n^2 = 1$,

$$\frac{3\varepsilon^2 \pi i \rho}{2\,\mathrm{T}}\, t^2.$$

Les deux équations séculaires dues à la diminution du Soleil et à l'impulsion de sa lumière seront donc entre elles dans le rapport de -4 à $\dfrac{3\varepsilon^2}{2\mathrm{T}}$ ou de -1 à $\dfrac{3\varepsilon^2}{8\mathrm{T}}$.

Si l'on suppose la parallaxe solaire de $26'',4205$ et la masse de la Terre égale à $\frac{1}{329630}$, on trouve ces deux équations dans le rapport de -1 à $0,0002129$. L'équation séculaire de la Terre due à la diminution de la masse du Soleil est à l'équation séculaire de la Lune due à l'impulsion de sa lumière comme $-1 : 0,01345$. Ainsi 1 seconde dans l'équation séculaire de la Lune produite par cette cause correspond à $74'',35$ dans l'équation séculaire de la Terre, et, comme on est certain, par les observations, que l'équation séculaire de la Terre n'est pas de 18 secondes, il en résulte que l'impulsion de la lumière du Soleil sur la Lune n'influe pas d'un quart de seconde sur son équation séculaire.

Il résulte de l'analyse précédente que depuis deux mille ans la

masse du Soleil n'a point éprouvé $\frac{1}{2000000}$ de diminution ni d'accroissement; car, $-\alpha t.n_{,}t$ étant l'équation séculaire de la Terre due à cette
cause, si l'on suppose que t représente un nombre d'années sidérales,
$n_{,}$ sera égal à 400 degrés et $-\alpha t$ sera la diminution de la masse solaire. Soit donc $t = 2000$, et représentons par q degrés l'équation séculaire de la Terre correspondante à deux mille ans; on aura

$$\alpha t = \frac{q}{800000}.$$

Les observations ne permettent pas de supposer q égal ou plus grand
que $\frac{2}{5}$; ainsi αt est au-dessous de $\frac{1}{2000000}$.

22. Si la gravitation était produite par l'impulsion d'un fluide vers
le centre du corps attirant, l'analyse précédente, relative à l'impulsion
de la lumière solaire, donnerait l'équation séculaire due à la transmission successive de la force attractive. En effet, il résulte de ce qui précède que, si l'on nomme g l'attraction du corps attirant, par exemple
du Soleil, l'équation séculaire du corps attiré, de la Terre par exemple,
sera

$$\frac{3}{2} \frac{gt^2}{ai};$$

car alors on a, par le n° 19, $g = \frac{\Pi \delta}{a^2} = \frac{\Pi in}{a}$, ce qui change dans la
précédente l'équation séculaire $\frac{3\Pi n^2 t^2}{2\sqrt{a}}$. Mais g est égal à la force centrifuge, et cette force est égale à an^2; l'équation séculaire du corps
attiré est donc $\frac{3}{2} \frac{n^2 t^2}{i}$, i étant ici le rapport de la vitesse du fluide gravifique à celle du corps attiré.

Si l'on applique ce résultat à la Lune, et que l'on nomme Nt le
moyen mouvement sidéral de la Terre, t exprimant un nombre d'années
juliennes, on aura l'équation séculaire de la Lune égale à

$$\frac{3}{2i} \left(\frac{n}{N}\right)^2 N^2 t^2.$$

Soient a' la moyenne distance du Soleil à la Terre, a celle de la Lune, i' le rapport de la vitesse du fluide gravifique à celle de la lumière, et supposons l'aberration égale à $62'',5$; l'équation séculaire de la Lune deviendra

$$\frac{3}{2}\,\frac{a}{a'}\left(\frac{n}{N}\right)^3 \frac{N^2 t^2 \sin 62'',5}{i'}.$$

On a vu, dans le n° **23** du Livre II, que l'équation séculaire de la Lune est de $31'',424757$ lorsque l'on suppose $t = 100$; en l'attribuant donc à la cause précédente, on aura

$$i' = \frac{3}{2}\,\frac{a}{a'}\left(\frac{n}{N}\right)^3 N^2 \frac{10000 \sin 62'',5}{31'',424757}.$$

En appliquant les nombres à cette expression de i', on trouve la vitesse du fluide gravifique environ sept millions de fois plus grande que celle de la lumière, et, comme il est certain que l'équation séculaire de la Lune est due presque en entier à la cause que nous lui avons assignée dans le Livre VI, on doit supposer au fluide gravifique une vitesse au moins cent millions de fois plus grande que celle de la lumière, c'est-à-dire qu'il faudrait supposer une semblable vitesse au moins à la Lune pour la soustraire à l'action de sa pesanteur vers la Terre. Les géomètres peuvent donc, comme ils l'ont fait jusqu'ici, supposer cette vitesse infinie.

Il est aisé de voir que l'équation séculaire de la Terre due à la transmission successive de la gravité n'est qu'un sixième environ de l'équation correspondante de la Lune, et, par conséquent, elle est nulle ou insensible.

CHAPITRE VIII.

SUPPLÉMENT AUX THÉORIES DES PLANÈTES ET DES SATELLITES.

23. J'ai donné dans le Livre VI les expressions numériques des inégalités planétaires. Les soins que j'ai pris pour n'omettre aucune inégalité sensible m'autorisaient à penser que les Tables astronomiques
seraient améliorées par l'emploi de ces formules, et me faisaient
désirer que les astronomes les appliquassent à cet objet. Mes vœux ont
été remplis par les travaux de Delambre, Bouvard, Lefrançais-Lalande
et Burckhardt. Ils ont comparé à ma théorie un très-grand nombre
d'observations pour en conclure les éléments elliptiques des orbes des
planètes; de mon côté, j'ai revu avec une attention particulière la
théorie de leurs perturbations, et de la réunion de toutes ces recherches
sont résultées des Tables très-exactes de leurs mouvements. Le nouvel
examen que j'ai fait de cette théorie ne m'a indiqué d'inégalités sensibles à ajouter à celles que j'ai précédemment déterminées que dans
les mouvements de Jupiter et de Saturne. Le rapport presque commen-
surable de ces mouvements donne lieu, comme on l'a vu dans les
Livres II et VI, à des variations considérables dans les éléments des
orbites de ces deux planètes, et dont la période embrasse plus de
neuf siècles. Les variations de l'excentricité et du périhélie de l'orbite
de Jupiter dépendantes de ce rapport produisent dans son mouvement
une inégalité très-sensible, dont l'argument est trois fois le moyen
mouvement de Jupiter moins cinq fois celui de Saturne. Les variations
analogues de l'excentricité et du périhélie de Saturne produisent dans
le mouvement de cette dernière planète une grande inégalité, dont l'ar-

gument est deux fois le moyen mouvement de Jupiter moins quatre fois celui de Saturne. Ces deux inégalités peuvent être considérées comme de véritables équations du centre, dont l'excentricité et le périhélie varient avec beaucoup de lenteur. Or les deux grandes équations du centre de ces deux planètes donnent lieu à des inégalités très-sensibles; en substituant donc dans les expressions de ces inégalités, au lieu de ces grandes équations du centre, celles dont je viens de parler, il en résultera de petites inégalités analogues et qui peuvent être assez sensibles pour y avoir égard. Je vais considérer sous ce point de vue les principales inégalités de Jupiter et de Saturne dépendantes des excentricités.

On a trouvé, dans le n° 33 du Livre VI, que l'expression de δv^{v} renferme les inégalités

$$(\text{A})\quad\begin{cases} -427'',078.\sin(2n^{v}t - n^{iv}t + 2\varepsilon^{v} - \varepsilon^{iv} - \varpi^{iv}), \\ +174'',800.\sin(2n^{v}t - n^{iv}t + 2\varepsilon^{v} - \varepsilon^{iv} - \varpi^{v}), \\ -137'',225.\sin(3n^{v}t - 2n^{iv}t + 3\varepsilon^{v} - 2\varepsilon^{iv} - \varpi^{iv}), \\ +262'',168.\sin(3n^{v}t - 2n^{iv}t + 3\varepsilon^{v} - 2\varepsilon^{iv} - \varpi^{v}); \end{cases}$$

elles sont les plus considérables de celles qui dépendent des simples excentricités. La première et la troisième sont dues à l'équation du centre de Jupiter, $+2e^{iv}\sin(n^{iv}t + \varepsilon^{iv} - \varpi^{iv})$. Par le numéro cité du Livre VI, le mouvement de Jupiter est assujetti à l'inégalité

$$+522'',426.\sin(n^{iv}t + \varepsilon^{iv} + 61'',866g) - 5n^{v}t + 2n^{iv}t - 5\varepsilon^{v} + 2\varepsilon^{iv}.$$

Cette inégalité peut être considérée comme une seconde équation du centre de Jupiter, dont l'excentricité et le périhélie varient avec une extrême lenteur, leurs variations dépendant de celle de l'angle $5n^{v}t - 2n^{iv}t$. Cela posé, donnons à l'inégalité

$$-427'',078.\sin(2n^{v}t - n^{iv}t + 2\varepsilon^{v} - \varepsilon^{iv} - \varpi^{iv})$$

la forme suivante :

$$-\frac{427'',078}{2e^{iv}}\cdot 2e^{iv}\sin(n^{iv}t + \varepsilon^{iv} - \varpi^{iv} + 2n^{v}t - 2n^{iv}t + 2\varepsilon^{v} - 2\varepsilon^{iv}).$$

En y substituant, au lieu de $2e^{\text{iv}}\sin(n^{\text{iv}}t + \varepsilon^{\text{iv}} - \varpi^{\text{iv}})$, l'inégalité

$$+ 522'',426.\sin(3n^{\text{iv}}t - 5n^{\text{v}}t + 3\varepsilon^{\text{iv}} - 5\varepsilon^{\text{v}} + 61°,8669),$$

on aura l'inégalité

$$- \frac{427'',078}{2e^{\text{iv}}}.522'',426.\sin(n^{\text{iv}}t - 3n^{\text{v}}t + \varepsilon^{\text{iv}} - 3\varepsilon^{\text{v}} + 61°,8669).$$

En mettant pareillement l'inégalité

$$- 137'',225.\sin(3n^{\text{v}}t - 2n^{\text{iv}}t + 3\varepsilon^{\text{v}} - 2\varepsilon^{\text{iv}} - \varpi^{\text{iv}})$$

sous cette forme,

$$- \frac{137'',225}{2e^{\text{iv}}}.2e^{\text{iv}}\sin(n^{\text{iv}}t + \varepsilon^{\text{iv}} - \varpi^{\text{iv}} + 3n^{\text{v}}t - 3n^{\text{iv}}t + 3\varepsilon^{\text{v}} - 3\varepsilon^{\text{iv}}),$$

on aura, par la même substitution, l'inégalité suivante :

$$- \frac{137'',225}{2e^{\text{iv}}}.522'',426.\sin(- 2n^{\text{v}}t - 2\varepsilon^{\text{v}} + 61°,8669).$$

La seconde et la quatrième des équations (A) sont dues à l'équation du centre de Saturne, $+ 2e^{\text{v}}\sin(n^{\text{v}}t + \varepsilon^{\text{v}} - \varpi^{\text{v}})$. Donnons à la seconde inégalité la forme suivante :

$$+ \frac{174'',800}{2e^{\text{v}}}.2e^{\text{v}}\sin(n^{\text{v}}t + \varepsilon^{\text{v}} - \varpi^{\text{v}} + n^{\text{v}}t - n^{\text{iv}}t + \varepsilon^{\text{v}} - \varepsilon^{\text{iv}}).$$

Par le n° 35 du Livre VI, le mouvement de Saturne est assujetti à l'inégalité

$$- 2066'',921.\sin(n^{\text{v}}t + \varepsilon^{\text{v}} + 62°,4250 - 5n^{\text{v}}t + 2n^{\text{iv}}t - 5\varepsilon^{\text{v}} + 2\varepsilon^{\text{iv}}).$$

Cette inégalité peut être considérée comme une seconde équation du centre de Saturne, dont l'excentricité et le périhélie varient avec une extrême lenteur, leurs variations dépendant de celle de l'angle $5n^{\text{v}}t - 2n^{\text{iv}}t$. En la substituant donc, au lieu de $2e^{\text{v}}\sin(n^{\text{v}}t + \varepsilon^{\text{v}} - \varpi^{\text{v}})$, dans l'inégalité précédente, on aura celle-ci,

$$- \frac{174'',800}{2e^{\text{v}}}.2066'',921.\sin(n^{\text{iv}}t - 3n^{\text{v}}t + \varepsilon^{\text{iv}} - 3\varepsilon^{\text{v}} + 62°,4250).$$

Si l'on met pareillement la quatrième des équations (A) sous cette forme,

$$\frac{262'',168}{2c^{v}}\cdots 2e^{v}\sin\left(n^{v}t + \varepsilon^{v} - \varpi^{v} + 2n^{v}t - 2n''t + 2\varepsilon^{v} - 2\varepsilon''\right),$$

on aura, par la même substitution, l'inégalité suivante :

$$-\frac{262'',168}{2c^{v}}\cdot 2066'',921.\sin\left(-2n^{v}t - 2\varepsilon^{v} + 62^{\circ},4250\right).$$

En substituant dans ces diverses inégalités leurs valeurs en 1750, données dans le n° **22** du Livre VI, les quatre inégalités (A) donneront les suivantes :

$$3'',6449.\sin\left(3n^{v}t - n''t + 3\varepsilon^{v} - \varepsilon'' - 61^{\circ},8669\right),$$
$$+ 1'',1711.\sin\left(2n^{v}t + 2\varepsilon^{v} - 61^{\circ},8669\right),$$
$$+ 5'',0469.\sin\left(3n^{v}t - n''t + 3\varepsilon^{v} - \varepsilon'' - 62^{\circ},4250\right),$$
$$+ 7'',5695.\sin\left(2n^{v}t + 2\varepsilon^{v} - 62^{\circ},4250\right).$$

Ces inégalités sont très-petites; mais, comme elles peuvent être réunies à des inégalités semblables qui existent dans les Tables, elles n'y apportent point de complication et elles doivent leur donner plus d'exactitude.

On a vu, dans le n° **12** du Livre VI, que l'inégalité de Jupiter,

$$522'',426.\sin\left(3n''t - 5n^{v}t + 3\varepsilon'' - 5\varepsilon^{v} + 61^{\circ},8669\right),$$

est le résultat des variations, dans l'équation du centre et dans le périgée, dépendantes de l'angle $5n^{v}t - 2n''t$. Soient $\delta\varepsilon''$ et $\delta\varpi''$ ces variations. L'inégalité précédente sera égale à

$$2\delta e''\sin\left(n''t + \varepsilon'' - \varpi''\right) - 2e''\delta\varpi''\cos\left(n''t + \varepsilon'' - \varpi''\right).$$

L'expression de la longitude vraie de Jupiter en fonction de sa longitude moyenne renferme, par le n° **22** du Livre II, les deux termes

$$\tfrac{5}{4}e''\sin\left(2n''t + 2\varepsilon'' - 2\varpi''\right) + \tfrac{13}{12}e''\sin\left(3n''t + 3\varepsilon'' - 3\varpi''\right),$$

ce qui donne les suivants :

$$(Q) \quad \begin{cases} \frac{5}{4}e^{\prime\prime}\left[\begin{array}{l} \delta e^{\prime\prime} \sin(2n^{iv}t + 2\varepsilon^{\prime\prime} - 2\varpi^{\prime\prime}) \\ - e^{\prime\prime}\delta\varpi^{\prime\prime} \cos(2n^{iv}t + 2\varepsilon^{iv} - 2\varpi^{iv}) \end{array}\right]. \\ \\ \div \frac{13}{4} e^{\prime iv}\left[\begin{array}{l} \delta e^{iv} \sin(3n^{iv}t + 3\varepsilon^{iv} - 3\varpi^{iv}) \\ - e^{iv}\delta\varpi^{iv} \cos(3n^{iv}t + 3\varepsilon^{iv} - 3\varpi^{iv}) \end{array}\right], \end{cases}$$

Les deux premiers de ces termes donnent l'inégalité dépendante de $4n^{iv}t - 5n^{v}t + 4\varepsilon^{iv} - 5\varepsilon^{v} \div 50°,4025$, que nous avons déterminée dans le n° 33 du Livre VI. Si l'on représente par $p\sin(n^{iv}t + \varepsilon^{iv} - \varpi^{iv} \div f)$ l'inégalité de Jupiter dépendante de $3n^{iv}t - 5n^{v}t$, on aura

$$f = 2n^{iv}t - 5n^{v}t + 2\varepsilon^{iv} - 5\varepsilon^{v} + \varpi^{iv} + 61°,8669,$$

$$2\delta e^{iv} = p\cos f, \quad - 2e^{iv}\delta\varpi^{iv} = p\sin f.$$

Les deux derniers termes de la fonction (Q) deviennent ainsi

$$\frac{13}{8}e^{iv}p\sin(3n^{iv}t + 3\varepsilon^{iv} - 3\varpi^{iv} \div f),$$

et par conséquent

$$\frac{13}{8}e^{iv}.522'',426.\sin(5n^{iv}t - 5n^{v}t + 5\varepsilon^{iv} - 5\varepsilon^{v} - 2\varpi^{iv} \div 61°,8669).$$

En réduisant en nombres le coefficient de cette inégalité, on a la suivante :

$$1'',9622.\sin(5n^{iv}t - 5n^{v}t + 5\varepsilon^{iv} - 5\varepsilon^{v} + 38°,8645).$$

L'inégalité

$$12'',422.\sin(5n^{iv}t - 10n^{v}t + 5\varepsilon^{iv} - 10\varepsilon^{v} + 57°,0725),$$

déterminée dans le n° 33 du Livre VI, doit être affectée du signe $-$, comme il est facile de s'en assurer par le n° 13 du même Livre (*).

(*) La rectification indiquée ici se rapporte à l'édition princeps, où le signe $-$ a été omis devant l'inégalité dont il s'agit. Mais la faute n'existe pas dans la présente édition, comme on peut le voir au Tome III, page 137, ligne 6.

La note qui se trouve au bas de la même page, et qui a été empruntée à l'édition du Gouvernement, doit être regardée comme non avenue. C'est par suite d'une méprise que, dans l'*Errata* du Tome V de cette édition, le changement de signe, indiqué par Laplace pour l'inégalité $12'',422(\sin 5n^{iv}t - 10n^{v}t + 5\varepsilon^{iv} - 10\varepsilon^{v} + 57°,0725)$, a été attribué à la formule qui donne la valeur de $\dfrac{d.\delta e^{iv}}{dt}$.   V. P.

On a vu, dans le n° 17 du Livre VI, que, dans tous les arguments de Jupiter et de Saturne dans lesquels le coefficient de t n'est pas $5n^{v} - 2n^{iv}$, ou n'en diffère pas de n^{iv} pour Jupiter et de n^{v} pour Saturne, il faut augmenter les longitudes moyennes $n^{iv}t + \varepsilon^{iv}$ et $n^{v}t + \varepsilon^{v}$, comptées de l'équinoxe fixe de 1750, de leurs grandes inégalités dépendantes de $5n^{v}t - 2n^{iv}t$. Si l'on veut employer les longitudes moyennes ainsi augmentées dans l'inégalité de Jupiter

$$522'',426.\sin(3n^{iv}t - 5n^{v}t + 3\varepsilon^{iv} - 5\varepsilon^{v} + 61°,8669),$$

en nommant q^{iv} et q^{v} ces longitudes ainsi augmentées, on mettra l'inégalité précédente sous cette forme,

$$522'',425.\sin[3q^{iv} - 5q^{v} - (3p^{iv} + 5p^{v}) + 61°,8669],$$

p^{iv} étant la grande inégalité de Jupiter et $-p^{v}$ étant celle de Saturne. En développant la fonction précédente, on aura

$$522'',426.\sin(3q^{iv} - 5q^{v} + 61°,8669)$$
$$- (3p^{iv} + 5p^{v}).522'',426.\cos(3q^{iv} - 5q^{v} + 61°,8669);$$

on a, à très-peu près,

$$3p^{iv} + 5p^{v} = 57079'',736.\sin(5n^{v}t - 2n^{iv}t + 5\varepsilon^{v} - 2\varepsilon^{iv} + 4°,8395),$$

ce qui donne

$$-(3p^{iv} + 5p^{v}).522'',426.\cos(3q^{iv} - 5q^{v} + 61°,8669)$$
$$= -23'',4205.\left[\begin{array}{l}\sin(3q^{iv} - 5q^{v} + 5n^{v}t - 2n^{iv}t + 5\varepsilon^{v} - 2\varepsilon^{iv} + 66°,7064)\\[4pt]-\sin(3q^{iv} - 5q^{v} - 5n^{v}t + 2n^{iv}t - 5\varepsilon^{v} + 2\varepsilon^{iv} + 57'',0725)\end{array}\right].$$

On peut substituer sans erreur sensible, dans ces deux derniers termes, q^{iv} et q^{v} au lieu de $n^{iv}t + \varepsilon^{iv}$ et de $n^{v}t + \varepsilon^{v}$. Le premier terme se confond alors avec l'équation du centre de Jupiter; le second devient à très-peu près égal à

$$23'',4205.\sin(5q^{iv} - 10q^{v} + 57°,0725).$$

En le réunissant au terme

$$-12'',4221.\sin(5q^{iv} - 10q^{v} + 57°,0725),$$

on aura

$$10'',9984 . \sin(5q^{iv} - 10q^v + 57°,0725).$$

On pourra ainsi employer q^{iv} et q^v au lieu de $n^{iv}t + ε^{iv}$ et de $n^v t + ε^v$ dans toutes les inégalités de Jupiter, à l'exception de sa grande inégalité.

Considérons maintenant les inégalités du mouvement de Saturne analogues aux précédentes. Elles sont beaucoup plus sensibles que celles de Jupiter. Pour les déterminer, nous observerons que, par le n° 35 du Livre VI, le mouvement vrai de Saturne renferme les deux grandes inégalités dépendantes des simples excentricités :

$$(\text{B}) \quad \begin{cases} - 561'',940 . \sin(2n^v t - n^{iv}t + 2ε^v - ε^{iv} - \varpi^v), \\ + 1287'',215 . \sin(2n^v t - n^{iv}t + 2ε^v - ε^{iv} - \varpi^{iv}). \end{cases}$$

La première de ces inégalités est due à l'équation du centre de Saturne, $+ 2e^v \sin(n^v t + ε^v - \varpi^v)$. En lui donnant cette forme,

$$- \frac{561'',940}{2e^v} . 2e^v \sin(n^v t + ε^v - \varpi^v + n^v t - n^{iv}t + ε^v - ε^{iv}),$$

l'inégalité de Saturne,

$$- 2066'',921 . \sin(2n^{iv}t - (n^v t + 2ε^{iv} - 4ε^v + 62°,4250),$$

qui, comme nous l'avons dit, peut être regardée comme une seconde équation du centre, produira donc, par sa substitution dans l'inégalité précédente, celle-ci :

$$\frac{561'',940}{2e^v} . 2066'',921 . \sin(n^{iv}t - 3n^v t + ε^{iv} - 3ε^v + 62°,4250).$$

La seconde des inégalités (B) est due à l'équation du centre de Jupiter. En lui donnant cette forme,

$$\frac{1287'',215}{2e^{iv}} . 2e^{iv} \sin(n^{iv}t + ε^{iv} - \varpi^{iv} + 2n^v t - 2n^{iv}t + 2ε^v - 2ε^{iv}),$$

l'inégalité de Jupiter

$$+ 522'',426 . \sin(3n^{iv}t - 5n^v t + 3ε^{iv} - 5ε^v + 61°,8669),$$

qui, comme on l'a vu, est une seconde équation du centre de Jupiter, produira donc, par sa substitution dans l'inégalité précédente, celle-ci :

$$\frac{1287'',215}{2\,e^{\text{IV}}} \cdot 522'',426 . \sin\!\left(n^{\text{IV}}t - 3n^{\text{V}}t + \varepsilon^{\text{IV}} - 3\varepsilon^{\text{V}} + 61°,8669\right).$$

Les inégalités (B) donneront ainsi les deux suivantes :

$$-16'',2247 . \sin\!\left(3n^{\text{V}}t - n^{\text{IV}}t + 3\varepsilon^{\text{V}} - \varepsilon^{\text{IV}} - 62°,4250\right),$$

$$-10'',9858 . \sin\!\left(3n^{\text{V}}t - n^{\text{IV}}t + 3\varepsilon^{\text{V}} - \varepsilon^{\text{IV}} - 61°,8669\right).$$

L'expression de la longitude vraie de Saturne en fonction de sa longitude moyenne renferme l'inégalité

$$\tfrac{13}{12}\,e^{\text{V}}\sin\!\left(3n^{\text{V}}t + 3\varepsilon^{\text{V}} - 3\varpi^{\text{V}}\right).$$

En nommant donc δe^{V} et $\delta\varpi^{\text{V}}$ les variations de l'excentricité et du périhélie dépendantes de $5n^{\text{V}}t - 2n^{\text{IV}}t$, on aura la fonction

$$(\mathrm{O})\qquad \tfrac{13}{12}\,e^{\text{V}}\!\left[\delta e^{\text{V}}\sin\!\left(3n^{\text{V}}t + 3\varepsilon^{\text{V}} - 3\varpi^{\text{V}}\right) - e^{\text{V}}\delta\varpi^{\text{V}}\cos\!\left(3n^{\text{V}}t + 3\varepsilon^{\text{V}} - 3\varpi^{\text{V}}\right)\right].$$

Pour avoir δe^{V} et $\delta\varpi^{\text{V}}$, nous considérerons l'inégalité de Saturne,

$$-2066'',921 . \sin\!\left(2n^{\text{IV}}t - 4n^{\text{V}}t + 2\varepsilon^{\text{IV}} - 4\varepsilon^{\text{V}} + 62°,4250\right);$$

en la supposant produite par la variation de l'équation du centre et du périhélie dans le terme $2e^{\text{V}}\sin(n^{\text{V}}t + \varepsilon^{\text{V}} - \varpi^{\text{V}})$, nous aurons, pour l'expression de cette inégalité,

$$2\,\delta e^{\text{V}}\sin\!\left(n^{\text{V}}t + \varepsilon^{\text{V}} - \varpi^{\text{V}}\right) - 2e^{\text{V}}\delta\varpi^{\text{V}}\cos\!\left(n^{\text{V}}t + \varepsilon^{\text{V}} - \varpi^{\text{V}}\right),$$

d'où il est facile de conclure que la fonction (O) devient

$$-\tfrac{13}{8}\,e^{\text{V}} . 2066'',921 . \sin\!\left(2n^{\text{IV}}t - 2n^{\text{V}}t + 2\varepsilon^{\text{IV}} - 2\varepsilon^{\text{V}} - 2\varpi^{\text{V}} + 62°,4250\right).$$

Cette inégalité, réduite en nombres, est égale à

$$-10'',6177 . \sin\!\left(2n^{\text{IV}}t - 2n^{\text{V}}t + 2\varepsilon^{\text{IV}} - 2\varepsilon^{\text{V}} - 133°,4682\right).$$

L'inégalité

$$-25'',50777 . \sin\!\left(4n^{\text{IV}}t - 9n^{\text{V}}t + 4\varepsilon^{\text{IV}} - 9\varepsilon^{\text{V}} - 67°,3508\right),$$

donnée dans le n° **34** du Livre **VI**, doit être remplacée par celle-ci,

$$25'',50777 \cdot \sin(4 n^{\mathrm{iv}}t - 9 n^{\mathrm{v}}t + 4\varepsilon^{\mathrm{iv}} - 9\varepsilon^{\mathrm{v}} + 57°,5885),$$

comme il est facile de s'en assurer par le n° **13** du même Livre (*).

Il faut, comme on l'a vu précédemment, changer, dans toutes les inégalités de Saturne, $n^{\mathrm{iv}}t + \varepsilon^{\mathrm{iv}}$ et $n^{\mathrm{v}}t + \varepsilon^{\mathrm{v}}$ dans q^{iv} et q^{v}, excepté dans la grande inégalité et dans celle-ci :

$$-2066'',921 \cdot \sin(2 n^{\mathrm{iv}}t - 4 n^{\mathrm{v}}t + 2\varepsilon^{\mathrm{iv}} - 4\varepsilon^{\mathrm{v}} + 62°,4250).$$

Si l'on veut cependant employer q^{iv} et q^{v} dans cette dernière inégalité, on lui donnera la forme suivante,

$$-2066'',921 \cdot \sin(2 q^{\mathrm{iv}} - 4 q^{\mathrm{v}} - 2 p^{\mathrm{iv}} - 4 p^{\mathrm{v}} + 62°,4250),$$

p^{iv} et $- p^{\mathrm{v}}$ étant les deux grandes inégalités de Jupiter et de Saturne. Cette inégalité donne, par son développement,

$$-2066'',921 \cdot \sin(2 q^{\mathrm{iv}} - 4 q^{\mathrm{v}} + 62°,4250)$$
$$+\, 2066'',921 \cdot (2 p^{\mathrm{iv}} + 4 p^{\mathrm{v}}) \cos(2 q^{\mathrm{iv}} - 4 q^{\mathrm{v}} + 62°,4250).$$

On a, à très-peu près,

$$2066'',921 \cdot (2 p^{\mathrm{iv}} + 4 p^{\mathrm{v}}) \cos(2 q^{\mathrm{iv}} - 4 q^{\mathrm{v}} + 62°,4250)$$
$$= 71'',5928 \cdot \left[\begin{array}{l} \sin(2 q^{\mathrm{iv}} - 4 q^{\mathrm{v}} + 5 n^{\mathrm{v}}t - 2 n^{\mathrm{iv}}t + 5\varepsilon^{\mathrm{v}} - 2\varepsilon^{\mathrm{iv}} + 67°,2645) \\ -\sin(2 q^{\mathrm{iv}} - 4 q^{\mathrm{v}} - 5 n^{\mathrm{v}}t + 2 n^{\mathrm{iv}}t - 5\varepsilon^{\mathrm{v}} + 2\varepsilon^{\mathrm{iv}} + 57°,5855) \end{array} \right].$$

On peut, dans ces deux dernières inégalités, changer $n^{\mathrm{iv}}t + \varepsilon^{\mathrm{iv}}$ et $n^{\mathrm{v}}t + \varepsilon^{\mathrm{v}}$, dans q^{iv} et q^{v}, et alors la première se confond avec l'équation du centre de Saturne. La seconde devient

$$-71'',5928 \cdot \sin(4 q^{\mathrm{iv}} - 9 q^{\mathrm{v}} + 57°,5855).$$

En la réunissant à celle-ci,

$$25'',5078 \cdot \sin(4 n^{\mathrm{iv}}t - 9 n^{\mathrm{v}}t + 4\varepsilon^{\mathrm{iv}} - 9\varepsilon^{\mathrm{v}} + 57°,5855),$$

(*) La correction indiquée ici se rapporte à une erreur de l'édition princeps. Cette erreur n'existe pas dans la présente édition (*voir* Tome III, page 148, ligne 13).   V. P.

on aura l'inégalité

$$- 46'',0850 \cdot \sin(4q^{iv} - 9q^{v} + 57°,5855).$$

On pourra ainsi employer q^{iv} et q^{v} au lieu de $n^{iv}t + \varepsilon^{iv}$ et de $n^{v}t + \varepsilon^{v}$ dans toutes les inégalités de Saturne, à l'exception de la grande inégalité.

Il faut, pour plus d'exactitude, augmenter q^{v} de l'inégalité

$$95'',757 \cdot \sin(3n^{iv}t - n^{v}t + 3\varepsilon^{iv} - \varepsilon^{v} - 95°,0779),$$

qui, par le n° 35 du Livre VI, dépend de l'action d'Uranus, et qui, comme on l'a vu dans le même numéro, doit être appliquée au moyen mouvement de Saturne.

En réunissant les inégalités précédentes à celles qui ont été déterminées dans le Livre VI, j'ai obtenu les formules des longitudes vraies de Jupiter et de Saturne. Pour les comparer aux observations, Bouvard a fait usage des oppositions de Jupiter et de Saturne, déduites principalement des observations de Bradley et de Maskelyne, et de celles de l'Observatoire de Paris, dans ces dernières années. Ces observations ayant été faites avec d'excellentes lunettes méridiennes et les meilleurs quarts de cercle, et embrassant un intervalle de plus d'un demi-siècle, elles offrent, par leur précision et leur grand nombre, le moyen le plus exact pour corriger les éléments du mouvement elliptique. On a ainsi obtenu, depuis 1747 jusqu'en 1804 inclusivement, cinquante oppositions de Jupiter et cinquante-quatre oppositions de Saturne. Elles ont donné autant d'équations de condition entre les corrections des éléments elliptiques du mouvement des deux planètes ; mais, comme la valeur de la masse de Saturne présentait encore de l'incertitude, on a fait entrer sa correction dans ces équations. Il a été facile de reconnaitre qu'il fallait diminuer la valeur donnée dans le Livre VI de $\dfrac{1}{20,232}$ et la réduire à $\dfrac{1}{3534,08}$, celle du Soleil étant prise pour unité. Cette correction essentielle, évidemment indiquée par les observations précédentes et encore par celles de Flamsteed, est un des principaux avantages de nos formules. Leur exactitude, jointe à la précision et au grand nombre d'oppositions employées, doit faire préférer ce résultat à celui que donnent les élongations observées de l'avant-dernier satellite de Saturne, vu l'extrême difficulté d'observer ces élongations et l'ignorance où nous sommes de l'ellipticité de son orbite. La comparaison de nos formules avec les oppositions de Jupiter n'a indiqué aucune correction à la valeur de sa masse. Si l'on considère, en effet, les observations de Pound, que Newton a rapportées dans le Livre III des *Principes mathématiques de la Philosophie naturelle,* on voit qu'elles donnent avec exactitude la masse de Jupiter, tandis qu'elles laissent un peu d'incertitude sur celle de Saturne. Nos formules conduisent donc à la même masse de Jupiter que les élongations observées de ses satellites, et il est curieux de voir le même résultat conclu par deux moyens aussi différents. J'ai cherché à déterminer de la même manière la correction de la masse d'Uranus, sur laquelle il y a plus d'incertitude qu'à l'égard de la masse de Saturne. Les observations n'ont point indiqué de correction sensible dans la valeur de cette masse; mais son influence sur le mouvement de Saturne est trop peu considérable pour pouvoir compter sur ce résultat. Les oppositions dont je viens de parler sont très-propres à déterminer les moyens mouvements de Jupiter et de Saturne, parce que, les deux grandes inégalités ayant été à leur maximum dans l'intervalle que ces oppositions embrassent, et par conséquent ayant peu varié dans cet intervalle, l'incertitude qui peut rester encore sur la grandeur de ces inégalités n'a point d'influence sensible sur la détermination des moyens mouvements par ces observations; aussi ai-je eu la satisfaction de voir que mes formules représentent aussi exactement qu'on peut le désirer les anciennes observations rapportées par Ptolémée et les observations arabes. Voici maintenant ces formules, dans lesquelles j'ai introduit les corrections que les équations de condition ont données pour les éléments elliptiques des deux planètes et pour la masse de Saturne. Dans ces formules, t représente un nombre quelconque d'années juliennes, ou de $365^j\frac{1}{4}$, écoulées depuis le minuit commençant le 1er janvier de 1750.

Formules du mouvement héliocentrique de Jupiter.

Soient

$$n^{IV}t + \varepsilon^{IV} = 4^\circ,18133 + t.33^\circ,721110,$$
$$n^{V}t + \varepsilon^{V} = 257^\circ,07219 + t.13^\circ,579357,$$
$$n^{VI}t + \varepsilon^{VI} = 353^\circ,96753 + t. 4^\circ,760710.$$

Ces trois quantités sont les longitudes moyennes de Jupiter, de Saturne et d'Uranus, comptées de l'équinoxe fixe de 1750 et réduites au minuit commençant le 1er janvier 1750.

Soient encore

$$\varpi^{IV} = 11^\circ,48862 + t. 20'',427788 + t^2.0'',0006176,$$
$$\varpi^{V} = 97^\circ,96170 + t. 59'',736418 + t^2.0'',0004963,$$
$$\theta^{IV} = 108^\circ,82267 + t.105'',939595,$$
$$\theta^{V} = 123^\circ,88341 + t. 94'',677500,$$

ϖ^{IV} et ϖ^{V} étant les longitudes des périhélies, et θ^{IV} et θ^{V} étant celles des nœuds ascendants, comptées du même équinoxe et de la même époque; on aura (*)

$$q^{IV} = n^{IV}t + \varepsilon^{IV} + (3720'',36 - t.0'',11168 + t^2.0'',0001078) \sin \left\{ \begin{array}{l} 5n^{V}t - 2n^{IV}t + 5\varepsilon^{V} - 2\varepsilon^{IV} \\ + 5^\circ,0093 - t.242'',25 \\ + t^2.0'',03789 \end{array} \right\}$$

$$- 40'',66.\sin 2(5n^{V}t - 2n^{IV}t + 5\varepsilon^{V} - 2\varepsilon^{IV} + 5^\circ,0093 - t.242'',25 + t^2.0'',03789),$$

$$q^{V} = n^{V}t + \varepsilon^{V} - (9111'',41 - t.0'',2738 + t^2.0'',000534) \sin \left\{ \begin{array}{l} 5n^{V}t - 2n^{IV}t + 5\varepsilon^{V} - 2\varepsilon^{IV} \\ + 5^\circ,0510 - t.237'',84 \\ + t^2.0'',03635 \end{array} \right\}$$

$$+ (94'',72 - t.0'',0053)\sin 2(5n^{V}t - 2n^{IV}t + 5\varepsilon^{V} - 2\varepsilon^{IV} + 5^\circ,0510 - t.237'',84 + t^2.0'',03635)$$

$$+ 95'',76.\sin(3n^{VI}t - n^{V}t + 3\varepsilon^{VI} - \varepsilon^{V} - 95^\circ,0779).$$

La précession annuelle des équinoxes étant supposée de 154'',63, la longitude vraie v^{IV} de Jupiter dans son orbite et comptée de l'équinoxe

(*) *Voir*, dans le Supplément au Tome III, page 350, les corrections que l'on doit apporter, suivant l'auteur, aux valeurs données ici de q^{IV} et de q^{V}.

moyen sera

$$v^{\mathrm{iv}} = q^{\mathrm{iv}} + t.154'',63 + \begin{cases} (61215'',28 + t.1'',9349)\sin(q^{\mathrm{iv}} - \varpi^{\mathrm{iv}}) \\ +(1838'',54 + t.0'',1162)\sin 2(q^{\mathrm{iv}} - \varpi^{\mathrm{iv}}) \\ +(76'',57 + t.0'',0072)\sin 3(q^{\mathrm{iv}} - \varpi^{\mathrm{iv}}) \\ +(3'',65 + t.0'',0005)\sin 4(q^{\mathrm{iv}} - \varpi^{\mathrm{iv}}) \\ +\qquad 0'',19.\sin 5(q^{\mathrm{iv}} - \varpi^{\mathrm{iv}}) \end{cases}$$

$$+\begin{cases} -247'',35.\sin(q^{\mathrm{iv}} - q^{\mathrm{v}} - 1°,28) \\ +613'',61.\sin(2q^{\mathrm{iv}} - 2q^{\mathrm{v}} - 1°,30) \\ +50'',10.\sin(3q^{\mathrm{iv}} - 3q^{\mathrm{v}}) \\ +11'',52.\sin(4q^{\mathrm{iv}} - 4q^{\mathrm{v}}) \\ +5'',20.\sin(5q^{\mathrm{iv}} - 5q^{\mathrm{v}} + 13°,28) \\ +1'',25.\sin(6q^{\mathrm{iv}} - 6q^{\mathrm{v}}) \\ +0'',51.\sin(7q^{\mathrm{iv}} - 7q^{\mathrm{v}}) \end{cases}$$

$$+\begin{cases} (406'',06 + t.0'',0203)\sin(q^{\mathrm{iv}} - 2q^{\mathrm{v}} - 14°,78 + t.47'',10) \\ +53'',04.\sin(2q^{\mathrm{iv}} - 4q^{\mathrm{v}} + 63°,56) \\ +10'',45.\sin(5q^{\mathrm{iv}} - 10q^{\mathrm{v}} + 57°,07) \end{cases}$$

$$+\begin{cases} (255'',75 - t.0'',0138)\sin(2q^{\mathrm{iv}} - 3q^{\mathrm{v}} - 68°,82 + t.81'',23) \\ -4'',84.\sin(4q^{\mathrm{iv}} - 6q^{\mathrm{v}} + 60°,48) \end{cases}$$

$$+(496'',71 - t.0'',0131)\sin(3q^{\mathrm{iv}} - 5q^{\mathrm{v}} + 61°,87 + t.155'',89)$$

$$-46'',84.\sin(3q^{\mathrm{iv}} - 4q^{\mathrm{v}} - 69°,79)$$

$$+37'',59.\sin(3q^{\mathrm{iv}} - 2q^{\mathrm{v}} - 9°,79)$$

$$+29'',07.\sin(3q^{\mathrm{v}} - q^{\mathrm{iv}} + 75°,78)$$

$$+\begin{cases} 33'',81.\sin(q^{\mathrm{v}} + 49°,94) \\ -15'',91.\sin(2q^{\mathrm{v}} + 50°,78) \end{cases}$$

$$+33'',78.\sin(4q^{\mathrm{iv}} - 5q^{\mathrm{v}} + 64°,46)$$

$$-15'',73.\sin(2q^{\mathrm{iv}} - q^{\mathrm{v}} + 17°,13)$$

$$+3'',73.\sin(4q^{\mathrm{iv}} - 3q^{\mathrm{v}} - 2°,98)$$

$$-2'',70.\sin(5q^{\mathrm{iv}} - 6q^{\mathrm{v}} + 73°,50)$$

$$+3'',08.\sin(q^{\mathrm{iv}} + q^{\mathrm{v}} + 50°,54)$$

$$+\begin{cases} -3'',25.\sin(q^{\mathrm{iv}} - q^{\mathrm{vi}}) \\ +1'',32.\sin(2q^{\mathrm{iv}} - 3q^{\mathrm{vi}}) \\ +0'',14.\sin(3q^{\mathrm{iv}} - 3q^{\mathrm{vi}}) \end{cases},$$

q^{vi} étant égal à $n^{\mathrm{vi}}t + \varepsilon^{\mathrm{vi}}$ dans la formule précédente. J'ai compris sous une même parenthèse tous les arguments qui peuvent être réduits dans une même Table. La réduction à l'écliptique vraie se fait suivant les méthodes connues ; elle est ici égale à

$$-83'',80.\sin(2v^{iv} - 2g^{iv}).$$

Le rayon vecteur r^{iv} de Jupiter est donné par la formule suivante :

$$r^{iv} = 5,208735 + t.0,0000003718$$

$$-\left\{\begin{aligned}
&(0,249994 + t.0,0000078 9)\quad \cos\ (q^{iv} - \varpi^{iv})\\
&+ (0,006004 + t.0,0000003718)\cos 2(q^{iv} - \varpi^{iv})\\
&+ (0,000217 + t.0,0000000206)\cos 3(q^{iv} - \varpi^{iv})\\
&+ \qquad\qquad 0,000010 \cos 4(q^{iv} - \varpi^{iv})
\end{aligned}\right\}$$

$$+\left\{\begin{aligned}
&0,000652.\cos(\ q^{iv} - \ q^{v} - 1^{\circ},50)\\
&- 0,000283.\cos(2q^{iv} - 2q^{v} - 1^{\circ},15)\\
&- 0,000287.\cos(3q^{iv} - 3q^{v})\\
&- 0,000074.\cos(4q^{iv} - 4q^{v})\\
&- 0,000026.\cos(5q^{iv} - 5q^{v})\\
&- 0,000010.\cos(6q^{iv} - 6q^{v})
\end{aligned}\right\}$$

$$+\left\{\begin{aligned}
&- 0,000264.\cos(\ q^{iv} - 2q^{v} - 24^{\circ},88 + t.58'',0)\\
&- 0,000096.\cos(2q^{iv} - 4q^{v} + 56^{\circ},74)
\end{aligned}\right\}$$

$$- 0,000879.\cos(2q^{iv} - 3q^{v} - 69^{\circ},82 + t.81'',0)$$

$$- (0,002008 - t.0,0000000502)\cos(3q^{iv} - 5q^{v} + 61^{\circ},77 + t.155'',6)$$

$$+ 0,000236.\cos(3q^{iv} - 4q^{v} - 69^{\circ},06)$$

$$- 0,000126.\cos(3q^{iv} - 2q^{v} - 8^{\circ},42)$$

$$+\left\{\begin{aligned}
&- 0,000068.\cos(\ q^{v} + 32^{\circ},47)\\
&+ 0,000077.\cos(2q^{v} + 12^{\circ},13)
\end{aligned}\right\}$$

$$+ 0,000095.\cos(4q^{iv} - 5q^{v} - 15^{\circ},99)$$

$$- 0,000264.\cos(5q^{v} - 2q^{iv} - 13^{\circ},50).$$

Enfin, la latitude héliocentrique de Jupiter au-dessus de l'écliptique vraie est donnée par la formule

$$(1^{\circ},46383 - t.0'',69773)\sin(v^{iv} - g^{iv})$$

$$+ 1'',95.\sin(\ q^{iv} - 2q^{v} - 60^{\circ},29)$$

$$+ 3'',28.\sin(2q^{iv} - 3q^{v} - 60^{\circ},29)$$

$$+ 11'',56.\sin(3q^{iv} - 5q^{v} + 66^{\circ},12)$$

$$- 1'',65.\sin(\qquad q^{v} + 60^{\circ},29).$$

Formules du mouvement héliocentrique de Saturne.

La longitude c^v de Saturne dans son orbite, comptée de l'équinoxe
moyen, est donnée par la formule

$$c^v = q^v + t.134'',63 + \left\{ \begin{array}{l} (7166'',17 - t.3'',9573)\sin\ (q^v - \varpi^v) \\ + (2526'',02 - t.0',2793)\sin 2(q^v - \varpi^v) \\ + (122'',87 - t.0'',0204)\sin 3(q^v - \varpi^v) \\ + (6'',85 - t.0'',0015)\sin 4(q^v - \varpi^v) \\ \qquad\qquad + 0'',41.\sin 5(q^v - \varpi^v) \end{array} \right.$$

$$+ \left\{ \begin{array}{l} 89'',40.\sin(\ q^{iv} - \ q^v + 86°,73) \\ - 91'',33.\sin(2q^{iv} - 2q^v - 6°,34) \\ - 20'',27.\sin(3q^{iv} - 3q^v) \\ - 6'',07.\sin(4q^{iv} - 4q^v) \\ - 2'',15.\sin(5q^{iv} - 5q^v) \\ - 0'',84.\sin(6q^{iv} - 6q^v) \\ - 0'',36.\sin(7q^{iv} - 7q^v) \end{array} \right.$$

$$- (1291'',14 + t.0'',0682)\sin(\ q^{iv} - 2q^v - 16°,47 + t.41'',67)$$

$$- (2066'',92 - t.0'',0477)\sin(2q^{iv} - 4q^v + 62°,43 + t.152'',77)$$

$$- (149'',05 - t.0'',0011)\sin(3q^v - \ q^{iv} + 86°,49 - t.106'',64)$$

$$- (75'',84 - t.0'',0136)\sin(2q^{iv} - 3q^v + 16°,45 - t.38'',23)$$

$$- 34'',81.\sin(\ q^{iv} + 95°,11)$$

$$- 46'',08.\sin(4q^{iv} - 9q^v + 57°,59)$$

$$+ 15'',12.\sin(3q^{iv} - 4q^v - 69°,76)$$

$$+ 9'',28.\sin(2q^{iv} - \ q^v + 35°,23)$$

$$+ 9'',06.\sin(3q^{iv} - 5q^v + 63°,50)$$

$$+ 1'',38.\sin(4q^{iv} - 5q^v - 69°,93)$$

$$+ \left\{ \begin{array}{l} - 28'',54.\sin(\ q^v - \ q^{vi}) \\ + 44'',60.\sin(2q^v - 2q^{vi}) \\ + 5'',91.\sin(3q^v - 3q^{vi} - 76°,06) \\ + 0'',97.\sin(4q^v - 4q^{vi}) \\ + 0'',28.\sin(5q^v - 5q^{vi}) \end{array} \right.$$

$$+ 84'',47.\sin(2q^v - 3q^{vi} + 26°,59)$$

$$+ 30'',43.\sin(\ q^v - 2q^{vi} + 80°,22)$$

$$- 4'',70.\sin(3q^v - 2q^{vi} - 97°,95)$$

$$+ 4'',20.\sin(\qquad q^{vi} - 46°,26).$$

La réduction à l'écliptique est ici

$$- 301'',93 . \sin(3e^v - 2\varpi^v).$$

Le rayon vecteur r^v de Saturne est donné par la formule suivante :

$$r^v = 9,557833 - t.0,0000167$$

$$
- \left\{
\begin{array}{l}
(0,536467 - t.0,0002963)\cos(q^v - \varpi^v)\\
+ (0,015090 - t.0,0000167)\cos(2q^v - 2\varpi^v)\\
+ (0,000649 - t.0,0000011)\cos(3q^v - 3\varpi^v)\\
+ 0,000032 . \cos(4q^v - 4\varpi^v)\\
+ 0,000340 . \cos(q^v - 11'',50)
\end{array}
\right\}
$$

$$
+ \left\{
\begin{array}{l}
0,00811 . \cos(q^{vi} - q^v + 4°,40)\\
+ 0,00138 . \cos(2q^{vi} - 2q^v)\\
+ 0,00032 . \cos(3q^{vi} - 3q^v)\\
+ 0,00010 . \cos(4q^{vi} - 4q^v)\\
+ 0,00004 . \cos(5q^{vi} - 5q^v)
\end{array}
\right\}
$$

$$+ (0,00535 + t.0,0000007)\cos(q^{vi} - 2q^v - 13°,30 + t. 47'',5)$$

$$- (0,01520 - t.0,0000034)\cos(2q^{vi} - 4q^v + 62°,23 + t.151'',4)$$

$$+ 0,00117 . \cos(3q^v - q^{vi} - 100°,23)$$

$$- 0,00138 . \cos(2q^{vi} - 3q^v - 25°,91)$$

$$- 0,00022 . \cos(3q^{vi} - 4q^v - 68°,17)$$

$$+ 0,00352 . \cos(5q^v - 2q^{vi} + 14°,48)$$

$$
+ \left\{
\begin{array}{l}
0,00015 . \cos(q^v - q^{vii})\\
- 0,00040 . \cos(2q^v - 2q^{vii})\\
- 0,00005 . \cos(3q^v - 3q^{vii})
\end{array}
\right\}
$$

$$- 0,00061 . \cos(2q^v - 3q^{vii} + 26°,37).$$

La latitude héliocentrique de Saturne au-dessus de l'écliptique vraie est

$$
+ \left\{
\begin{array}{l}
(2'',77482 - t.0'',47882)\sin(e^v - 5°)\\
- 2'',19 . \sin(3e^v - 34°)
\end{array}
\right\}
$$

$$
- \left\{
\begin{array}{l}
9'',70 . \sin(q^{vi} - 2q^v - 60°,29)\\
+ 28'',28 . \sin(2q^{vi} - 4q^v + 66°,12)
\end{array}
\right\}
$$

$$+ 1'',61 . \sin(2q^{vi} - 3q^v - 60°,29)$$

$$+ 5'',52 . \sin(q^{vi} + 60°,29)$$

$$- 2'',05 . \sin(2q^v - 3q^{vi} - 60°,16).$$

Les cent quatre oppositions citées précédemment sont représentées par ces formules avec une précision remarquable. La plus grande erreur n'a jamais atteint 3⁷ secondes, et il n'y a pas vingt ans que les erreurs des meilleures Tables de Saturne surpassaient quelquefois 4000 secondes. Ces formules représentent encore, avec l'exactitude des observations elles-mêmes, les observations de Flamsteed, celles des Arabes et les observations rapportées par Ptolémée; cet accord prouve la stabilité du système planétaire, puisque Saturne, dont l'attraction vers le Soleil est environ cent fois moindre que l'attraction de la Terre vers le même astre, n'a cependant éprouvé, depuis Hipparque jusqu'à nous, aucune altération sensible de la part des corps étrangers à ce système.

24. Le principe qui nous a conduits, dans le numéro précédent, à plusieurs inégalités sensibles dans les mouvements de Jupiter et de Saturne donne pareillement, dans le mouvement de la Lune, une petite inégalité que nous allons développer. Reprenons pour cela les dénominations et les formules du Livre VII. On a trouvé, dans le n° 16 de ce Livre, l'inégalité lunaire

$$- 58'',053.\sin(v - mv + c'mv - \varpi').$$

Cette inégalité peut être considérée comme une véritable équation du centre de la Lune, qui se rapporte au périgée du Soleil et qui est analogue à l'équation du centre du troisième satellite de Jupiter, qui se rapporte au périjove du quatrième satellite; elle doit donc produire, dans le mouvement lunaire, une inégalité semblable à l'évection et qui, par conséquent, sera de la forme

$$K\sin[2v - 2mv - (v - mv + c'mv - \varpi')]$$

ou

$$K\sin(v - mv - c'mv + \varpi').$$

Pour déterminer K, on observera que le coefficient $- 58'',053$ de la petite équation du centre est à K comme $- 69992''$, coefficient de la grande équation du centre, est à $- 14449''$, coefficient de l'inégalité de l'évection, ce qui donne

$$K = -11'',98.$$

Suivant Bürg, ce coefficient est $-9'',08$, comme on peut le voir dans le n° 24 du Livre VII, ce qui diffère peu du résultat précédent. Si l'on adoptait, avec Bürg, $-41'',52$ pour le coefficient de la petite équation du centre, la différence serait plus petite encore, et l'on aurait

$$K = -8'',57.$$

CHAPITRE IX.

SUR LES MASSES DES PLANÈTES ET DES SATELLITES.

25. Dans l'état actuel de l'Astronomie, les observations et la théorie ayant été portées à un haut degré de précision, l'un des meilleurs moyens pour déterminer les masses des planètes est de comparer aux formules analytiques des perturbations un très-grand nombre d'observations, choisies pour cet objet de la manière la plus avantageuse. C'est ainsi que les masses de Vénus, de Mars, de Saturne, de la Lune et des quatre satellites de Jupiter ont été déterminées. On peut y joindre la masse de Jupiter; car, en comparant les meilleures observations de cette planète aux grandes inégalités que son action produit dans le mouvement de Saturne, je n'ai point trouvé de correction sensible à faire à la valeur de sa masse donnée par les élongations de ses satellites. Il est visible que ces masses sont d'autant mieux connues que leurs effets sont plus considérables. Je vais rassembler ici dans un même Tableau les valeurs de ces masses, déterminées par le moyen dont je viens de parler.

Valeurs des masses de Vénus, Mars, Jupiter et Saturne,
celle du Soleil étant prise pour unité.

$$\text{Vénus} \dots \dots \dots \dots \frac{1}{356632} \left.\right\} \text{(Livre VI, n° 44).}$$
$$\text{Mars} \dots \dots \dots \dots \frac{1}{2546320} \left.\right\}$$

$$\text{Jupiter} \dots \dots \dots \dots \frac{1}{1067,09} \left.\right\} \text{(Livre X, n° 23).}$$
$$\text{Saturne} \dots \dots \dots \dots \frac{1}{3534,08} \left.\right\}$$

En divisant ces valeurs respectivement par celles des masses de Vénus, Mars, Jupiter et Saturne données dans le n° 21 du Livre VI, on aura les valeurs des coefficients $1 + \mu'$, $1 + \mu''$, $1 + \mu^{iv}$, $1 + \mu^{v}$ qui entrent dans les formules du Livre cité.

Valeur de la masse de la Lune, celle de la Terre étant prise pour unité.

$$\frac{1}{68,5} \text{ (Livre VI, n° 44).}$$

Valeurs des masses des satellites de Jupiter, celle de Jupiter étant prise pour unité.

Premier satellite . . . .   0,0000173281 ⎫
Second satellite . . . .   0,0000232355 ⎪
Troisième satellite . . . . .   0,0000884972 ⎬ (Livre VIII, n° 27).
Quatrième satellite . . . . .   0,0000426591 ⎭

Toutes ces valeurs, que l'on peut déjà considérer comme étant fort approchées, seront rectifiées quand la suite des temps aura développé les variations séculaires des orbes des planètes et des satellites.

Nous avons déterminé, dans le n° 21 du Livre VI, la masse de la Terre au moyen de la parallaxe du Soleil. Nous avons en même temps observé que la valeur de cette masse devait varier comme le cube de cette parallaxe, comparé au cube de la parallaxe supposée de $27'',2$. Il suit de là qu'une petite erreur sur la parallaxe solaire a trois fois plus d'influence sur la valeur de la masse de la Terre ; il y a donc de l'avantage à déterminer cette masse directement par ses effets. Ceux qu'elle produit sur les mouvements de Vénus et de Mars sont assez sensibles pour en conclure sa valeur au moyen d'un grand nombre d'observations choisies dans les circonstances les plus favorables. On aurait ensuite la parallaxe du Soleil avec d'autant plus d'exactitude, qu'une erreur sur la masse influe trois fois moins sur la parallaxe.

Sur les Tables astronomiques.

26. Chaque observation d'une planète déterminant sa longitude et sa latitude géocentriques, les différences entre la longitude et la latitude observées et calculées d'après nos formules donneront deux équations de condition entre les corrections des éléments du mouvement elliptique et des masses perturbatrices. En formant ainsi un grand nombre d'équations de condition, on en conclura les valeurs de ces corrections, et l'on construira, au moyen des formules corrigées, des Tables exactes du mouvement de la planète. Les observations suivantes, comparées aux formules primitives, fourniront de nouvelles équations de condition que l'on ajoutera aux premières; et, après un intervalle de temps assez long pour avoir un grand nombre de ces nouvelles équations, on déterminera de nouveau, par l'ensemble des équations de condition tant anciennes que nouvelles, les corrections des éléments elliptiques et des masses, et l'on pourra former de nouvelles Tables plus exactes que les premières. En continuant de cette manière, on perfectionnera de plus en plus ces Tables. Le même procédé pourra servir à perfectionner les Tables des satellites. Ainsi les travaux des astronomes, en s'ajoutant sans cesse à ceux des astronomes précédents, donneront enfin le plus haut degré de précision aux Tables astronomiques et aux valeurs des éléments dont elles dépendent.

SUPPLÉMENT AU LIVRE X.[1]

DU

TRAITÉ DE MÉCANIQUE CÉLESTE.

SUR L'ACTION CAPILLAIRE.

J'ai considéré, dans le Livre X de cet Ouvrage, les phénomènes dus à l'action réfringente des corps sur la lumière. Cette force est le résultat de l'attraction de leurs molécules; mais la loi de cette attraction ne peut pas être déterminée par ces phénomènes, qui ne l'assujettissent qu'à la condition d'être insensible à des distances sensibles. Toutes les lois d'attraction dans lesquelles cette condition est remplie satisfont également aux divers phénomènes de réfraction indiqués par l'expérience, et dont le principal est le rapport constant du sinus de réfraction au sinus d'incidence dans le passage de la lumière à travers les corps diaphanes. On n'a réussi que dans ce cas à soumettre ce genre d'attractions à une analyse exacte. Je vais offrir ici aux géomètres un second cas plus remarquable encore que le précédent par la variété et par la singularité des phénomènes qui en dépendent, et dont l'analyse est susceptible de la même exactitude : c'est le cas de l'action capillaire. Les effets du pouvoir réfringent se rapportent à la Dynamique et à la théorie des projectiles; ceux de l'action capillaire se rapportent à l'Hy-

<hr>

(1) Ce Supplément a été publié en 1806.   (*Note de l'Éditeur.*)

drostatique ou à l'équilibre des fluides, qu'elle soulève ou qu'elle déprime suivant des lois que je me propose d'expliquer.

Clairaut est le premier, et jusqu'à présent le seul, qui ait soumis à un calcul rigoureux les phénomènes des tubes capillaires, dans son *Traité sur la figure de la Terre*. Après avoir fait sentir, par des raisonnements qui s'appliquent également à tous les systèmes connus, le vague et l'insuffisance de celui de Jurin, il analyse avec exactitude toutes les forces qui peuvent concourir à élever l'eau dans un tube de verre. Mais sa théorie, exposée avec l'élégance qui caractérise son bel Ouvrage, laisse à désirer l'explication de la loi de cette ascension, qui, d'après l'expérience, est en raison inverse du diamètre du tube. Ce grand géomètre se contente d'observer qu'il doit y avoir une infinité de lois d'attraction qui, substituées dans ses formules, donnent ce résultat. La connaissance de ces lois est cependant le point le plus délicat et le plus important de cette théorie ; elle est indispensable pour lier entre eux les divers phénomènes capillaires, et Clairaut en eût lui-même reconnu la nécessité s'il eût voulu, par exemple, passer des tubes aux espaces capillaires renfermés entre des plans parallèles, et déduire de l'analyse le rapport d'égalité que l'expérience indique entre l'ascension du fluide dans un tube cylindrique et son ascension entre deux plans parallèles dont la distance mutuelle est égale au demi-diamètre du tube, ce que personne encore n'a tenté d'expliquer. J'ai cherché, il y a longtemps, à déterminer les lois d'attraction qui représentent ces phénomènes ; de nouvelles recherches m'ont enfin conduit à faire voir qu'ils sont tous représentés par les mêmes lois qui satisfont aux phénomènes de la réfraction, c'est-à-dire par les lois dans lesquelles l'attraction n'est sensible qu'à des distances insensibles, et il en résulte une théorie complète de l'action capillaire.

Clairaut suppose que l'action d'un tube capillaire peut être sensible sur la colonne infiniment étroite de fluide qui passe par l'axe du tube. Je m'écarte en cela de son opinion, et je pense, avec Hawksbee et beaucoup d'autres physiciens, que l'action capillaire, comme la force réfringente et toutes les affinités chimiques, n'est sensible qu'à des distances imperceptibles. Hawksbee a observé que, dans les tubes de verre ou très-minces ou très-épais, l'eau s'élevait à la même hauteur toutes les fois que les diamètres intérieurs étaient les mêmes. Les couches cylindriques du verre qui sont à une distance sensible de la surface intérieure ne contribuent donc point à l'ascension de l'eau, quoique dans chacune d'elles, prise séparément, ce fluide doive s'élever au-dessus du niveau. Ce n'est point l'interposition des couches qu'elles embrassent qui arrête leur action sur l'eau, car il est naturel de penser que les attractions capillaires se transmettent à travers les corps, ainsi que la pesanteur; cette action ne disparaît donc qu'à raison de la distance du fluide à ces couches, d'où il suit que l'attraction du verre sur l'eau n'est sensible qu'à des distances insensibles.

En partant de ce principe, je détermine l'action d'une masse fluide, terminée par une portion de surface sphérique concave ou convexe, sur une colonne fluide intérieure, renfermée dans un canal infiniment étroit, dirigé vers le centre de cette surface. Par cette action, j'entends la pression que le fluide renfermé dans le canal exercerait, en vertu de l'attraction de la masse entière, sur une base plane située dans l'intérieur du canal, perpendiculairement à ses côtés, à une distance quelconque sensible de la surface, cette base étant prise pour unité. Je fais voir que cette action est plus petite ou plus grande que si la surface était plane : plus petite, si la surface est concave; plus grande, si la surface est convexe. Son expression analytique est composée de deux termes : le premier, beaucoup plus grand que le second, exprime l'action de la masse terminée par une surface plane, et je pense que de ce terme dépendent la suspension du mercure dans un tube de baromètre à une hauteur deux ou trois fois plus grande que celle qui est due à la pression de l'atmosphère, le pouvoir réfringent de corps diaphanes, la cohésion, et généralement les affinités chimiques; le second terme exprime la partie de l'action due à la sphéricité de la surface, c'est-à-dire l'action du ménisque compris entre cette surface et le plan qui la touche. Cette action s'ajoute à la précédente ou s'en retranche, suivant que la surface est convexe ou concave. Elle est réciproque au rayon de

la surface sphérique; il est visible en effet que, plus ce rayon est petit,
plus le ménisque est considérable près du point de contingence. C'est à
ce second terme qu'est due l'action capillaire, qui diffère ainsi des affinités chimiques représentées par le premier terme.

De ces résultats relatifs aux corps terminés par des segments sensibles de surface sphérique je conclus ce théorème général :

*Dans toutes les lois qui rendent l'attraction insensible à des distances
sensibles, l'action d'un corps terminé par une surface courbe sur un
canal intérieur infiniment étroit, perpendiculaire à cette surface dans un
point quelconque, est égale à la demi-somme des actions sur le même
canal de deux sphères qui auraient pour rayons le plus grand et le plus
petit des rayons osculateurs de la surface à ce point.*

Au moyen de ce théorème et des lois de l'équilibre des fluides, on
peut déterminer la figure que doit prendre une masse fluide animée par
la pesanteur et renfermée dans un vase d'une figure donnée. On est
conduit à une équation aux différences partielles du second ordre, dont
l'intégrale se refuse à toutes les méthodes connues. Si la figure est de
révolution, cette équation se réduit aux différences ordinaires, et on
peut l'intégrer d'une manière fort approchée lorsque la surface est
très-petite. Je fais voir ainsi que, dans les tubes très-étroits, la surface
du fluide approche d'autant plus de celle d'un segment sphérique que
le diamètre du tube est plus petit. Si ces segments sont semblables dans
divers tubes de même matière, les rayons de leurs surfaces seront en
raison inverse du diamètre des tubes. Or cette similitude des segments
sphériques paraîtra évidente si l'on considère que la distance où l'action du tube cesse d'être sensible est imperceptible, en sorte que, si par
le moyen d'un très-fort microscope on parvenait à la faire paraître
égale à 1 millimètre, il est vraisemblable que le même pouvoir ampli-
fiant donnerait au diamètre du tube une grandeur apparente de plusieurs mètres. La surface du tube peut donc être considérée comme
étant plane, à très-peu près, dans un rayon égal à celui de sa sphère
d'activité sensible; le fluide, dans cet intervalle, s'abaissera donc ou

s'élèvera, depuis cette surface, à très-peu près comme si elle était plane. Au delà, ce fluide n'étant plus soumis sensiblement qu'à la pesanteur et à son action sur lui-même, sa surface sera à peu près celle d'un segment sphérique dont les plans extrêmes, étant ceux de la surface fluide aux limites de la sphère d'activité sensible du tube, seront à très-peu près, dans les divers tubes, également inclinés à leurs parois, d'où il suit que tous ces segments seront semblables.

Le rapprochement de ces résultats donne la vraie cause de l'ascension ou de l'abaissement des fluides dans les tubes capillaires, en raison inverse de leurs diamètres. Si, par l'axe d'un tube de verre, on conçoit un canal infiniment étroit qui, se recourbant un peu au-dessous du tube, aille aboutir à la surface plane et horizontale de l'eau d'un vase dans lequel l'extrémité inférieure du tube est plongée, l'action de l'eau du tube sur ce canal sera moindre, à raison de la concavité de sa surface, que l'action de l'eau du vase sur le même canal; le fluide doit donc s'élever dans le tube pour compenser cette différence, et, comme elle est, par ce qui précède, en raison inverse du diamètre du tube, l'élévation du fluide au-dessus de son niveau doit suivre le même rapport.

Si la surface du fluide intérieur est convexe, ce qui a lieu pour le mercure dans un tube de verre, l'action de ce fluide sur le canal sera plus grande que celle du fluide du vase; le fluide doit donc s'abaisser dans le tube en raison de cette différence, et par conséquent en raison inverse du diamètre du tube.

Ainsi l'attraction des tubes capillaires n'a d'influence sur l'élévation ou sur l'abaissement des fluides qu'ils renferment qu'en déterminant l'inclinaison des premiers plans de la surface du fluide intérieur extrêmement voisins des parois du tube, inclinaison dont dépend la concavité ou la convexité de cette surface et la grandeur de son rayon. Le frottement du fluide contre ces parois peut augmenter ou diminuer un peu la courbure de sa surface; le baromètre en offre des exemples journaliers; alors les effets capillaires augmentent ou diminuent dans le même rapport. Ces effets s'accroissent d'une manière très-sensible par le concours des forces dues à la concavité et à la convexité des surfaces. On verra dans la suite que l'on peut ainsi élever l'eau dans les tubes capillaires à une plus grande hauteur au-dessus de son niveau que lorsqu'on les plonge dans un vase rempli de ce fluide.

L'équation différentielle de la surface des fluides renfermés dans des espaces capillaires de révolution conduit à ce résultat général, savoir que, si dans un tube cylindrique on introduit un cylindre qui ait le même axe que le tube et qui soit tel que l'espace compris entre sa surface et la surface intérieure du tube ait très-peu de largeur, le fluide s'élèvera dans cet espace à la même hauteur que dans un tube dont le rayon est égal à cette largeur. Si l'on suppose les rayons du tube et du cylindre infinis, on a le cas du fluide renfermé entre deux plans verticaux et parallèles très-proches l'un de l'autre. Le résultat précédent est vérifié à cette limite par des expériences faites autrefois en présence de la Société royale de Londres et sous les yeux de Newton, qui les a citées dans son *Optique*, Ouvrage admirable, dans lequel ce profond génie a jeté en avant de son siècle un grand nombre de vues originales que la Chimie moderne a confirmées. M. Haüy a bien voulu faire, à ma prière, quelques expériences vers l'autre limite, c'est-à-dire en employant des tubes et des cylindres d'un très-petit diamètre, et il a trouvé le résultat précédent aussi exact à cette limite qu'à la première.

Les phénomènes que présente une goutte fluide en mouvement ou suspendue en équilibre, soit dans un tube capillaire conique, soit entre deux plans très-peu inclinés l'un à l'autre, sont très-propres à vérifier notre théorie. Une petite colonne d'eau, dans un tube conique ouvert par ses deux extrémités et maintenu horizontalement, se porte vers le sommet du tube, et l'on voit que cela doit être. En effet, la surface de la colonne fluide est concave à ses deux extrémités; mais le rayon de cette surface est plus petit du côté du sommet que du côté de la base; l'action du fluide sur lui-même est donc moindre du côté du sommet, et par conséquent la colonne doit tendre vers ce côté. Si la colonne fluide est de mercure, alors sa surface est convexe, et son rayon est moindre encore vers le sommet que vers la base; mais, à raison de sa convexité, l'action du fluide sur lui-même est plus grande vers le sommet, et la colonne doit se porter vers la base du tube.

On peut balancer cette action par le propre poids de la colonne et la tenir suspendue en équilibre en inclinant l'axe du tube à l'horizon, Un calcul fort simple fait voir que, si la longueur de la colonne est peu considérable, le sinus de l'inclinaison de l'axe est alors à peu près en raison inverse du carré de la distance du milieu de la colonne au sommet du cône, ce qui a lieu semblablement si l'on place une goutte fluide entre deux plans qui forment entre eux un très-petit angle en se touchant par leurs bords horizontaux. Ces résultats sont entièrement conformes à l'expérience, comme on peut le voir dans l'*Optique* de Newton (Question 31). Ce grand géomètre a essayé de les expliquer; son explication, comparée à celle que nous venons de donner, fait ressortir les avantages d'une théorie mathématique et précise.

Le calcul nous apprend encore que le sinus de l'inclinaison de l'axe du cône à l'horizon est alors à peu près égal à une fraction dont le dénominateur est la distance du milieu de la goutte au sommet du cône et dont le numérateur est la hauteur à laquelle le fluide s'élèverait dans un tube cylindrique dont le diamètre serait celui du cône au milieu de la colonne. Si les deux plans qui renferment une goutte du même fluide forment entre eux un angle égal à l'angle formé par l'axe du cône et ses côtés, l'inclinaison à l'horizon du plan qui divise également l'angle formé par les plans doit être la même que celle de l'axe du cône, pour que la goutte reste en équilibre. Hawksbee a fait avec un très-grand soin une expérience de ce genre, que je rapporte ici en la comparant au théorème précédent; le peu de différence qui existe entre les résultats de cette expérience et ce théorème en est une preuve incontestable.

La théorie donne l'explication et la mesure d'un phénomène singulier qu'offre l'expérience. Soit que le fluide s'élève ou s'abaisse entre deux plans verticaux et parallèles plongeant dans ce fluide par leurs extrémités inférieures, ces plans tendent à se rapprocher. L'Analyse nous montre que, si le fluide s'élève entre eux, chaque plan éprouve, du dehors en dedans, une pression égale à celle d'une colonne du même fluide dont la hauteur serait la moitié de la somme des élévations au-dessus du niveau des points de contact des surfaces intérieures et extérieures du fluide avec le plan, et dont la base serait la partie du plan comprise entre les deux lignes horizontales menées par ces points. Si le fluide s'abaisse entre les plans, chacun d'eux éprouvera pareillement, du dehors en dedans, une pression égale à celle d'une colonne du même fluide dont la hauteur serait la moitié de la somme des abaissements au-dessous du niveau des points de contact des surfaces intérieures et extérieures du fluide avec le plan, et dont la base serait la partie du plan comprise entre les deux lignes horizontales menées par ces points.

Les physiciens n'ayant considéré jusqu'ici la concavité et la convexité des surfaces des fluides dans les espaces capillaires que comme un effet secondaire de la capillarité, et non comme la principale cause de ce genre de phénomènes, ils ont mis peu d'importance à déterminer la courbure de ces surfaces. Mais la théorie précédente faisant dépendre principalement de cette courbure tous ces phénomènes, il devient intéressant de la déterminer. Plusieurs expériences, faites avec beaucoup de précision par M. Haüy, indiquent que, dans les tubes de verre capillaires et d'un très-petit diamètre, la surface concave de l'eau et des huiles et la surface convexe du mercure diffèrent très-peu de celle d'une demi-sphère.

Clairaut a fait cette singulière remarque, savoir que, si la loi de l'attraction de la matière du tube sur le fluide ne diffère que par son intensité de la loi de l'attraction du fluide sur lui-même, le fluide s'élèvera au-dessus du niveau tant que l'intensité de la première de ces attractions surpassera la moitié de l'intensité de la seconde. Si elle en est exactement la moitié, il est facile de s'assurer que la surface du fluide dans le tube sera horizontale et qu'il ne s'élèvera pas au-dessus du niveau. Si ces deux intensités sont égales, la surface du fluide dans le tube sera concave et celle d'une demi-sphère, et il y aura élévation du fluide. Si l'intensité de l'attraction du tube est nulle ou insensible, la

surface du fluide dans le tube sera convexe et celle d'une demi-sphère ;
il y aura dépression du fluide. Entre ces deux limites, la surface du
fluide sera celle d'un segment sphérique, et elle sera concave ou convexe suivant que l'intensité de l'attraction de la matière du tube sur le
fluide sera plus grande ou plus petite que la moitié de celle de l'attraction du fluide sur lui-même.

Si l'intensité de l'attraction du tube sur le fluide surpasse celle de
l'attraction du fluide sur lui-même, il me paraît vraisemblable qu'alors
le fluide, en s'attachant au tube, forme un tube intérieur qui seul
élève le fluide dont la surface est concave et celle d'une demi-sphère.
On peut conjecturer avec vraisemblance que ce cas est celui de l'eau et
des huiles dans les tubes de verre.

Les fluides qui s'élèvent entre des plans verticaux formant entre eux
de très-petits angles ou qui s'écoulent par des siphons capillaires présentent divers phénomènes qui sont autant de corollaires de ma théorie.
En général, si l'on se donne la peine de la comparer aux nombreuses
expériences des physiciens sur l'action capillaire, on verra que les résultats obtenus dans ces expériences, lorsqu'elles ont été faites avec les
précautions convenables, s'en déduisent, non par des considérations
vagues et toujours incertaines, mais par une suite de raisonnements
géométriques qui me paraissent ne laisser aucun doute sur la vérité de
cette théorie. Je désire que cette application de l'Analyse à l'un des
objets les plus curieux de la Physique puisse intéresser les géomètres
et les exciter à multiplier de plus en plus ces applications, qui joignent
à l'avantage d'assurer les théories physiques celui de perfectionner
l'Analyse elle-même, en exigeant souvent de nouveaux artifices de
calcul.

PREMIÈRE SECTION.

THÉORIE DE L'ACTION CAPILLAIRE.

1. Considérons un vase ABCD (*fig.* 1), plein d'eau jusqu'en AB, et concevons un tube capillaire de verre NMEF, ouvert par ses deux extrémités et plongeant dans le vase par son extrémité inférieure; l'eau s'élèvera dans le tube jusqu'en O, et sa surface prendra la figure concave NOM, O étant le point le plus bas de cette surface. Imaginons,

Fig. 1.

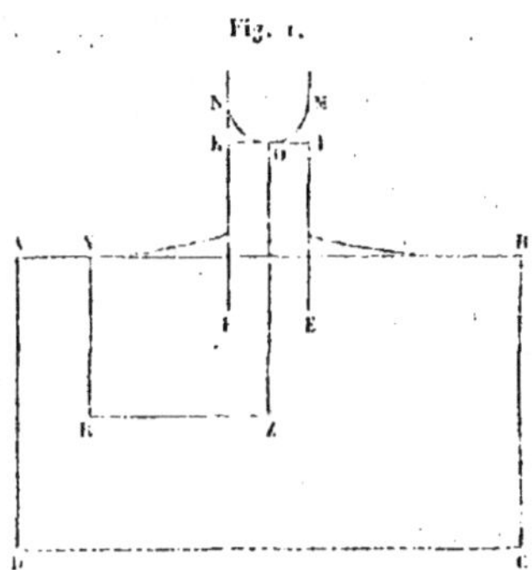

par ce point et par l'axe du tube, un filet d'eau renfermé dans un canal infiniment étroit OZRV; il est clair, d'après le principe que nous venons d'exposer sur le peu d'étendue des attractions capillaires, que l'action de l'eau inférieure à l'horizontale IOK sera la même sur la colonne OZ que l'action du vase sur la colonne VR. Mais le ménisque MIOKN agira sur la colonne OZ de bas en haut et tendra, par conséquent, à soulever le fluide. Ainsi, dans l'état d'équilibre, l'eau du canal OZRV devra être plus élevée dans le tube que dans le vase, pour compenser par son poids cette action du ménisque.

La loi de cette ascension dans les tubes de différents diamètres dépend de l'attraction du ménisque, et ici, comme dans la théorie de la figure des planètes, il y a une dépendance réciproque de la figure et de l'attraction du corps qui rend leur détermination difficile. Pour y parvenir, nous allons considérer l'action d'un corps de figure quelconque sur une colonne fluide renfermée dans un canal infiniment étroit, perpendiculaire à sa surface, et dont nous prendrons la base pour unité.

Supposons d'abord que le corps soit une sphère, et déterminons son action sur le fluide renfermé dans un canal extérieur perpendiculaire à sa surface. Reprenons, pour cela, l'analyse que nous avons donnée dans le n° 12 du Livre II. Soit r la distance du point attiré au centre d'une couche sphérique dont u est le rayon et du l'épaisseur. Soient encore θ l'angle que le rayon u fait avec la droite r, et ϖ l'angle que le plan qui passe par les deux droites r et u fait avec un plan fixe passant par la droite r; l'élément de la couche sphérique sera $u^2\,du\,d\varpi\,d\theta\sin\theta$. Si l'on nomme ensuite f la distance de cet élément au point attiré, que nous supposerons extérieur à la couche, nous aurons

$$f^2 = r^2 - 2ru\cos\theta + u^2.$$

Représentons par $\varphi(f)$ la loi de l'attraction à la distance f, attraction qui, dans le cas présent, est insensible lorsque f a une valeur sensible; l'action de l'élément de la couche sur le point attiré, décomposée parallèlement à r et dirigée vers le centre de la couche, sera

$$u^2\,du\,d\varpi\,d\theta\sin\theta\,\frac{r - u\cos\theta}{f}\,\varphi(f).$$

On a

$$\frac{r - u\cos\theta}{f} = \frac{\partial f}{\partial r},$$

ce qui donne à la quantité précédente cette forme

$$(a)\qquad\qquad u^2\,du\,d\varpi\,d\theta\sin\theta\,\frac{\partial f}{\partial r}\,\varphi(f).$$

Désignons par $c - \Pi(f)$ l'intégrale $\int df \varphi(f)$, prise depuis $f = 0$, c étant la valeur de cette intégrale lorsque f est infini; $\Pi(f)$ sera une quantité positive qui décroît avec une extrême rapidité, de manière à devenir insensible lorsque f a une valeur sensible. La quantité précédente (a) sera le coefficient de dr dans la différentielle, prise par rapport à r, de la fonction

$$u^2\, du\, d\varpi\, d\vartheta \sin\vartheta\, [c - \Pi(f)],$$

et, par conséquent, elle sera le coefficient de dr dans la différentielle de la fonction

$$- u^2\, du\, d\varpi\, d\vartheta \sin\vartheta\, \Pi(f).$$

Pour étendre cette fonction à la couche entière, il faut d'abord l'intégrer relativement à ϖ, depuis $\varpi = 0$ jusqu'à $\varpi = 2\pi$, π étant le rapport de la demi-circonférence au rayon, et alors elle devient

$$- 2\pi u^2\, du\, d\vartheta \sin\vartheta\, \Pi(f).$$

Il faut ensuite intégrer cette dernière fonction depuis $\vartheta = 0$ jusqu'à $\vartheta = \pi$. On a, en différentiant la valeur précédente de f^2 par rapport à ϑ,

$$d\vartheta \sin\vartheta = \frac{f\, df}{r u},$$

et par conséquent

$$- 2\pi u^2\, du \int d\vartheta \sin\vartheta\, \Pi(f) = - 2\pi \frac{u\, du}{r} \int\!\int df\, \Pi(f).$$

Représentons encore l'intégrale $\int\!\int df\, \Pi(f)$ par $c' - \Psi(f)$, c' étant la valeur de cette intégrale lorsque f est infini; $\Psi(f)$ sera encore une quantité positive qui décroît avec une extrême rapidité. On aura, en observant que l'intégrale doit être prise depuis $\vartheta = 0$ jusqu'à $\vartheta = \pi$ et qu'à ces deux points $f = r - u$ et $f = r + u$,

$$- 2\pi u^2\, du \int d\vartheta \sin\vartheta\, \Pi(f) = - \frac{2\pi u\, du}{r} [\Psi(r - u) - \Psi(r + u)].$$

En différentiant cette fonction par rapport à r, le coefficient de dr donnera l'attraction de la couche sur le point attiré; mais, si l'on veut avoir

l'action de la couche sur une colonne fluide dirigée suivant r et dont
l'extrémité la plus voisine du centre de la couche soit à la distance b de
ce centre, il faut multiplier ce coefficient par dr et prendre l'intégrale
du produit, ce qui redonne la fonction précédente elle-même, à laquelle il faut ajouter une constante, que l'on doit déterminer de manière que l'intégrale commence lorsque $r = b$. On aura ainsi, pour cette
intégrale,

$$\frac{2\pi u\, du}{b}\left[\Psi(b - u) - \Psi(b + u)\right]$$

$$- \frac{2\pi u\, du}{r}\left[\Psi(r - u) - \Psi(r + u)\right].$$

Maintenant $\Psi(b + u)$ est une quantité toujours insensible lorsque b
a une valeur sensible, et si, comme nous le supposerons, r, à l'extrémité de la colonne la plus éloignée du centre de la couche, surpasse b
d'une quantité sensible, $\Psi(r - u)$ sera insensible, et à plus forte raison $\Psi(r + u)$; la fonction précédente se réduira donc à celle-ci :

$$\frac{2\pi u\, du}{b}\,\Psi(b - u),$$

qui, par conséquent, exprimera l'action de la couche sur le fluide renfermé dans un canal infiniment étroit, dirigé suivant r, et dont l'extrémité la plus voisine du centre de la couche en est distante de la quantité b. Cette action est évidemment la pression que ce fluide exercerait,
en vertu de l'attraction de la couche, sur une base plane placée à cette
extrémité, dans l'intérieur du canal, perpendiculairement à sa direction, cette base étant prise pour unité.

Pour avoir l'action de la sphère entière dont le rayon est b, supposons $b - u = z$; cette action sera égale à l'intégrale

$$2\pi \int \frac{b - z}{b}\, dz\, \Psi(z),$$

prise depuis $z = 0$ jusqu'à $z = b$. Soit donc K l'intégrale $2\pi \int dz\, \Psi(z)$,
prise dans ces limites, et H l'intégrale $2\pi \int z\, dz\, \Psi(z)$, prise dans les

mêmes limites; l'action précédente deviendra

$$K - \frac{H}{b}.$$

On doit observer ici que K et H peuvent être considérés comme étant indépendants de b; car, $\Psi(z)$ n'étant sensible qu'à des distances insensibles, il est indifférent de prendre les intégrales précédentes depuis $z = 0$ jusqu'à $z = b$ ou depuis $z = 0$ jusqu'à z infini, en sorte qu'on peut supposer que K et H répondent à ces dernières limites.

On doit observer encore que $\frac{H}{b}$ est considérablement plus petit que K, parce que la différentielle de son expression est la différentielle de l'expression de K, multipliée par $\frac{z}{b}$; ainsi, le facteur $\Psi(z)$ de ces différentielles n'étant sensible que pour des valeurs insensibles de $\frac{z}{b}$, l'intégrale $\frac{H}{b}$ doit être considérablement plus petite que l'intégrale K.

L'action de la sphère entière sur la colonne fluide qui la touche étant $K - \frac{H}{b}$, cette quantité exprimera encore l'action d'un segment sphérique sensible que forme la section de la sphère par un plan auquel la direction de la colonne est perpendiculaire; car, la partie de la sphère située au delà de ce plan étant à une distance sensible de la colonne, son action sur cette colonne est insensible; $K - \frac{H}{b}$ exprimera donc, par cette raison, l'action d'un corps quelconque, terminé par la surface convexe d'un segment sphérique dont le rayon est b, sur une colonne fluide extérieure et perpendiculaire à cette surface.

Dans l'expression $K - \frac{H}{b}$, K représente l'action d'un corps terminé par une surface plane; car alors, b étant infini, le terme $\frac{H}{b}$ disparaît; ce dernier terme exprime donc l'action du ménisque MIOKN (*fig.* 1), différence du segment sphérique au solide terminé par un plan tangent, pour soulever la colonne OZ; ainsi cette action est réciproque au rayon b de la surface MON, supposée sphérique.

On peut observer ici que la fonction K est analogue à celle que j'ai désignée par la même lettre dans la théorie des réfractions astronomiques, exposée dans le Livre X.

2. Il est facile de conclure, de ce qui précède, l'action d'une sphère sur une colonne fluide intérieure infiniment étroite et perpendiculaire à sa surface. Concevons deux sphères égales, MON et POQ (*fig.* 2), en

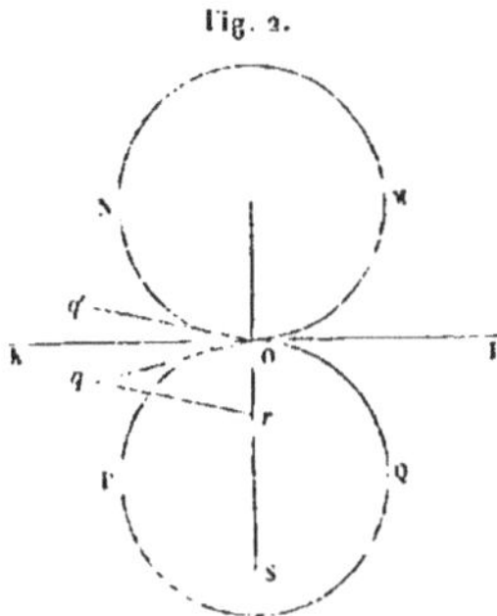

Fig. 2.

contact au point O. Soient IOK un plan tangent à ces deux sphères et OS la colonne fluide. Le point q du ménisque inférieur IOQPK agira sur la colonne OS pour la soulever. En effet, si l'on forme le triangle isoscèle Oqr, il est visible que les actions du point q sur la partie Or de la colonne se détruisent mutuellement; mais, par son action sur rS, il tend à soulever le fluide de la même manière qu'un point q' semblablement placé dans le ménisque supérieur IOMNK. Les deux ménisques agissent donc avec la même force pour soulever le fluide de la colonne ; or on a vu, dans le numéro précédent, que l'action du ménisque supérieur, pour cet objet, est $\dfrac{\mathrm{H}}{b}$: cette quantité exprime donc pareillement l'action du ménisque inférieur.

Maintenant, l'action d'une masse indéfinie supérieure à OS et terminée par le plan IOK est la même sur la colonne OS que celle d'une masse inférieure terminée par le même plan ; car un point quelconque r de cette colonne est également attiré par les deux masses, mais dans

46.

des directions contraires, puisqu'il est en équilibre au milieu de ces attractions. Ainsi, K exprimant, par le numéro précédent, l'action de la masse supérieure sur la colonne OS, il exprimera aussi l'action de la masse inférieure sur cette colonne, de haut en bas; or cette action est composée de deux parties, savoir de celle de la sphère QOP et de l'action du ménisque IOQPK. En nommant donc S l'action de la sphère, et en observant que le ménisque attire la colonne de bas en haut et que son action sur elle est $\frac{H}{b}$, on aura

$$S - \frac{H}{b} = K,$$

partant

$$S = K + \frac{H}{b}.$$

d'où il suit que l'action d'un corps terminé par une portion sensible de surface sphérique sur une colonne fluide placée dans son intérieur et perpendiculaire au milieu de cette surface est représentée par $K + \frac{H}{b}$.

Si la surface du corps, au lieu d'être convexe, est concave, comme dans la *fig.* 1, alors l'action de la masse MEFN sur le canal OZ sera, comme on vient de le voir, égale à $K - \frac{H}{b}$. Ainsi l'action d'un corps terminé par une portion sensible de surface sphérique sera $K \pm \frac{H}{b}$, le signe $+$ ayant lieu si la surface est convexe, et le signe $-$ si elle est concave.

3. On peut maintenant déterminer généralement l'action d'un corps terminé par une surface courbe sur une colonne fluide intérieure renfermée dans un canal infiniment étroit perpendiculaire à un point quelconque de cette surface. Si l'on conçoit par ce point un ellipsoïde osculateur, l'action de cet ellipsoïde sera la même à très-peu près que celle du solide, puisque, cette action étant supposée ne s'étendre sensiblement qu'à des distances insensibles, le ménisque différence du solide et de l'ellipsoïde n'a point d'action sensible sur la colonne, aux

points où ces deux corps s'écartent sensiblement l'un de l'autre. On a
vu, dans le n° 1, que l'action du ménisque qui fait la différence de la
sphère au solide terminé par un plan tangent est $\frac{\mathrm{H}}{b}$, et qu'elle est,
relativement à l'action K de ce solide, de l'ordre $\frac{z}{b}$, z étant égal ou
moindre que le rayon de la sphère d'action sensible du corps. Il est aisé
de voir que, par la même raison, l'action du ménisque différence de
l'ellipsoïde osculateur au corps sera, par rapport à l'action $\frac{\mathrm{H}}{b}$, de
l'ordre $\frac{z}{b}$, et par conséquent qu'elle peut être négligée relativement
à $\frac{\mathrm{H}}{b}$. Déterminons donc l'action de l'ellipsoïde osculateur sur la colonne. Un des axes de cet ellipsoïde est dans la direction même de la
colonne ; nommons cet axe $2a$. Si l'on fait passer deux plans par cet axe
et par les deux autres axes de l'ellipsoïde, leurs sections donneront
deux ellipses, qui auront chacune $2a$ pour un de leurs axes. Nommons $2a'$ et $2a''$ les deux autres axes. Le rayon osculateur de la première ellipse au point de contact du corps et de l'ellipsoïde sera $\frac{a'^2}{a}$,
et celui de la seconde au même point sera $\frac{a''^2}{a}$. Nommons b et b' ces
deux rayons osculateurs. Si, par le même point de contact et par
l'axe $2a$, on fait passer un plan qui forme l'angle θ avec le plan qui
passe par les deux axes $2a$ et $2a'$, la section de l'ellipsoïde par ce nouveau plan sera une ellipse, dont $2a$ sera un des axes et dont l'autre
axe, que nous désignerons par $2\mathrm{A}$, sera tel que

$$\mathrm{A}^2 = \frac{a'^2 a''^2}{a'^2 \sin^2\theta + a''^2 \cos^2\theta}.$$

Le rayon osculateur de cette ellipse au point de contact est $\frac{\mathrm{A}^2}{a}$: en nommant donc B ce rayon, on aura

$$\frac{1}{\mathrm{B}} = a\left(\frac{1}{a''^2}\sin^2\theta + \frac{1}{a'^2}\cos^2\theta\right) = \frac{1}{b'}\sin^2\theta + \frac{1}{b}\cos^2\theta.$$

L'action d'une portion infiniment petite de l'ellipsoïde formée par le plan qui passe par les axes $2a$ et $2A$, et par un autre plan faisant avec le premier l'angle $d\theta$ et passant par l'axe $2a$, cette action, dis-je, est à très-peu près la même que celle d'une portion semblable d'une sphère dont le rayon serait B; ainsi, l'action de cette sphère étant, par ce qui précède, $K + \dfrac{H}{B}$, celle de la portion infiniment petite dont il s'agit sera $\dfrac{1}{2\pi} d\theta \left(K + \dfrac{H}{B} \right)$; l'action entière de l'ellipsoïde sur le canal sera donc

$$\frac{1}{2\pi} \int d\theta \left(K + \frac{H}{b} \cos^2\theta + \frac{H}{b'} \sin^2\theta \right),$$

l'intégrale devant être prise depuis $\theta = 0$ jusqu'à $\theta = 2\pi$, ce qui donne pour cette action

$$K + \tfrac{1}{2} H \left(\frac{1}{b} + \frac{1}{b'} \right).$$

Si la surface est concave, il faut supposer b et b' négatifs. Si elle est en partie concave et en partie convexe, comme la gorge d'une poulie, il faut supposer positif le rayon osculateur relatif à la partie convexe et négatif celui qui appartient à la partie concave.

En nommant B et B' les rayons osculateurs des sections de la surface du corps par deux plans qui forment entre eux un angle droit, on aura, par ce qui précède,

$$\frac{1}{B} = \frac{1}{b'} \sin^2\theta + \frac{1}{b} \cos^2\theta,$$

d'où l'on conclut, en changeant θ en $\dfrac{\pi}{2} + \theta$, ce qui change B en B',

$$\frac{1}{B'} = \frac{1}{b'} \cos^2\theta + \frac{1}{b} \sin^2\theta,$$

partant

$$\frac{1}{B} + \frac{1}{B'} = \frac{1}{b} + \frac{1}{b'}.$$

L'action précédente peut donc encore être mise sous cette forme,

$$K + \frac{H}{2B} + \frac{H}{2B'},$$

c'est-à-dire que l'action d'un corps de figure quelconque sur le fluide renfermé dans un canal infiniment étroit, perpendiculaire à un point quelconque de sa surface, est égale à la demi-somme des actions de deux sphères qui auraient pour rayons le rayon osculateur d'une section quelconque de la surface par un plan mené perpendiculairement à la surface par ce point et le rayon osculateur de la section formée par un plan perpendiculaire aú premier.

4. Déterminons présentement la surface de l'eau renfermée dans un tube de figure quelconque. On peut, comme on sait, employer dans cette recherche ou le principe de l'équilibre d'un canal curviligne aboutissant par ses extrémités à deux points de la surface, ou le principe de la perpendicularité de la force à la surface. Dans la question présente, le premier de ces principes a un grand avantage sur le second en ce qu'il n'exige que la détermination des deux actions K et $\frac{\mathrm{H}}{2}\left(\frac{1}{b} + \frac{1}{b'}\right)$, et même la seule détermination de la seconde action, la première K disparaissant de l'équation à la surface, comme on le verra bientôt. Quoique la force qui produit cette seconde action soit, à la surface, incomparablement plus puissante que la pesanteur, cependant, cette force n'agissant que dans un intervalle insensible, son action sur une colonne fluide d'une longueur sensible est comparable à l'action de la pesanteur sur cette colonne. Mais, si l'on voulait faire usage du principe de la perpendicularité de la résultante de toutes les forces à la surface, il faudrait considérer, non-seulement les forces qui produisent les actions K et $\frac{\mathrm{H}}{2}\left(\frac{1}{b} + \frac{1}{b'}\right)$, forces qui doivent être perpendiculaires à cette surface, mais encore la pesanteur et la force qui résulte de l'attraction du ménisque différence de l'ellipsoïde osculateur et du corps; car, quoiqu'il n'en résulte qu'une action insensible sur une colonne fluide, parce que cette force n'agit sensiblement que dans un intervalle insensible, cependant elle est du même ordre que la pesanteur. La difficulté d'évaluer toutes ces forces et leurs directions rend donc ici le principe de l'équilibre des canaux beaucoup plus commode.

Soit donc O (*fig.* 3) le point le plus bas de la surface AOB de l'eau renfermée dans un tube. Nommons z la coordonnée verticale OM, x et y les deux coordonnées horizontales d'un point quelconque N de la

Fig. 3.

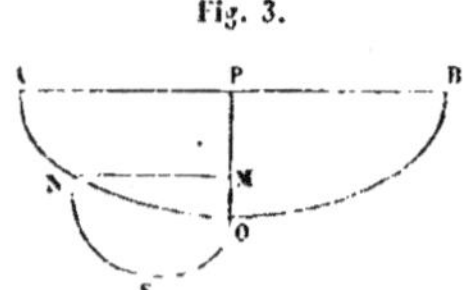

surface. Soient R et R′ le plus grand et le plus petit des rayons osculateurs de la surface à ce point.

R et R′ seront les deux racines de l'équation

$$R^2(rt - s^2) - R\sqrt{1 + p^2 + q^2}\,[(1 + q^2)r - 2pqs + (1 + p^2)t] + (1 + p^2 + q^2)^2 = 0,$$

équation dans laquelle

$$p = \frac{\partial z}{\partial x}, \quad q = \frac{\partial z}{\partial y},$$

$$r = \frac{\partial^2 z}{\partial x^2}, \quad s = \frac{\partial^2 z}{\partial x \partial y}, \quad t = \frac{\partial^2 z}{\partial y^2}.$$

On aura donc

$$\frac{1}{R} + \frac{1}{R'} = \frac{(1 + q^2)r - 2pqs + (1 + p^2)t}{(1 + p^2 + q^2)^{\frac{3}{2}}}.$$

Cela posé, si l'on conçoit un canal quelconque infiniment étroit NSO, on doit avoir, par la loi de l'équilibre du fluide renfermé dans ce canal,

$$K - \frac{H}{2}\left(\frac{1}{R} + \frac{1}{R'}\right) + gz = K - \frac{H}{2}\left(\frac{1}{b} + \frac{1}{b'}\right),$$

b et b' étant le plus grand et le plus petit des rayons osculateurs de la surface au point O, et g étant la pesanteur. En effet, l'action du fluide sur le canal au point N est, par ce qui précède, $K - \frac{H}{2}\left(\frac{1}{R} + \frac{1}{R'}\right)$, et de plus, la hauteur du point N au-dessus du point O est z. L'équation précédente donne, en y substituant pour $\frac{1}{R} + \frac{1}{R'}$ sa valeur,

$$(a) \qquad \frac{(1+q^2)\,r - 2pqs + (1+p^2)\,t}{(1+p^2+q^2)^{\frac{3}{2}}} - \frac{2gz}{\Pi} = \frac{1}{b} + \frac{1}{b'};$$

cette équation est aux différences partielles du second ordre : en l'inté-grant, on aura deux fonctions arbitraires, que l'on déterminera par l'équation de la surface des parois du tube dans lequel le fluide est renfermé et par l'inclinaison des plans extrêmes de la surface du fluide, inclinaison qui, comme on l'a vu, doit être la même pour tous ces plans.

Lorsque la surface est de révolution autour de l'axe des z, l'équation précédente se réduit aux différences ordinaires. En effet, z devient alors une fonction de $\sqrt{x^2+y^2}$. Soit $u = \sqrt{x^2+y^2}$; on aura

$$\frac{\partial z}{\partial x} = \frac{x}{u}\frac{dz}{du}, \qquad \frac{\partial^2 z}{\partial x^2} = \frac{x^2}{u^2}\frac{d^2 z}{du^2} + \frac{y^2}{u^3}\frac{dz}{du}.$$

$$\frac{\partial^2 z}{\partial x\,\partial y} = \frac{xy}{u^2}\frac{d^2 z}{du^2} - \frac{xy}{u^3}\frac{dz}{du},$$

$$\frac{\partial z}{\partial y} = \frac{y}{u}\frac{dz}{du}, \qquad \frac{\partial^2 z}{\partial y^2} = \frac{y^2}{u^2}\frac{d^2 z}{du^2} + \frac{x^2}{u^3}\frac{dz}{du}.$$

L'équation précédente devient ainsi

$$(b) \qquad \frac{\dfrac{d^2 z}{du^2} + \dfrac{1}{u}\dfrac{dz}{du}\left(1 + \dfrac{dz^2}{du^2}\right)}{\left(1 + \dfrac{dz^2}{du^2}\right)^{\frac{3}{2}}} - \frac{2gz}{\Pi} = \frac{2}{b};$$

car, au point O, b est égal à b' lorsque la surface est de révolution. Dans le cas où la surface est une couronne circulaire, b et b' étant inégaux, $\frac{2}{b}$ exprime alors la somme des deux fractions qui, ayant l'unité pour numérateur, ont pour dénominateurs le plus grand et le plus petit des rayons osculateurs au point le plus bas de la surface. On peut observer encore que, dans l'équation (b), le terme $\dfrac{\dfrac{d^2 z}{du^2}}{\left(1 + \dfrac{dz^2}{du^2}\right)^{\frac{3}{2}}}$ représente $\frac{1}{R}$,

R étant le rayon osculateur de la section de la surface par un plan passant par l'axe de révolution. Le terme $\dfrac{\dfrac{1}{u}\dfrac{dz}{du}}{\sqrt{1+\dfrac{dz^2}{du^2}}}$ représente $\dfrac{1}{R'}$,

R' étant l'autre rayon de courbure; ce rayon est égal à la perpendiculaire à la surface, prolongée jusqu'à sa rencontre avec l'axe de révolution.

Soit $\dfrac{g}{H} = z$; on aura, en intégrant,

$$\frac{u\dfrac{dz}{du}}{\sqrt{1+\dfrac{dz^2}{du^2}}} - 2\alpha \int z\,u\,du = \frac{u^2}{b} + \text{const.}$$

En faisant commencer l'intégrale $\int z\,u\,du$ avec u, la constante sera nulle. Soit

$$u' = u + \frac{2\alpha b}{u} \int z\,u\,du;$$

l'équation précédente donnera

$$dz = \frac{u'\,du}{\sqrt{b^2 - u'^2}}\,\cdot$$

Dans le cas de α nul, on a $u' = u$, ce qui donne

$$z = b - \sqrt{b^2 - u^2},$$

et par conséquent

$$\frac{2\alpha b}{u}\int z\,u\,du = \frac{\alpha b}{u}\left[bu^2 + \tfrac{2}{3}(b^2 - u^2)^{\frac{3}{2}} - \tfrac{2}{3}b^3\right].$$

La différentielle du second membre de cette équation est

$$\frac{\alpha b^2\,du\,(3u^2 + 2b^2)}{3u^2} - \frac{2\alpha b\,du}{3u^2}\sqrt{b^2 - u^2}\,(b^2 + 2u^2).$$

Si l'on néglige les quantités de l'ordre α^2, on peut changer u en u' dans cette fonction différentielle. On aura ainsi, en différentiant l'expression précédente de u',

$$du = du'(1 - \alpha b^2) + \frac{2\alpha b}{3 u'^2} du'\left[(b^2 + 2u'^2)\sqrt{b^2 - u'^2} - b^3\right],$$

ce qui donne

$$dz = \frac{u'du'(1 - \alpha b^2)}{\sqrt{b^2 - u'^2}} + \frac{2\alpha b\, du'}{3 u'}\left(b^2 + 2u'^2 - \frac{b^3}{\sqrt{b^2 - u'^2}}\right).$$

Soit $u' = b \sin\vartheta$; on aura

$$\frac{dz}{b} = d\vartheta \sin\vartheta(1 - \alpha b^2) + \frac{2\alpha b^2}{3} d\vartheta\left(\sin 2\vartheta - \frac{\sin\frac{1}{2}\vartheta}{\cos\frac{1}{2}\vartheta}\right),$$

ce qui donne, en intégrant,

$$\frac{z}{b} = (1 - \alpha b^2)(1 - \cos\vartheta) + \frac{\alpha b^2}{3}(1 - \cos 2\vartheta) + \frac{4\alpha b^2}{3} \log\cos\tfrac{1}{2}\vartheta.$$

En nommant l le demi-diamètre du tube, et observant que ce demi-diamètre est à très-peu près égal à la valeur extrême de u, parce que les plans extrêmes de la surface du segment que nous considérons ne sont, comme on l'a vu, éloignés du tube que d'une quantité imperceptible, on aura, pour la valeur extrême de u',

$$u' = l + \alpha b^2 l - \tfrac{2}{3}\alpha\frac{b^3}{l} + \tfrac{2}{3}\alpha\frac{b^3}{l}\cos^3\vartheta',$$

ϑ' étant ici la valeur extrême de ϑ, valeur qui est le complément de l'angle que les côtés extrêmes de la courbe AOB forment avec les parois du tube. On a ensuite, pour la valeur extrême de u',

$$u' = b \sin\vartheta'.$$

En comparant ces deux valeurs de u', on aura

$$b = \frac{l}{\sin\vartheta'} + \frac{\alpha b^2 l}{\sin\vartheta'} - \frac{2}{3}\frac{\alpha b^3}{l\sin\vartheta'} + \frac{2}{3}\frac{\alpha b^3\cos^3\vartheta'}{l\sin\vartheta'}\cdots$$

ou, à très-peu près,

$$b = \frac{l}{\sin\vartheta'} + \frac{\alpha l^3}{\sin^3\vartheta'} - \frac{2}{3}\frac{\alpha l^3}{\sin^5\vartheta'} + \frac{2}{3}\frac{\alpha l^3\cos^3\vartheta'}{\sin^5\vartheta'}\cdots$$

ce qui donne, pour la valeur extrême de z,

$$z = l \tan\tfrac{1}{2}\theta' \left[1 - \tfrac{2}{3}\alpha \frac{l^2(1-\cos^3\theta')}{\sin^3\theta'}\right] + \frac{2\alpha l^3}{3\sin\theta'} + \frac{4\alpha l^3}{3\sin^3\theta'}\log\cos\tfrac{1}{2}\theta'$$

et

$$\frac{1}{b} = \frac{\sin\theta'}{l}\left[1 - \frac{\alpha l^2}{\sin^2\theta'}\left(1 - \tfrac{2}{3}\frac{1-\cos^3\theta'}{\sin^2\theta'}\right)\right].$$

Il est facile de s'assurer que les expressions de z et de $\frac{1}{b}$ ont encore lieu lorsque la surface du fluide est convexe; seulement les z doivent alors être comptés de haut en bas, depuis le point le plus élevé de la surface.

5. Considérons présentement le tube capillaire MNFE (*fig.* 1). L'action du ménisque MIOKN pour soulever le fluide du canal OZ est, par le n° 1, égale à $\frac{\Pi}{b}$. Si l'on nomme q l'élévation du point O au-dessus du niveau du fluide du vase ABCD, on aura, par le même numéro, $\frac{\Pi}{b} = gq$; en substituant donc pour $\frac{1}{b}$ sa valeur trouvée dans le numéro précédent, on aura, à très-peu près,

$$q = \frac{\Pi\sin\theta'}{gl}\left[1 - \frac{\alpha l^2}{\sin^2\theta'}\left(1 - \tfrac{2}{3}\frac{1-\cos^3\theta'}{\sin^2\theta'}\right)\right].$$

Pour déterminer α, nous observerons que $\alpha = \frac{g}{\Pi}$ et que l'on a à très-peu près $q = \frac{\Pi\sin\theta'}{gl}$, ce qui donne

$$\alpha = \frac{\sin\theta'}{ql},$$

et par conséquent

$$q = \frac{\Pi\sin\theta'}{gl}\left[1 - \frac{l}{q\sin\theta'}\left(1 - \tfrac{2}{3}\frac{1-\cos^3\theta'}{\sin^2\theta'}\right)\right].$$

$\frac{\Pi}{g}$ est une quantité constante quel que soit le demi-diamètre l du tube, et θ' est, comme on l'a vu, une quantité indépendante de ce demi-diamètre; de plus, si l est très-petit, la fraction $\frac{l}{q}$ peut être négligée vis-à-vis de l'unité; on aura donc, à très-peu près,

$$q = \frac{\mathrm{H}}{g}\, \frac{\sin \theta'}{l} = \frac{\text{const.}}{2l},$$

c'est-à-dire que l'élévation du fluide est à très-peu près réciproque au diamètre du tube, conformément à l'expérience.

Pour juger de l'approximation que l'on obtient en supposant $q = \frac{\mathrm{H}}{g}\,\frac{\sin \theta'}{l}$, supposons θ' égal au quart de la circonférence, ce qui paraît avoir lieu pour l'eau dans un tube capillaire de verre; le terme que l'on néglige alors est $-\frac{l}{3}$ ou $-q\frac{l}{3q}$. En supposant l égal à 1 millimètre ou le diamètre du tube égal à 2 millimètres, on a, par l'observation, comme on le verra dans la suite, relativement à l'eau dans un tube de verre, $q = 6^{\text{mm}},784$; la fraction $\frac{l}{3q}$ devient donc alors $\frac{l}{20,352}$; elle peut donc être négligée relativement à l'unité. Dans les tubes plus étroits, cette fraction diminue en raison du carré de l, car q augmente en raison réciproque de l. On voit ainsi que dans les tubes capillaires on peut supposer, sans erreur sensible,

$$q = \frac{\text{const.}}{2l},$$

ou la hauteur du fluide au-dessus du niveau en raison inverse du diamètre du tube.

Si la surface du fluide intérieur est convexe, en concevant, comme précédemment, par l'axe du tube, un canal infiniment étroit qui, se recourbant au-dessous du tube, aille aboutir à la surface du fluide contenu dans le vase, l'action du fluide du tube sur le canal intérieur sera, par le n° 1, égale à $\mathrm{K} + \frac{\mathrm{H}}{b}$. L'action du fluide du vase sur la branche extérieure du canal sera égale à K. Mais, si l'on nomme q l'élévation du fluide extérieur au-dessus du fluide de la branche intérieure du canal,

il faudra ajouter à l'action K le poids gq; on aura donc, par la condition de l'équilibre du fluide renfermé dans le canal,

$$\mathrm{K} + gq = \mathrm{K} + \frac{\mathrm{H}}{b},$$

ce qui donne

$$q = \frac{\mathrm{H}}{gh},$$

et par conséquent

$$q = \frac{\mathrm{H}}{g}\frac{\sin \theta'}{l}\left[1 - \frac{l}{q\sin\theta'}\left(1 - \frac{2}{3}\frac{1-\cos^3\theta'}{\sin^2\theta'}\right)\right],$$

d'où il suit que, dans les tubes très-étroits, la dépression q du fluide
intérieur du tube au-dessous du niveau du fluide extérieur est réciproque au diamètre $2l$ du tube, ce que l'expérience indique encore.

Si le tube est incliné à l'horizon, la surface du fluide qu'il renferme
sera à très-peu près la même que si le tube était vertical; elle sera,
dans l'un et l'autre cas, à fort peu près celle d'un segment sphérique
dont l'axe est celui du tube, parce que l'action de la pesanteur ne fait
qu'introduire dans les résultats du calcul des termes multipliés par α,
et l'on vient de voir que, relativement aux tubes très-étroits, ces termes
peuvent être négligés. En nommant donc q la hauteur verticale du
fluide au-dessus du niveau ou sa dépression au-dessous, on aura toujours

$$q = \frac{\mathrm{H}}{g}\frac{\sin\theta'}{l},$$

ce qui est conforme à l'expérience.

6. On peut étendre l'analyse précédente au cas où un tube cylindrique serait traversé par un cylindre de même matière et qui aurait
le même axe que le tube. Le fluide s'élèverait dans l'espace compris
entre les parois intérieures du tube et la surface du cylindre, et, si cet
espace est capillaire, on déterminera ainsi l'équation de la surface du
fluide qu'il renferme.

Reprenons l'équation différentielle (b) du n° 4. Le terme $\frac{2}{b}$ de son
second membre exprime ici la somme de deux fractions qui ont cha-

cune l'unité pour numérateur, et pour dénominateurs le plus grand et le plus petit des rayons osculateurs de la surface du fluide au point le plus bas d'où l'on compte les z. Cette équation donne, en l'intégrant,

$$\frac{u\,\dfrac{dz}{du}}{\sqrt{1+\dfrac{dz^2}{du^2}}} - 2\alpha\int z\,u\,du = \frac{u^2}{b} + \text{const.}$$

Pour déterminer la constante, nous observerons qu'au point où le fluide touche la surface du cylindre on a

$$\frac{\dfrac{dz}{du}}{\sqrt{1+\dfrac{dz^2}{du^2}}} = -\sin\theta'.$$

Je donne à $\sin\theta'$ le signe $-$, parce qu'à ce point $\dfrac{dz}{du}$ est une quantité négative. En faisant donc commencer l'intégrale $\int z\,u\,du$ à ce point, et nommant l le rayon du cylindre ou la valeur de u à ce même point, on aura

$$\text{const.} = -l\sin\theta' - \frac{l^2}{b},$$

ce qui donne

$$\frac{u\,\dfrac{dz}{du}}{\sqrt{1+\dfrac{dz^2}{du^2}}} - 2\alpha\int z\,u\,du = \frac{u^2-l^2}{b} - l\sin\theta'.$$

Supposons d'abord z nul, et nommons l' le rayon du creux du tube; l' sera la valeur de u au point où le fluide touche les parois du tube. A ce point on a

$$\frac{\dfrac{dz}{du}}{\sqrt{1+\dfrac{dz^2}{du^2}}} = \sin\theta';$$

on a donc à ce point

$$l'\sin\theta' = \frac{l'^2-l^2}{b} - l\sin\theta',$$

ce qui donne

$$\frac{1}{b} = \frac{\sin\theta'}{l'-l}.$$

Cela posé, on aura

$$\frac{u\,\dfrac{dz}{du}}{\sqrt{1+\dfrac{dz^2}{du^2}}}=\frac{u^2-ll'}{l-l}\sin\theta',$$

d'où l'on tire

$$dz=-\frac{(u^2-ll')\,du\,\sin\theta'}{\sqrt{(l'-l)^2u^2-(u^2-ll')^2\sin^2\theta'}},$$

équation dont l'intégrale dépend de la rectification des sections coniques.

α n'étant plus supposé nul, on a

$$\frac{1}{b}=\frac{\sin\theta'}{l'-l}-\frac{2\alpha}{(l'-l)(l'+l)}\int z\,u\,du,$$

l'intégrale $\int z\,u\,du$ étant prise depuis $u=l$ jusqu'à $u=l'$. On a

$$\int z\,u\,du=\tfrac{1}{2}u^2z-\tfrac{1}{2}\int u^2\,dz.$$

Si l'on néglige les quantités de l'ordre α, l'expression précédente de dz, substituée dans le second membre de cette équation, donnera

$$\int z\,u\,du=\tfrac{1}{2}u^2\int\frac{(u^2-ll')\,du\,\sin\theta'}{\sqrt{(l'-l)^2u^2-(u^2-ll')^2\sin^2\theta'}}-\frac{1}{2}\int\frac{(u^2-ll')\,u^2\,du\,\sin\theta'}{\sqrt{(l'-l)^2u^2-(u^2-ll')^2\sin^2\theta'}},$$

et, par conséquent, on aura, aux quantités près de l'ordre α^2 [1],

$$\frac{1}{b}=\frac{\sin\theta'}{l'-l}\left[1-\frac{\alpha u^2}{l+l'}\int\frac{(u^2-ll')\,du}{\sqrt{(l'-l)^2u^2-(u^2-ll')^2\sin^2\theta'}}+\frac{\alpha}{l+l'}\int\frac{(u^2-ll')\,u^2\,du}{\sqrt{(l'-l)^2u^2-(u^2-ll')^2\sin^2\theta'}}\right],$$

les intégrales étant prises depuis $u=l$ jusqu'à $u=l'$. Ces intégrales ne peuvent être déterminées que par approximation; mais il nous suf-

---

[1] Cette formule est évidemment inexacte, puisqu'elle contient u en dehors du signe $\int$ et qu'ainsi elle donnerait, pour la constante $\frac{1}{b}$, une valeur variable. Il est aisé de rectifier l'analyse de l'auteur et de s'assurer qu'on a

$$\frac{1}{b}=\frac{\sin\theta'}{l-l}\left(1-\frac{\alpha l'^2}{l+l'}\int_{\sqrt{ll'}}^{l'}U\,du-\frac{\alpha l^2}{l+l'}\int_{l}^{\sqrt{ll'}}U\,du+\frac{\alpha}{l+l'}\int_{l}^{l'}U\,u^2\,du\right),$$

où l'on a représenté par U l'expression $\dfrac{u^2-ll}{\sqrt{(l'-l)^2u^2-(u^2-ll')^2\sin^2\theta'}}.$ V. P.

lira d'observer ici que, α étant fort petit lorsque l'espace compris entre les parois du tube et le cylindre est très-étroit, on peut, sans erreur sensible, négliger les termes multipliés par α, comme on a vu dans le n° 5 que cela pouvait se faire dans un tube très-étroit. On aura alors à très-peu près

$$\frac{1}{b} = \frac{\sin\theta'}{l'-l}.$$

7. Imaginons maintenant, par le point le plus bas de la surface du fluide compris dans l'espace capillaire, un canal infiniment étroit parallèle à l'axe du tube, et qui, en se recourbant au-dessous du tube, aille aboutir à la surface du fluide contenu dans le vase dans lequel le tube est plongé. L'action du fluide intérieur sur ce canal sera $K - \frac{H}{b}$; car, $\frac{2}{b}$ étant, par ce qui précède, la somme de deux fractions qui ont pour numérateur l'unité et pour dénominateurs le plus grand et le plus petit des rayons osculateurs de la surface au point le plus bas, l'action du fluide intérieur sera, par le théorème du n° 3, $K - \frac{1}{2}H\frac{2}{b}$. Cette action sera donc, par le numéro précédent,

$$K - \frac{H\sin\theta'}{l'-l}.$$

Si l'on nomme q' l'élévation du fluide dans la branche intérieure du canal au-dessus du niveau du fluide du vase, en ajoutant gq' à l'action précédente, la somme doit faire équilibre à l'action K du fluide du vase sur le canal; on aura donc

$$K + gq' - \frac{H\sin\theta'}{l'-l} = K,$$

ce qui donne

$$q' = \frac{H}{g}\frac{\sin\theta'}{l'-l}.$$

Par le n° 5, l'élévation du fluide au-dessus de son niveau, dans un tube dont le rayon est $l'-l$, est égale à cette valeur de q'; le fluide s'élève donc dans l'espace capillaire comme dans un tube dont le rayon est égal à la largeur de cet espace.

Si la surface du fluide est convexe, l'expression précédente de q' est alors celle de la dépression du fluide au-dessous du niveau, et le fluide s'abaisse dans l'espace capillaire comme dans un tube dont le rayon est égal à la largeur de cet espace.

En supposant infinis les rayons du tube et du cylindre, on aura le cas de deux plans verticaux et parallèles très-proches l'un de l'autre; le théorème précédent a donc encore lieu dans ce cas, que nous allons traiter par une analyse particulière.

8. AOB (*fig.* 3) étant la section de la surface du fluide compris entre les deux plans par un plan vertical qui leur soit perpendiculaire, si l'on nomme XM, y, z sera fonction de y seul. De plus, b et b' étant le plus grand et le plus petit rayon osculateur de la surface du fluide au point O le plus bas, b sera infini et b' sera le rayon osculateur de la courbe AOB au point O. On aura ainsi, dans l'équation (a) aux différences partielles du n° 4,

$$r = 0, \quad s = 0, \quad p = 0, \quad q = \frac{dz}{dy}, \quad \frac{1}{b} = 0;$$

cette équation devient, par conséquent,

$$\frac{\dfrac{d^2 z}{dy^2}}{\left(1 + \dfrac{dz^2}{dy^2}\right)^{\frac{3}{2}}} - 2\alpha z = \frac{1}{b'};$$

en la multipliant par dz et l'intégrant, on aura

$$- \frac{1}{\sqrt{1 + \dfrac{dz^2}{dy^2}}} - \alpha z^2 = \frac{z}{b'} + \text{const.}$$

Au point O. $\dfrac{dz}{dy} = 0$; donc const. $= -1$, et par conséquent

$$- \frac{1}{\sqrt{1 + \dfrac{dz^2}{dy^2}}} + \alpha z^2 = \frac{b' - z}{b'},$$

Soit

$$Z = \frac{b' - z}{b'} - \alpha z^2;$$

on aura

$$dy = \frac{Z\,dz}{\sqrt{1 - Z^2}}.$$

Cette équation est celle de la courbe élastique : cela doit être, parce qu'ici, comme dans la courbe élastique, la force qui dépend de la courbure est réciproque au rayon osculateur. Au point A le plus élevé de la courbe AN, on a $\frac{dz}{dy} = \tan\theta'$, θ' étant comme ci-dessus le complément de l'angle que le côté extrème de la courbe fait avec le plan : on a donc à ce point

$$Z = \cos\theta',$$

ce qui donne, pour déterminer la valeur extrème de z,

$$\frac{b' - z}{b'} - \alpha z^2 = \cos\theta'$$

ou

$$z = -\frac{1}{2\alpha b'} + \sqrt{\frac{2\sin^2\frac{1}{2}\theta'}{\alpha} + \frac{1}{4\alpha^2 b'^2}}.$$

Si les deux plans sont à une distance infinie l'un de l'autre, b' est infini, et l'on a

$$z = \frac{2\sin\frac{1}{2}\theta'}{\sqrt{2\alpha}}.$$

On a, par le n° 4, $\frac{g}{\Pi} = \alpha$: d'ailleurs, dans un tube capillaire dont le demi-diamètre est l, on a $\frac{g}{\Pi} = \frac{\sin\theta'}{lq}$, q étant la hauteur à laquelle le fluide s'élève dans ce tube au-dessus du niveau ; on a donc

$$z = \sqrt{ql\,\tan\tfrac{1}{2}\theta'}.$$

En supposant θ' égal à un angle droit, comme cela paraît avoir lieu pour l'eau relativement au verre, l étant 1 millimètre, on a $q = 6^{mm},784$, ce qui donne, pour la hauteur à laquelle l'eau est soulevée par un plan de verre plongeant verticalement dans un vase rempli de ce fluide, $2^{mm},6046$. L'expérience doit donner cette hauteur un peu plus petite, parce que, le point que nous prenons pour l'origine de la courbe ne pouvant être sensible que par son écart des parois du tube, il doit être un peu au-dessous du point A. On doit observer que nous entendons toujours par le point A extrême le point le plus près du tube, situé hors de sa sphère d'activité sensible, et qui, étant à une distance insensible du tube, peut être censé le toucher.

Dans le cas d'une distance infinie des deux plans, l'équation différentielle de la courbe devient

$$dy = \frac{(1 - \alpha z^2)\, dz}{z \sqrt{\alpha} \sqrt{2 - \alpha z^2}}.$$

Ainsi, dans la *fig.* 4, PQ étant la ligne de niveau du fluide, PV sera z,

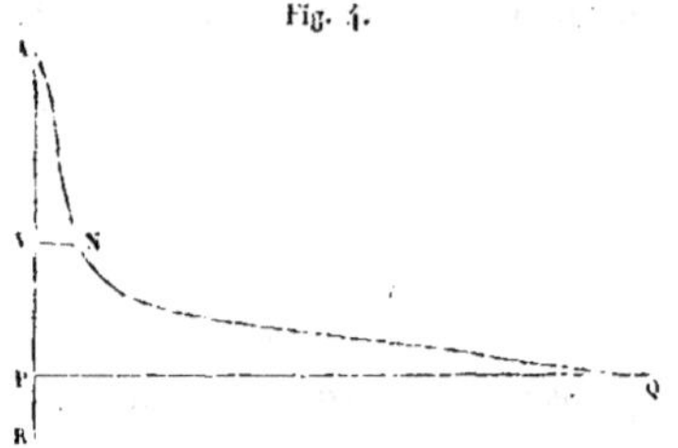

Fig. 4.

et, faisant $VX = y'$, on aura $dy' = - dy$; l'équation différentielle de la courbe AXQ que le fluide forme près du plan AP sera donc

$$dy' = - \frac{(1 - \alpha z^2)\, dz}{z \sqrt{2\alpha} \sqrt{1 - \frac{1}{2}\alpha z^2}},$$

équation facilement intégrable.

Si la distance mutuelle des plans est très-petite, l'équation

$$\frac{b' - z}{b'} - \alpha z^2 = Z$$

ou

$$\frac{z}{b'} = 1 - Z - \frac{\alpha b'^2 z^2}{b'^2}$$

donne, par la formule (p) du n° 21 du Livre II,

$$\frac{z}{b'} = 1 - Z - \alpha b'^2 (1 - Z)^2 + 2\alpha^2 b'^4 (1 - Z)^3 - 5\alpha^3 b'^6 (1 - Z)^4 + \ldots,$$

d'où l'on tire

$$dz = -b' dZ[1 - 2\alpha b'^2(1 - Z) + \ldots],$$

et par conséquent

$$\frac{dy}{b'} = -\frac{Z\, dZ[1 - 2\alpha b'^2(1 - Z) + \ldots]}{\sqrt{1 - Z^2}}.$$

Soit $Z = \cos\theta$; on aura

$$\frac{dy}{b'} = d\theta \cos\theta[1 - 2\alpha b'^2(1 - \cos\theta) + \ldots],$$

d'où l'on tire, en intégrant,

$$\frac{y}{b'} = \sin\theta - \alpha b'^2(2\sin\theta - \theta - \tfrac{1}{2}\sin 2\theta);$$

on aura donc, en supposant que la valeur extrême de y est l, que celle de θ est θ', et que l'on a, par ce qui précède, $\alpha = \dfrac{\sin\theta'}{ql}$,

$$\frac{1}{b'} = \frac{\sin\theta'}{l}\left[1 - \frac{2l}{q\sin\theta'}\left(1 - \frac{\theta'}{2\sin\theta'} - \tfrac{1}{2}\cos\theta'\right)\right];$$

ainsi, l étant fort petit relativement à q, lorsque les plans sont très-rapprochés, on a à fort peu près

$$\frac{1}{b'} = \frac{\sin\theta'}{l}.$$

Dans le cas de θ' égal à un angle droit, la fraction

$$\frac{2l}{q\sin\theta'}\left(1 - \frac{\theta'}{2\sin\theta'} - \tfrac{1}{2}\cos\theta'\right)$$

devient

$$\frac{2l}{q}\left(1 - \tfrac{1}{4}\pi\right).$$

Si l est 1 millimètre, cette fraction, relativement à l'eau, est égale à $\dfrac{2}{6,784}(1 - \tfrac{1}{4}\pi)$, ou $\dfrac{1}{15,81}$; elle peut donc être négligée vis-à-vis de l'unité.

L'expression précédente de $\frac{1}{b'}$ donne, pour l'élévation q' du fluide entre deux plans verticaux et parallèles distants l'un de l'autre de $2l$,

$$q' = \frac{H}{g}\,\frac{\sin\theta'}{2l}\left[1 - \frac{2l}{q\sin\theta'}\left(1 - \frac{\theta'}{2\sin\theta'} - \tfrac{1}{2}\cos\theta'\right)\right].$$

C'est encore l'expression de la dépression du fluide au-dessous de son niveau, entre les mêmes plans, lorsque la surface intérieure du fluide, au lieu d'être concave, est convexe, et, dans le cas de l très-petit, elle se réduit à très-peu près à $\frac{H}{g}\,\frac{\sin\theta'}{2l}$.

Si les deux plans parallèles, au lieu d'être verticaux, sont inclinés à l'horizon, la surface du fluide intérieur et sa position relativement aux plans qui le renferment sont à très-peu près les mêmes que si les plans sont verticaux, comme on l'a vu dans le n° 5, relativement aux tubes inclinés. La hauteur verticale du fluide au-dessus du niveau est donc la même, quelle que soit l'inclinaison des plans.

9. Considérons maintenant une petite colonne de fluide renfermée dans un tube conique capillaire, ouvert par ses deux extrémités. Soient ABCD ce tube et MM'N'N la colonne fluide (*fig.* 5). Supposons d'abord

Fig. 5.

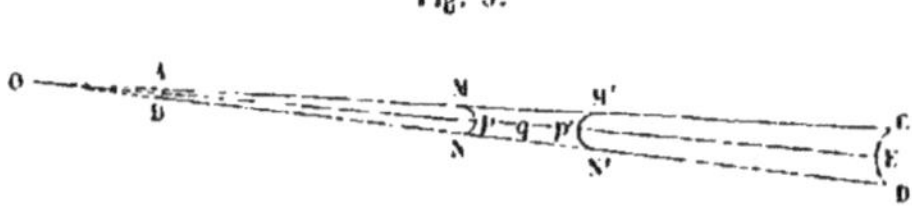

l'axe OE du tube horizontal, O étant le sommet du cône prolongé par la pensée. Supposons de plus la surface du fluide concave. Il est visible que, le tube étant plus étroit en p qu'en p', le rayon de courbure de sa surface est plus petit dans le premier point que dans le second. En nommant donc b et b' ces rayons, l'action du fluide en p sur un canal infiniment étroit pp' sera $K - \frac{H}{b}$, et en p' cette action sera $K - \frac{H}{b'}$; ainsi, b' étant plus grand que b, cette action sera plus grande en p' qu'en p, et, par conséquent le fluide renfermé dans le canal tendra à se mouvoir vers le sommet O du cône. Ce serait le contraire si la surface du fluide était convexe, car alors ces actions seraient respectivement $K + \frac{H}{b}$ et $K + \frac{H}{b'}$; l'action du fluide sur le canal est donc alors plus grande en p qu'en p', et, par conséquent, le fluide tend à se mouvoir de p vers p'.

Déterminons les rayons de courbure b et b'. Soit $Oq = a$, q étant le milieu de pp'. Nommons de plus 2α la largeur pp' de la goutte et ϖ l'angle très-petit MOp. Enfin nommons θ' le complément de l'inclinaison du côté extrême de l'arc pM sur le côté OM du tube. Il est facile de voir que, si l'on suppose les courbes MpN et $M'p'N'$ circulaires, on aura

$$b = \frac{(a - \alpha)\sin\varpi}{\sin\theta' + \sin\varpi}, \quad b' = \frac{(a + \alpha)\sin\varpi}{\sin\theta' - \sin\varpi},$$

ce qui donne

$$\frac{H}{b} - \frac{H}{b'} = \frac{H\sin\theta'}{\sin\varpi}\left(\frac{2\alpha}{a^2} + \frac{2\alpha^3}{a^4} + \cdots\right) + \frac{2H}{a} + \frac{2H\alpha^2}{a^3} + \cdots.$$

Mais si, en élevant le point A, on incline à l'horizon l'axe OE d'un angle V, le poids de la colonne pp' sera $2g\alpha\sin V$, g étant, comme ci-dessus, la pesanteur; lorsque la colonne reste suspendue en équilibre au moyen de cette inclinaison, ce poids doit balancer la force $\frac{H}{b} - \frac{H}{b'}$ avec laquelle elle est poussée vers O par l'attraction du fluide; on a donc, en négligeant les termes insensibles,

$$2g\alpha\sin V = \frac{H\sin\theta'}{\sin\varpi}\frac{2\alpha}{a^2} + \frac{2H}{a}.$$

Nommons l la hauteur à laquelle le fluide s'élèverait dans un tube cylindrique dont le demi-diamètre intérieur serait $a\sin\varpi$ ou dont le diamètre serait celui du tube conique au point q; on aura, par le n° 5,

$$gl = \frac{H\sin\theta'}{a\sin\varpi}.$$

On aura donc

$$\sin V = \frac{l}{a} + \frac{l\sin\varpi}{a\sin\theta'}.$$

Le terme $\dfrac{l\sin\varpi}{\alpha\sin\vartheta'}$ peut être mis sous la forme $\dfrac{l}{a}\dfrac{a\sin\varpi}{\alpha\sin\vartheta'}$; il sera très-petit par rapport au terme $\dfrac{l}{a}$ si $a\sin\varpi$ est fort petit relativement à α, c'est-à-dire si la longueur de la petite colonne est beaucoup plus grande que la largeur du cône au point q. Dans ce cas, on a à fort peu près

$$\sin V = \frac{l}{a}.$$

l étant en raison inverse de a, $\dfrac{l}{a}$ est en raison inverse de a^2, et, comme V est un angle peu considérable, il en résulte que cet angle est alors à peu près réciproque au carré de la distance du milieu de la goutte au sommet du cône.

Le terme $\dfrac{l\sin\varpi}{\alpha\sin\vartheta'}$ est dû à la différence des nombres de degrés que renferment les arcs MpN et M$'p'$N$'$, et cette différence vient de ce que l'un de ces arcs tourne sa concavité et l'autre sa convexité vers le sommet O du cône. Le terme dépendant de cette différence peut donc être négligé sans erreur sensible lorsque la largeur 2α de la colonne est beaucoup plus grande que son épaisseur ou le diamètre du cône au point q, et alors on peut supposer que les deux courbes MpN et M$'p'$N$'$ sont semblables.

Nous avons supposé les deux surfaces de la colonne fluide sphériques; mais cette supposition n'est pas exacte, et l'on voit, par le n° 4, qu'à raison de l'action de la pesanteur g la valeur de $\dfrac{1}{b}$ sera diminuée d'un petit terme de la forme $\dfrac{1}{b}Q\dfrac{g}{H}b^2$, Q étant un coefficient indépendant de b. Pareillement, $\dfrac{1}{b'}$ sera diminué du terme $\dfrac{1}{b'}Q\dfrac{g}{H}b'^2$; la différence $\dfrac{H}{b}-\dfrac{H}{b'}$ sera donc augmentée de $Qg(b'-b)$, ou, à très-peu près, de $\dfrac{2Qg\alpha\sin\varpi}{\sin\vartheta'}$. La valeur de $\sin V$ sera donc augmentée du terme $\dfrac{Q\sin\varpi}{\sin\vartheta'}$. Sans déterminer Q, on voit qu'il doit être un petit nombre, et il y a lieu de croire qu'il est au-dessous de l'unité, comme dans l'ex-

pression de $\frac{1}{b}$ du n° 4, où il n'est que $\frac{1}{3}$ lorsque θ' est un angle droit.
La valeur de V ne sera donc augmentée par là que d'un angle très-petit
et moindre que ϖ; ainsi l'on pourra, sans erreur sensible, négliger cet
accroissement.

10. Considérons de la même manière une goutte de fluide entre
deux plans qui se touchent par deux de leurs bords, supposés dans une
situation horizontale. Cette goutte prendra entre ces plans une forme
à peu près circulaire et semblable à celle d'une poulie. Déterminons
d'abord la figure qu'elle prendrait entre deux plans horizontaux très-
proches l'un de l'autre. Sa surface sera celle d'un solide de révolution
autour d'un axe vertical passant par son centre de gravité. En prenant
donc ce point pour l'origine des ordonnées verticales z et des ordonnées horizontales u, on aura, par le n° 4, l'équation différentielle

$$\frac{\dfrac{d^2 z}{du^2} + \dfrac{1}{u}\dfrac{dz}{du}\left(1 + \dfrac{dz^2}{du^2}\right)}{\left(1 + \dfrac{dz^2}{du^2}\right)^{\frac{3}{2}}} + \frac{2gz}{H} = \frac{1}{b'} - \frac{1}{b},$$

b' étant le rayon de la circonférence produite par la section de la goutte
par un plan horizontal mené par son centre de gravité; b est le rayon
osculateur de la section de la surface de la goutte par un plan vertical
passant par son centre de gravité, au point où z est nul. Je donne aux
deux fractions $\frac{1}{b}$ et $\frac{1}{b'}$ deux signes contraires, parce que la surface est
concave vers le centre de gravité dans le sens horizontal et convexe
vers ce point dans le sens vertical.

Si l'on néglige l'action de la pesanteur g, comme nous l'avons fait
dans le numéro précédent, l'équation précédente donnera, en la multipliant par $u\,du$ et en l'intégrant,

$$\frac{u\,\dfrac{dz}{du}}{\sqrt{1 + \dfrac{dz^2}{du^2}}} = \text{const.} - \frac{u^2}{2b} + \frac{u^2}{2b'}.$$

Pour déterminer la constante, nous observerons que, z étant nul, on a $\frac{dz}{du}$ infini et $u = b'$; on aura donc

$$\text{const.} = \frac{b'^2}{2b} + \frac{b'^2}{2b'},$$

et par conséquent

$$\frac{u\,\frac{dz}{du}}{\sqrt{1 + \frac{dz^2}{du^2}}} = \frac{b'^2 - u^2}{2b} + \frac{b'^2 + u^2}{2b'}.$$

Soit

$$U = \frac{b'^2 - u^2}{2b} + \frac{b'^2 + u^2}{2b'};$$

on aura

$$dz = \frac{U\,du}{\sqrt{u^2 - U^2}}.$$

L'intégrale de cette équation différentielle dépend de la rectification des sections coniques. En intégrant, on aura z en fonction de u. Soit $2h$ la distance des deux plans entre lesquels la goutte est comprise, et nommons f la valeur extrême de u, h étant la valeur extrême de z; l'intégrale précédente donnera h en fonction de f, b et b'. Si l'on nomme ensuite, comme précédemment, θ' le complément de l'angle que le côté extrême de la section verticale forme avec le plan horizontal, on aura à ce point $\frac{dz}{du} = \frac{\cos\theta'}{\sin\theta'}$; donc

$$\frac{\cos\theta'}{\sin\theta'} = \frac{U}{\sqrt{u^2 - U^2}},$$

en substituant dans le second membre de cette équation f pour u, d'où l'on tire

$$\cos\theta' = \frac{b'^2}{2fb} - \frac{f}{2b} + \frac{f}{2b'} + \frac{b'^2}{2fb'}.$$

Si l'on substitue dans l'expression de h en fonction de f, b et b', au lieu de f, sa valeur tirée de cette dernière équation, on aura une équation entre h, b et b', d'où l'on tirera b en fonction de h et de b'.

Si l'on suppose b' considérablement plus grand que h, c'est-à-dire si l'on suppose l'épaisseur de la goutte fort petite par rapport à sa largeur, comme on l'a fait dans le numéro précédent, on peut alors déterminer z par une approximation convergente. Pour cela, soit

$$\frac{1}{b} - \frac{1}{b'} = \frac{1}{b''},$$

et faisons

$$u = b' + u';$$

u' sera fort petit relativement à b', et l'on aura

$$U = \frac{b'}{b''}(b'' - u') - \frac{u'^2}{2 b''}.$$

Soit encore

$$u' = u'' - \frac{u''^2}{2 b'};$$

on aura, en négligeant les quantités de l'ordre $\frac{u'^2}{b'}$,

$$U = \frac{b'}{b''}(b'' - u''),$$

ce qui donne

$$u^2 - U^2 = \frac{b'^2}{b''^2}\left[2 b''\left(1 + \frac{b''}{b'}\right)u'' - u''^2\right].$$

Soit

$$B = b''\left(1 + \frac{b''}{b'}\right), \quad u'' = B(1 - \cos\theta);$$

on aura, à très-peu près,

$$dz = b''d\theta\left(\cos\theta - \frac{b''}{2 b'} + \frac{b''}{2 b'}\cos 2\theta\right),$$

ce qui donne, en intégrant et en observant que z est nul avec u'' et par conséquent avec θ,

$$(a) \qquad z = b''\sin\theta - \frac{b''^2}{2 b'}\theta + \frac{b''^2}{4 b'}\sin 2\theta$$

Nommons h la valeur extrême de z, et désignons par θ'' la valeur correspondante de θ; nous aurons

$$h = b'' \sin\theta'' \left(1 - \frac{b''}{2b'} \frac{\theta''}{\sin\theta''} + \frac{b''}{2b'} \cos\theta''\right),$$

d'où l'on tire, à fort peu près,

$$\frac{1}{b''} = \frac{\sin\theta''}{h} \left(1 - \frac{h}{2b'} \frac{\theta''}{\sin^2\theta''} + \frac{h}{2b'} \frac{\cos\theta''}{\sin\theta''}\right).$$

On déterminera θ'' au moyen de l'angle θ', complément de l'inclinaison des côtés extrêmes de la courbe sur les deux plans. Aux points extrêmes de la courbe on a

$$\frac{dz}{du'} = \frac{\cos\theta'}{\sin\theta'} = \frac{\dfrac{U}{u}}{\sqrt{1 - \dfrac{U^2}{u^2}}},$$

$\dfrac{U}{u}$ étant ici la valeur extrême de cette fonction. Cette valeur est donc égale à $\cos\theta'$. On a ensuite à ces points, par ce qui précède,

$$u'' = B(1 - \cos\theta''),$$
$$U = \frac{b'}{b''}(b'' - u''),$$
$$u = b' + u' = b' + u'' - \frac{u''^2}{2b'},$$

d'où il est facile de conclure

$$\theta'' = \theta' - \frac{b''}{b'} \sin\theta';$$

on aura donc ainsi

$$\frac{1}{b''} = \frac{\sin\theta'}{h} \left(1 - \frac{h}{2b'} \frac{\theta'}{\sin^2\theta'} - \frac{h\cos\theta'}{2b'\sin\theta'}\right)$$

ou

$$\frac{1}{b''} = \frac{\sin\theta'}{h} - \frac{Q}{b'},$$

en faisant

$$Q = \frac{\theta'}{2\sin\theta'} + \tfrac{1}{2}\cos\theta'.$$

Dans le cas de θ' égal à un angle droit ou à $\dfrac{\pi}{2}$, Q devient égal à $\dfrac{\pi}{4}$.

Considérons maintenant une goutte fluide suspendue en équilibre entre deux plans qui se touchent par deux de leurs bords supposés horizontaux. Soit 2ϖ le très-petit angle formé par ces plans, et, ayant mené un plan intermédiaire qui divise cet angle en deux parties égales, soit V l'inclinaison de ce plan à l'horizon. La section de la surface de la goutte par le plan intermédiaire sera à très-peu près un cercle si, comme nous venons de le supposer, la largeur de la goutte est considérable par rapport à son épaisseur. Concevons par un point quelconque de cette section et par le milieu de la goutte un plan perpendiculaire au plan intermédiaire; la section de la surface fluide par ce plan aura à très-peu près pour équation l'équation (a). Menons dans le plan intermédiaire et par le centre de la goutte une perpendiculaire à la ligne d'intersection des deux plans qui comprennent la goutte. Par ce même centre, menons une parallèle à cette ligne d'intersection. Prenons ces deux droites pour les axes des coordonnées x et y d'un point quelconque de la section faite par le plan intermédiaire, l'origine des coordonnées étant supposée au centre de la goutte. Enfin désignons par a la distance du centre de la goutte à la ligne d'intersection des plans et par $2z$ la largeur de la goutte. La distance du point de la section à cette ligne sera $a - x$, et il est facile de voir que l'on aura, à fort peu près,

$$h = \left(a - x - \frac{hx}{\alpha}\,\mathrm{tang}\tfrac{1}{2}\mathcal{G}'\right)\mathrm{tang}\,\varpi,$$

ce qui donne

$$\frac{1}{h} = \frac{1 + \dfrac{x}{\alpha}\,\mathrm{tang}\tfrac{1}{2}\mathcal{G}'\,\mathrm{tang}\,\varpi}{(a - x)\,\mathrm{tang}\,\varpi} = \frac{1}{a\,\mathrm{tang}\,\varpi} + \frac{x}{a^2\,\mathrm{tang}\,\varpi}\left(1 + \frac{a\,\mathrm{tang}\tfrac{1}{2}\mathcal{G}'\,\mathrm{tang}\,\varpi}{\alpha}\right) + \ldots$$

Si l'on imagine un canal dont les deux extrémités soient au point de la section déterminé par les coordonnées x et y et au point de la section par lequel l'axe des y passe, l'équilibre du fluide dans ce canal donnera l'équation

$$K - \frac{H}{2b''} + gx\sin V = K - \frac{H}{2b'_1},$$

en marquant d'un trait en bas les quantités relatives à ce dernier point.

Mais on a, par ce qui précède,

$$\frac{1}{b''} = \frac{\sin\theta'}{h} - \frac{Q}{b'}, \quad \frac{1}{b'_1} = \frac{\sin\theta'}{h_1} - \frac{Q}{b'_1},$$

b' étant ici le rayon osculateur de la courbe que forme la section de la goutte par le plan intermédiaire. De plus,

$$\frac{1}{h} = \frac{1}{a\,\mathrm{tang}\,\varpi} + \frac{x}{a^2\,\mathrm{tang}\,\varpi}\left(1 + \frac{a\,\mathrm{tang}\,\frac{1}{2}\theta'\,\mathrm{tang}\,\varpi}{\alpha}\right),$$

$$\frac{1}{h_1} = \frac{1}{a\,\mathrm{tang}\,\varpi};$$

on aura donc

$$-\frac{\Pi x \sin\theta'}{2a^2\,\mathrm{tang}\,\varpi}\left(1 + \frac{a\,\mathrm{tang}\,\frac{1}{2}\theta'\,\mathrm{tang}\,\varpi}{\alpha}\right) + \frac{Q\Pi}{2}\left(\frac{1}{b'} - \frac{1}{b'_1}\right) + gx \sin V = 0.$$

La section différant peu d'un cercle, b' est à peu près égal à la demi-largeur α de la goutte ; b'' est, par ce qui précède, égal à peu près à $\frac{h}{\sin\theta'}$, et h est la demi-épaisseur de la goutte ; b' est donc fort considérable relativement à b'', et, par conséquent, $\frac{1}{b'}$ est très-petit par rapport à $\frac{1}{b''}$; la différence $\frac{1}{b'} - \frac{1}{b'_1}$ peut donc être négligée, eu égard à $\frac{1}{b''} - \frac{1}{b''_1}$. Cela est d'autant plus permis que, b'_1 tenant le milieu entre les valeurs extrêmes de b', la plus grande valeur de la différence $\frac{1}{b'} - \frac{1}{b'_1}$ n'est qu'environ la moitié de la différence des valeurs extrêmes de $\frac{1}{b'}$. D'ailleurs, la figure de la goutte étant à fort peu près circulaire, comme l'expérience elle-même l'indique, la différence $\frac{1}{b'} - \frac{1}{b'_1}$ est presque insensible. On peut encore, dans l'équation précédente, négliger la fraction $\frac{a\,\mathrm{tang}\,\frac{1}{2}\theta'\,\mathrm{tang}\,\varpi}{\alpha}$ vis-à-vis de l'unité, parce que, $2a\,\mathrm{tang}\,\varpi$ étant l'épaisseur de la goutte dont la largeur est 2α, cette fraction est le rapport de l'épaisseur de la goutte à sa largeur, rapport qui, par la supposition, est très-petit. Cela posé, l'équation précédente donnera

$$\sin V = \frac{H \sin G'}{2 a^2 g \tang \varpi}.$$

Ainsi l'angle V est, à fort peu près, en raison inverse du carré de a, comme pour une goutte suspendue en équilibre dans un cône. En comparant cette expression de $\sin V$ à celle du numéro précédent, on voit que, l'angle formé par les deux plans étant supposé égal à l'angle formé par l'axe du cône et ses côtés, le sinus de l'angle V relatif au plan intermédiaire est égal au sinus de l'inclinaison relative à l'axe du cône. Au reste, on ne doit pas oublier, dans la comparaison de l'analyse précédente avec l'expérience, que ces expressions de $\sin V$ ne sont qu'approchées.

11. L'analyse précédente donne l'explication et la mesure d'un phénomène singulier que présente l'expérience. Soit que le fluide s'abaisse ou s'élève entre deux plans verticaux et parallèles plongeant dans ce fluide par leurs extrémités inférieures, les plans tendent à se rapprocher. Ainsi deux petits vases de verre, de forme parallélépipède, nageant sur l'eau ou sur le mercure, se réunissent lorsqu'ils approchent très-près l'un de l'autre. Pour faire voir que cela doit être, considérons les deux plans MB et NR (*fig.* 6), et supposons d'abord que le fluide

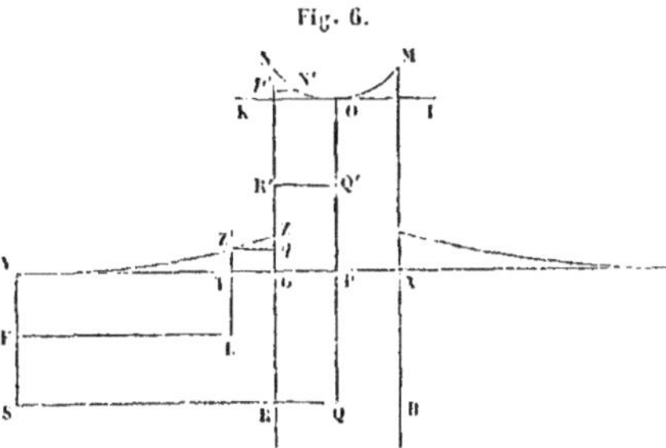

Fig. 6.

s'élève entre eux. La partie infiniment petite extérieure en R, au-dessous du niveau, sera pressée par une force que l'on peut évaluer ainsi.

Concevons un canal VSR dont la branche VS soit verticale et la branche SR horizontale. La force dont le fluide est animé dans le canal VS est égale à g.VS, plus à la force qui agit en V, soit par l'action du fluide sur le canal, soit par la pression de l'atmosphère. La première de ces deux forces est représentée par K; nommons P la seconde : la force totale de la colonne VS sera donc P + K + g.VS. L'action dont le fluide du canal RS est animé est égale : 1° à l'action du fluide sur ce canal, et cette action est égale à K; 2° à l'action du plan sur le même canal. Mais cette action est détruite par l'attraction du fluide sur le plan, et il ne peut en résulter dans le plan aucune tendance à se mouvoir; car, en ne considérant que ces attractions réciproques, le fluide et le plan seraient en repos, l'action étant égale et contraire à la réaction; ces attractions ne peuvent produire qu'une adhérence du plan au fluide, et l'on peut ici en faire abstraction. Il suit de là que le fluide presse le point R avec une force égale à P + K + g.VS − K, ou simplement P + g.VS.

Déterminons la pression intérieure correspondante. Pour cela, concevons le canal OQR dont la branche OQ soit verticale et la branche QR horizontale. La force dont le fluide est animé dans la branche OQ est égale à g.OQ, plus à la pression P de l'atmosphère, plus à la force avec laquelle le fluide agit sur la colonne OQ, et qui, par ce qui précède, est égale à K − $\frac{H}{2b}$. La force dont le fluide OQ est animé est donc P + K − $\frac{H}{2b}$ + g.OQ. Or on a, par ce qui précède,

$$\frac{H}{2b} = g.\text{OP};$$

donc la force du canal OQ est P + K + g.PQ. La force du canal QR est égale à K; le point R sera donc pressé à l'intérieur par la différence de ces forces, ou par P + g.PQ ou P + g.VS. Ainsi le plan est également pressé à l'intérieur et à l'extérieur, et il sera en équilibre en vertu de ces pressions.

Le fluide à l'extérieur s'élève jusqu'en Z, en formant une courbe VZ'Z, et dans l'intérieur, il s'élève jusqu'en N, en formant la courbe ON'N. Les parties du plan extrêmement voisines de Z et de N, et semblablement placées à une distance de Z et de N égale ou moindre que le rayon de la sphère d'activité sensible du plan, sont également pressées à l'intérieur et à l'extérieur, parce que les surfaces du fluide comprises dans cette sphère vers Z et vers N sont les mêmes à très-peu près. D'ailleurs, la différence extrêmement petite qui peut en résulter entre les pressions intérieure et extérieure du fluide n'ayant lieu que dans une étendue insensible, on peut la négliger et ne considérer que la pression exercée par le fluide aux points où l'action du plan sur la surface cesse d'être sensible. Soit donc Z' un des points de cette surface, et concevons un canal horizontal $Z'q$. La force en Z' sera $P + K - \dfrac{H}{2R}$, R étant le rayon osculateur de la surface en Z'. Si l'on fait $Z'T = x$, l'équilibre du fluide dans le canal $Z'LFV$ donnera, par le n° 8,

$$\frac{H}{2R} = gx,$$

le point V étant placé à une distance du plan telle que le rayon osculateur de la surface en V peut être censé infini. La pression extérieure en q sera donc

$$P + K - gx.$$

La pression intérieure correspondante sera

$$P + K - \frac{H}{2b} + g(OP - x),$$

ou $P + K - gx$; les pressions sont donc égales à l'intérieur et à l'extérieur dans toute l'étendue ZG.

Considérons maintenant la pression au-dessus du point Z. La pression extérieure se réduit à P. La pression intérieure sur un point R' se déterminera en considérant un canal $OQ'R'$, $Q'R'$ étant horizontal. La pression de la colonne OQ' est $P + K - \dfrac{H}{2b} + g.OQ'$, ou $P + K - g.OP + g.OQ'$, ou enfin $P + K - g.PQ'$. La pression contraire du canal $R'Q'$ est K; le point R' est donc pressé à l'intérieur par la force $P - g.PQ'$; ainsi le plan à ce point est pressé du dehors au dedans par la force $g.PQ'$.

Dans la partie NKO, la pression en N' est $P + K - \dfrac{H}{2b'}$, b' étant le rayon osculateur en N'; ainsi, en concevant le canal horizontal N'p', la pression en p' sera P $-\dfrac{H}{2b'}\cdot$ Soit x' la hauteur du point N' au-dessus de IK; on aura, par le n° 8,

$$\frac{H}{2b'} = \frac{H}{2b} + gx' = g.p'G;$$

le plan sera donc pressé en p' du dehors en dedans par la force $g.p'G$.

De là il est facile de conclure que la force qui presse le plan NR du dehors en dedans est égale à la pression d'une colonne de fluide dont la hauteur est $\frac{1}{2}$(NG + GZ) et dont la base est la partie du plan mouillée à l'intérieur depuis Z jusqu'en N.

Un résultat semblable a lieu pour le plan MB; on a donc ainsi la force avec laquelle les deux plans tendent à se rapprocher, et l'on voit que cette force croit à très-peu près en raison inverse du carré de leur distance mutuelle lorsque les plans sont très-rapprochés.

Dans le vide, les deux plans tendraient encore à se rapprocher, l'adhérence du plan au fluide produisant alors le même effet que la pression de l'atmosphère.

On prouvera de la même manière que, dans le cas de l'abaissement du fluide entre les plans, la pression que chaque plan éprouve du dehors en dedans est égale à la pression d'une colonne fluide dont la hauteur serait la moitié de la somme des abaissements, au-dessous du niveau, des points de contact des surfaces intérieure et extérieure du fluide avec le plan, et dont la base serait la partie du plan comprise entre les deux lignes horizontales menées par ces points.

12. Il nous reste, pour compléter cette théorie des attractions capillaires, à examiner ce qui détermine la concavité ou la convexité du fluide renfermé dans un tube ou entre deux plans. La principale cause est l'attraction réciproque du tube et du fluide, comparée à l'action du fluide sur lui-même. Nous supposerons ici que ces attractions suivent la même loi des distances, tant pour les molécules du tube que pour

celles du fluide et qu'elles ne diffèrent que par leur intensité à la même distance. Soient donc ρ et ρ' ces intensités. Cela posé, considérons (*fig.* 7) le tube vertical ABCD plongeant dans un vase rempli de fluide, et que MN soit la ligne de niveau du fluide du vase. Supposons que, dans le tube, toute la surface du fluide soit plane et au même niveau. Le

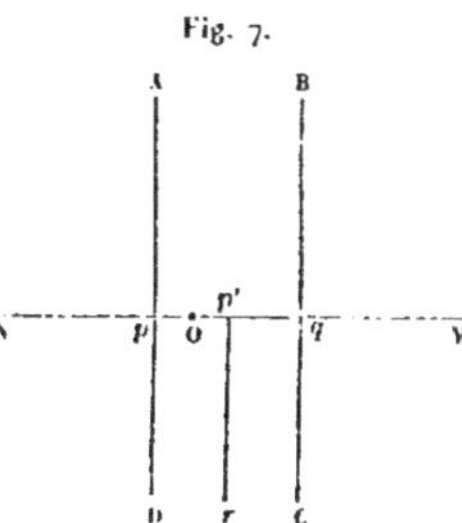

Fig. 7.

point O de cette surface, compris dans la sphère d'activité sensible du tube, sera à la fois attiré par le tube et par le fluide qu'il renferme. L'attraction, sur ce point, de la partie du tube inférieure à MN se décomposera en deux : l'une verticale, que nous désignerons par ρx ; l'autre horizontale et dirigée vers p, que nous désignerons par ρy. L'attraction de la partie supérieure du tube sur le même point se décomposera pareillement dans une force verticale $-\rho x$ et dans une force horizontale ρy. Je donne à la première force le signe $-$, parce qu'elle agit en sens contraire de la force verticale ρx, produite par l'attraction de la partie inférieure du tube. Pour déterminer l'action du fluide sur le point O, prenons Op' égal à Op ; il est clair que l'attraction de la partie $pp'r$D du fluide sur ce point sera verticale ; nous la désignerons par $\rho'z$. L'attraction de la partie $rp'q$C du fluide ne différera de l'attraction de la partie inférieure du tube que par son intensité ; elle se décomposera donc en deux forces : l'une verticale, égale à $\rho'x$, et l'autre horizontale, mais dirigée de O vers p' et égale à $-\rho'y$. Ainsi le point O sera animé par les forces verticales

$$\rho x, \quad -\rho x, \quad \rho'z, \quad \rho'x,$$

et par les forces horizontales

$$\rho y, \quad \rho y, \quad -\rho' y.$$

Les premières donnent la force verticale unique $\rho'x + \rho'z$; les secondes donnent la force horizontale unique $(2\rho - \rho')y$. Cette force sera nulle si $\rho' = 2\rho$ ou si l'intensité de la force attractive de la matière du tube est la moitié de celle du fluide. Alors le point O ne sera soumis qu'à la force verticale, qui, étant perpendiculaire à la surface, maintiendra le fluide en équilibre.

Considérons maintenant un plan vertical CAB (*fig.* 8), plongeant dans un vase MNB rempli du fluide. Soit AR la section de la surface

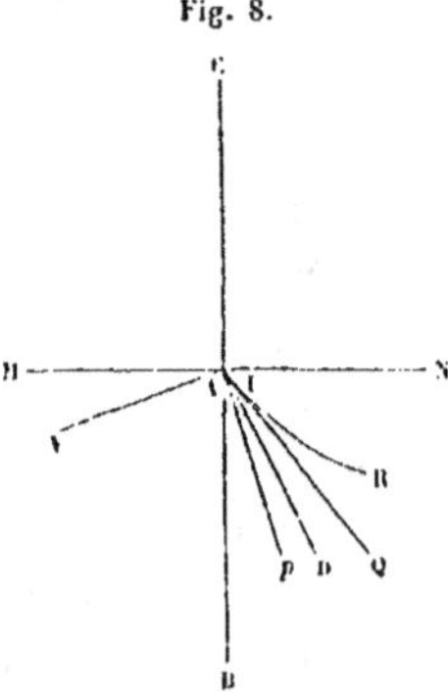

Fig. 8.

de ce fluide par un plan vertical perpendiculaire au premier. Soit encore AD une tangente à la courbe AR. Nommons θ l'angle BAD; nommons ρK l'action que la partie inférieure AB du plan CAB exerce sur la molécule fluide qui le touche en A, perpendiculairement à AB; ρK sera pareillement la force avec laquelle cette partie du plan attire la molécule A suivant AB. Cette molécule sera pareillement attirée par la partie supérieure du plan, avec une force égale à ρK perpendiculaire à ce plan et avec une force $-\rho K$ parallèle au même plan. Cette molécule sera encore attirée par le fluide BAD, et il est facile de voir que, $\rho'K$ représentant l'attraction verticale du fluide si l'angle BAD était droit, son attraction verticale, lorsque cet angle est θ, sera $\rho'K\sin\theta$, et son attraction horizontale sera $\rho'K(1-\cos\theta)$. En effet, $\rho'K d\theta \cos\theta$ et $\rho'K d\theta \sin\theta$ seront les attractions élémentaires de la partie infiniment petite pAD, dans laquelle $d\theta$ représente l'angle pAD. En les intégrant depuis $\theta=0$, on aura les expressions précédentes.

La partie du fluide interceptée entre la tangente AD et la courbe AR agira sur la molécule A avec une force que nous désignerons par Q et dont nous supposerons que AQ soit la direction. Soit donc ϖ l'angle QAB; l'attraction verticale du fluide DAR sera $Q\cos\varpi$ et son attraction horizontale sera $Q\sin\varpi$. Ainsi la molécule A sera animée par les forces verticales

$$\rho K,\ -\rho K,\ \rho'K\sin\theta,\ Q\cos\varpi,$$

et par les forces horizontales

$$\rho K,\ \rho K,\ -\rho'K(1-\cos\theta),\ -Q\sin\varpi.$$

J'affecte ces deux dernières du signe —, parce qu'elles agissent de A vers N ou en sens contraire des deux premières forces horizontales.

La réunion de toutes ces forces produit une force unique AV, qui doit être perpendiculaire à AD. Soit R cette résultante. En la décomposant en deux, l'une verticale et l'autre horizontale, on aura

$$R\sin\theta = \rho'K\sin\theta + Q\cos\varpi,$$
$$R\cos\theta = 2\rho K - \rho'K + \rho'K\cos\theta - Q\sin\varpi,$$

d'où l'on tire

$$Q\cos(\varpi-\theta) = (2\rho-\rho')K\sin\theta.$$

$Q\cos(\varpi-\theta)$ et $\sin\theta$ étant positifs dans le cas où la courbe est concave, on voit que $2\rho-\rho'$ doit être positif et que ρ doit alors surpasser $\tfrac{1}{2}\rho'$.

Si le facteur $2\rho-\rho'$ est nul, on vient de voir que la surface du fluide est horizontale, ce qui satisfait à l'équation précédente, car alors Q est nul.

Les courbes AR, relatives aux divers fluides remplissant successive-

ment un même tube, sont différentes entre elles. Pour le faire voir, considérons un point I placé dans toutes ces courbes à la même distance du
tube et dans sa sphère d'activité sensible ; l'action du tube sur ce point
sera la même et horizontale. Si toutes ces courbes étaient les mêmes, l'action des fluides sur le point I aurait la même direction ; mais elle varie-
rait d'un fluide à l'autre à raison de l'intensité respective de l'action
de ces fluides. Cette action, en se composant avec l'action horizontale
du tube, produirait donc une action résultante dont la direction serait
différente dans les divers fluides. Cette résultante doit être, par la condition de l'équilibre, perpendiculaire à la surface ; l'inclinaison des
plans de cette surface ne serait donc pas la même pour les divers
fluides, ce qui est contre l'hypothèse. Ainsi les courbes AR diffèrent
suivant le rapport des intensités respectives ρ et ρ'. Leurs côtés extrèmes, à la limite de la sphère d'activité sensible du tube, ont des
inclinaisons différentes relativement aux parois du tube. Cette inclinaison détermine, comme on l'a vu, la grandeur du segment de la surface sphérique qu'affecte la surface du fluide dans les tubes très-étroits,
au delà de la sphère d'activité sensible du tube, et cette grandeur
détermine le rayon de cette surface, dont le rapport inverse détermine
l'ascension du fluide dans le tube.

A mesure que le rapport de ρ à ρ' augmente, la courbe AR devient
de plus en plus concave, et, lorsque ρ est égal à ρ', la surface du
fluide dans le tube est une demi-sphère. Pour le faire voir, imaginons (*fig.* 9) que le tube soit de même matière que le fluide et que sa
surface ABC soit une demi-sphère. Formons la surface sphérique entière ABCS et supposons que le fluide remplit la partie supérieure
RASC du tube. En faisant abstraction de la pesanteur, comme on peut
le faire dans les tubes très-étroits, il est visible que, à cause de l'homogénéité de la matière du tube et de celle du fluide, tous les points de
la surface concave ABC seront animés, en vertu des attraction du tube
et du fluide, par des forces égales et perpendiculaires à la surface, ce
qui suffit pour l'équilibre du fluide. Maintenant, si l'on supprime le
fluide supérieur RASC, il ne peut en résulter qu'un changement insen-

sible dans les forces qui sollicitent les divers points de la surface ABC
et dans la direction de ces forces; car, AR étant tangent à la surface
sphérique, il est facile de voir que l'action de la partie RAS du fluide
sur le point A est incomparablement plus petite que l'action du tube
sur ce point lorsque l'attraction devient insensible à des distances sensibles; l'équilibre du fluide inférieur ABCNM ne sera donc point altéré
par la suppression du fluide supérieur RASC, d'où il suit que la surface du fluide est une demi-sphère lorsque ρ est égal à ρ'.

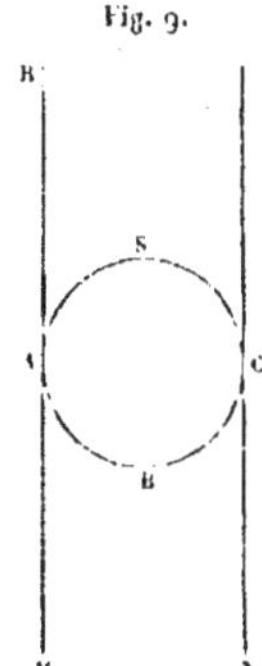

Fig. 9.

Si l'intensité de l'attraction du tube sur le fluide surpasse celle de
l'attraction du fluide sur lui-même, il me paraît vraisemblable qu'alors
le fluide, en s'attachant au tube, forme un tube intérieur qui seul
élève le fluide, dont la surface devient ainsi concave et celle d'une
demi-sphère. Je conjecture que ce cas est celui de l'eau et des huiles
dans un tube de verre.

Considérons maintenant le cas où la surface du fluide, au lieu d'être
concave, est convexe. Soient (*fig.* 10), BAC un plan vertical qui plonge
dans un vase rempli de ce fluide, et AR la section de la surface du fluide
par un plan perpendiculaire au premier. Soit AD une tangente à la
courbe AR, et nommons θ l'angle BAD. L'attraction verticale du
fluide DAN sur le point A sera, par ce qui précède, $-\rho'\mathrm{K}(1-\sin\theta)$
du haut en bas, et l'attraction horizontale sera $\rho'\mathrm{K}\cos\theta$ de A vers N.

Pour avoir l'attraction du fluide RAN, il faut retrancher des attractions précédentes celles du segment DAR. Soient Q l'action de ce segment sur le point A et AQ sa direction. Soit ϖ l'angle BAQ. L'attraction verticale

Fig. 10.

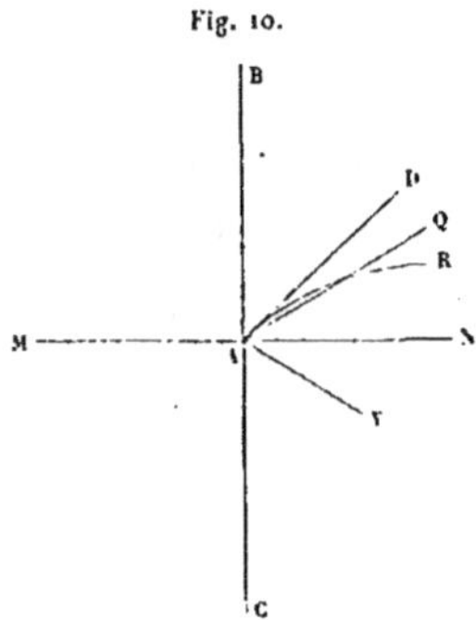

du segment sera $-\,Q\cos\varpi$, et son attraction horizontale sera $Q\sin\varpi$. Ainsi l'attraction verticale de RAN sera

$$Q\cos\varpi - \rho'K(1 - \sin\theta),$$

et son attraction horizontale sera

$$\rho'K\cos\theta - Q\sin\varpi.$$

L'attraction verticale du fluide NAC sera $\rho'K$, ainsi que son attraction horizontale. Enfin l'attraction verticale du plan BAC sera nulle, et son attraction horizontale sera $-\,2\rho K$. Le fluide sera donc animé par la force verticale

$$\rho'K + Q\cos\varpi - \rho'K(1 - \sin\theta)$$

et par la force horizontale

$$\rho'K - 2\rho K - Q\sin\varpi + \rho'K\cos\theta.$$

Soit AV la résultante de ces forces et nommons-la R; cette résultante étant perpendiculaire à AD, on aura

$$R\sin\theta = \rho'K + Q\cos\varpi - \rho'K(1 - \sin\theta),$$
$$R\cos\theta = (\rho' - 2\rho)K + \rho'K\cos\theta - Q\sin\varpi,$$

d'où l'on tire

$$(\rho' - 2\rho)\,\mathrm{K}\sin\theta = \mathrm{Q}\cos(\varpi - \theta);$$

$\sin\theta$, Q et $\cos(\varpi - \theta)$ étant positifs lorsque la courbe AR est convexe, le facteur $\rho' - 2\rho$ doit être positif ou l'intensité ρ doit être moindre que $\frac{1}{2}\rho'$.

Si l'on rapproche ce résultat du précédent, on voit que la surface du fluide dans un tube sera concave ou convexe, suivant que ρ sera plus grand ou moindre que $\frac{1}{2}\rho'$.

Le tube étant capillaire, la surface approchera d'autant plus de celle d'une demi-sphère convexe que ρ sera plus petit, et, si ρ est nul ou insensible, cette surface sera celle d'une demi-sphère. En effet, supposons alors que cette surface ASC soit celle d'une demi-sphère (*fig.* 9). En la continuant au-dessous de A, on formera une sphère ASCB. En supprimant par la pensée le fluide ABCNM et faisant abstraction de la pesanteur, il est visible que tous les points de la surface ASC seront animés par des forces égales et perpendiculaires à cette surface; le fluide sera donc en équilibre. Rétablissons maintenant le fluide supprimé; il est facile de voir que, AM étant tangent à la sphère, l'action du fluide MAB sur le point A sera incomparablement plus petite que l'action de la sphère sur ce point; on peut donc la négliger, et, à plus forte raison, on peut négliger l'action du même fluide sur les autres points de la surface ASC; l'équilibre a donc lieu alors lorsque la surface convexe du fluide est celle d'une demi-sphère. Entre les limites $\rho = 0$ et $\rho = \frac{1}{2}\rho'$, la surface devient de moins en moins convexe. Elle est horizontale lorsque $\rho = \frac{1}{2}\rho'$; lorsqu'il surpasse $\frac{1}{2}\rho'$, la surface devient de plus en plus concave, et enfin elle est celle d'une demi-sphère lorsque $\rho = \rho'$.

SECONDE SECTION.

COMPARAISON DE LA THÉORIE PRÉCÉDENTE AVEC L'EXPÉRIENCE.

13. On a vu, dans les nᵒˢ 5 et 7, que, suivant la théorie, un fluide s'élève ou s'abaisse dans les tubes capillaires de même matière en raison inverse de leurs diamètres, qu'entre deux plans verticaux et parallèles très-proches l'un de l'autre le fluide s'élève ou s'abaisse en raison inverse de leur distance, enfin que l'élévation ou la dépression du fluide entre ces plans est la même que dans un tube dont le demi-diamètre intérieur est égal à cette distance. Ces divers phénomènes ont été observés depuis longtemps par les physiciens, comme on peut le voir par le passage suivant de l'*Optique* de Newton (question 31) :

« Si deux plaques de verre planes et polies (supposez deux pièces d'un miroir bien poli) sont jointes ensemble, leurs côtés parallèles et à une très-petite distance l'un de l'autre, et que par leurs extrémités d'en bas on les enfonce un peu dans un vase plein d'eau, cette eau montera entre les deux verres, et, à mesure que les plaques seront moins éloignées, l'eau s'élèvera à une plus grande hauteur. Si leur distance est environ la centième partie de 1 pouce, l'eau montera à la hauteur d'environ 1 pouce, et si la distance est plus grande ou plus petite, en quelque proportion que ce soit, la hauteur sera à peu près en proportion réciproque à la distance; car la force attractive des verres est la même, soit que la distance qu'il y a entre eux soit plus grande ou plus petite, et le poids de l'eau attirée en haut est le même si la hauteur de l'eau est réciproquement proportionnelle à la distance des verres. C'est encore ainsi que l'eau monte entre deux plaques de marbre poli lorsque leurs côtés polis sont parallèles et à une fort petite distance l'un de l'autre, et, si l'on trempe dans une eau dormante le bout d'un tuyau de verre fort menu, l'eau montera dans le tuyau à une hauteur qui sera réciproquement proportionnelle au diamètre de la cavité du tuyau, et égalera la hauteur à laquelle elle monte entre les deux plaques de verre si le demi-diamètre de la cavité du tuyau est égal à la distance qui est entre les plaques ou à peu près. Du reste, toutes ces expériences réussissent aussi bien dans le vide qu'en plein air, comme on l'a éprouvé en présence de la Société Royale, et, par conséquent, elles ne dépendent en aucune manière du poids ou de la pression de l'atmosphère. »

MM. Haüy et Tremery ont bien voulu faire, à ma prière, quelques expériences du même genre. Dans un tube de verre de 2 millimètres de diamètre intérieur, ils ont observé l'élévation de l'eau au-dessus du niveau de $6^{mm},75$, et celle de l'huile d'orange de $3^{mm},4$.

Dans un second tube de verre de $\frac{1}{3}$ de millimètre de diamètre, l'élévation de l'eau a été de 10 millimètres, et celle de l'huile d'orange de 5 millimètres.

Dans un troisième tube de verre de $\frac{2}{7}$ de millimètre de diamètre, l'élévation de l'eau a été de $18^{mm},5$, et celle de l'huile d'orange de 9 millimètres.

Si l'élévation des fluides suit la raison inverse du diamètre des tubes, le produit de cette élévation par le diamètre correspondant du tube doit être le même pour tous les tubes, et ce produit, réduit en millimètres carrés et divisé par 1 millimètre, donnera l'ascension du fluide dans un tube dont le diamètre est de 1 millimètre. En multipliant ainsi chacune des élévations précédentes par le diamètre correspondant du tube, on a les trois résultats suivants pour l'ascension dans un tube de 1 millimètre de diamètre :

	Eau.	Huile d'orange.
	mm	mm
Premier tube......	13,50	6,8
Second tube.......	13,333	6,666₇
Troisième tube....	13,875	6,75

Le peu de différence de ces résultats, soit relativement à l'eau, soit relativement à l'huile d'orange, prouve l'exactitude de la loi de l'élévation des fluides en raison inverse du diamètre des tubes. Le milieu entre ces résultats donne l'élévation de l'eau dans un tube de 1 millimètre de diamètre égale à 13^{mm},569 et celle de l'huile d'orange égale à 6^{mm},7389.

Les deux premiers tubes dont nous venons de parler, l'un de 2 millimètres et l'autre de $\frac{1}{3}$ de millimètre de diamètre, ont été employés pour déterminer l'abaissement du mercure au-dessous du niveau. Pour cela, ils ont été placés dans un bain de mercure à une profondeur que l'on a mesurée avec exactitude. Ensuite, ayant fait glisser sous leur base inférieure un plan très-uni, qui empêchait le fluide de s'écouler, on les a retirés du bain, et l'on a mesuré la hauteur de la colonne de mercure au-dessus de ce plan. La différence de cette hauteur à la longueur de la partie plongée du tube a donné l'abaissement du mercure au-dessous du niveau. On a trouvé ainsi 3$^{\text{mm}}\frac{2}{3}$ pour cet abaissement dans le tube de 2 millimètres de diamètre et 5^{mm},5 pour l'abaissement dans le tube de $\frac{1}{3}$ de millimètre de diamètre. Chacune de ces expériences donne 7^{mm},333 pour l'abaissement du mercure dans un tube de 1 millimètre de diamètre; on voit donc encore ici l'observation exacte de la loi de l'abaissement des fluides en raison inverse du diamètre des tubes.

MM. Haüy et Tremery ont pareillement observé l'ascension de l'eau entre deux lames de verre, verticales et parallèles, et distantes de 1 millimètre. Ils l'ont trouvée de 6^{mm},5, ce qui diffère très-peu de l'ascension de l'eau dans un tube de 1 millimètre de rayon; car cette dernière ascension doit être, par les expériences précédentes, égale à la moitié de 13^{mm},569 ou à 6^{mm},784. Ainsi le résultat de la théorie, suivant lequel l'eau doit s'élever entre ces plans autant que dans un tube d'un rayon égal à leur distance, est conforme à cette expérience. On a vu, dans le passage cité de l'*Optique* de Newton, qu'à $\frac{1}{100}$ de pouce anglais de distance entre deux plans de verre correspondait une élévation de l'eau égale à 1 pouce. Le produit de ces deux quantités est $\frac{1^{\text{p}}}{100}$; le pouce anglais est de $25^{mm},3918$; ainsi $\dfrac{1^{m}}{100}$ est égal à $\dfrac{(25^{mm},3918)^2}{100}$ ou à $6^{mmq},4474$. En divisant par 1 millimètre, on aura $6^{mm},4474$ pour l'ascension de l'eau entre deux verres plans parallèles éloignés l'un de l'autre de 1 millimètre, ce qui diffère peu du résultat précédent.

On a vu, dans le n° 7, que, si dans un tube cylindrique on introduit un cylindre qui ait le même axe que le tube, l'élévation de l'eau dans l'espace circulaire compris entre la surface intérieure du tube et la surface du cylindre est égale à l'élévation de l'eau dans un tube qui a pour rayon la largeur de cet espace circulaire. Une des limites de ce cas général est le cas particulier où les deux rayons, tant du cylindre que du tube, sont infinis, et alors on a celui de deux plans parallèles très-proches l'un de l'autre. On vient de voir le résultat général vérifié à cette limite par l'expérience. L'autre limite est celle où les rayons du tube et du cylindre sont très-petits. Pour vérifier, dans ce cas, le résultat de l'analyse, M. Haüy a pris un tube de verre bien calibré, dont le diamètre intérieur était de 5 millimètres. Il a placé au dedans un cylindre de verre dont le diamètre était de 3 millimètres et il a pris toutes les précautions nécessaires pour faire coïncider l'axe du tube avec celui du cylindre. En plongeant ensuite dans l'eau le tube et le cylindre ainsi disposés, il a observé l'élévation de ce fluide dans l'espace circulaire à très-peu près de 7 millimètres et un peu au-dessous. La largeur de l'espace circulaire étant ici de 1 millimètre, l'eau devait, par la théorie, s'y élever comme entre deux plans parallèles distants de 1 millimètre, et, par conséquent, cette élévation devait être de $6^{mm},784$, ce qui s'accorde parfaitement avec l'expérience. Ainsi le résultat général de la théorie sur l'élévation de l'eau dans l'espace circulaire compris entre un tube et un cylindre intérieur se trouve vérifié à ses deux limites.

Les résultats de l'expérience doivent varier un peu avec la température; on peut supposer les expériences précédentes faites à la température de 10 degrés du thermomètre centigrade. Toutes ces expériences exigent des attentions particulières, soit pour bien calibrer les tubes, soit pour avoir exactement leurs diamètres, soit enfin pour que les surfaces ne soient ni sèches ni trop humectées. Dans la mesure des élévations d'un fluide, il faut tenir le tube plongé dans le fluide; car, en le retirant, la goutte qui se forme à sa base inférieure doit élever le fluide dans le tube. Il faut encore mesurer ces élévations depuis le niveau du fluide dans le vase jusqu'au point le plus bas de sa surface dans le tube si le fluide s'y élève ou jusqu'au point le plus haut si le fluide s'y abaisse.

14. Un des phénomènes capillaires les plus intéressants et les plus propres à vérifier la théorie précédente est celui de la suspension d'une goutte de fluide dans un tube capillaire conique ou entre deux plans formant entre eux un très-petit angle. Nous en avons donné l'analyse dans les n°s 9 et 10, et nous allons ici la comparer à l'expérience. Hawksbee a fait, avec un grand soin, l'expérience d'une goutte d'huile d'orange suspendue entre deux plans de verre. Voici comme il la rapporte :

« Je pris deux verres plans, chacun de 20 pouces de longueur et de 4 pouces de largeur; celui dont je me servis pour plan inférieur avait sa surface parallèle à l'horizon et au centre de son axe (*). Ayant bien nettoyé les verres, je les frottai avec un morceau de toile propre trempé dans l'huile d'orange. Je laissai tomber ensuite une ou deux gouttes de cette huile sur le plan inférieur, près de son axe, et je fis descendre dessus l'autre plan de verre. Aussitôt qu'il toucha les gouttes d'huile, elles s'étendirent considérablement entre les surfaces de ces verres; mais, par le moyen d'une vis, j'élevai un peu le plan supérieur du côté libre, et l'huile fut aussitôt attirée en une seule masse formant un globule contigu aux deux surfaces de verre et qui s'avança vers les points de leur contact. Quand elle fut à 2 pouces de l'axe, en faisant faire un angle de 15 minutes aux bords qui se touchaient, elle resta suspendue sans aucun mouvement. Ayant fait retomber les bords des plans,

______

(*) Ces plans se touchaient par deux de leurs bords, et l'axe était placé au bord opposé du plan inférieur.

la goutte s'avança jusqu'à 4 pouces de l'axe, et il fallut une élévation de 25 minutes pour l'arrêter. A 6 pouces, il fallut un angle de 35 minutes; à 8 pouces, de 45 minutes; à 10 pouces, de 1 degré. A 12 pouces de l'axe, l'élévation fut de 1°45′, et ainsi du reste, suivant les diverses stations de la goutte, comme on peut le voir dans la Table suivante, que j'ai faite avec une grande précision, d'après un grand nombre d'expériences qui différaient très-peu les unes des autres. Il faut observer que, quand la goutte est parvenue sur les plans à peu près à 17 pouces de l'axe, elle devient d'une forme ovale, et, à mesure qu'elle monte, sa figure devient de plus en plus oblongue; et, à moins que cette goutte ne soit très-petite, en continuant de s'avancer vers les bords qui se touchent, elle finit par se partager : une partie descend et l'autre monte. Mais, dans le cas d'une goutte ainsi divisée, je trouvai qu'il fallait, pour balancer l'action de la pesanteur à 18 pouces de distance, un angle de 22 degrés d'élévation. C'est l'angle le plus grand que j'aie pu observer. Les plans étaient séparés à leur axe d'environ $\frac{1}{16}$ de pouce. Je ne trouvai dans cette expérience qu'une très-légère différence entre les petites et les grandes gouttes d'huile. Les angles furent mesurés avec un quart de cercle de près de 20 pouces de rayon, divisé en degrés et en quarts de degré, et tracé sur un papier.

Distances à l'axe, en pouces.	Angles d'élévation, en degrés sexagésimaux.
p	″ ′
2	0.15
4	0.25
6	0.35
8	0.45
10	1. 0
12	1.45
14	2.45
15	4. 0
16	6. 0
17	10. 0
18	22. 0. »

Hawksbee ne dit point si les distances à l'axe sont comptées du milieu de la goutte, mais il y a lieu de croire que cela est ainsi, d'après un passage de l'*Optique* de Newton que nous citerons bientôt; nous partirons, dans les calculs suivants, de cette supposition, dont l'inexactitude n'influerait que très-peu sur leur résultat.

Si l'on nomme V l'inclinaison à l'horizon d'un plan intermédiaire ayant une commune intersection avec les deux plans dont on vient de parler et divisant également l'angle qu'ils forment entre eux, si de plus on nomme h la hauteur à laquelle le fluide s'élèverait entre deux plans verticaux et parallèles dont la distance serait celle des deux premiers plans à une distance b de leur commune intersection, enfin si l'on nomme a la distance du milieu de la goutte à cette ligne d'intersection, on aura à fort peu près, par le n° 10,

$$\sin V = \frac{h}{b}\frac{b^2}{a^2}.$$

Dans l'expérience précédente, les plans étaient éloignés de $\frac{1}{16}$ de pouce anglais à 20 pouces de distance de la ligne d'intersection ou à leur axe placé à l'extrémité de ces plans; leur distance mutuelle n'était donc que $\frac{1}{32}$ de pouce à 10 pouces de distance. Supposons b égal à 10 pouces anglais. Un demi-millimètre de distance entre deux plans verticaux et parallèles correspondant, par le numéro précédent, à une élévation de l'huile d'orange égale à $6^{mm},7389$, on aura

$$\frac{1^{mm}}{2}\cdot 6^{mm},7389 = \frac{1^{p}}{32}\,h^{p},$$

h étant évalué en pouces anglais. On a vu, dans le numéro précédent, que le pouce anglais renferme $25^{mm},3918$; on aura donc

$$\frac{\dfrac{1^{p}}{2}\cdot 6^{p},7389}{(25,3918)^2} = \frac{1^{p}}{32}\,h^{p},$$

ce qui donne

$$h = \frac{16\times 6,7389}{(25,3918)^2}.$$

La formule précédente devient ainsi

$$\sin V = \frac{16 \times 6,7389}{10.(25,3918)^2}.\frac{100}{a^2},$$

a étant évalué en pouces anglais.

L'angle formé par les deux plans de verre, dans l'expérience, ayant pour sinus $\frac{1^{\mathrm{p}}}{16.20^{\mathrm{p}}}$, cet angle est de $10'44''$. Le plan inférieur ayant été placé horizontalement au commencement de l'expérience, il est clair que, pour avoir l'inclinaison V du plan intermédiaire, il faut diminuer de $5'22''$ toutes les inclinaisons de la Table d'Hawksbee. Il faut ensuite retrancher de 20 pouces les nombres de pouces de la même Table pour avoir les valeurs successives de a. Cela posé, on aura la Table suivante :

DISTANCES EN POUCES du milieu de la goutte à l'intersection des plans	VALEURS OBSERVÉES de V, en degrés sexagésimaux.	VALEURS CALCULÉES par la formule précédente.	DIFFÉRENCE de la valeur calculée à la valeur observée, en parties aliquotes de cette dernière valeur.
18^{p}	$0.\ 9.38$	$0.17.44$	$\frac{1}{1.2}$
16	$0.19.38$	$0.22.27$	$\frac{1}{7}$
14	$0.29.38$	$0.29.20$	$\frac{1}{99}$
12	$0.39.38$	$0.39.55$	$\frac{1}{110}$
10	$0.54.38$	$0.57.29$	$\frac{1}{19}$
8	$1.39.38$	$1.29.53$	$\frac{1}{10}$
6	$2.39.38$	$2.39.45$	$\frac{1}{1368}$
5	$3.54.38$	$3.50.\ 6$	$\frac{1}{52}$
4	$5.54.38$	$5.59.58$	$\frac{1}{66}$
3	$9.54.38$	$10.42.31$	$\frac{1}{12}$
2	$21.54.38$	$24.42.49$	$\frac{1}{7,8}$

Les valeurs calculées de V s'accordent avec les valeurs observées aussi bien qu'on doit l'attendre d'une formule qui n'est qu'approchée et d'observations dans lesquelles les fractions de $\frac{1}{4}$ de degré n'étaient qu'estimées. C'est vers les limites de la plus petite et de la plus grande

distance de la goutte à la ligne d'intersection des plans que les différences sont les plus considérables, et il est visible, par l'analyse du
n° 10, que cela doit être, parce que dans la plus grande distance la
goutte n'a pas encore assez de largeur relativement à son épaisseur, et
dans la plus petite distance sa largeur a un trop grand rapport à sa
distance de la ligne d'intersection. ·

C'est à cette expérience d'Hawksbee que se rapporte le passage suivant de Newton dans son *Optique* (Question 31) : « Si l'on prend deux
plaques de verre planes et polies de 3 ou 4 pouces de large et de 20
ou 25 pouces de long, qu'on les couche, l'une parallèle à l'horizon et
l'autre sur celle-là, de telle manière qu'en se touchant par une de leurs
extrémités elles forment un angle d'environ 10 ou 15 minutes; qu'auparavant on ait mouillé leurs plans intérieurs avec un linge net trempé
dans de l'huile d'orange ou dans de l'esprit de térébenthine, et qu'on
ait fait tomber une ou deux gouttes de cette huile ou de cet esprit sur
l'extrémité du verre inférieur la plus éloignée de l'angle susdit; aussitôt que la plaque supérieure aura été placée sur l'inférieure, de sorte
que (comme on vient de le dire) elle la touche par un bout et qu'elle
touche la goutte par l'autre bout, les deux plaques faisant un angle
d'environ 10 ou 15 minutes, dès lors la goutte commencera de se mouvoir vers les deux plaques de verre et continuera à se mouvoir d'un
mouvement accéléré jusqu'à ce qu'elle y soit parvenue; car les deux
verres attirent la goutte et la font courir du côté vers lequel les attractions inclinent. Et si, dans le temps que la goutte est en mouvement,
vous levez en haut l'extrémité des verres par où ils se touchent et
vers où la goutte s'avance, la goutte montera entre les deux verres,
et, par conséquent, elle est attirée. A mesure que vous lèverez plus
haut cette extrémité des verres, la goutte montera toujours plus lentement, et, s'arrêtant enfin, elle sera autant entraînée en bas par son
propre poids qu'elle était emportée en haut par attraction. Par ce
moyen, vous pouvez connaître par quel degré de force la goutte est
attirée à toutes les distances du concours des verres.

» Or, par quelques expériences de ce genre, faites par feu M. Hawksbee, on a trouvé que l'attraction est presque réciproquement en raison doublée de la distance du milieu de la goutte au concours des verres, savoir, réciproquement en proportion simple, à raison de ce que la goutte se répand davantage et touche chaque verre par une plus grande surface, et encore réciproquement en proportion simple, à raison de ce que les attractions deviennent plus fortes, la quantité des surfaces restant la même. Donc l'attraction qui se fait dans la même quantité de surface attirante est réciproquement comme la distance entre les verres, et, par conséquent, où la distance est excessivement petite l'attraction doit être excessivement grande. »

Les explications que Newton donne des phénomènes capillaires, dans ce passage et dans celui que nous avons précédemment rapporté, sont bien propres à faire ressortir les avantages de la théorie mathématique et précise exposée dans la première Section.

15. On a vu que l'eau s'élève dans un tube capillaire par l'effet de la concavité de sa surface intérieure. L'effet de la convexité des surfaces devient sensible dans les expériences suivantes.

Si l'on enfonce dans l'eau à une petite profondeur un tube capillaire; qu'ensuite, ayant fermé avec le doigt l'extrémité inférieure du tube, on le retire de l'eau, en ôtant le doigt on voit le fluide s'abaisser dans le tube et former une goutte d'eau à sa base inférieure. Mais, lorsqu'il a cessé de descendre, la hauteur de la colonne reste toujours plus grande que l'élévation de l'eau dans le tube au-dessus du niveau lorsqu'il était plongé dans ce fluide. Cet excès est dû à l'action de la goutte d'eau sur la colonne; car il est visible que, dans cette expérience, la concavité de la surface intérieure de la colonne et la convexité de sa surface extérieure au tube, et qui est celle de la goutte elle-même, contribuent à élever l'eau dans le tube.

ABC (*fig.* 11) est un tube capillaire recourbé dont les branches sont d'inégale longueur. En le plongeant verticalement dans l'eau de manière que sa branche la plus courte AB y soit entièrement plongée, l'eau s'élèvera dans la branche BC au-dessus du niveau, à une hauteur

que nous représenterons par FG. En retirant le tube de l'eau, il se
forme à l'extrémité A une goutte ANO, et, lorsque le fluide est stationnaire dans le tube, on observe que, en menant par le sommet N de la
goutte l'horizontale NI', la hauteur I'C' de l'eau dans la plus longue

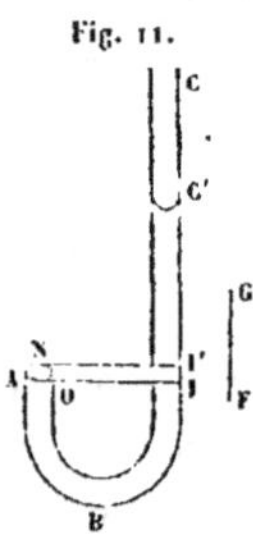

Fig. 11.

branche surpasse FG. Si avec le doigt on ôte successivement les gouttes
qui se forment en A, cette hauteur diminue graduellement, et, lorsque
l'on est ainsi parvenu à rendre la surface de l'eau à ce point plane et
horizontale, alors l'élévation de l'eau dans la branche BC, au-dessus
de l'horizontale AI, est égale à FG. Enfin, si l'on restitue successivement de nouvelles gouttes d'eau à l'extrémité A, la surface de l'eau à
cette extrémité redevient convexe et le fluide s'élève de plus en plus
dans la branche BC, en sorte que les phénomènes précédents se repro-
duisent dans un ordre inverse. L'excès de la hauteur de la colonne
dans la branche BC sur la hauteur FG paraît, dans ces expériences,
répondre à la convexité de la surface ANO; il faudrait, pour s'assurer
de l'exacte correspondance, mesurer la largeur et la flèche de cette surface. Mais la grande difficulté de ces mesures n'a pas permis de les faire.

L'effet d'une surface plus ou moins convexe est encore sensible dans
l'expérience suivante. ABC (*fig.* 12) est un siphon capillaire qui renferme une colonne ABC de mercure. On incline le tube du côté A; le
mercure alors parvient jusqu'en A' dans la branche AB et se retire
jusqu'en C' dans la branche BC. En relevant lentement le tube, le mercure de la branche AB revient vers A, tandis que celui de la branche BC
revient vers C. On observe alors que la surface du mercure dans la

branche AB est moins convexe que celle du mercure dans la branche BC,
et, si par le sommet de la première de ces deux surfaces on conçoit
un plan horizontal, le sommet de la seconde surface est au-dessous de
ce plan. Cette différence dans la convexité des deux surfaces tient au

Fig. 12.

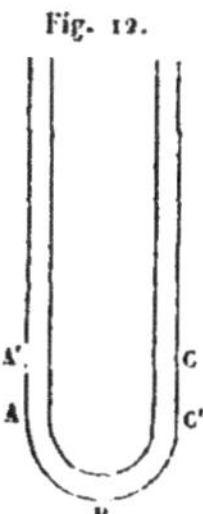

frottement du mercure contre les parois du tube; les parties de la surface dans la branche AB qui se retirent vers A et qui touchent le tube
sont un peu arrêtées par ce frottement, tandis que les parties du milieu
de cette surface n'éprouvent point le même obstacle, et de là doit
résulter une surface moins convexe, au lieu que le même frottement
doit produire un effet contraire sur la surface du mercure de la
branche BC. Or, de ce que la première de ces surfaces est moins convexe que la seconde il en résulte que le mercure éprouve, par son action sur lui-même, une moindre pression dans la branche BA que dans
la branche BC, et qu'ainsi sa hauteur dans la première de ces deux
branches doit surpasser un peu sa hauteur dans la seconde, ce qui est
conforme à l'expérience. Un effet semblable s'observe dans un baromètre lorsqu'il monte ou lorsqu'il descend.

16. Les siphons capillaires offrent quelques phénomènes qui sont
encore un résultat de la théorie. Ils peuvent être ramenés à ce phénomène général donné par l'expérience. Si l'on plonge dans un vase d'eau
un siphon quelconque ABC (*fig.* 13) dont les deux branches soient
d'égale ou d'inégale largeur, et qu'ensuite on le retire, l'eau ne s'écou-
lera pas de la branche la plus longue BC si la différence des deux

branches du siphon est moindre que la hauteur FG à laquelle le fluide
s'élèverait dans un tube de même largeur que celle de la branche AB.
Pour faire voir que ce résultat est une suite de notre théorie, supposons que le fluide, en s'écoulant par la branche C, ait pris la posi-

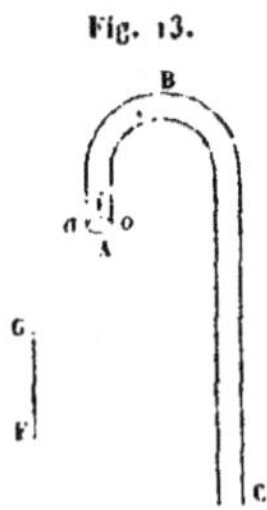
Fig. 13.

tion oiaBC, le point a étant très-voisin de l'extrémité A. Soit alors q
la hauteur de B au-dessus de la surface aio; la pression que le fluide
éprouve en i milieu de la surface aio sera égale : 1° à la pression de l'atmosphère, que nous désignerons par P; 2° à l'action du fluide sur lui-
même, et qui est égale à K $-$ g.FG, g étant la pesanteur; 3° à la pression de la colonne q, prise avec le signe $-$, ou à $- gq$. Ainsi un canal
infiniment étroit, passant en i par l'axe du siphon, sera pressé de bas
en haut par la force

$$P + K - g.FG - gq.$$

q' étant la hauteur du point B au-dessus du point C, le fluide au point C
sera pareillement pressé de bas en haut par la force P $+$ K $- gq'$ si la
surface du fluide est plane en C, ou par une force plus grande si cette
surface est convexe, et l'un ou l'autre de ces deux cas doit avoir lieu
pour que le fluide coule en C ou tende à couler. Dans cette supposition, cette seconde force doit être moindre que la précédente; la différence

$$g(q' - q - FG)$$

doit être une quantité positive, et, par conséquent, l'excès $q' - q$ de la
branche la plus longue sur la plus courte doit être égal ou plus grand
que FG, ce qui est le résultat même de l'expérience.

En général, si l'on compare à notre théorie les divers phénomènes capillaires observés avec soin par les physiciens, on verra qu'ils en sont autant de corollaires.

17. Il nous reste présentement à rapporter les expériences que l'on a faites pour déterminer la concavité ou la convexité des surfaces des fluides dans les tubes capillaires. Les physiciens n'ayant jusqu'ici considéré la courbure des surfaces que comme un effet secondaire et non comme la cause principale des phénomènes capillaires, ils se sont peu occupés de la déterminer. MM. Haüy et Trémery ont bien voulu, à ma prière, déterminer celle de la surface de l'eau. Ils ont introduit dans un tube AB (*fig.* 14), de 2 millimètres de diamètre intérieur, une colonne d'eau M*mn*N, et, après avoir fermé le tube à ses deux extrémités,

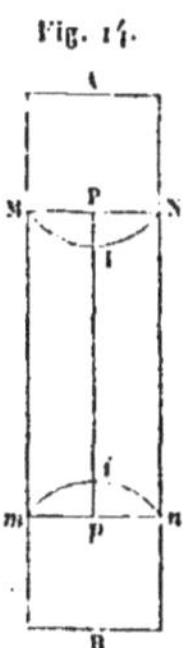

Fig. 14.

ils l'ont tenu verticalement et ils ont mesuré avec beaucoup de soin les deux longueurs M*m* et I*i*, I et *i* étant les points les plus bas des deux surfaces MIN et *min*. La différence M*m* — I*i* leur a donné la somme des deux flèches IP et *ip*, et ils ont trouvé cette somme égale à $\frac{11}{18}$MN. Suivant l'analyse du n° 5, cette somme serait égale à MN si l'angle que nous avons désigné par θ' dans ce numéro était un angle droit ou si les surfaces de l'eau étaient tangentes aux parois du tube. Mais on doit considérer qu'en les supposant tangentes on ne peut pas observer exactement les points de contingence. Ce que l'on a pris pour

le point M est un point où la surface de l'eau commence à quitter sensiblement les parois du tube, et il est facile de s'assurer que, pour
trouver IP $+ ip = \frac{11}{18}$MN, il suffit d'avoir pris pour M et m des points
qui ne s'écartent du tube que de $0^{mm},0226$, ce qui n'est point invraisemblable. L'expérience précédente parait donc indiquer que l'angle θ' est
droit, pour l'eau relativement au verre; une expérience semblable faite
sur l'huile d'orange conduit au même résultat. Ainsi l'on peut croire
avec vraisemblance que les surfaces de l'eau, de l'huile et généralement des fluides qui mouillent le verre sont à très-peu près demi-sphé-
riques dans les tubes capillaires.

En déterminant de la même manière la surface convexe du mercure
dans un tube de verre très-étroit, on a observé qu'elle est à peu près
celle d'une demi-sphère. Si l'on rapproche ce résultat de celui que nous
avons donné ci-dessus sur l'abaissement du mercure au-dessous du
niveau dans les tubes de verre très-étroits, on pourra corriger de l'effet
de la capillarité les hauteurs du baromètre. Cet effet est nul dans les
baromètres à deux branches d'égale largeur; mais, dans les baromètres
formés d'un tube plongeant dans une large cuvette, l'effet capillaire
devient d'autant plus sensible que le tube est plus étroit. La hauteur
barométrique comptée du sommet de la colonne est toujours moindre
que celle qui est due à la pression de l'atmosphère; ainsi l'on voit
combien est fautive la méthode de quelques observateurs qui mesurent
la hauteur du baromètre depuis le niveau jusqu'aux points où la surface supérieure de la colonne touche le tube. Pour ramener les hauteurs du baromètre à celles qui résultent de la pression de l'atmosphère
et pour rendre ainsi les divers baromètres comparables entre eux, il
faut corriger ces hauteurs de l'effet capillaire, et l'on y parviendra en
intégrant par approximation l'équation différentielle (b) du n° 4. Cette
équation donne, en l'intégrant,

$$\frac{H}{b} = \frac{H}{u} \cdot \frac{\frac{dz}{du}}{\sqrt{1 + \frac{dz^2}{du^2}}} - \frac{2g}{u^2} \int z\, u\, du,$$

les z étant ici comptés du haut en bas depuis le sommet de la surface
de la colonne. $\dfrac{H}{gb}$ est l'effet capillaire ou ce qu'il faut ajouter à la hauteur du baromètre pour avoir la hauteur due à la pression de l'atmosphère. On a, par ce qui précède,

$$\frac{2\,H\sin\theta'}{1^{\text{mm}}} = g\cdot 7^{\text{mm}},333.$$

Soit l le demi-diamètre du tube évalué en millimètres. Aux points
où $u = l$, on a

$$\frac{\dfrac{dz}{du}}{\sqrt{1 + \dfrac{dz^2}{du^2}}} = \sin\theta';$$

la valeur de $\dfrac{H}{gb}$ sera donc

$$\frac{1^{\text{mm}}\cdot 7^{\text{mm}},333}{2\,l} - \frac{2}{l^2}\int z\,u\,du,$$

l'intégrale étant prise depuis $u = 0$ jusqu'à $u = l$.

Il faudrait connaitre z en fonction de u pour avoir cette intégrale.
On peut la déterminer par l'expérience, en observant que $2\pi\int z\,u\,du$ est
l'espace compris entre la surface du mercure à l'extrémité supérieure
de la colonne, la surface du tube, et un plan horizontal mené par le
sommet de la colonne, espace que l'on peut mesurer avec précision par
le poids du mercure nécessaire pour le remplir. On pourra donc former, soit par l'Analyse, soit par l'expérience, une Table de correction
de l'effet capillaire dans les baromètres, relative aux divers diamètres
de leurs tubes. Cela suppose que ces tubes sont de la même nature;
mais la différence entre leurs matières est peu considérable, et d'ailleurs, l'action des tubes sur le mercure devant être très-petite pour
que la surface de ce fluide dans les tubes très-étroits soit à peu près
celle d'une demi-sphère, cette différence ne peut pas avoir d'influence
sensible sur les hauteurs du baromètre.

SUPPLÉMENT

A LA

THÉORIE DE L'ACTION CAPILLAIRE.

L'objet de ce Supplément est de perfectionner la théorie que j'ai donnée des phénomènes capillaires, d'en étendre les applications, de la confirmer par de nouvelles comparaisons de ses résultats avec l'expérience, et, en présentant sous un nouveau point de vue les effets de l'action capillaire, de mettre de plus en plus en évidence l'identité des forces attractives dont cette action dépend avec celles qui produisent les affinités.

Sur l'équation fondamentale de la théorie de l'action capillaire.

L'équation aux différences partielles du n° 4 de ma théorie de l'action capillaire a été conclue du principe de l'équilibre des canaux. Ce principe consiste en ce qu'une masse fluide homogène, animée par des forces attractives, est en équilibre si l'équilibre a lieu dans un canal quelconque aboutissant par ses extrémités à la surface du fluide. On peut le démontrer facilement de cette manière. Imaginons, dans l'intérieur du fluide, un canal rentrant, d'une largeur infiniment petite et uniforme. Si d'un point attirant pris comme centre et d'un rayon quelconque on décrit une surface sphérique qui coupe ce canal, si du même centre et d'un rayon infiniment peu différent du premier on

53.

décrit une seconde surface, chacune de ces surfaces rencontrera le
canal au moins en deux points, et elles intercepteront au moins deux
portions infiniment petites de ce canal. Il est visible que les deux colonnes de fluide comprises dans ces portions seront animées d'égales
forces attractives, et, comme elles ont la même hauteur dans la direction de ces forces, elles se feront mutuellement équilibre. On voit donc
que le canal entier sera en équilibre par l'action du point attirant, d'où
il résulte que l'équilibre aura lieu quel que soit le nombre de ces
points. Imaginons maintenant qu'une portion du canal s'élève jusqu'à
la surface du fluide, suivant laquelle il soit plié : l'équilibre aura encore
lieu dans ce canal. En supposant donc qu'il ait lieu séparément dans la
partie intérieure du canal, il aura lieu séparément dans la portion située
à la surface. Ce dernier équilibre ne peut subsister que de deux ma-
nières : ou parce qu'à chaque point du canal la force dont le fluide est
animé est perpendiculaire à ses côtés, ou parce que, le fluide pressant
dans un sens à l'une des extrémités, cette pression est détruite par
une pression contraire du fluide situé vers l'autre extrémité. Mais,
dans ce dernier cas, il n'y aurait point équilibre dans la partie du
canal pliée sur la surface si les deux extrémités de ce canal aboutis-
saient dans la partie du fluide de la surface qui presse dans le même
sens. Ainsi, dans la supposition qu'il y a généralement équilibre dans
un canal intérieur aboutissant par ses extrémités à la surface, si l'on
conçoit un canal quelconque rentrant en lui-même et dont une portion soit pliée sur la surface du fluide, la résultante des forces qui
animent le fluide dans cette portion doit être perpendiculaire aux côtés
du canal. Or cela ne peut avoir lieu, quelle que soit la direction du
canal, qu'autant que cette résultante est perpendiculaire à la surface ;
car, en la décomposant en deux, l'une perpendiculaire et l'autre parallèle à la surface, cette dernière force ne serait point détruite par les
côtés d'un canal qui suivrait sa direction. L'équilibre dans un canal
quelconque intérieur, dont les extrémités aboutissent à la surface, est
donc nécessairement lié à la condition de la perpendicularité de la
force à la surface, condition qui, si elle est satisfaite, détermine l'équi-

libre de toute la masse fluide, comme on l'a vu dans le Livre Iᵉʳ de la *Mécanique céleste*. Les équations conclues soit de l'équilibre des canaux, soit de la perpendicularité de la force à la surface, doivent donc être identiques, ou du moins la différentielle l'une de l'autre, et il est facile de voir que la seconde est une différentielle de la première. Car l'équation donnée par l'équilibre des canaux ne renferme que des différences du second ordre, au lieu que, la force tangentielle à une surface capillaire étant produite, ainsi qu'on l'a vu dans le n° 4 de la théorie citée, par la pesanteur décomposée parallèlement à cette surface et par l'attraction de la différence de la masse fluide à celle de l'ellipsoïde osculateur, différence qui dépend des différences du troisième ordre, l'équation résultante de la condition de la force tangentielle nulle ou, ce qui revient au même, de la perpendicularité des forces à la surface renferme des différences du troisième ordre, et, par conséquent, elle est la différentielle de l'équation donnée par l'équilibre des canaux. Mais il est intéressant de s'en assurer *a posteriori*. C'est ce que je vais faire ici, et il en résultera une confirmation de l'équation fondamentale de ma théorie et un moyen simple d'y parvenir.

Prenons pour origine des coordonnées un point quelconque de la surface, que nous désignerons par O, et pour axe des z la perpendiculaire à la surface à ce point. La valeur de z donnée par l'équation à la surface et développée suivant les puissances et les produits des deux autres coordonnées rectangulaires x et y sera de cette forme :

$$z = Ax^2 + \lambda xy + By^2 + Cx^3 + Dx^2y + Exy^2 + Fy^3 + \ldots.$$

Les trois premiers termes de cette expression de z sont relatifs à l'ellipsoïde osculateur de la surface ou, plus exactement, au paraboloïde osculateur ; or l'attraction de ce solide sur le point O est évidemment dirigée suivant l'axe de z, puisque le solide est symétrique des côtés opposés autour de cet axe ; la force tangentielle du point O, due à l'action de la masse entière, ne peut donc résulter que de l'attraction du solide dont l'équation de la surface est

$$z = Cx^3 + Dx^2y + Exy^2 + Fy^3 + \ldots,$$

solide qui n'est que la différence de la masse entière au paraboloïde osculateur. Pour déterminer la force tangentielle due à l'attraction de ce solide différentiel sur le point O, nommons f la distance d'un des éléments de ce solide à ce point. Nommons encore θ l'angle que cette droite forme avec l'axe des x. Les attractions sur le point O n'étant sensibles que dans un très-petit espace, on peut considérer ici les trois droites x, y et f comme étant dans un même plan tangent à la surface au point O, et l'on peut négliger les puissances et les produits de x et de y supérieurs au troisième ordre. On aura ainsi, pour l'élément du solide différentiel,

$$f\,df\,d\theta\,(Cx^3 + Dx^2y + Exy^2 + Fy^3).$$

Si l'on désigne la loi de l'attraction par $\varphi(f)$, l'attraction de cet élément sur le point O, décomposée parallèlement à l'axe des x, sera

$$f\,df\,\varphi(f)\,d\theta\cos\theta\,(Cx^3 + Dx^2y + Exy^2 + Fy^3),$$

et parallèlement à l'axe des y elle sera

$$f\,df\,\varphi(f)\,d\theta\sin\theta\,(Cx^3 + Dx^2y + Exy^2 + Fy^3).$$

On aura de plus

$$x = f\cos\theta, \quad y = f\sin\theta;$$

la force tangentielle du point O, due à l'attraction de la masse fluide, sera donc, parallèlement aux x,

$$\int\!\!\int\!\!f^5\,df\,\varphi(f)\,d\theta\,(C\cos^4\theta + D\cos^3\theta\sin\theta + E\cos^2\theta\sin^2\theta + F\cos\theta\sin^3\theta),$$

et parallèlement aux y elle sera

$$\int\!\!\int\!\!f^5\,df\,\varphi(f)\,d\theta\,(C\cos^3\theta\sin\theta + D\cos^2\theta\sin^2\theta + E\cos\theta\sin^3\theta + F\sin^4\theta).$$

Les intégrales relatives à θ doivent être prises depuis $\theta = 0$ jusqu'à $\theta = 2\pi$, π étant la demi-circonférence dont le rayon est l'unité; les deux intégrales précédentes deviennent

$$\frac{\pi}{4}(3C + E)\int\!\!f^5\,df\,\varphi(f),$$

$$\frac{\pi}{4}(3F + D)\int\!\!f^5\,df\,\varphi(f).$$

L'intégrale relative à f peut être prise depuis $f = 0$ jusqu'à f infini, en sorte qu'elle est indépendante des dimensions de la masse attirante. C'est là ce qui caractérise ce genre d'attractions qui, n'étant sensibles qu'à des distances imperceptibles, permettent d'ajouter ou de négliger à volonté les attractions des corps à des distances plus grandes que le rayon de leur sphère d'activité sensible. Désignons, comme dans le n° 1 de ma théorie de l'action capillaire, par $c - \Pi(f)$ l'intégrale $\int df \varphi(f)$ prise depuis $f = 0$, c étant la valeur de cette intégrale lorsque f est infini. $\Pi(f)$ sera une quantité positive décroissant avec une extrême rapidité, et l'on aura, en prenant les intégrales depuis $f = 0$,

$$\int f^3\, df\, \varphi(f) = -f^3\, \Pi(f) + 3 \int f^2\, df\, \Pi(f).$$

$-f^3\, \Pi(f)$ est nul lorsque f est infini; car, quoique f^3 devienne alors infini, l'extrême rapidité avec laquelle $\Pi(f)$ est supposé décroître rend $f^3\, \Pi(f)$ nul. Les fonctions $\varphi(f)$ et $\Pi(f)$ ne peuvent être mieux comparées qu'à des exponentielles telles que c^{-if}, c étant le nombre dont le logarithme hyperbolique est l'unité et i étant un très-grand nombre. En effet, c^{-if} est fini lorsque f est nul et devient nul lorsque f est infini; de plus, il décroît avec une extrême rapidité et le produit $f^n c^{-if}$ est toujours nul, quel que soit l'exposant n, lorsque f est infini. Soit encore, comme dans le n° 1 de la théorie citée,

$$\int f\, df\, \Pi(f) = c' - \Psi(f),$$

c' étant la valeur de cette intégrale lorsque f est infini. $\Psi(f)$ sera encore une quantité positive décroissant avec une extrême rapidité, et l'on aura

$$3 \int f^2\, df\, \Pi(f) = -3 f^2\, \Psi(f) + 8 \int f\, df\, \Psi(f).$$

Dans le cas de f infini, $f^2\, \Psi(f)$ devient nul; on a donc, en prenant l'intégrale depuis $f = 0$ jusqu'à f infini,

$$3 \int f^2\, df\, \Pi(f) = 8 \int f\, df\, \Psi(f).$$

Enfin, si l'on désigne, comme dans le numéro cité, par $\dfrac{\Pi}{2\pi}$ l'intégrale

$\int\int df\,\Psi(f)$ prise depuis f nul jusqu'à f infini, on aura

$$\int f^1\,df\,\varphi(f) = 8\int\int df\,\Psi(f) = \frac{4\mathrm{H}}{\pi}.$$

Les deux forces tangentielles précédentes parallèles aux axes des x et des y deviendront ainsi

$$(3\mathrm{C} + \mathrm{E})\mathrm{H}, \quad (3\mathrm{F} + \mathrm{D})\mathrm{H}.$$

Maintenant, si l'on observe que, l'axe des z étant perpendiculaire à la surface, on a, au point O,

$$\frac{\partial z}{\partial x} = 0, \quad \frac{\partial z}{\partial y} = 0,$$

l'expression de z développée dans une série ordonnée par rapport aux puissances et aux produits de x et de y sera, par les théorèmes connus,

$$z = \frac{\partial^2 z}{\partial x^2}\,\frac{x^2}{2} + \frac{\partial^2 z}{\partial x\,\partial y}\,xy + \frac{\partial^2 z}{\partial y^2}\,\frac{y^2}{2}$$
$$+ \frac{\partial^3 z}{\partial x^3}\,\frac{x^3}{6} + \frac{\partial^3 z}{\partial x^2 \partial y}\,\frac{x^2 y}{2} + \frac{\partial^3 z}{\partial x\,\partial y^2}\,\frac{x y^2}{2} + \frac{\partial^3 z}{\partial y^3}\,\frac{y^3}{6} + \cdots,$$

ce qui donne

$$\mathrm{C} = \frac{1}{6}\,\frac{\partial^3 z}{\partial x^3}, \quad \mathrm{D} = \frac{1}{2}\,\frac{\partial^3 z}{\partial x^2 \partial y}, \quad \mathrm{E} = \frac{1}{2}\,\frac{\partial^3 z}{\partial x\,\partial y^2}, \quad \mathrm{F} = \frac{1}{6}\,\frac{\partial^3 z}{\partial y^3}.$$

Les forces tangentielles précédentes deviendront, par conséquent,

$$\tfrac{1}{2}\mathrm{H}\left(\frac{\partial^3 z}{\partial x^3} + \frac{\partial^3 z}{\partial x\,\partial y^2}\right), \quad \tfrac{1}{2}\mathrm{H}\left(\frac{\partial^3 z}{\partial y^3} + \frac{\partial^3 z}{\partial x^2 \partial y}\right).$$

Nommons g la pesanteur et $- du$ l'élément de sa direction. La condition de la perpendicularité des forces à la surface ou, ce qui revient au même, de la résultante des forces tangentielles nulle se réduit, comme on l'a vu dans le Livre Ier de la *Mécanique céleste*, à ce que la somme des produits de chaque force par l'élément de sa direction soit nulle. En multipliant donc par dx la force parallèle à l'axe des x, par dy la force parallèle à l'axe des y et la pesanteur g par $- du$, la somme de ces produits, égalée à zéro, donnera l'équation

$$0 = \tfrac{1}{2}\Pi\left(\frac{\partial^3 z}{\partial x^3}\,dx + \frac{\partial^3 z}{\partial x^2\,\partial y}\,dy + \frac{\partial^3 z}{\partial x\,\partial y^2}\,dx + \frac{\partial^3 z}{\partial y^3}\,dy\right) - g\,du.$$

On a, par le n° 4 de la théorie de l'action capillaire, au point O, où $\frac{\partial z}{\partial x}$ et $\frac{\partial z}{\partial y}$ sont nuls,

$$\frac{\partial^3 z}{\partial x^3}\,dx + \frac{\partial^3 z}{\partial x^2\,\partial y}\,dy + \frac{\partial^3 z}{\partial x\,\partial y^2}\,dx + \frac{\partial^3 z}{\partial y^3}\,dy = d\left(\frac{1}{R} + \frac{1}{R'}\right),$$

R et R' étant le plus grand et le plus petit des rayons osculateurs à ce point ; on aura donc

$$d\left(\frac{1}{R} + \frac{1}{R'}\right) - \frac{2g}{\Pi}\,du = 0,$$

équation qui est évidemment la différentielle de l'équation fondamentale du n° 4 de ma théorie de l'action capillaire.

On peut déterminer de la même manière l'action perpendiculaire à la surface. Cette action dépend de la partie $Ax^2 + \lambda xy + By^2$ de l'expression de z. Soit r la distance d'un point quelconque de l'axe des z, situé au dedans du solide, à l'origine des z, et f la distance de ce point à une molécule de l'intérieur du corps, dont les coordonnées sont x, y, z. On aura

$$f^2 = x^2 + y^2 + (z - r)^2;$$

l'élément du solide sera $s\,ds\,d\theta\,dz$, s étant l'hypoténuse du triangle rectangle dont x et y sont les côtés, et par conséquent étant égal à $\sqrt{x^2 + y^2}$; θ est l'angle que s forme avec l'axe des x. Représentons, comme ci-dessus, par $\varphi(f)$ la loi de l'attraction. L'attraction de l'élément solide sur le point dont il s'agit, décomposée suivant l'axe des z, sera

$$s\,ds\,d\theta\,dz\,\frac{z - r}{f}\,\varphi(f).$$

Nommons encore, comme précédemment, $c - \Pi(f)$ l'intégrale $\int df\,\varphi(f)$, prise depuis $f = 0$. La différentielle précédente pourra être mise sous la forme

$$- s\,ds\,d\theta\,dz\,\frac{\partial\,\Pi(f)}{\partial z}.$$

L'attraction du solide entier sur le point que nous considérons sera donc, suivant l'axe des z,

$$- \int\int\int s\,ds\,d\theta\,dz\,.\frac{\partial\,\Pi(f)}{\partial z},$$

d'où l'on tire, pour cette attraction, prise depuis $z = z'$ jusqu'à z infini, ce qui rend $\Pi(f)$ nul,

$$\int\int s\,ds\,d\theta\,\Pi(f'),$$

f' étant la valeur de f relative aux points de la surface, et z' étant la valeur de z relative à ces points. Or on a

$$z' = A\,x^2 + \lambda\,xy + B\,y^2;$$

on a de plus, à fort peu près,

$$f'^2 = x^2 + y^2 + r^2 - 2\,rz',$$

en négligeant le carré de z' par rapport à $x^2 + y^2 + r^2$; on aura donc

$$f'\,df' = s\,ds - r\,dz'.$$

Si l'on substitue pour z' sa valeur et si l'on observe que $x = s\cos\theta$, $y = s\sin\theta$, l'équation à la surface donnera, en regardant θ comme constant,

$$dz' = 2\,s\,ds(A\cos^2\theta + \lambda\sin\theta\cos\theta + B\sin^2\theta).$$

Ainsi, r étant extrêmement petit, tant que $\Pi(f')$ a une valeur sensible, on pourra supposer, à très-peu près,

$$s\,ds = f'\,df'(1 + 2\,A\,r\cos^2\theta + 2\lambda\,r\sin\theta\cos\theta + 2\,B\,r\sin^2\theta).$$

L'intégrale $\int\int s\,ds\,d\theta\,\Pi(f')$ se transforme ainsi dans la suivante :

$$\int\int f'\,df'\,d\theta(1 + 2\,A\,r\cos^2\theta + 2\lambda\,r\sin\theta\cos\theta + 2\,B\,r\sin^2\theta)\,\Pi(f').$$

D'après les principes connus sur la transformation des doubles intégrales, on peut intégrer ici d'abord par rapport à θ et ensuite par rapport à f'. L'intégrale relative à θ doit s'étendre depuis $\theta = 0$ jusqu'à $\theta = 2\pi$; la double intégrale précédente se réduit ainsi à cette intégrale simple

$$2\pi \int f' \, df \left[1 + (A + B r) \right] \Pi(f').$$

Représentons, comme ci-dessus, par $c' = \Psi(f)$ l'intégrale $\int f' \, df' \, \Pi(f')$, prise depuis f' nul; c' étant sa valeur entière depuis $f' = 0$ jusqu'à f' infini. L'intégrale précédente devant être prise depuis $f' = r$ jusqu'à f' infini, elle deviendra

$$2\pi \left[1 + (A + B r) \right] \Psi(r).$$

Maintenant, si l'on nomme R le rayon osculateur de la section de la surface par un plan passant par les axes des x et des z, on aura

$$A = \frac{1}{2R}.$$

Si l'on nomme pareillement R′ le rayon osculateur de la section de la surface par un plan passant par les axes des y et des z, on aura

$$B = \frac{1}{2R'};$$

on aura donc, pour l'attraction du corps sur un point placé dans son intérieur, suivant la direction du rayon osculateur à la surface et à la distance r de cette surface,

$$2\pi \left[1 + \frac{r}{2} \left(\frac{1}{R} + \frac{1}{R'} \right) \right] \Psi(r).$$

Pour avoir l'action entière du corps sur un fluide renfermé dans un canal infiniment étroit perpendiculaire à la surface et dont la base est prise pour unité, il faut multiplier l'expression précédente par dr et l'intégrer depuis $r = 0$ jusqu'à r infini. Soit alors

$$2\pi \int dr \, \Psi(r) = K, \quad 2\pi \int r \, dr \, \Psi(r) = H;$$

l'action du corps sur le canal sera

$$K + \frac{H}{2} \left(\frac{1}{R} + \frac{1}{R'} \right),$$

ce qui est conforme à ce que l'on a vu dans le n° 3 de ma théorie sur l'action capillaire. Cette expression est relative aux corps terminés par des surfaces convexes; lorsqu'elles sont concaves, ou convexes dans un sens et concaves dans l'autre, il faut supposer négatif le rayon de courbure relatif à la concavité.

Considérons maintenant un fluide renfermé dans un tube capillaire et prismatique plongeant verticalement par son extrémité inférieure dans un vase d'une étendue indéfinie, et supposons la surface du fluide concave. Rapportons un point quelconque de cette surface à trois coordonnées orthogonales x, y, z, dont les deux premières soient horizontales et dont la troisième soit verticale et nulle relativement au point le plus bas de cette surface. Nommons h l'élévation de ce dernier point au-dessus du niveau du fluide du vase. Si l'on imagine un canal infiniment étroit passant par un point quelconque de la surface, se recourbant sous le tube et aboutissant à la surface de niveau du fluide du vase, $h + z$ sera la hauteur du point au-dessus du niveau; en nommant donc D la densité du fluide, la condition de son équilibre dans le canal donnera l'équation

$$g\mathrm{D}(h+z) = \tfrac{1}{2}\mathrm{H}\left(\frac{1}{\mathrm{R}} + \frac{1}{\mathrm{R'}}\right).$$

Mais, si l'on fait $\frac{\partial z}{\partial x} = p$, $\frac{\partial z}{\partial y} = q$, on a, par la théorie des surfaces courbes,

$$\frac{1}{\mathrm{R}} + \frac{1}{\mathrm{R'}} = \frac{(1+q^2)\dfrac{\partial p}{\partial x} - pq\left(\dfrac{\partial p}{\partial y} + \dfrac{\partial q}{\partial x}\right) + (1+p^2)\dfrac{\partial q}{\partial y}}{(1+p^2+q^2)^{\frac{3}{2}}};$$

on aura donc

$$\tfrac{1}{2}\mathrm{H}\,\frac{(1+q^2)\dfrac{\partial p}{\partial x} - pq\left(\dfrac{\partial p}{\partial y} + \dfrac{\partial q}{\partial x}\right) + (1+p^2)\dfrac{\partial q}{\partial y}}{(1+p^2+q^2)^{\frac{3}{2}}} = g\mathrm{D}(h+z),$$

équation qui est visiblement la même que l'équation (a) du n° 4 de la théorie citée.

En multipliant cette équation par $dx\,dy$ et en l'intégrant ensuite par rapport à dx et dy, en observant de plus que la fonction multipliée par $\frac{1}{2}H$ peut être mise sous la forme

$$\frac{\partial \frac{p}{\sqrt{1+p^2+q^2}}}{\partial x} + \frac{\partial \frac{q}{\sqrt{1+p^2+q^2}}}{\partial y},$$

on aura

$$\frac{1}{2}H \int\int dx\,dy \left(\frac{\partial \frac{p}{\sqrt{1+p^2+q^2}}}{\partial x} + \frac{\partial \frac{q}{\sqrt{1+p^2+q^2}}}{\partial y} \right) = g\mathrm{D}\!\int\!\!\int (h+z)\,dx\,dy.$$

Les doubles intégrales doivent être prises dans toute l'étendue de la section intérieure horizontale du prisme; la double intégrale $g\mathrm{D}\!\int\!\!\int(h+z)\,dx\,dy$ est donc le poids du fluide élevé par l'action capillaire au-dessus du niveau. Ainsi, en nommant V le volume de ce fluide, on aura

$$g\mathrm{D}\!\int\!\!\int dx\,dy\,(h+z) = g\mathrm{D}V.$$

La double intégrale

$$\frac{1}{2}H \int\int dx\,dy\, \frac{\partial \frac{p}{\sqrt{1+p^2+q^2}}}{\partial x}$$

devient, en l'intégrant par rapport à x,

$$\frac{1}{2}H \int dy \left[\frac{p}{\sqrt{1+p^2+q^2}} - \frac{(p)}{\sqrt{1+(p)^2+(q)^2}} \right],$$

(p) et (q) étant ce que deviennent p et q à l'origine de l'intégrale. Pareillement, la double intégrale

$$\frac{1}{2}H \int\int dx\,dy\, \frac{\partial \frac{q}{\sqrt{1+p^2+q^2}}}{\partial y}$$

devient, en l'intégrant par rapport à y,

$$\frac{1}{2}H \int dx \left[\frac{q}{\sqrt{1+p^2+q^2}} - \frac{(q)}{\sqrt{1+(p)^2+(q)^2}} \right].$$

Pour avoir une idée précise de ces intégrales et de leurs limites, nous

observerons que ces limites sont la section horizontale de la surface
intérieure du tube et que cette section est une courbe rentrante. Prenons l'origine des x et des y au dehors de cette courbe, de manière
qu'elle soit comprise tout entière dans l'angle droit formé par les axes
des x et des y. Dans ce cas, les valeurs de dx et de dy sont évidemment positives dans les doubles intégrales précédentes lorsque
$gD\int\int(h+z)\,dx\,dy$ exprime le poids du fluide soulevé, comme nous le
supposons ici; ces différentielles doivent donc aussi être supposées
positives dans les intégrales simples. Cela posé :

L'élément $-\dfrac{\frac{1}{2}H(q)\,dx}{\sqrt{1+(p)^2+(q)^2}}$ se rapporte à la branche de la section

convexe vers l'axe des x, et l'élément $\dfrac{\frac{1}{2}Hq\,dx}{\sqrt{1+p^2+q^2}}$ se rapporte à la

branche concave vers le même axe. L'élément $-\dfrac{\frac{1}{2}H(p)\,dy}{\sqrt{1+(p)^2+(q)^2}}$ se

rapporte à la branche de la section convexe vers l'axe des y, et l'élé-

ment $\dfrac{\frac{1}{2}Hp\,dy}{\sqrt{1+p^2+q^2}}$ se rapporte à la branche concave vers le même axe;

en supposant donc que les éléments

$$-\frac{\frac{1}{2}H(q)\,dx}{\sqrt{1+(p)^2+(q)^2}},\qquad -\frac{\frac{1}{2}H(p)\,dy}{\sqrt{1+(p)^2+(q)^2}}$$

se rapportent au même point de la section, ce point appartiendra à la
partie de la section convexe à la fois vers l'axe des x et vers l'axe des y.
Dans cette partie, les valeurs de dx et de dy, rapportées à la courbe,
sont de signe contraire; en supposant donc dx toujours positif, dy sera
négatif et la somme des deux éléments précédents sera

$$\frac{\frac{1}{2}H[(p)\,dy-(q)\,dx]}{\sqrt{1+(p)^2+(q)^2}},$$

les différentielles dx et dy étant ici celles de la section.

Pareillement, si les éléments $\dfrac{\frac{1}{2}Hq\,dx}{\sqrt{1+p^2+q^2}}$ et $\dfrac{\frac{1}{2}Hp\,dy}{\sqrt{1+p^2+q^2}}$ se rap-

portent au même point de la section, ce point sera dans une partie de
la courbe concave à la fois vers l'axe des x et vers l'axe des y. Dans

cette partie, les différentielles dx et dy, rapportées à la courbe, sont de signe contraire; la somme des deux éléments précédents sera donc, en supposant dx positif,

$$-\tfrac{1}{2}\frac{\Pi(p\,dy - q\,dx)}{\sqrt{1 + p^2 + q^2}},$$

les différentielles dx et dy étant ici celles de la section.

Si les éléments $-\dfrac{\tfrac{1}{2}\Pi(q)\,dx}{\sqrt{1 + (p)^2 + (q)^2}}$ et $\dfrac{\tfrac{1}{2}\Pi\,p\,dy}{\sqrt{1 + p^2 + q^2}}$ appartiennent au même point, ils se rapporteront à la partie de la courbe convexe vers l'axe des x et concave vers l'axe des y, et alors dx et dy sont de même signe.

Enfin, si les éléments $-\dfrac{\tfrac{1}{2}\Pi(p)\,dy}{\sqrt{1 + (p)^2 + (q)^2}}$ et $\dfrac{\tfrac{1}{2}\Pi\,q\,dx}{\sqrt{1 + p^2 + q^2}}$ se rapportent au même point, ils appartiendront à la partie de la courbe qui est convexe vers l'axe des y et concave vers l'axe des x; alors dx et dy sont de même signe.

On voit ainsi qu'en exprimant généralement par $\dfrac{\tfrac{1}{2}\Pi\,p\,dy}{\sqrt{1 + p^2 + q^2}}$ et $\dfrac{\tfrac{1}{2}\Pi\,q\,dx}{\sqrt{1 + p^2 + q^2}}$ ces éléments, soit qu'ils se rapportent à l'origine ou à la fin des intégrales relatives à x et à y, ils ont un signe contraire dans les mêmes points de la courbe lorsque les différentielles dx et dy sont celles de la courbe elle-même; leur somme sera donc, en regardant toujours dx comme positif,

$$\pm\,\tfrac{1}{2}\frac{\Pi(p\,dy - q\,dx)}{\sqrt{1 + p^2 + q^2}},$$

le signe $+$ ayant lieu dans la partie de la courbe convexe vers l'axe des x et le signe $-$ ayant lieu dans la partie concave.

Maintenant il est facile de s'assurer, par la théorie des surfaces courbes, que, si l'on nomme ϖ l'angle que le plan tangent à la surface du fluide intérieur au tube forme avec les parois du tube, toujours supposé vertical, à l'extrémité de sa sphère d'activité sensible, on a

$$\cos\varpi = \pm\,\frac{p\,dy - q\,dx}{ds\,\sqrt{1 + p^2 + q^2}},$$

ds étant l'élément de la section; on a donc, en observant que l'angle ϖ est constant, comme je l'ai fait voir dans la théorie citée,

$$\pm \int \frac{p\,dy - q\,dx}{\sqrt{1+p^2+q^2}} = c\cos\varpi,$$

c étant le contour entier de la section; partant,

$$\tfrac{1}{2}\Pi \int\int dx\,dy\left(\frac{\partial \frac{p}{\sqrt{1+p^2+q^2}}}{\partial x} + \frac{\partial \frac{q}{\sqrt{1+p^2+q^2}}}{\partial y}\right) = \tfrac{1}{2}\Pi c\cos\varpi,$$

ce qui donne

$$(o) \qquad g\mathrm{DV} = \tfrac{1}{2}\Pi c\cos\varpi;$$

ainsi le volume de fluide élevé au-dessus du niveau par l'action capillaire est proportionnel au contour de la section de la surface intérieure du tube. On peut parvenir à cette équation remarquable en considérant sous le point de vue suivant les effets de l'action capillaire.

Nouvelle manière de considérer l'action capillaire.

La manière dont nous avons envisagé jusqu'à présent les phénomènes capillaires est fondée sur la considération de la surface du fluide renfermé dans un espace capillaire, et sur les conditions de l'équilibre de ce fluide dans un canal infiniment étroit, aboutissant par une de ses extrémités à cette surface et par l'autre extrémité à la surface du niveau du fluide indéfini dans lequel les parois de l'espace capillaire sont plongées. Nous allons ici considérer directement les forces qui soulèvent ou dépriment le fluide dans cet espace. Cette méthode va nous conduire à plusieurs résultats généraux qu'il serait difficile d'obtenir directement par la précédente, et le rapprochement de ces deux méthodes nous donnera le moyen de comparer exactement les affinités des différents corps avec les fluides.

Imaginons un tube quelconque prismatique, dont les côtés soient perpendiculaires à la base; supposons que par son extrémité inférieure

il plonge verticalement dans le fluide et que le fluide s'élève dans ce
tube au-dessus du niveau. Il est clair que cela n'a lieu que par l'action des parois du tube sur le fluide et du fluide sur lui-même : une
première lame du fluide, contiguë aux parois, est soulevée par cette
action ; cette lame en soulève une seconde, celle-ci une troisième et
ainsi de suite, jusqu'à ce que le poids du volume de fluide soulevé balance les forces attractives qui tendent à l'élever davantage. Pour déterminer ce volume dans l'état d'équilibre, concevons à l'extrémité du
tube un second tube idéal, dont les parois infiniment minces soient le
prolongement de la surface intérieure du premier tube et qui, n'ayant
aucune action sur le fluide, n'empêche point l'action réciproque des
molécules du premier tube et du fluide. Supposons que ce second tube
soit d'abord vertical, qu'ensuite il se recourbe horizontalement, et
qu'enfin il reprenne sa direction verticale en conservant dans toute son
étendue la même figure et la même largeur. Il est visible que, dans
l'état d'équilibre du fluide, la pression doit être la même dans les
deux branches verticales du canal composé du premier et du second
tube. Mais, comme il y a plus de fluide dans la première branche verticale formée du premier tube et d'une partie du second que dans l'autre
branche verticale, il faut que l'excès de pression qui en résulte soit
détruit par les attractions verticales du prisme et du fluide sur le fluide
contenu dans cette première branche. Analysons avec soin ces attractions diverses et considérons d'abord celles qui ont lieu vers la partie
inférieure du premier tube.

Le prisme étant supposé vertical et droit, sa base est horizontale. Le
fluide contenu dans le second tube est attiré verticalement vers le bas :
1ᵘ par lui-même ; 2º par le fluide environnant ce second tube. Mais ces
deux attractions sont détruites par les attractions semblables qu'éprouve
le fluide contenu dans la seconde branche verticale du canal, près de la
surface de niveau du fluide ; on peut donc en faire abstraction ici. Le
fluide de la première branche verticale du second tube est encore attiré
verticalement en haut par le fluide du premier tube. Mais cette attraction est détruite par l'attraction qu'il exerce sur ce dernier fluide ; on

peut donc encore ici faire abstraction de ces deux attractions réciproques. Enfin, le fluide du second tube est attiré verticalement en haut
par le premier tube, et il en résulte dans ce fluide une force verticale
que nous désignerons par Q et qui contribue à détruire l'excès de pression dû à l'élévation du fluide dans le premier tube.

Examinons présentement les forces dont le fluide du premier tube
est animé. Il éprouve dans sa partie inférieure les attractions suivantes :
1° Il est attiré par lui-même; mais les attractions réciproques d'un corps
ne lui impriment aucun mouvement s'il est solide, et l'on peut, sans
troubler l'équilibre, concevoir le fluide du premier tube consolidé.
2° Ce fluide est attiré par le fluide intérieur du second tube; mais on
vient de voir que les attractions réciproques de ces deux fluides se
détruisent et qu'il n'en faut point tenir compte. 3° Il est attiré par le
fluide extérieur qui environne le second tube, et de cette attraction il
résulte une force verticale dirigée vers le bas et que nous désignerons
par — Q'. Nous lui donnons le signe — pour indiquer que sa direction
est contraire à celle de la force Q. Nous observerons ici que, si les lois
d'attraction relatives à la distance sont les mêmes pour les molécules
du premier tube et pour celles du fluide, en sorte qu'elles ne diffèrent
que par leurs intensités, en nommant ρ et ρ' ces intensités à volume
égal, les forces Q et Q' sont proportionnelles à ρ et ρ'; car la surface
intérieure du fluide qui environne le second tube est la même que la
surface intérieure du premier tube. Les deux masses ne diffèrent donc
que par leurs épaisseurs; mais, l'attraction des masses devenant insensible à des distances sensibles, la différence de leurs épaisseurs n'en
produit aucune dans leurs attractions, pourvu que ces épaisseurs soient
sensibles. 4° Enfin, le fluide du premier tube est attiré verticalement
en haut par ce tube. En effet, concevons ce fluide partagé dans une
infinité de petites colonnes verticales; si par l'extrémité supérieure
d'une de ces colonnes on mène un plan horizontal, la partie du tube
inférieure à ce plan ne produira aucune force verticale dans la colonne;
il n'y aura donc de force verticale produite que celle qui sera due à la
partie du tube supérieure au plan, et il est visible que l'attraction

verticale de cette partie du tube sur la colonne sera la même que celle du tube entier sur une colonne égale et semblablement placée dans le second tube. La force verticale entière produite par l'attraction du premier tube sur le fluide qu'il renferme sera donc égale à celle que produit l'attraction de ce tube sur le fluide renfermé dans le second tube; cette force sera donc égale à Q.

En réunissant toutes les attractions verticales qu'éprouve le fluide renfermé dans la première branche verticale du canal, on aura une force verticale dirigée de bas en haut et égale à $2Q - Q'$. Cette force doit balancer l'excès de pression dû au poids du fluide élevé au-dessus du niveau. Soient, comme ci-dessus, V son volume, D sa densité et g la pesanteur; gDV sera son poids; on aura donc

$$g\,\mathrm{DV} = 2Q - Q'.$$

Maintenant, l'action n'étant sensible qu'à des distances imperceptibles, le premier tube n'agit sensiblement que sur des colonnes extrêmement voisines de ses parois; on peut donc faire abstraction de la courbure de ces parois et les considérer comme étant développées sur un plan. La force Q sera proportionnelle à la largeur de ce plan ou, ce qui revient au même, au contour de la base intérieure du prisme. Ainsi, en nommant c ce contour, on aura $Q = \rho c$, ρ étant une constante qui peut représenter l'intensité de l'attraction de la matière du premier tube sur le fluide, dans le cas où les attractions des différents corps sont exprimées par la même fonction de la distance, mais qui, dans tous les cas, exprime une quantité dépendante de l'attraction de la matière du tube et indépendante de sa figure et de sa grandeur. On aura pareillement $Q' = \rho' c$, ρ' exprimant, par rapport à l'attraction du fluide sur lui-même, ce que nous venons de désigner par ρ par rapport à l'attraction du tube sur le fluide; on aura donc

$$(p) \qquad\qquad g\,\mathrm{DV} = (2\rho - \rho')c,$$

ce qui devient l'équation (o) trouvée ci-dessus, en faisant

$$2\rho - \rho' = \tfrac{1}{2}\mathrm{H}\cos\varpi.$$

On a vu, dans le n° 12 de ma théorie sur l'action capillaire, que ϖ est nul lorsque $\rho = \rho'$; l'équation précédente donne, par conséquent,

$$\rho' = \tfrac{1}{2}\mathrm{H}.$$

Ainsi, dans le cas général où ρ diffère de ρ', on a

$$2\rho - \rho' = \rho'\cos\varpi,$$

partant

$$\rho = \rho'\cos^2\tfrac{1}{2}\varpi.$$

La connaissance de l'angle ϖ donnera donc celle du rapport de ρ à ρ', et réciproquement. On peut démontrer directement l'équation $\rho' = \tfrac{1}{2}\mathrm{H}$ de la manière suivante.

Imaginons un plan vertical d'une épaisseur sensible et dont la base inférieure soit horizontale. Concevons, à la distance a de ce plan, une ligne droite verticale infinie parallèle à ce plan, attirée par lui, et dont l'extrémité supérieure soit au niveau de la base inférieure du plan. Fixons à cette extrémité l'origine des coordonnées x, y, z d'un point quelconque du plan solide, l'axe des x étant sur la ligne a de la plus courte distance de l'extrémité de la droite au plan et l'axe des y étant horizontal comme l'axe des x. En désignant par z' l'abaissement au-dessous de l'origine des coordonnées d'un point quelconque de la ligne attirée, l'attraction verticale du plan solide sur ce point sera

$$\int\int\int dx\,dy\,dz\,\frac{z+z'}{s}\,\varphi(s),$$

$\varphi(s)$ étant la loi de l'attraction à la distance s, et s étant la distance d'un point attirant du plan au point attiré de la ligne, en sorte que l'on a

$$s^2 = x^2 + y^2 + (z+z')^2.$$

Pour avoir l'attraction verticale du plan solide sur la ligne entière, il faut multiplier la triple intégrale précédente par dz' et l'intégrer par rapport à z', depuis $z' = 0$ jusqu'à z' infini. En désignant donc, comme dans le n° 1 de ma théorie de l'action capillaire, par $c - \mathrm{H}(s)$ l'intégrale $\int ds\,\varphi(s)$ prise depuis $s = 0$, la constante c étant l'intégrale entière prise depuis s nul jusqu'à s infini; on aura

$$\int dz' \frac{z + z'}{|s|^5} \varphi(s) = \Pi(s),$$

s étant, dans le second membre de cette équation, ce que devient s à l'origine des coordonnées ou lorsque z' est nul. L'attraction du plan solide sur la ligne entière sera donc

$$\iiint dx\, dy\, dz\, \Pi(s).$$

Soient maintenant ϖ l'angle que s forme avec le plan horizontal mené par l'origine des coordonnées, et θ l'angle que la projection de s sur ce plan forme avec l'axe des y. On aura

$$x = s \sin\theta \cos\varpi, \quad y = s \cos\theta \cos\varpi.$$

On pourra, au lieu de l'élément $dx\, dy\, dz$, substituer l'élément $s^2 ds\, d\theta\, d\varpi \cos\varpi$; la triple intégrale précédente devient ainsi

$$\iiint s^2 ds\, d\theta\, d\varpi \cos\varpi\, \Pi(s).$$

Il est indifférent, par la nature de ce genre d'attractions, de supposer au plan une épaisseur finie ou infinie, dès lors que cette épaisseur est sensible; nous la supposerons donc infinie. Soit, comme dans le n° 1 de la théorie citée,

$$\int s\, ds\, \Pi(s) = c' - \Psi(s),$$

c' étant la valeur de l'intégrale lorsque s est infini; on aura

$$\int s^2 ds\, \Pi(s) = - s\, \Psi(s) + \int ds\, \Psi(s) + \text{const.}$$

Pour déterminer la constante, nous observerons que les deux intégrales de cette dernière équation sont prises depuis $s = s$ jusqu'à s infini; d'ailleurs, $s\,\Psi(s)$ devient nul lorsque s est infini, parce que l'attraction décroît avec une extrême rapidité; on a donc ici

$$\text{const.} = s\, \Psi(s),$$

et par conséquent

$$\int s^2 ds\, \Pi(s) = s\, \Psi(s) + \int ds\, \Psi(s).$$

Désignons encore $\int ds\, \Psi(s)$ par $c'' - \Gamma(s)$, l'intégrale étant prise ici depuis $s = 0$, et c'' étant sa valeur lorsque s est infini. Cette intégrale, prise depuis $s = s$ jusqu'à s infini, sera donc $\Gamma(s)$. On aura ainsi

$$\int s^2 \, ds \, \Pi(s) = s \, \Psi(s) + \Gamma(s).$$

La triple intégrale précédente se réduit donc à la double intégrale

$$\int\int d\theta \, d\varpi \cos\varpi [s \, \Psi(s) + \Gamma(s)].$$

Imaginons présentement une surface plane verticale infinie, passant par la ligne attirée et rencontrant perpendiculairement le plan solide attirant, et déterminons l'attraction verticale de ce plan sur cette surface. Il est clair qu'il faut multiplier la fonction précédente par da et l'intégrer par rapport à a, depuis $a = 0$ jusqu'à a infini; or on a

$$a = s \sin\theta \cos\varpi,$$

ce qui donne, en faisant θ et ϖ constants,

$$da = ds \sin\theta \cos\varpi.$$

La double intégrale précédente, multipliée par cette expression de da et ensuite intégrée par rapport à s, deviendra donc

$$\int\int\int ds \, d\theta \, d\varpi \sin\theta \cos^2\varpi [s \, \Psi(s) + \Gamma(s)].$$

L'intégrale devant être ici prise depuis $s = 0$ jusqu'à s infini, on a, dans ce cas,

$$\int s \, ds \, \Psi(s) = - s \, \Gamma(s) + \int ds \, \Gamma(s) = \int ds \, \Gamma(s),$$

parce que, s étant infini, $s \, \Gamma(s)$ est nul; on a, de plus, par le n° 1 de la théorie citée,

$$\int s \, ds \, \Psi(s) = \frac{\Pi}{2\pi}.$$

La triple intégrale précédente deviendra donc

$$\frac{\Pi}{\pi} \int\int d\varpi \, d\theta \sin\theta \cos^2\varpi.$$

L'intégrale relative à ϖ doit être prise depuis ϖ nul jusqu'à ϖ égal à un angle droit; l'intégrale relative à θ doit être prise depuis θ nul jusqu'à θ égal à deux angles droits, ce qui donne

$$\int\int d\theta\, d\varpi \, \sin\theta \cos^2\varpi = \frac{\pi}{2};$$

donc l'attraction entière verticale du plan solide sur la surface plane est égale à $\frac{1}{2}\Pi$. Cette attraction est ce que nous avons désigné ci-dessus par ρ, ou par ρ' si le plan est de la même nature que le fluide; on a donc

$$\rho' = \tfrac{1}{2}\Pi,$$

comme nous l'avons trouvé précédemment par la comparaison des résultats des deux méthodes. On voit clairement par l'une et l'autre, non-seulement l'identité des forces ρ et $\dfrac{\Pi}{2}$ dont dépendent les phénomènes capillaires, mais encore leur dérivation des forces attractives des molécules des corps qui produisent les affinités. Les forces capillaires ne sont que les modifications de ces forces attractives, dues à la courbure des surfaces fluides dans la première méthode et à la position des plans attirants dans la seconde méthode, au lieu que les affinités me paraissent être les forces attractives elles-mêmes, agissant avec toute leur énergie.

Reprenons maintenant l'équation (p) et observons que, dans un tube cylindrique dont le rayon intérieur est l, si l'on nomme q la hauteur moyenne à laquelle le fluide s'élève au-dessus du niveau, le volume du fluide élevé sera $\pi l^2 q$ et le contour c de la base sera $2\pi l$; l'équation (p) donnera donc, dans ce cas particulier,

$$2\rho - \rho' = \tfrac{1}{2}g\mathrm{D}lq.$$

Cette équation devient ainsi généralement

$$\mathrm{V} = \tfrac{1}{2}lqc,$$

d'où il suit que, de tous les tubes prismatiques qui ont même base intérieure, le cylindre creux est celui dans lequel le volume du fluide élevé est le plus petit possible, puisqu'il a le plus petit contour.

Soient b la base du tube prismatique et h la hauteur moyenne, au-

dessus du niveau, de tous les points de la surface du fluide intérieur;
on aura $V = hb$, partant

$$h = \frac{lqc}{2b}.$$

On doit observer que, dans le cas où le fluide s'abaisse au lieu de
s'élever, $2\rho - \rho'$, q, V et h sont négatifs.

Les formules précédentes subsistent généralement dans le cas même
où la courbure du contour de la base intérieure serait discontinue, ce
qui aurait lieu, par exemple, si ce contour était un polygone recti-
ligne; car elles ne peuvent alors être en erreur que vers les angles de
ces polygones et dans une étendue égale à la sphère d'activité sensible
des molécules du tube; mais, cette étendue étant supposée imperceptible, l'erreur totale doit être entièrement insensible. Nous pouvons
donc appliquer ces formules à des bases de figures quelconques.

Lorsque ces bases sont semblables, elles sont proportionnelles aux
carrés de leurs lignes homologues et leurs contours c sont proportionnels à ces lignes; les hauteurs moyennes h sont donc réciproques à ces
mêmes lignes.

Si les contours des bases sont des polygones circonscrits à des
cercles, elles seront égales au produit de ces contours par la moitié des
rayons des cercles inscrits; les hauteurs h seront donc réciproques à
ces rayons. Ainsi, en désignant ces rayons par r, on aura

$$h = \frac{lq}{r},$$

d'où il suit que, dans tous les tubes prismatiques droits dont les bases
sont des polygones circonscrits au même cercle, le fluide s'élève à la
même hauteur moyenne.

En supposant deux bases égales, dont l'une soit un carré et dont
l'autre soit un triangle équilatéral, les valeurs de h seront entre elles
comme $2 : 3^{\frac{3}{4}}$, ou à fort peu près comme $7 : 8$.

Gellert a fait quelques expériences sur l'élévation de l'eau dans des
tubes de verre prismatiques, rectangulaires et triangulaires (*Mémoires*

de l'Académie de Saint-Pétersbourg, t. XII). Elles confirment la loi suivant laquelle les hauteurs sont réciproques aux lignes homologues des bases semblables. Ce savant conclut encore de ses expériences que, dans des prismes rectangulaires et triangulaires dont les bases sont égales, les élévations du fluide sont les mêmes. Mais il convient que cela n'est pas aussi certain que la loi des hauteurs réciproques aux lignes homologues des bases semblables. En effet, on vient de voir qu'il y a un huitième de différence entre les élévations du fluide dans deux prismes rectangulaire et triangulaire dont les bases sont égales, et dont l'une est un carré et l'autre un triangle équilatéral. Les expériences rapportées par Gellert n'offrent point de données suffisantes pour en comparer exactement les résultats aux formules précédentes.

Si la base du prisme est un rectangle dont le grand côté soit a, et dont l'autre côté soit très-petit et égal à l, on aura $b = al$, $c = 2a + 2l$, partant

$$h = \frac{(2a+2l)lq}{2al} = \left(1+\frac{l}{a}\right)q.$$

Si a est très-grand par rapport à l, on aura $h = q$; or ce cas est à très-peu près celui de deux plans parallèles distants l'un de l'autre de la quantité l; la hauteur moyenne du fluide élevé entre ces plans est donc à fort peu près la même que dans un tube cylindrique dont le rayon est l, ce qui est conforme à ce que j'ai trouvé par l'autre méthode dans ma théorie de l'action capillaire.

La hauteur du point le plus bas de la surface du fluide élevé dans un tube capillaire cylindrique et vertical très-étroit n'est pas exactement réciproque au diamètre du tube. Si le fluide mouille parfaitement les parois du tube comme l'alcool et l'eau mouillent le verre, il faut, pour avoir une quantité réciproque au diamètre, ajouter le sixième du diamètre à cette hauteur. En effet, si l'on nomme q cette hauteur et l le demi-diamètre du tube, le volume de la colonne fluide élevée jusqu'au point le plus bas de sa surface sera $\pi l^2 q$. Pour avoir le volume entier de la colonne, il faut ajouter au volume précédent celui du ménisque que retranche du volume entier le plan horizontal mené par le point le plus bas de la surface; or cette surface est à fort peu près celle d'une demi-sphère, par le n° 12 de ma théorie de l'action capillaire; le volume du ménisque est donc $\frac{1}{3}\pi l^3$, et, par conséquent, le volume entier de la colonne est $\pi l^2(q + \frac{1}{3}l)$. Mais ce volume doit être, par ce qui précède, proportionnel au contour $2\pi l$ de la base; $l(q + \frac{1}{3}l)$ est donc une quantité constante dans les divers tubes capillaires; ainsi, pour avoir des quantités réciproques aux diamètres des tubes capillaires, il faut ajouter à la hauteur du point le plus bas de la surface fluide le tiers du rayon du tube ou le sixième du diamètre.

Imaginons présentement un tube de verre recourbé dont la plus courte branche soit capillaire et dont la plus longue branche soit très-large et forme un vase d'une grande capacité. En versant de l'alcool dans ce vase, ce fluide s'élèvera dans la branche capillaire au-dessus de son niveau dans le vase. En continuant de verser de l'alcool, il s'élèvera de plus en plus dans la branche capillaire; mais, dans l'état d'équilibre de ce fluide, la différence de son niveau dans les deux branches sera toujours la même, jusqu'à ce que le fluide soit parvenu à l'extrémité de la branche capillaire. Alors, si l'on continue de verser de l'alcool dans le vase, sa surface dans la branche capillaire devient de moins en moins concave, et, lorsque sa surface dans le vase est de niveau avec l'extrémité de la branche capillaire, sa surface dans cette branche est horizontale.

Nous avons observé dans la théorie de l'action capillaire que, si l'action du verre sur un fluide surpasse celle du fluide sur lui-même, une couche de ce fluide adhère aux parois du verre et forme avec ces parois un nouveau corps, dont l'action sur le fluide est la même que celle du fluide sur lui-même; on peut donc, relativement aux fluides qui mouillent exactement le verre, supposer que son action sur eux est égale à leur action sur eux-mêmes. Ainsi, dans le cas précédent, l'alcool est dans l'état où il serait dans la supposition où une masse indéfinie de ce fluide, en équilibre dans un vase, viendrait à se consolider en partie, de manière à former un tube capillaire communiquant avec le fluide non congelé. Il est visible que cette supposition ne change point l'équilibre et qu'ainsi la surface du fluide dans le tube capillaire reste horizontale comme auparavant. Il n'est donc pas exact de dire généralement que la surface d'un fluide coupe toujours sous le même angle les parois qui le renferment; cela n'est plus vrai lorsque le fluide est parvenu aux extrémités de ces parois: en effet, il est visible qu'alors l'action des parois sur le fluide n'est plus la même.

En continuant encore de verser de l'alcool dans le tube précédent, ce fluide forme à l'extrémité de la branche capillaire une goutte extérieure qui devient de plus en plus convexe, jusqu'à ce qu'elle soit une demi-sphère. A cette limite, le fluide est autant élevé dans le vase, au-dessus de l'extrémité de la branche capillaire, qu'il était abaissé au-dessous de son niveau dans cette branche lorsqu'il n'était point encore parvenu à cette extrémité; car la pression due à la convexité de la goutte dans le premier cas est égale à la succion due à la concavité de la surface dans le second cas. Enfin un peu d'alcool, ajouté à celui du vase, fait disparaître la goutte, qui, en s'allongeant, doit crever dans les points de sa surface où le rayon de courbure diminue par cet allongement.

Des résultats semblables ont lieu lorsque l'on tient une colonne d'alcool suspendue verticalement dans un tube capillaire de verre. Ce fluide forme à l'extrémité inférieure du tube une goutte qui devient de plus en plus convexe à mesure que l'on augmente la longueur de la colonne, et, lorsque cette goutte est une demi-sphère, la longueur de la colonne est égale au double de l'élévation du fluide dans ce tube lorsqu'il plonge par son extrémité dans un vase rempli du même fluide. Si l'on augmente la longueur de la colonne, la goutte crève et se répand sur la base inférieure du tube, où elle forme une nouvelle goutte qui devient de plus en plus convexe, jusqu'à ce qu'elle forme une demi-sphère dont le diamètre est le diamètre extérieur du tube. Alors, si la colonne est en équilibre, sa longueur est égale à la somme des élévations du fluide dans deux nouveaux tubes de verre plongeant dans un vase par leur extrémité inférieure, et dont les diamètres intérieurs seraient, l'un le diamètre intérieur du premier tube et l'autre son diamètre extérieur. Enfin, par une plus grande longueur dans la colonne, le liquide se détache en partie du tube. Tous ces résultats de la théorie ont été confirmés par l'expérience.

Considérons maintenant un vase indéfini rempli d'un nombre quelconque de fluides placés horizontalement les uns au-dessus des autres. *Si l'on y plonge verticalement l'extrémité inférieure d'un tube prismatique droit, l'excès du poids des fluides contenus dans le tube sur le poids des fluides qu'il eût renfermés sans l'action capillaire est le même que le poids du fluide qui s'élèverait au-dessus du niveau dans le cas où il n'y aurait dans le vase que le fluide dans lequel plonge l'extrémité inférieure du tube.* En effet, l'action du prisme et de ce fluide sur le même fluide renfermé dans le tube est évidemment la même que dans ce dernier cas. Les autres fluides contenus dans le prisme étant élevés sensiblement au-dessus de sa base inférieure, l'action du prisme sur chacun d'eux ne peut ni les élever ni les abaisser. Quant à l'action réciproque de ces fluides les uns sur les autres, elle se détruirait évidemment s'ils formaient ensemble une masse solide, ce que l'on peut supposer sans troubler l'équilibre.

Il suit de là que, si l'on plonge par son extrémité inférieure un tube prismatique dans un fluide et qu'ensuite on verse dans ce tube un autre fluide qui reste au-dessus du premier, le poids des deux fluides contenus dans le tube sera le même que celui du fluide qu'il renfermait auparavant. Il est visible, par la première méthode, que la surface du fluide supérieur sera la même que dans le cas où l'extrémité inférieure du tube plongerait dans ce fluide. Aux points de contact des deux fluides, ils auront une surface commune; mais cette surface sera différente de celles qu'auraient séparément les deux fluides, et il est intéressant d'en déterminer la nature.

Pour cela, concevons que la surface intérieure du prisme soit celle d'un cylindre droit, vertical et très-étroit. Dans ce cas, il est facile de voir, par ce qui a été dit dans la théorie de l'action capillaire, que la surface commune des deux fluides et celles qu'ils auraient séparément dans ce tube seront des surfaces sphériques de rayons différents. Nommons, pour le fluide supérieur, ϖ l'angle que sa surface forme avec la surface inférieure du tube et ϖ' le même angle pour le fluide inférieur, s'il était seul. Nommons encore θ l'angle que la surface commune des deux fluides forme avec la surface inférieure du tube. On doit observer que ces angles ne sont pas ceux que ces diverses surfaces forment aux points de leur contact avec le tube; ce sont les angles formés par les plans tangents de ces surfaces à la limite de la sphère d'activité sensible du tube, comme nous l'avons dit plusieurs fois. Nommons K et H pour le fluide supérieur ce que nous avons désigné par ces lettres dans le n° 1 de la théorie citée. Nommons K′ et H′ les mêmes quantités pour le fluide inférieur. Désignons encore par K_1 et H_1 ce que deviennent K et H lorsque, au lieu de considérer l'action du fluide supérieur sur lui-même, on considère l'action de ce fluide sur le fluide inférieur. L'action étant toujours égale à la réaction, K_1 et H_1 seront encore ce que deviennent K′ et H′ lorsque l'on considère l'action du fluide inférieur sur le fluide supérieur. Cela posé, imaginons un canal infiniment étroit passant par l'axe du tube et se recourbant au-dessous pour aboutir à la surface de niveau du fluide du vase. Le fluide supérieur renfermé dans ce canal sera sollicité vers le bas à sa surface supérieure par la force $K - \dfrac{H\cos\varpi}{l}$, l étant le rayon du creux du tube (théorie citée, nᵒˢ 1 et 2).

A la surface commune, le fluide du canal sera sollicité vers le haut par la force $K + \dfrac{H\cos\theta}{l}$, en vertu de l'action sur lui-même du fluide supérieur du tube; il sera sollicité vers le bas par la force $K_1 + \dfrac{H_1\cos\theta}{l}$, en vertu de l'action du fluide inférieur du tube; le fluide supérieur du canal sera donc sollicité vers le bas par la force

$$K_1 + \frac{(H_1 - H)\cos\theta}{l} - \frac{H\cos\varpi}{l}.$$

Le fluide inférieur du canal sera sollicité vers le bas, en vertu de l'action du fluide inférieur du tube, par une force égale à $K' - \dfrac{H'\cos\theta}{l}$, et, par l'action du fluide supérieur du tube, il sera sollicité vers le haut par la force $K_1 - \dfrac{\Pi_1 \cos\theta}{l}$; il sera donc sollicité vers le bas par la force

$$K' - K_1 + \frac{(\Pi_1 - \Pi')\cos\theta}{l}.$$

Ainsi la force totale des fluides du canal, due à l'action réciproque des fluides du tube, sera, vers le bas,

$$K' + \frac{(2\Pi_1 - \Pi - \Pi')\cos\theta}{l} - \frac{\Pi \cos\varpi}{l}.$$

Si le fluide inférieur existait seul, cette force serait

$$K' - \frac{\Pi' \cos\varpi'}{l};$$

le poids des fluides contenus dans le canal devant donc être le même dans ces deux cas, comme on vient de le voir, ces deux forces doivent être égales; on a par conséquent

$$\frac{\Pi \cos\varpi}{l} - (2\Pi_1 - \Pi - \Pi')\frac{\cos\theta}{l} = \frac{\Pi' \cos\varpi'}{l},$$

ce qui donne

$$\cos\theta = \frac{\Pi' \cos\varpi' - \Pi \cos\varpi}{\Pi + \Pi' - 2\Pi_1}.$$

On peut éliminer de cette expression de $\cos\theta$ les angles ϖ et ϖ' au moyen des équations suivantes, qu'il est facile de conclure de ce qui précède :

$$2\overline{\Pi} - \Pi = \Pi \cos\varpi,$$

$$2\overline{\Pi}' - \Pi' = \Pi' \cos\varpi',$$

$\overline{\Pi}$ étant ce que devient Π lorsque l'on considère l'action du fluide supérieur sur la matière du tube, et $\overline{\Pi}'$ étant ce que devient Π' lorsque l'on considère l'action du fluide inférieur sur la même matière. On aura ainsi

$$\cos\theta = \frac{2\overline{\Pi}' - 2\overline{\Pi} + \Pi - \Pi'}{\Pi + \Pi' - 2\Pi_1}.$$

L'angle θ étant supposé connu, on aura facilement, par l'analyse de la théorie de l'action capillaire, l'équation différentielle de la surface commune des deux fluides, quelle que soit la largeur du tube et sa figure. On doit observer que cet angle est celui que les plans tangents à cette surface, aux limites de la sphère d'activité sensible des parois du tube, forment avec ces parois.

Les formules précédentes supposent que les fluides ne mouillent pas parfaitement les parois du tube. Nous avons observé, dans le n° 12 de la théorie de l'action capillaire, que, si l'action du tube sur le fluide surpasse celle du fluide sur lui-même, alors une lame extrêmement mince du fluide tapisse les parois du tube et forme un nouveau tube dans lequel les fluides s'élèvent ou s'abaissent ; ainsi, dans le cas où le tube contient plusieurs fluides qui le mouillent exactement, ils forment dans son intérieur une suite de tubes différents, auxquels on ne peut, par conséquent, appliquer les formules précédentes. Ne considérons ici que deux fluides, l'eau et le mercure ; et supposons que le tube soit de verre et que, ayant été fort humecté, ses parois soient tapissées d'une lame d'eau très-mince adhérente au verre. Dans ce cas, on pourra considérer le tube comme étant aqueux, et l'on aura

$$\Pi_1 = \overline{\Pi'}, \quad \overline{\overline{\Pi}} = \Pi ;$$

on aura donc $\cos\theta = -1$, et par conséquent $\theta = \pi$. La surface du mercure est donc alors convexe et à très-peu près celle d'une demi-sphère, si le tube est fort étroit. On peut d'ailleurs s'en assurer en appliquant à ce cas le raisonnement par lequel j'ai prouvé, dans le n° 12 de ma théorie de l'action capillaire, que la surface du liquide, dans un tube très-étroit dont l'action est insensible, est convexe et celle d'une demi-sphère.

La dépression du mercure est, par ce qui précède, $\dfrac{-\Pi' \cos\varpi'}{g\ell}$ ou $\dfrac{\Pi' - 2\Pi_1}{g\ell}$, en n'ayant point égard à la petite colonne d'eau qui pèse sur le sommet de sa surface. b étant la hauteur de cette colonne et D exprimant la densité du mercure, celle de l'eau étant prise pour unité, il est visible que la dépression du mercure sera

$$\frac{H' - 2H_{,}}{g\ell} + \frac{b}{D}.$$

Maintenant, si l'on conçoit le même tube humecté par de l'alcool, en nommant 'H l'action de l'alcool sur le mercure, 'b la hauteur de la colonne d'alcool qui s'élève au-dessus de sa surface et 'D le rapport de la pesanteur spécifique du mercure à celle de l'alcool, la dépression du mercure devient alors

$$\frac{H' - 2'H}{g\ell} + \frac{'b}{'D}.$$

L'action de l'eau sur elle-même étant beaucoup plus grande que celle de l'alcool sur lui-même, comme on le verra bientôt, il est très-vraisemblable que l'action de l'eau sur le mercure surpasse celle de l'alcool sur le même liquide, en sorte que 'H est moindre que $H_{,}$; cette différence doit donc être sensible par l'expérience.

M. Gay-Lussac a bien voulu la déterminer. Après avoir fort humecté un tube de verre dont le diamètre intérieur, mesuré avec une grande précision au moyen du poids d'une colonne de mercure qui remplissait le tube, était égal à $1^{mm},2941$, il a plongé dans un vase plein de mercure l'extrémité inférieure de ce tube. Il a trouvé, par un milieu entre dix expériences qui différaient peu entre elles, la dépression du mercure égale à $7^{mm},4148$. Le mercure, en s'insinuant dans le tube, avait élevé au-dessus de sa surface une partie de l'eau qui s'était attachée aux parois du tube en l'humectant, et la longueur de la colonne d'eau formée de cette manière était de $7^{mm},730$. La température était de $17°,5$ pendant les expériences. La dépression du mercure, diminuée du poids de cette colonne d'eau, est donc égale à $6^{mm},8464$; c'est, relativement à ce liquide, la valeur de

$$\frac{H' - 2H_{,}}{g\ell}.$$

En humectant le même tube avec de l'alcool dont la pesanteur spécifique, comparée à celle de l'eau, était $0,81971$, M. Gay-Lussac a trouvé, par un milieu entre dix expériences très-peu différentes entre elles, la dépression du mercure égale à 8^{mm},0261, et la longueur de la colonne d'alcool qui pesait au-dessus du mercure, égale à 7^{mm},4735. La température était encore 17°,5 pendant ces expériences. De là on conclut

$$\frac{H' - 2'H}{gl} = 7^{mm},5757.$$

Cette valeur est donc, comme on l'avait prévu, sensiblement plus grande que celle de $\frac{H' - 2H_l}{gl}$.

M. Gay-Lussac a de plus observé la flèche de la convexité du mercure dans le tube précédent, et il l'a trouvée la même que celle de la concavité de la surface supérieure des colonnes d'eau et d'alcool; toutes ces surfaces sont donc égales entre elles et à celle d'une demi-sphère dont le diamètre est celui du tube, conformément à la théorie précédente.

Un vase indéfini étant supposé ne renfermer que deux fluides, concevons que l'on y plonge entièrement un prisme droit vertical, de manière qu'il plonge dans l'un par sa partie supérieure et dans l'autre par sa partie inférieure; le poids du fluide inférieur élevé dans le prisme par l'action capillaire au-dessus de son niveau dans le vase sera égal au poids d'un pareil volume du fluide supérieur, plus au poids du fluide inférieur qui s'élèverait dans le prisme au-dessus du niveau, s'il n'y avait que ce fluide dans le vase, moins au poids du fluide supérieur qui s'élèverait dans le même prisme au-dessus du niveau si, ce fluide existant seul dans le vase, le prisme trempait dans ce fluide par son extrémité inférieure.

Pour le démontrer, on observera que l'action du prisme et du fluide inférieur sur la partie du fluide inférieur qu'il contient est la même que si ce fluide existait seul dans le vase; ce fluide est donc, dans ces deux cas, sollicité verticalement vers le haut de la même manière, et il est évident que les forces qui le sollicitent dans le dernier cas équivalent au poids du volume de ce fluide qui s'élèverait alors au-dessus du niveau. Pareillement, le fluide supérieur contenu dans la partie supérieure du prisme est sollicité verticalement vers le bas par l'action

du prisme et du fluide qui environne cette partie, comme il serait sollicité vers le haut par les mêmes actions si, le vase ne renfermant que
le fluide supérieur, le prisme trempait dans ce fluide par son extrémité
inférieure, et dans ce cas la réunion des actions équivaut au poids du
fluide supérieur qui s'élèverait dans le prisme au-dessus de son niveau
dans le vase. Enfin, la colonne des fluides intérieurs au prisme, qui
est au-dessus du niveau du fluide inférieur dans le vase, est sollicitée
verticalement vers le bas par son propre poids et vers le haut par le
poids d'une colonne égale du fluide supérieur. En réunissant toutes
ces forces, qui doivent se faire équilibre, on aura le théorème que nous
venons d'énoncer. On déterminera par les mêmes principes ce qui doit
avoir lieu lorsqu'un prisme creux est entièrement plongé dans un vase
rempli d'un nombre quelconque de fluides.

Nous avons supposé, dans tout ce qui précède, la base inférieure du
prisme horizontale. Mais, quelles que soient son inclinaison et la
figure de l'extrémité inférieure du tube dans le sens vertical, l'attraction
verticale du tube et celle du fluide extérieur sur le fluide qu'il renferme
seront les mêmes que si la base était horizontale, et, par conséquent,
le volume du fluide élevé au-dessus du niveau sera le même dans ces
deux cas. Pour le faire voir, imaginons, comme ci-dessus, la surface
intérieure du tube prismatique prolongée dans le fluide, de manière à
former un tube additionnel dont les parois infiniment minces n'altèrent
point l'action du fluide environnant sur le fluide du tube. Il est clair
que, si l'on décompose le premier tube en colonnes verticales infiniment petites, l'action de chacune de ces colonnes pour élever le fluide
intérieur aux deux prismes sera la même que si la base était horizontale; la somme de ces actions sera donc encore égale à $2pc$.

*Si le prisme qui par sa partie inférieure trempe dans le fluide d'un
vase indéfini est oblique à l'horizon, le volume du fluide élevé dans le
prisme au-dessus du niveau du fluide du vase, multiplié par le sinus de
l'inclinaison des côtés du prisme à l'horizon, est constamment le même,
quelle que soit cette inclinaison.*

En effet, ce produit exprime le poids du volume du fluide élevé au-dessus du niveau et décomposé parallèlement aux côtés du prisme. Ce poids ainsi décomposé doit balancer l'action du prisme et du fluide extérieur sur le fluide qu'il renferme, action qui est évidemment la même quelle que soit l'inclinaison du prisme; la hauteur verticale moyenne au-dessus du niveau est donc constamment la même.

Si l'on place verticalement un prisme dans un autre prisme creux et vertical, de la même matière, et que l'on plonge dans un fluide leurs extrémités inférieures, en nommant V *le volume du fluide élevé au-dessus du niveau dans l'espace compris entre ces deux prismes, on aura*

$$V = \frac{2\lambda - \lambda'}{gD}(c + c') = \frac{lq}{2}(c + c'),$$

c *étant le contour de la base intérieure du plus grand prisme et* c' *étant le contour de la base extérieure du plus petit.*

Ce théorème est facile à démontrer au moyen des principes exposés ci-dessus. Si les bases des deux prismes sont des polygones semblables, dont les côtés homologues soient parallèles et placés à la même distance, en nommant l cette distance, la base de l'espace que les deux prismes laissent entre eux sera $\frac{l(c + c')}{2}$; ainsi, h étant la hauteur moyenne du fluide soulevé, on aura

$$V = \frac{hl(c + c')}{2},$$

et par conséquent

$$h = q,$$

c'est-à-dire que la hauteur moyenne du fluide élevé est la même que celle du fluide élevé dans un tube cylindrique dont le rayon est égal à l'intervalle des deux prismes. En supposant que les prismes sont des cylindres, on aura le théorème du n° 7 de la Théorie sur l'action capillaire. On peut déterminer encore par les mêmes principes ce qui doit avoir lieu dans le cas où les prismes sont plongés, en tout ou en partie, dans un vase rempli d'un nombre quelconque de fluides, en supposant même ces primes inclinés à l'horizon.

*Les mêmes choses étant posées que dans le théorème précédent, si les
deux prismes sont de différentes matières, en nommant ρ pour le plus
grand et ρ_1 pour le plus petit ce que nous avons désigné précédemment
par ρ, on aura*

$$V = \frac{2\rho - \rho'}{gD}\,c + \frac{2\rho_1 - \rho'}{gD}\,c',$$

*en sorte que, si l'on nomme q et q_1 les élévations du fluide dans deux
tubes cylindriques très-étroits, du même rayon intérieur l, formés respectivement de ces matières, on aura*

$$V = \tfrac{1}{2}l\,(qc + q_1c'),$$

et par conséquent

$$h = \frac{qc + q_1c'}{c + c'}.$$

Ce théorème se démontre encore facilement par les principes précédents. On doit observer de faire q et q_1 négatifs si les matières auxquelles ils se rapportent dépriment le fluide au lieu de l'élever. On
obtiendra par les mêmes principes le volume du fluide élevé au-dessus
du niveau dans un espace renfermé par un nombre quelconque de
plans verticaux de différentes matières.

Il résulte du théorème précédent que le volume V du fluide élevé par
l'action capillaire, à l'extérieur d'un prisme plein, plongeant dans un
fluide par son extrémité inférieure, est

$$V = \frac{2\rho - \rho'}{gD}\,c = \tfrac{1}{2}lqc,$$

c étant le contour horizontal du prisme. Ce volume exprime l'augmentation du poids du prisme due à l'action capillaire. *En général, l'augmentation du poids d'un corps de figure quelconque, due à cette action,
est égale au poids du volume de fluide qu'il élève par cette action au-dessus du niveau, et, si le fluide est déprimé au-dessous, l'augmentation se
change en diminution de poids et la diminution entière du poids du*

corps est égale au poids d'un volume de fluide pareil à celui que le corps déplace, soit par l'espace qu'il occupe au-dessous du niveau, soit par l'espace qu'il laisse vide en écartant le fluide par l'action capillaire.

Ce principe embrasse le principe connu d'Hydrostatique sur la diminution du poids d'un corps plongeant dans un fluide; il suffit d'en supprimer ce qui est relatif à l'action capillaire, qui disparaît totalement lorsque le corps est entièrement plongé dans le fluide au-dessous du niveau.

Pour démontrer le principe que nous venons d'énoncer, considérons un canal vertical assez large pour embrasser le corps et tout le volume sensible de fluide qu'il soulève ou de l'espace qu'il laisse vide par l'action capillaire. Concevons que ce canal, après avoir pénétré dans le fluide, se recourbe horizontalement, et qu'ensuite il se relève verticalement, en conservant dans toute son étendue la même largeur. Il est clair que, dans l'état d'équilibre, les poids contenus dans les deux branches verticales de ce canal doivent être égaux; il faut donc que le corps par son poids compense le vide qu'il produit par l'action capillaire, ou, s'il soulève par cette action le fluide, il faut que, par sa légèreté spécifique, il compense le poids du fluide élevé. Dans le premier cas, cette action soulève le corps, qui peut être par là maintenu à la surface, quoique plus pesant spécifiquement que le fluide. Dans le second cas, elle tend à faire plonger le corps dans le fluide.

Considérons un prisme solide rectangle très-étroit, dont l soit la largeur, h la hauteur et a la longueur. Imaginons qu'il soit placé horizontalement sur un fluide, de manière que son plus grand côté a soit horizontal et supposons qu'il déprime autour de lui le fluide, que q soit la dépression moyenne au-dessous du niveau dans un tube cylindrique de la matière du prisme et dont le rayon est l. Nommons iD la densité du prisme, celle du fluide étant D, et désignons par x la profondeur dont il s'abaisse au-dessous du niveau. On aura, par les théorèmes précédents, dans l'état d'équilibre,

$$g\mathrm{D}alx + g\mathrm{D}lq(a+l) = ig\mathrm{D}ahl,$$

ce qui donne

$$x = ih - q\left(1 + \frac{l}{a}\right).$$

En supposant donc h moindre que $\dfrac{q\left(1 + \frac{l}{a}\right)}{i - 1}$, le prisme ne plongera point en entier dans le fluide, quoique i surpasse l'unité, c'est-à-dire quoique le prisme soit plus dense que le fluide. C'est ainsi qu'un cylindre d'acier, très-délié, dont le contact avec l'eau est empêché soit par un vernis, soit par une petite couche d'air qui l'enveloppe, est soutenu à la surface de ce fluide. Si l'on place ainsi horizontalement sur l'eau deux cylindres égaux et parallèles qui se touchent de manière qu'ils se dépassent mutuellement, on observe qu'à l'instant ils glissent l'un sur l'autre pour se mettre de niveau par leurs extrémités. Le fluide étant plus déprimé par l'action capillaire à l'extrémité de chacun d'eux qui est en contact avec l'autre cylindre qu'à l'extrémité opposée, la base de cette dernière extrémité est plus pressée que l'autre base; chaque cylindre tend en conséquence à se réunir de plus en plus avec l'autre, et, comme les forces accélératrices portent toujours un système de corps dérangé de l'état d'équilibre au delà de cette situation, les deux cylindres doivent se dépasser alternativement en faisant des oscillations, qui, diminuant sans cesse par les résistances qu'elles éprouvent, finissent par être anéanties. Ces cylindres, alors parvenus à l'état d'équilibre, sont de niveau par leurs extrémités.

On voit, par ce qui précède, que la manière dont nous venons d'envisager l'action capillaire conduit fort simplement aux principaux résultats de ma Théorie sur cet objet. Mais la méthode exposée dans cette Théorie a des avantages qui lui sont propres. Elle fait connaître la nature de la surface des fluides renfermés dans les espaces capillaires et montre avec évidence que, dans des tubes cylindriques très-étroits, cette surface est à très-peu près sphérique, et qu'ainsi les hauteurs de ses divers points au-dessus du niveau sont très-peu différentes. On peut encore en conclure que, dans divers tubes de la même matière, plongeant par leurs extrémités inférieures dans le même fluide, si leur figure dans la partie où le fluide s'élève est la même, le fluide s'élèvera dans tous à la même hauteur, quelle que soit d'ailleurs la figure des autres parties. Cela résulte évidemment de l'équilibre du fluide dans un canal infiniment étroit passant par l'axe de chaque tube, au-dessous duquel il se recourbe, pour aboutir à la surface de niveau du fluide. Car il est clair que, si la figure des tubes est la même dans les parties où le fluide s'y élève, la surface du fluide y sera la même, et, par conséquent aussi, l'action du fluide du tube sur celui du canal sera la même dans ces tubes; l'un des canaux étant supposé en équilibre, les autres le seront donc pareillement.

Nous observerons ici qu'il peut y avoir plusieurs états d'équilibre dans un même tube si sa largeur n'est pas uniforme. Ainsi, en supposant deux tubes capillaires communiquant entre eux, et dont le plus petit soit placé verticalement au-dessus du plus grand, on peut concevoir leurs diamètres et leurs longueurs tels que le fluide soit d'abord en équilibre au-dessus du niveau dans le plus grand, et que, en versant ensuite du même fluide jusqu'à ce qu'il atteigne le plus petit tube et en remplisse une partie, le fluide s'y maintienne encore en équilibre. Lorsque la figure d'un tube capillaire diminue par nuances insensibles, les divers états d'équilibre sont alternativement stables et non stables. D'abord, le fluide tend à s'élever dans le tube, et cette tendance, en diminuant, devient nulle dans l'état d'équilibre; au delà, elle devient négative et, par conséquent, le fluide tend à s'abaisser; ainsi ce premier équilibre est stable, puisque le fluide, étant un peu écarté de cet état, tend à y revenir. En continuant d'élever le fluide, sa tendance à s'abaisser diminue et redevient nulle dans le second état d'équilibre; au delà, elle devient positive et le fluide tend à s'élever, et, par conséquent, à s'éloigner de cet état, qui n'est point stable. En continuant ainsi, on voit que le troisième état sera stable, le quatrième non stable, et ainsi de suite.

Enfin, la comparaison des deux méthodes nous a fait connaître le rapport des quantités ρ et ρ', ou, ce qui revient au même, des quantités $\frac{H}{2}$ et $\frac{H'}{2}$, au moyen de l'angle ϖ que forment avec les parois du tube les plans tangents à la surface du fluide intérieur, aux limites de la sphère d'activité sensible du tube. Ces quantités représentent les forces dont dépendent les phénomènes capillaires; elles dérivent des forces attractives des molécules des corps, dont elles ne sont que des modifications; mais elles sont incomparablement plus petites que ces forces attractives, qui, lorsqu'elles agissent avec toute leur énergie, sont les affinités chimiques elles-mêmes. Si la loi d'attraction relative à la distance était la même pour les différents corps, les valeurs de ρ et de ρ' seraient, comme nous l'avons déjà observé, proportionnelles aux intensités respectives de leurs attractions, c'est-à-dire aux coefficients constants qui multiplieraient la fonction commune de la distance par laquelle la loi de ces attractions serait représentée. Les valeurs de ρ et de ρ' se rapportent alors à des volumes égaux, et non à des masses égales. Pour le faire voir, concevons deux tubes capillaires de même diamètre et de substance différente, mais dans lesquels un fluide s'élève à la même hauteur. Il est clair, par ce qui précède, que si l'on prend dans ces tubes deux volumes égaux et infiniment petits, semblablement placés relativement au fluide intérieur, leur action sur ce fluide sera la même et l'on pourra substituer l'un à l'autre; il faut donc, pour avoir les rapports de leurs attractions à égalité de masses, diviser les valeurs de ρ par les densités respectives des différents corps.

Il suit de là que les valeurs de ρ, de ρ' et de ϖ doivent varier avec la température. Considérons, par exemple, un fluide qui mouille exactement le verre, tel que l'alcool, et concevons un tube de verre capillaire, plongeant par son extrémité inférieure dans l'alcool; supposons qu'à zéro de température ce fluide s'y élève, au-dessus du niveau, de la hauteur q. Concevons ensuite que, la température croissant, la densité du fluide diminue dans le rapport de $1 - \alpha$ à l'unité; si l'on imagine, comme dans le n° 1 de la Théorie citée, un canal infiniment étroit passant par l'axe du tube, l'action du ménisque fluide formé par un plan horizontal mené par le point le plus bas de la surface fluide dans

le tube sera diminuée par les deux causes suivantes : 1° sa densité
devenant moindre, son attraction sera plus petite dans le même rapport ; car il est naturel de penser que ce genre d'attractions suit la raison de la densité pour la même substance, et cela se vérifie à l'égard
de l'action des gaz sur la lumière, action qui, comme on l'a reconnu
par des expériences très-exactes, est pour le même gaz proportionnelle
à sa densité ; 2° l'action du ménisque fluide sur le canal diminue
encore évidemment avec la densité du fluide du canal. Par ces deux
causes réunies, la valeur de H est diminuée en raison du carré de la
densité du fluide, et, par conséquent, dans le rapport de $(1 - x)^2$ à
l'unité. Mais la valeur de H, divisée par le rayon l du tube, qui exprime
l'action du ménisque sur le canal, doit balancer le poids du fluide
élevé dans ce canal, et ce poids est égal au produit de l'élévation du
fluide par sa densité et par la pesanteur. En représentant donc par q'
cette élévation et par l'unité la densité du fluide à zéro de température,
et nommant g la pesanteur, on aura les deux équations

$$\frac{H}{l} = gq,$$

$$\frac{H}{l}(1 - x)^2 = gq'(1 - x),$$

d'où l'on tire

$$q' = q(1 - x).$$

Ainsi l'élévation du fluide dans un même tube à diverses températures
est en raison de sa densité. Nous faisons abstraction ici de la dilatation du tube, qui, en augmentant son diamètre intérieur, diminue son
élévation. En y ayant égard, on aura ce théorème, qui doit avoir lieu
relativement aux liquides qui, tels que l'alcool, paraissent jouir d'une
parfaite fluidité : *L'élévation d'un fluide qui mouille exactement les parois
d'un tube capillaire est, à diverses températures, en raison directe de la
densité du fluide et en raison inverse du diamètre intérieur du tube.*

De l'attraction et de la répulsion apparente des petits corps
qui nagent à la surface des fluides.

J'ai soumis à l'analyse, dans le n° 11 de ma Théorie de l'action capillaire, l'attraction mutuelle apparente de deux plans homogènes verticaux et parallèles d'une épaisseur sensible, et plongeant par leurs extrémités inférieures dans un fluide. J'ai fait voir que l'action capillaire tend toujours à les rapprocher, soit que le fluide s'élève, soit qu'il s'abaisse entre eux. Chaque plan éprouve alors, l'un vers l'autre, une pression égale au poids d'un prisme du même fluide, dont la hauteur serait la demi-somme des élévations au-dessus du niveau, ou des abaissements au-dessous, des points extrèmes de contact des surfaces intérieure et extérieure du fluide avec le plan, et dont la base serait la partie du plan comprise entre les deux lignes horizontales menées par ces points. Ce théorème renferme la vraie cause de l'attraction apparente des corps qui nagent sur un fluide, lorsqu'il s'élève ou s'abaisse près d'eux. Mais l'expérience fait connaitre que les deux corps se repoussent lorsque le fluide s'élève près de l'un d'eux, tandis qu'il s'abaisse près de l'autre. Pour rendre raison de ce phénomène, je vais considérer ici généralement la répulsion apparente de deux plans verticaux et parallèles de matières différentes, et plongeant par leurs extrémités inférieures dans un même fluide.

Supposons que le fluide s'abaisse près du premier plan et qu'il s'élève près du second; la section de la surface du fluide compris entre eux aura d'abord un point d'inflexion si les deux plans sont fort distants l'un de l'autre; ce point est au niveau de la surface du fluide indéfini dans lequel on suppose que les plans trempent, car, si l'on conçoit un canal infiniment étroit passant par ce point et se recourbant ensuite au-dessous de l'un des plans pour aboutir loin d'eux à la surface du fluide extérieur, les rayons de courbure de la surface fluide étant infinis aux deux extrémités de ce canal, il doit être de niveau dans ses deux branches. Cela posé, nommons z l'élévation au-dessus du niveau d'un point quelconque de la section de la surface du fluide intérieur et y la distance horizontale de ce point au premier plan, z étant négatif pour les points au-dessous du niveau. On aura, par le n° 4 de ma Théorie de l'action capillaire,

$$\frac{\dfrac{d^2 z}{dy^2}}{\left(1 + \dfrac{dz^2}{dy^2}\right)^{\frac{3}{2}}} = 2\alpha z.$$

Cette équation, multipliée par dz et intégrée, donne

$$\frac{1}{\sqrt{1 + \dfrac{dz^2}{dy^2}}} = \text{const.} - \alpha z^2.$$

Pour déterminer la constante, nommons ϖ l'angle aigu que forme avec un plan vertical la tangente à un point de la section placé à la limite de la sphère d'activité sensible du premier plan. On aura

$$\frac{1}{\sqrt{1 + \dfrac{dz^2}{dy^2}}} = \sin\varpi.$$

Soit q la dépression de ce point au-dessous du niveau; on aura, à ce point, αz^2 égal à αq^2; donc

$$\text{const.} = \sin\varpi + \alpha q^2,$$

et, par conséquent,

$$\frac{1}{\sqrt{1 + \dfrac{dz^2}{dy^2}}} = \sin\varpi + \alpha q^2 - \alpha z^2.$$

Soit

$$Z = \sin\varpi + \alpha q^2 - \alpha z^2;$$

on aura

$$(i) \qquad dy = \frac{Z\,dz}{\sqrt{1 - Z^2}}.$$

Soit ϖ' l'angle aigu que forme avec un plan vertical la tangente à un point de la section placé à la limite de la sphère d'activité sensible du second plan; on aura, à ce point,

$$\frac{1}{\sqrt{1 + \dfrac{dz^2}{dy^2}}} = \sin\varpi'.$$

En nommant donc q' la valeur de z relative au même point, on aura

$$\sin\varpi' = \sin\varpi + \alpha q^2 - \alpha q'^2;$$

partant,

(r) $\qquad\qquad \sin\varpi - \sin\varpi' = \alpha q'^2 - \alpha q^2.$

Z ne peut jamais surpasser l'unité, et, si la section a un point d'inflexion, z est nul à ce point; alors Z est égal à $\sin\varpi + \alpha q^2$; donc $\sin\varpi + \alpha q^2$ est égal ou moindre que l'unité. S'il était égal à l'unité, on aurait

$$Z = 1 - \alpha z^2;$$

par conséquent,

$$dy = -\frac{(1 - \alpha z^2)\,dz}{z\sqrt{2}\sqrt{2 - \alpha z^2}}.$$

L'intégrale de cette équation, prise dans des limites entre lesquelles z est nul, donne pour y, et par conséquent pour la distance mutuelle des plans, une valeur infinie; ainsi, lorsque cette distance est finie et lorsqu'il y a un point d'inflexion dans la section de la surface du fluide intérieur, $\sin\varpi + \alpha q^2$ est moindre que l'unité; $\sin\varpi' + \alpha q'^2$ sera donc pareillement, en vertu de l'équation (r), moindre que l'unité.

Lorsque les plans sont à une distance infinie l'un de l'autre, y doit être infini, ce qui exige que Z soit égal à l'unité lorsque z est nul; en nommant donc q_i la dépression du fluide dans ce cas, ou, ce qui revient au même, la dépression du fluide à l'extérieur du premier plan, on aura

$$\alpha q_i^2 + \sin\varpi = 1;$$

q est donc moindre que q_i. Maintenant, si l'on applique ici les raisonnements du n° 11 de ma Théorie de l'action capillaire, on verra que le premier plan est pressé du dedans en dehors par une force égale au poids d'un prisme fluide dont la hauteur est $\frac{1}{2}(q + q_1)$, dont la profondeur est $q_1 - q$ et dont la largeur est celle du plan.

L'équation (r) donne $\sin \varpi' + \alpha q'^2$ moindre que l'unité. Lorsque les plans sont à une distance infinie, elle donne cette fonction égale à l'unité. Soit q'_1 ce que devient alors q'; q'_1 sera donc plus grand que q'. et il résulte encore du n° 11 de la Théorie citée que le second plan sera pressé du dedans en dehors par une force égale au poids d'un prisme fluide dont la hauteur est $\frac{1}{2}(q' + q'_1)$, dont la profondeur est $q'_1 - q'$ et dont la largeur est celle du second plan, que nous supposons ici la même que celle du premier. On peut en conclure que les pressions que les deux plans éprouvent pour s'écarter l'un de l'autre sont égales : en effet, le produit de $\frac{1}{2}(q'_1 + q')$ par $q'_1 - q'$ est égal au produit de $\frac{1}{2}(q_1 + q)$ par $q_1 - q$. Ces produits sont $\frac{1}{2}(q'^2_1 - q'^2)$ et $\frac{1}{2}(q^2_1 - q^2)$, ou

$$\frac{1}{2\alpha}(1 - \sin \varpi' - \alpha q'^2), \quad \frac{1}{2\alpha}(1 - \sin \varpi - \alpha q^2),$$

et ces deux dernières quantités sont égales en vertu de l'équation (r).

Il y aura toujours inflexion au milieu de la surface du fluide compris entre les plans, si ϖ est égal à ϖ', quel que soit leur rapprochement ; ces plans se repousseront donc à toutes les distances. Mais, si ϖ est différent de ϖ', la ligne d'inflexion de la surface se rapprochera du premier ou du second plan, lorsqu'on diminue leur distance, suivant que ϖ sera plus grand ou plus petit que ϖ'. Supposons ici $\varpi > \varpi'$; dans ce cas, q_1 sera moindre que q'_1, c'est-à-dire que le fluide sera moins déprimé à l'extérieur du premier plan qu'il ne sera élevé à l'extérieur du second. En rapprochant les plans, la ligne d'inflexion de la surface finira par coïncider avec le premier plan. En effet, l'équation

$$\sin \varpi - \sin \varpi' = \alpha q'^2 - \alpha q^2$$

nous montre que $\alpha q'^2$ surpasse toujours $\sin \varpi - \sin \varpi'$, et cependant il est visible, par l'équation (i), que, s'il y a inflexion dans la surface du fluide intérieur, q' est de l'ordre de la distance mutuelle des plans, qui, par leur rapprochement, peut devenir plus petite qu'aucune grandeur donnée. Il y a donc une limite de rapprochement où cette inflexion cesse et où, par conséquent, la ligne d'inflexion coïncide avec le premier plan. En deçà de cette limite, lorsque l'on continue de rapprocher les plans, ils continuent de se repousser jusqu'à ce que le fluide soit autant élevé au-dessus du niveau à l'intérieur du premier plan qu'il est abaissé au-dessous à l'extérieur, comme on peut s'en assurer par le n° 11 de la Théorie de l'action capillaire. Dans ce cas, q étant l'élévation du fluide près du premier plan à l'intérieur, on a

$$\alpha q^2 = \alpha q_1^2 = 1 - \sin \varpi;$$

l'équation (r), qui subsiste toujours, donne alors

$$\alpha q'^2 = \alpha q_1'^2 = 1 - \sin \varpi',$$

et il résulte encore du n° 11 cité que le second plan cesse alors d'être repoussé par le premier, en sorte que la répulsion se change en attraction au même instant pour les deux plans.

Il est facile de déterminer la distance mutuelle des plans lorsque ce changement a lieu. En effet, αq^2 étant alors égal à $1 - \sin\varpi$, on a

$$Z = 1 - \alpha z^2,$$

et l'équation différentielle (i) devient

$$dy = \frac{(1 - \alpha z^2)\,dz}{3\sqrt{\alpha}\sqrt{2 - \alpha z^2}},$$

d'où l'on tire, en intégrant,

$$y = \frac{1}{2\sqrt{2\alpha}}\log\frac{1 - \sqrt{1 - \tfrac{1}{2}\alpha z^2}}{1 + \sqrt{1 - \tfrac{1}{2}\alpha z^2}} + \frac{2\sqrt{1 - \tfrac{1}{2}\alpha z^2}}{\sqrt{2\alpha}} + \text{const.}$$

Pour déterminer la constante, on observera que, y étant nul, z est égal à q, et, par conséquent,

$$\alpha z^2 = 1 - \sin\varpi;$$

si l'on nomme ensuite $2l$ la distance mutuelle des plans, on aura z égal à q' lorsque y est égal à $2l$; on aura donc alors

$$\alpha z^2 = 1 - \sin\varpi'.$$

Soient

$$\varpi = \frac{\pi}{2} - \theta, \quad \varpi' = \frac{\pi}{2} - \theta';$$

θ et θ' exprimeront les inclinaisons des deux côtés extrêmes de la section à l'horizon ; alors on aura

$$(t) \qquad 2l = \frac{1}{\sqrt{2\alpha}} \log \frac{\operatorname{tang} \frac{1}{4}\theta'}{\operatorname{tang} \frac{1}{4}\theta} - \frac{2}{\sqrt{2\alpha}} (\cos \tfrac{1}{2}\theta - \cos \tfrac{1}{2}\theta');$$

on doit observer que le logarithme est hyperbolique. Si θ est infiniment petit, le fluide ne s'abaissera qu'infiniment peu à l'extérieur du premier plan; l'expression précédente de $2l$ devient alors infinie; les deux plans s'attirent donc alors à toutes les distances. Ainsi la supposition de θ nul est la limite où les deux plans commencent à pouvoir se repousser. Si θ croissant devient égal à θ', alors $2l$ devient nul: les deux plans se repoussent donc alors à toutes les distances. Entre ces deux limites, les plans, après s'être repoussés, s'attirent lorsque l'expression précédente est moindre que $2l$. On déterminera leur attraction ou leur répulsion au moyen du théorème suivant, qu'il est facile de conclure du n° 11 de la Théorie citée :

Quelles que soient les substances dont les plans sont formés, la tendance de chacun d'eux vers l'autre est égale au poids d'un prisme fluide dont la hauteur est l'élévation au-dessus du niveau des points extrêmes de contact du fluide intérieur avec le plan moins cette élévation à l'extérieur, dont la profondeur est la demi-somme de ces élévations et dont la largeur est celle des plans dans le sens horizontal. On doit supposer l'élévation négative lorsqu'elle se change en abaissement au-dessous du niveau. Si le produit des trois dimensions précédentes est négatif, la tendance devient répulsion.

Nous observerons ici que cette tendance est la même et de même signe pour les deux plans; car, les deux premiers facteurs étant $q - q_1$ et $\frac{1}{2}(q + q_1)$ pour le premier plan, leur produit est $\frac{1}{2}(q^2 - q_1^2)$. Le produit analogue pour le second plan est $\frac{1}{2}(q'^2 - q_1'^2)$; ainsi, la largeur des deux plans étant supposée la même, les deux prismes fluides dont les poids égalent leurs tendances l'un vers l'autre sont égaux si $q^2 - q_i^2$ est égale à $q'^2 - q_i'^2$; or cette égalité résulte de l'équation (r), qui, en substituant pour $\sin\varpi$ et $\sin\varpi'$ leurs valeurs $1 - \alpha q_i^2$ et $1 - \alpha q_i'^2$, devient

$$\alpha(q^2 - q_i^2) = \alpha(q'^2 - q_i'^2).$$

Ainsi, quoique les deux plans n'agissent l'un sur l'autre que par l'action capillaire d'un fluide intermédiaire, cependant cette action réciproque est telle, que l'action est égale à la réaction.

Lorsque les deux plans sont très-rapprochés, z est très-peu différent de q, en sorte que, si l'on fait

$$z - q = z',$$

z' sera une très-petite quantité, dont on pourra négliger le carré. On aura ainsi

$$Z = \sin\varpi - 2\alpha q z',$$

et par conséquent

$$dz = dz' = -\frac{dZ}{2\alpha q};$$

l'équation (i) deviendra ainsi

$$dy = -\frac{Z dZ}{2\alpha q \sqrt{1 - Z^2}},$$

ce qui donne, en intégrant,

$$y = \text{const.} + \frac{\sqrt{1 - Z^2}}{2\alpha q}.$$

Pour déterminer la constante, on observera que y est nul avec z' et qu'alors $Z = \sin\varpi$; on a donc

$$\text{const.} = -\frac{\cos\varpi}{2\alpha q}.$$

De plus, $2l$ étant la distance mutuelle des plans, on a, lorsque $y = 2l$, z égal à q', et par conséquent $Z = \sin\varpi'$; donc

$$2l = \frac{\cos\varpi' - \cos\varpi}{2\alpha q},$$

et, par conséquent,

$$q = \frac{\cos\varpi' - \cos\varpi}{4\alpha l}.$$

La hauteur du fluide entre les plans est donc en raison inverse de leur distance mutuelle. On peut conclure de cette analyse le théorème suivant :

Lorsque les plans sont très-rapprochés, l'élévation du fluide entre eux est en raison inverse de leur distance mutuelle, et elle est égale à la demi-somme des élévations qui auraient lieu, si l'on supposait d'abord le premier plan de la même matière que le second, et ensuite le second de la même matière que le premier. On doit observer de supposer l'élévation négative lorsqu'elle se change en abaissement.

Ce théorème est un corollaire de celui que nous avons donné précédemment sur l'élévation du fluide entre deux surfaces prismatiques de matières différentes et dont l'une est comprise dans l'autre.

On voit, par ce théorème et par celui que nous avons énoncé ci-dessus, que la force répulsive des plans est beaucoup plus faible que la force attractive qui se développe lorsque les plans sont très-rapprochés, et qui doit les porter l'un vers l'autre d'un mouvement accéléré. Dans ce cas, l'élévation du fluide entre les plans est très-grande relativement à son élévation près des mêmes plans à leur extérieur ; en négligeant donc le carré de cette dernière élévation par rapport au carré de la première, le prisme fluide dont le poids exprime la tendance d'un des plans vers l'autre, en vertu du premier des deux théorèmes précédents, sera égal au produit du carré de l'élévation du fluide intérieur par la demi-largeur des plans dans le sens horizontal. Cette élévation étant, par le second de ces théorèmes, réciproque à la distance mutuelle des plans, le prisme sera proportionnel à leur largeur horizontale, divisée par le carré de cette distance ; la tendance des deux plans l'un vers l'autre sera donc en raison inverse du carré de leur distance, et, par conséquent, elle suivra la loi de l'attraction universelle, loi que paraissent suivre toutes les attractions et les répulsions qui s'exercent à des distances sensibles, telles que l'électricité et le magnétisme.

Désirant de reconnaître par l'expérience le phénomène singulier de la répulsion des plans, qui se change en attraction par leur rapprochement, j'ai prié M. Haüy de faire quelques expériences sur un résultat aussi curieux de la Théorie de l'action capillaire. Il en a fait plusieurs en employant des plans d'ivoire, qui, comme on sait, est mouillé par l'eau, et des plans de talc laminaire, corps dans lequel le toucher indique une sorte d'onctuosité qui l'empêche de se mouiller. Ces expériences ont confirmé pleinement le résultat de la théorie, comme on le voit par la Note suivante qu'il m'a communiquée.

« On a suspendu à un fil très-délié une petite feuille carrée de talc laminaire, de manière qu'elle fût plongée dans l'eau par le bas. On a plongé dans la même eau, et à la distance de quelques centimètres, la partie inférieure d'un parallélépipède d'ivoire, en sorte qu'une de ses faces fût parallèle à la feuille de talc, en la maintenant toujours dans une situation parallèle à cette feuille, et en arrêtant le parallélépipède par intervalles, afin d'être assuré que l'effet du mouvement qu'il pouvait imprimer au fluide était insensible dans l'expérience. Alors cette feuille s'est éloignée du parallélépipède, et lorsqu'en continuant de faire mouvoir celui-ci, toujours avec une extrème lenteur, il n'y a plus eu qu'une très-petite distance entre les deux corps, la feuille de talc s'est approchée tout à coup du parallélépipède et s'est mise en contact avec lui. En séparant alors les deux corps, on a trouvé le parallélépipède d'ivoire mouillé jusqu'à une certaine hauteur au-dessus du niveau de l'eau, et, en recommençant l'expérience avant de l'avoir essuyé, l'attraction a commencé plus tôt, et quelquefois elle a eu lieu dès le premier instant, sans être précédée d'une répulsion sensible. Ces expériences, répétées plusieurs fois et avec soin, ont toujours donné les mêmes résultats. »

Lorsque le plan d'ivoire est très-humecté, l'eau qui recouvre sa surface forme un nouveau plan qui attire la lame de talc, et relativement auquel l'angle θ' de la formule (t) est le plus grand possible et égal, par le n° 12 de la Théorie de l'action capillaire, au quart de la circonférence. La valeur de $2l$, donnée par cette formule, valeur qui exprime la distance des plans où l'attraction commence, devient donc plus grande, conformément à l'expérience. De plus, il peut arriver que, par l'effet du frottement dû fluide contre la lame de talc lorsqu'il redescend après s'être élevé entre les plans très-près du contact, l'angle θ devienne nul ou insensible, de même que l'on observe l'angle semblable relatif au mercure diminuer dans le baromètre lorsqu'il descend ; l'expression de $2l$ devient alors infinie, et l'attraction n'est précédée d'aucune répulsion sensible.

Sur l'adhésion des disques à la surface des fluides.

Lorsqu'on applique un disque sur la surface d'un fluide stagnant dans un vase d'une grande étendue, on éprouve pour l'en détacher, même dans le vide, une résistance d'autant plus considérable que la surface du disque est plus grande. Le disque, en s'élevant, soulève une colonne fluide, qui le suit jusqu'à une certaine limite, où elle s'en sépare pour retomber dans le vase. A cette limite, la colonne pourrait être maintenue en équilibre, si la force qui soulève le disque était exactement celle qui convient à cet état d'équilibre, et il est visible que cette force doit pour cela égaler les poids du disque et de la colonne élevée. L'adhésion du disque au fluide est ainsi un phénomène capillaire. Mais, pour l'établir incontestablement, je vais déterminer cette force par l'Analyse et la comparer à l'expérience.

Considérons une section de la surface de la colonne par un plan vertical passant par le centre du disque, supposé circulaire. Cette section sera la courbe génératrice de la surface produite par la révolution de la courbe autour de la verticale passant par le centre du disque. Soient l le rayon du disque et $l+y$ la distance à cette verticale d'un point quelconque de la section dont z est la hauteur au-dessus du niveau du fluide. L'équilibre de la colonne donnera, par la Théorie de l'action capillaire (n° 4), en observant qu'ici $\frac{1}{b}$ est nul,

$$\frac{\dfrac{d^2z}{dy^2}}{\left(1+\dfrac{dz^2}{dy^2}\right)^{\frac{1}{2}}} + \frac{1}{l+y}\,\frac{\dfrac{dz}{dy}}{\sqrt{1+\dfrac{dz^2}{dy^2}}} = 2\,\alpha\,z.$$

Pour intégrer cette équation, nommons ϖ l'angle que le côté de la section génératrice forme avec la ligne horizontale menée de l'extrémité inférieure de ce côté à la verticale qui passe par le centre du disque. On aura

$$\frac{dz}{dy} = -\tang\varpi;$$

l'équation précédente deviendra ainsi

$$(s) \qquad -\frac{d\varpi}{dy}\cos\varpi - \frac{\sin\varpi}{l+y} = 2\alpha z;$$

en la multipliant par dz ou par $-dy\tang\varpi$ et en l'intégrant, on aura

$$\cos\varpi + \int \frac{dz\sin\varpi}{l+y} = \text{const.} - \alpha z^2.$$

Supposons que l'intégrale commence avec z, et observons que, z étant nul, le côté de la section coïncide avec la surface de niveau, ce qui rend ϖ nul, et par conséquent $\cos\varpi = 1$; nous aurons const. $= 1$; donc

$$(t) \qquad \alpha z^2 = 1 - \cos\varpi - \int \frac{dz\sin\varpi}{l+y}.$$

Lorsque le disque est fort large, l est une quantité considérable par rapport à $\frac{1}{\sqrt{\alpha}}$; on aura ainsi une première valeur approchée de z en négligeant, dans l'équation précédente, l'intégrale $-\int\frac{dz\sin\varpi}{l+y}$, ce qui donne

$$z = \frac{\sqrt{2}}{\sqrt{\alpha}} \sin\tfrac{1}{2}\varpi.$$

On pourra donc substituer cette valeur de z dans l'intégrale $-\int\frac{dz\sin\varpi}{l+y}$, qui devient par là

$$-\sqrt{\frac{2}{\alpha}} \int \frac{d\varpi\sin\tfrac{1}{2}\varpi\cos^2\tfrac{1}{2}\varpi}{l+y}.$$

Cette intégrale, prise depuis $\varpi = o$, est égale à

$$- \frac{2 \sqrt{\frac{2}{\alpha}}}{3(l+y)} (1 - \cos^3 \tfrac{1}{2}\varpi) - \frac{2}{3} \sqrt{\frac{2}{\alpha}} \int \frac{dy(1 - \cos^3 \tfrac{1}{2}\varpi)}{(l+y)^2}.$$

L'élément de cette dernière intégrale n'est jamais infini ; car, quoique $\frac{dy}{d\varpi}$ devienne infini lorsque ϖ est nul, puisqu'il est égal à $- \frac{dz \cos\varpi}{d\varpi \sin\varpi}$ ou à $- \frac{1}{2\sqrt{2\alpha}} \frac{\cos\varpi}{\sin\frac{1}{2}\varpi}$, cependant, comme il est multiplié dans l'intégrale précédente par $d\varpi(1 - \cos^3 \tfrac{1}{2}\varpi)$, le coefficient de $d\varpi$ dans ce produit n'est jamais infini. En négligeant les termes divisés par $(l+y)^2$ relativement aux termes divisés par $l+y$, on aura

$$- \int \frac{dz \sin\varpi}{l+y} = - \frac{2\sqrt{2}(1 - \cos^3 \tfrac{1}{2}\varpi)}{3(l+y)\sqrt{\alpha}}.$$

L'intégrale doit être prise depuis $\varpi = o$ jusqu'à $\varpi = \pi - \varpi'$, ϖ' étant l'angle que le côté extrême de la section génératrice forme avec la ligne menée sur la surface inférieure du disque jusqu'au centre de cette surface. En nommant donc z' la valeur extrême de z ou la hauteur entière de la colonne soulevée par le disque, l'équation (t) donnera

$$\alpha z'^2 = 1 + \cos\varpi' - \frac{2\sqrt{2}(1 - \sin^3 \tfrac{1}{2}\varpi')}{3l\sqrt{\alpha}},$$

d'où l'on tire, à fort peu près,

$$z' = \sqrt{\frac{2}{\alpha}} \cos\tfrac{1}{2}\varpi' - \frac{1 - \sin^3 \tfrac{1}{2}\varpi'}{3l\alpha \cos\tfrac{1}{2}\varpi'}.$$

Pour avoir le volume entier de la colonne soulevée, il faut d'abord multiplier cette valeur de z' par la surface inférieure du disque ou par πl^2, ajouter ensuite à ce produit le fluide qui environne le cylindre fluide dont la base supérieure est la surface inférieure du disque. Ce dernier volume est égal à l'intégrale $- 2\pi \int (l+y) z \, dy$, prise depuis $\varpi = o$ jusqu'à $\varpi = \pi - \varpi'$; on aura ainsi, pour l'expression du volume entier de la colonne soulevée,

$$\pi l^2 \sqrt{\frac{2}{\alpha}} \cos\tfrac{1}{2}\varpi' - \frac{\pi l \left(1 - \sin^3\tfrac{1}{2}\varpi'\right)}{3\alpha \cos\tfrac{1}{2}\varpi'} - 2\pi f(l + y) z\, dy.$$

On peut déterminer rigoureusement cette dernière intégrale de la manière suivante.

L'équation (s), multipliée par $(l + y)\, dy$, donne, en l'intégrant,

$$- 2\alpha f(l + y) z\, dy = (l + y)\sin\varpi + \text{const.}$$

Pour déterminer la constante, nous observerons que l'intégrale doit être prise depuis $\varpi = 0$ jusqu'à $\varpi = \pi - \varpi'$ et que $(l + y)\sin\varpi$ est nul avec ϖ. En effet, $l + y$ devient infini lorsque ϖ est nul; en réduisant donc son expression dans une série ascendante par rapport à ϖ, le premier terme de cette série sera de la forme $A\varpi^{-r}$. De plus, z étant nul avec ϖ, si l'on réduit pareillement son expression dans une série ascendante en ϖ, le premier terme sera de la forme $A'\varpi^{r'}$, r et r' étant positifs. L'équation

$$\frac{dz}{dy} = - \tan\varpi$$

donnera donc, en n'ayant égard qu'à ces premiers termes et observant que $\tan\varpi$ devient ϖ dans le cas de ϖ très-petit,

$$\frac{r' A' \varpi^{r'}}{r A \varpi^{-r}} = \varpi,$$

d'où l'on tire, en comparant les exposants de ϖ,

$$1 - r = r';$$

$(l + y)\sin\varpi$ deviendra donc $A\varpi^{r'}$, en substituant $A\varpi^{-r}$ pour y et ϖ pour $\sin\varpi$; $(l + y)\sin\varpi$ est donc nul avec ϖ, et par conséquent la constante de l'intégrale précédente est nulle. On aura donc, en observant qu'à la fin de l'intégrale ϖ devient $\pi - \varpi'$ et que y est nul,

$$- 2\pi \int (l + y) z\, dy = \frac{\pi}{\alpha} l \sin\varpi'.$$

Le volume entier de la colonne soulevée sera, par conséquent,

$$\frac{\pi\, l^2\, \sqrt{2}\cos\frac{1}{2}\varpi'}{\sqrt{\alpha}} - \frac{\pi\, l}{3\,\alpha\cos\frac{1}{2}\varpi'}\left(1 - 6\sin\tfrac{1}{2}\varpi' + 5\sin^3\tfrac{1}{2}\varpi'\right).$$

On aura la valeur de $\frac{1}{\alpha}$ au moyen de l'équation suivante, donnée par le n° 5 de ma Théorie,

$$q = \frac{2\cos\varpi'}{\alpha h}\left[1 - \frac{h}{6q\cos^3\varpi'}(1 - \sin\varpi')^2(1 + 2\sin\varpi')\right];$$

h étant ici le diamètre intérieur du tube et q étant la hauteur à laquelle le point le plus bas du fluide intérieur s'élève au-dessus du niveau; dans le cas où le fluide s'abaisse au-dessous du niveau, q devient négatif et exprime la dépression du point le plus élevé du fluide intérieur. Cette équation donne, à fort peu près,

$$\frac{1}{\alpha} = \frac{h}{2\cos\varpi'}\left[q + \frac{h}{6\cos^3\varpi'}(1 - \sin\varpi')^2(1 + 2\sin\varpi')\right].$$

Ainsi, pour avoir des élévations réciproques aux diamètres intérieurs des tubes, il faut ajouter aux élévations observées q le sixième du diamètre multiplié par le facteur

$$\frac{(1 - \sin\varpi')^2(1 + 2\sin\varpi')}{\cos^3\varpi'},$$

facteur qui se réduit à l'unité lorsque l'angle ϖ' est nul. Cette correction est nécessaire dans des expériences faites avec une grande précision, comme celles que nous allons rapporter. M. Gay-Lussac a bien voulu les entreprendre à ma prière; il a imaginé, pour mesurer les ascensions et les dépressions des fluides dans les tubes capillaires transparents, un moyen qui donne à ses expériences la précision des observations astronomiques, en sorte que l'on peut en adopter les résultats avec confiance. Les tubes ont été choisis bien calibrés, et leurs diamètres intérieurs ont été mesurés au moyen du poids d'une colonne de mercure qui les remplissait, ce qui est le moyen le plus exact de déterminer ces diamètres.

Les physiciens ne sont pas d'accord sur l'élévation de l'eau dans les tubes capillaires de verre d'un diamètre donné; leurs résultats à cet égard diffèrent au moins du simple au double. Ces différences tiennent principalement au plus ou moins d'humidité des parois des tubes; quand ils sont très-humectés, comme ils l'ont toujours été dans les expériences suivantes, l'eau s'élève toujours à fort peu près à la même hauteur dans un même tube. M. Gay-Lussac a observé, dans un tube de verre blanc dont le diamètre intérieur était de $1^{mm},29441$, l'élévation du point le plus bas de la surface intérieure de l'eau au-dessus du niveau de ce liquide dans un vase très-large, dans lequel le tube plongeait par son extrémité inférieure. Il l'a trouvée, par plusieurs expériences qui s'accordaient entre elles, égale à $23^{mm},1634$, la température étant de $8°,5$ environ du thermomètre centigrade. Ici l'angle ϖ' est nul, l'eau mouillant parfaitement les parois du tube. En augmentant cette élévation du sixième du diamètre du tube, on aura $23^{mm},3791$. Cette quantité, multipliée par le diamètre du tube, donnera, par ce qui précède, la valeur de $\frac{2}{\alpha}$, et l'on trouvera

$$\frac{2}{\alpha} = 30^{mm},2621.$$

Dans un second tube de verre, dont le diamètre intérieur était de $1^{mm},90381$, M. Gay-Lussac a observé, à la même température, l'élévation du point le plus bas de la surface intérieure au-dessus du niveau de $15^{mm},5861$, ce qui donne $15^{mm},9034$, en lui ajoutant le sixième du diamètre du tube. L'élévation du premier tube corrigée donne, pour l'élévation corrigée du second tube, $15^{mm},896$, ce qui diffère très-peu de l'élévation qui résulte de l'observation, et ce qui prouve : 1° que les élévations corrigées sont à très-peu près réciproques aux diamètres des tubes; 2° que, dans des expériences très-précises, la correction faite par l'addition du sixième du diamètre des tubes est indispensable.

On pourrait encore déterminer la valeur de $\frac{2}{\alpha}$, au moyen de l'élévation du point le plus bas de la surface de l'eau qui s'élève entre deux lames de verre verticales et parallèles, très-rapprochées l'une de l'autre et plongeant par leurs extrémités inférieures dans un vase plein de ce liquide. M. Gay-Lussac a trouvé, par le résultat moyen de cinq expériences peu différentes entre elles, cette élévation égale à $13^{mm},574$, la distance mutuelle des lames étant de $1^{mm},069$. Cette distance était exactement égale au diamètre d'un fil de fer passé à la filière, et, pour mesurer ce diamètre, on a placé les unes à côté des autres plusieurs portions du même fil, qui, par la somme de leurs diamètres, formaient une largeur considérable, que l'on a mesurée avec soin et que l'on a ensuite divisée par le nombre de ces diamètres. Les lames, parfaitement planes, avaient été très-humectées; la température était de 16 degrés pendant les expériences. Si l'on ajoute à l'élévation observée le produit de la demi-distance des lames par $1 - \dfrac{\pi}{4}$, π étant la demi-circonférence dont le rayon est l'unité, et si l'on multiplie la somme par la distance $1^{mm},069$, on aura, par le n° 8 de ma Théorie de l'action capillaire, la valeur de $\dfrac{1}{\alpha}$. On trouve ainsi

$$\frac{1}{\alpha} = 14^{mmq},524.$$

Ce résultat doit être un peu augmenté, pour le réduire à la température de $8°,5$; car on a vu précédemment que l'élévation croit avec la densité du liquide. Il diffère peu du résultat $15^{mmq},13$, que donne l'élévation de l'eau dans un tube de verre, ce qui fournit une confirmation nouvelle de la théorie suivant laquelle l'élévation entre des plans parallèles doit être environ la moitié de l'élévation dans les tubes capillaires d'un diamètre égal à la distance des plans. Nous adopterons ici de préférence la valeur de $\dfrac{2}{\alpha}$ conclue des expériences sur le tube le plus étroit, et nous supposerons ainsi, à la température de $8°,5$,

$$\frac{2}{\alpha} = 30^{mmq},2621.$$

Cela posé, la formule précédente, qui détermine le volume du liquide élevé, donne, en ayant égard à ses deux termes et en prenant pour

unité le centimètre cube, le volume du liquide élevé par un disque de
verre blanc circulaire et dont le diamètre est de $118^{mm},366$, égal à

$$60,5327 - 0,9378.$$

Le poids du centimètre cube d'eau à son maximum de densité est le
gramme; mais les expériences précédentes ayant été faites à la température d'environ $8°,5$, le centimètre cube d'eau pèse un peu moins
que le gramme. En ayant égard à cette correction, on trouve le poids
de la colonne d'eau soulevée, au moment où elle est prête à se détacher, égal à $59^{gr},5873$. M. Gay-Lussac a trouvé, par plusieurs expériences qui diffèrent très-peu entre elles, ce poids égal à $59^{gr},40$; ce
qui s'accorde aussi bien qu'on peut le désirer avec le résultat de l'Analyse.

De l'alcool, dont la pesanteur spécifique à 8 degrés de température,
comparée à celle de l'eau à la même température, était $0,81961$, s'est
élevé, dans le premier des deux tubes précédents, à la hauteur de
$9^{mm},18235$, la température étant toujours de 8 degrés. L'alcool mouillant parfaitement le verre, il faut ajouter à cette hauteur le sixième
du diamètre du tube. Ce nombre, multiplié par le diamètre du tube,
donnera la valeur de $\frac{2}{\alpha}$ relative à cet alcool, et l'on aura

$$\frac{2}{\alpha} = 12^{mm},1649.$$

Au moyen de cette valeur, on aura l'élévation de l'alcool dans le second tube, corrigée par l'addition du sixième du diamètre du tube,
en divisant $\frac{2}{\alpha}$ par le diamètre de ce tube, ce qui donne $6^{mm},38976$
pour cette élévation, que M. Gay-Lussac a trouvée, par l'expérience,
égale à $6^{mm},40127$. Le peu de différence de ces deux valeurs prouve
que les élévations corrigées de l'alcool dans divers tubes capillaires
très-étroits sont réciproques aux diamètres de ces tubes. En employant
la valeur précédente de $\frac{2}{\alpha}$, on trouve le volume d'alcool élevé par le

disque de verre de la première expérience égal à

$$38,3792 - 0,3770,$$

le centimètre cube étant pris pour unité. Cette valeur, multipliée par la pesanteur spécifique 0,81961 de cet alcool, donne le poids de ce volume d'alcool égal à celui de 31^{cc},1469 d'eau à la température de 8 degrés, et ce dernier poids est égal à 31^{gr},1435. Tel est donc le poids nécessaire pour détacher de l'alcool le disque de verre précédent, la température étant de 8 degrés. M. Gay-Lussac a trouvé, par l'expérience, ce poids égal à 31^{gr},08 à la même température, ce qui diffère très-peu du résultat de l'Analyse.

De l'alcool, dont la pesanteur spécifique à 10 degrés de température, et comparée à celle de l'eau à la même température, était 0,8595, s'est élevé dans le premier tube à 9^{mm},30079, ce qui donne 9^{mm},51649 pour son élévation corrigée; d'où l'on conclut la valeur de $\frac{2}{\alpha}$ relative à cet alcool égale à 12^{mmq},31905. Cette valeur de $\frac{2}{\alpha}$ donne le poids nécessaire pour détacher le disque précédent de la surface de cet alcool égal à 32^{gr},860, et l'expérience a donné à M. Gay-Lussac 32^{gr},87, ce qui s'accorde exactement avec le calcul.

Enfin, de l'alcool dont la densité était 0,94153 à 8 degrés de température s'est élevé dans le tube précédent à 9^{mm},99727, ce qui donne $\frac{2}{\alpha} = 13^{mmq},2198$, et par conséquent l'adhésion du disque précédent égale à 37^{gr},283. M. Gay-Lussac a trouvé par l'expérience, à la même température, cette adhésion égale à 37^{gr},152.

De l'huile de térébenthine, dont la pesanteur spécifique, à 8 degrés de température et comparée à l'eau à la même température, était 0,869458, s'est élevée dans le premier tube à 9^{mm},95159, ce qui donne 10^{mm},16729 pour son élévation corrigée, et $\frac{2}{\alpha}$ égal à 13^{mmq},1606.

De là on conclut l'adhésion du disque précédent à la surface de ce liquide égale à 34^{gr},350. M. Gay-Lussac a trouvé, à la même température de 8 degrés, cette adhésion égale à 34^{gr},104, ce qui diffère très-peu du résultat précédent.

M. Gay-Lussac a fait plusieurs expériences sur l'adhésion du disque précédent au mercure. Mais, pour les comparer à la théorie, il faut connaître : 1° l'élévation du mercure dans un tube de verre d'un diamètre donné; 2° l'angle que la surface du mercure forme avec le verre au point de contact. L'une et l'autre de ces données sont très-difficiles à déterminer par l'expérience, à cause du frottement du mercure contre la surface du verre, frottement qui met obstacle à l'élévation ou à la dépression de ce liquide dans les tubes capillaires et qui peut changer considérablement l'angle d'inclinaison de sa surface à celle du verre. La comparaison de plusieurs phénomènes capillaires observés avec la théorie m'a donné, par un résultat moyen, la valeur de $\frac{2}{\alpha}$ relative au mercure, à la température de 10 degrés, égale à 13 millimètres carrés, et l'angle aigu formé par les parois du verre et par un plan tangent à la surface du mercure, à l'extrémité de la sphère d'activité sensible de ces parois, égal à 48 degrés. Je ferai donc usage de ces données, que des expériences plus nombreuses peuvent rectifier encore. Elles donnent $\sigma' = 152°$ et $\frac{1}{2}\sigma' = 76°$. On trouve ainsi, par la formule précédente, que le poids de la colonne de mercure soulevée par le disque de verre précédent est de 207^{gr},0. M. Gay-Lussac a trouvé de très-grandes différences entre les résultats de ses expériences sur cet objet. Dans ses expériences sur l'adhésion d'un disque de verre à la surface des liquides, il suspendait le disque au fléau d'une balance très-exacte, qui l'enlevait verticalement au moyen de poids très-petits ajoutés, successivement et avec lenteur, dans le plateau de l'autre fléau de la balance. La somme de ces petits poids, au moment où le disque se détachait du liquide, indiquait le poids de la colonne entière soulevée. En opérant ainsi sur le mercure, il a observé que cette somme était plus ou moins grande, suivant la lenteur avec laquelle il ajoutait ces poids successifs, et, en les ajoutant à de très-grands intervalles, il est parvenu à élever leur somme de 158 grammes à 296 grammes. Elle

dépend, comme on le voit par la formule précédente, de l'angle aigu
que la surface du mercure forme avec celle du verre, et elle est à fort
peu près proportionnelle au sinus de la moitié de cet angle; or on
sait, par l'expérience journalière du baromètre, que cet angle peut
augmenter considérablement lorsque le mercure descend avec une
grande lenteur, le frottement du liquide contre les parois du tube em-
pêchant la descente des parties de ce liquide contiguës à ces parois. Le
frottement empêche également la colonne de mercure de se détacher
du disque. Lorsqu'elle s'en détache, elle commence à quitter le bord
du disque; ensuite elle se rétrécit de plus en plus, près du disque, jusqu'à ce qu'elle le quitte. Le frottement du mercure contre la surface
inférieure du disque doit donc empêcher cet effet et diminuer, comme
dans la descente du baromètre, l'angle aigu du contact de la surface
du disque avec celle du mercure, et si toutes les molécules de la colonne liquide ont le temps nécessaire pour s'accommoder au nouvel état
d'équilibre qui en résulte, on conçoit que l'on peut accroître considérablement le poids entier nécessaire pour détacher le disque de la surface du mercure. Ce poids s'élèverait à près de 400 grammes si l'angle
de contact était droit.

Les disques des diverses substances qui sont parfaitement mouillées
par un liquide doivent opposer la même résistance à leur séparation de
ce liquide, si leurs diamètres sont égaux; car alors cette résistance est
produite par l'adhésion du liquide avec lui-même, c'est-à-dire avec la
couche du liquide qui tapisse la surface inférieure du disque. Pour
vérifier ce résultat, M. Gay-Lussac a mis en contact avec l'eau un
disque de cuivre dont le diamètre était de $116^{mm},604$; et il a trouvé, à
la température de $18°,5$, le poids nécessaire pour l'en détacher égal à
$57^{gr},945$.

Si l'on suppose que, relativement au cuivre, la valeur $\frac{2}{\alpha}$ est la même
que relativement au verre, c'est-à-dire égale à $30^{mmq},2621$, on trouve,
par la formule précédente, le poids de l'eau soulevée par le disque égal
à $57^{gr},757$, ce qui diffère extrêmement peu du résultat de l'expérience.

Les expériences sur l'adhésion des disques de diverses substances à la surface d'un même liquide peuvent déterminer les rapports de leurs forces attractives sur ce liquide. En effet, si l'on emploie des disques circulaires d'un diamètre très-large, cette adhésion sera, à très-peu près, par ce qui précède, égale à

$$\frac{\pi\, l^2\, \sqrt{2} \cdot \cos\tfrac{1}{2}\varpi' \cdot D'}{\sqrt{\alpha}},$$

D' étant la densité du liquide; en nommant donc p le poids nécessaire pour séparer le disque de la surface du liquide, la quantité précédente sera égale à p. Les quantités D' et α étant uniquement relatives au liquide, les valeurs de $\cos\tfrac{1}{2}\varpi'$, relatives aux disques d'un même diamètre et de diverses substances, sont proportionnelles au poids p; $\cos^2\tfrac{1}{2}\varpi'$ est donc proportionnel à p^2; mais on a, par ce qui précède, $\rho = \rho'\cos^2\tfrac{1}{2}\varpi'$; ainsi, ρ' étant relatif au liquide, les valeurs de ρ correspondantes aux divers disques sont proportionnelles aux carrés des poids correspondants p. Ces valeurs sont, comme on l'a vu, relatives à des volumes égaux; il faut les diviser par les densités respectives des substances pour avoir les valeurs relatives à des masses égales. Elles seraient proportionnelles aux forces attractives, si la loi d'attraction était la même pour les diverses substances. Dans ce cas, les attractions respectives de ces substances sur le liquide sont, à égalité de volume, comme les carrés des poids nécessaires pour détacher les disques de sa surface.

Lorsqu'un liquide mouille parfaitement les disques, les expériences sur leur adhésion à sa surface n'indiquent, comme on vient de le voir, que l'attraction du liquide sur lui-même. Mais quand il ne mouille pas parfaitement les disques, son frottement contre leur surface inférieure produit de grandes variétés dans les résultats des expériences d'adhésion, ainsi qu'on l'a vu relativement aux disques de verre appliqués à la surface du mercure. Il devient alors difficile de distinguer le résultat qui aurait lieu sans cette cause d'anomalie, et par conséquent d'avoir l'attraction du disque sur ce liquide.

On a vu précédemment que l'angle de contact du mercure avec le verre dans l'eau était nul, en sorte que la surface de mercure, recouverte d'eau dans un tube capillaire de verre, forme une demi-sphère convexe. Il suit de là que, si l'on applique un disque de verre à la surface du mercure et qu'ensuite on recouvre d'une couche d'eau le disque et le mercure du vase, on aura $\sigma' = \pi$, ce qui rend nulle l'expression précédente de la colonne de mercure élevée par le disque, qui ne doit, par conséquent, opposer aucune résistance à sa séparation du mercure. C'est, en effet, ce que M. Gay-Lussac a reconnu par l'expérience.

De la figure d'une large goutte de mercure, et de la dépression de ce fluide dans un tube de verre d'un grand diamètre.

Imaginons, sur un plan de verre horizontal, une goutte de mercure large et circulaire. La section de sa surface par un plan vertical mené par son centre sera très-peu courbe à son sommet. En s'éloignant de ce point, sa courbure augmentera de plus en plus, jusqu'à ce que sa tangente soit verticale. A ce point, la courbure et la largeur de la section seront à leur maximum. Au-dessous de ce point, elle se rapprochera de son axe et coïncidera enfin avec le plan de verre, en formant avec lui un angle aigu. Déterminons l'équation de cette courbe.

Nommons b le rayon osculateur de la courbe au sommet; z l'ordonnée verticale d'un de ses points, l'origine des z étant à ce sommet; nommons encore u l'ordonnée horizontale ou la distance de ce point à l'axe des z passant par le sommet; on aura, par le n° 4 de ma Théorie sur l'action capillaire,

$$(r) \qquad \frac{\dfrac{d^2 z}{du^2}}{\left(1+\dfrac{dz^2}{du^2}\right)^{\frac{3}{2}}} + \frac{\dfrac{1}{u}\dfrac{dz}{du}}{\left(1+\dfrac{dz^2}{du^2}\right)^{\frac{1}{2}}} - 2\alpha z = \frac{2}{b}.$$

Lorsque la goutte est fort large, on peut, dans une grande étendue de sa surface, négliger les troisièmes puissances de $\dfrac{dz}{du}$, et alors l'équation précédente se réduit à

$$(s) \qquad u\frac{d^2z}{du^2} + \frac{dz}{du} - 2\alpha u z - \frac{2u}{b} = 0.$$

Cette équation différentielle, quoique beaucoup plus simple que l'équation (r), ne paraît pas cependant intégrable par les méthodes connues ; mais je trouve que l'on y satisfait en faisant

$$z = \frac{1}{\alpha b \pi} \int d\varphi \left(c^{u\sqrt{2\alpha}\cos\varphi} - 1 \right),$$

l'intégrale étant prise depuis φ nul jusqu'à φ égal à la demi-circonférence π. En effet, on a alors

$$\frac{dz}{du} = \frac{1}{\alpha b \pi} \int d\varphi \sqrt{2\alpha}\cos\varphi \,.\, c^{u\sqrt{2\alpha}\cos\varphi},$$

$$\frac{d^2z}{du^2} = \frac{1}{\alpha b \pi} \int d\varphi \,.\, 2\alpha\cos^2\varphi \,.\, c^{u\sqrt{2\alpha}\cos\varphi};$$

le premier membre de l'équation (s) devient ainsi

$$\frac{1}{\alpha b \pi} \int d\varphi \left(2\alpha u \cos^2\varphi + \sqrt{2\alpha}\cos\varphi - 2\alpha u \right) c^{u\sqrt{2\alpha}\cos\varphi},$$

et, en intégrant, il devient

$$\frac{1}{\alpha b \pi} \sqrt{2\alpha}\sin\varphi \,.\, c^{u\sqrt{2\alpha}\cos\varphi} + \text{const.}$$

L'intégrale devant être prise depuis $\varphi = 0$, la constante est nulle. De plus, l'intégrale devant s'étendre depuis $\varphi = 0$ jusqu'à $\varphi = \pi$, elle est encore nulle à cette seconde limite ; ainsi l'équation (s) est satisfaite. La valeur précédente de z n'est pas l'intégrale complète de cette équation ; mais elle suffit dans le cas présent où z et $\frac{dz}{du}$ sont nuls avec u.

$\cos\varphi$ est égal à $1 - 2\sin^2\frac{1}{2}\varphi$, ce qui change l'expression de z en celle-ci :

$$z = \frac{c^{u\sqrt{2\alpha}}}{\alpha b \pi} \int d\varphi\, c^{-2u\sqrt{2\alpha}\sin^2\frac{1}{2}\varphi} - \frac{1}{\alpha b};$$

Lorsque $2u\sqrt{2\alpha}$ est un nombre considérable, ce qui a lieu vers les bords d'une large goutte, la valeur de $c^{-2u\sqrt{2\alpha}\sin^2\frac{1}{2}\varphi}$ devient très-petite et insensible, dans le cas où φ a une valeur sensible; en mettant donc alors l'intégrale $\int d\varphi\, c^{-2u\sqrt{2\alpha}\sin^2\frac{1}{2}\varphi}$ sous cette forme

$$\int d\varphi\, \cos\tfrac{1}{2}\varphi\left(1+\tfrac{1}{2}\sin^2\tfrac{1}{2}\varphi\right)c^{-2u\sqrt{2\alpha}\sin^2\frac{1}{2}\varphi}$$
$$+\,2\int d\varphi\,\sin^1\tfrac{1}{2}\varphi\left(1\div 2\cos^2\tfrac{1}{2}\varphi\right)c^{-2u\sqrt{2\alpha}\sin^2\frac{1}{2}\varphi},$$

on pourra négliger sans erreur sensible ce dernier terme. Ainsi, en faisant

$$2u\sqrt{2\alpha}\sin^2\tfrac{1}{2}\varphi=t^2,$$

on aura

$$z=\frac{c^{u\sqrt{2\alpha}}}{\alpha b\pi\sqrt{2u\sqrt{2\alpha}}}\int^2 2\,dt\,c^{-t^2}\left(1+\frac{t^2}{4u\sqrt{2\alpha}}\right)-\frac{1}{\alpha b}\cdot$$

L'intégrale relative à t doit être prise depuis $t^2=0$ jusqu'à $t^2=2u\sqrt{2\alpha}$; mais $c^{-2u\sqrt{2\alpha}}$ étant, par la supposition, une quantité insensible, on peut prendre cette intégrale depuis $t=0$ jusqu'à l'infini, et alors on a

$$2\int dt\, c^{-t^2}=\sqrt{\pi};\ .$$

partant,

$$z=\frac{c^{u\sqrt{2\alpha}}}{\alpha b\sqrt{2\pi u\sqrt{2\alpha}}}\left(1+\frac{1}{8u\sqrt{2\alpha}}\right)-\frac{1}{\alpha b}\cdot$$

Reprenons maintenant l'équation différentielle (r) et faisons $z=q-z'$, q étant la valeur entière de z; l'équation (r) deviendra

$$\frac{\dfrac{d^2z'}{du^2}}{\left(1\div\dfrac{dz'^2}{du^2}\right)^{\frac{3}{2}}}+\frac{\dfrac{1}{u}\dfrac{dz'}{du}}{\left(1\div\dfrac{dz'^2}{du^2}\right)^{\frac{1}{2}}}+2\alpha q-2\alpha z'=-\frac{2}{b}\cdot$$

Nommons, comme précédemment, ϖ l'angle que la tangente à la courbe forme avec le rayon u; on aura

$$\frac{dz'}{du}=-\tan\varpi;$$

l'équation précédente devient ainsi

$$\frac{d\varpi}{du}\cos\varpi + \frac{1}{u}\sin\varpi = 2\,\alpha q + \frac{2}{b} - 2\,\alpha z';$$

en multipliant les termes de cette équation par $- du\,\mathrm{tang}\,\varpi$ ou par dz', on aura

$$- d\varpi\sin\varpi + \frac{dz'}{u}\sin\varpi = 2\,\alpha q\,dz' + \frac{2}{b}\,dz' - 2\,\alpha z'\,dz',$$

et, en intégrant,

$$\cos\varpi + \int \frac{dz'\sin\varpi}{u} = \left(2\,\alpha q + \frac{2}{b}\right)z' - \alpha z'^2 + \mathrm{const.}$$

Pour déterminer la constante, nommons ϖ' ce que devient ϖ lorsque z' est nul; ϖ' sera l'angle obtus formé par la surface de la goutte avec le plan. En faisant commencer l'intégrale de l'équation précédente avec z', on aura const. $= \cos\varpi'$. Nous négligerons d'abord cette intégrale et le terme $\frac{2}{b}z'$; nous aurons ainsi

$$\cos\varpi = 2\,\alpha q\,z' - \alpha z'^2 + \cos\varpi'.$$

Nous pouvons, dans une première approximation, supposer $z' = q$, lorsque la tangente est horizontale ou lorsque $\cos\varpi = 1$; nous aurons ainsi

$$1 - \cos\varpi' = \alpha q^2,$$

ou

$$q = \sqrt{\frac{2}{\alpha}}\,\sin\tfrac{1}{2}\varpi;$$

partant,

$$q - z' = \sqrt{\frac{2}{\alpha}}\,\sin\tfrac{1}{2}\varpi = z,$$

ce qui donne

$$dz' = -\frac{1}{2}\sqrt{\frac{2}{\alpha}}\,d\varpi\cos\tfrac{1}{2}\varpi;$$

l'intégrale $\displaystyle\int \frac{dz'\sin\varpi}{u}$ devient ainsi

$$-\sqrt{\frac{2}{\alpha}}\int \frac{d\varpi\,\sin\tfrac{1}{2}\varpi\,\cos^2\tfrac{1}{2}\varpi}{u}.$$

L'intégrale précédente est insensible lorsque l'angle ϖ est très-petit ; car, quoiqu'alors le dénominateur de la différentielle $\dfrac{dz'\sin\varpi}{u}$ puisse être très-petit et même nul, cependant la différentielle elle-même est très-petite et beaucoup moindre que dans le cas où l'angle ϖ n'est pas très-petit, comme il est facile de s'en assurer. Dans ce cas, la valeur de u est à fort peu près égale au demi-diamètre de la section circulaire de contact du mercure avec le plan. Désignons par l ce demi-diamètre ; on pourra donc, sans erreur sensible, supposer $u = l$ dans l'intégrale précédente, et alors, en la prenant depuis $\varpi = \varpi'$, on aura

$$\int \frac{dz'\sin\varpi}{u} = \frac{2}{3l}\sqrt{\frac{2}{\alpha}}\left(\cos^3\tfrac{1}{2}\varpi - \cos^3\tfrac{1}{2}\varpi'\right).$$

Par conséquent, on aura

$$\cos\varpi + \frac{2}{3l}\sqrt{\frac{2}{\alpha}}\left(\cos^3\tfrac{1}{2}\varpi - \cos^3\tfrac{1}{2}\varpi'\right) = \left(2\alpha q + \frac{2}{b}\right)z' - \alpha z'^2 + \cos\varpi' ;$$

en substituant pour z' sa valeur $q - z$, on aura

$$\cos\varpi + \frac{2}{3l}\sqrt{\frac{2}{\alpha}}\left(\cos^3\tfrac{1}{2}\varpi - \cos^3\tfrac{1}{2}\varpi'\right) = \alpha q^2 + \frac{2}{b}(q - z) - \alpha z^2 + \cos\varpi'.$$

Maintenant, z étant nul avec ϖ, on aura ϖ^2 égal à une série ascendante des puissances de z ; en la substituant dans l'équation précédente et comparant entre eux les coefficients de ces puissances, le coefficient indépendant de z donnera

$$1 - \cos\varpi' + \frac{2}{3l}\sqrt{\frac{2}{\alpha}}(1 - \cos^3\tfrac{1}{2}\varpi') = \alpha q^2 + \frac{2}{b}q.$$

$\dfrac{1}{b}$ est une très-petite fraction, dont on peut négliger le carré lorsque la goutte a une grande largeur, et alors l'équation précédente donne, à fort peu près,

$$q + \frac{1}{\alpha b} = \sqrt{\frac{2}{\alpha}}\sin\tfrac{1}{2}\varpi' + \frac{1 - \cos^3\tfrac{1}{2}\varpi'}{3\alpha l \sin\tfrac{1}{2}\varpi'}.$$

Déterminons présentement la constante $\frac{1}{b}$. Reprenons pour cela les équations

$$dz' = - du\,\mathrm{tang}\,\varpi = -\frac{1}{2}\sqrt{\frac{2}{\alpha}}\,d\varpi\cos\tfrac{1}{2}\varpi;$$

on aura

$$du = \frac{1}{2\sqrt{2\alpha}}\,d\varpi\left(\frac{1}{\sin\frac{1}{2}\varpi} - 2\sin\tfrac{1}{2}\varpi\right).$$

ce qui donne, en intégrant,

$$u\sqrt{2\alpha} = \log\mathrm{tang}\tfrac{1}{4}\varpi + 2\cos\tfrac{1}{2}\varpi + \mathrm{const.}$$

Pour déterminer la constante, on observera que, ϖ étant ϖ', u est égal à l, ce qui donne

$$\mathrm{const.} = l\sqrt{2\alpha} - \log\mathrm{tang}\tfrac{1}{4}\varpi' - 2\cos\tfrac{1}{2}\varpi';$$

on aura donc

$$\mathrm{tang}\tfrac{1}{4}\varpi = \mathrm{tang}\tfrac{1}{4}\varpi'.c^{(u-l)\sqrt{2\alpha}-2\cos\frac{1}{2}\varpi+2\cos\frac{1}{2}\varpi'},$$

c étant le nombre dont le logarithme hyperbolique est l'unité. Cette équation donne à très-peu près, lorsque l'angle ϖ est très-petit,

$$\mathrm{tang}\,\varpi = 4\,\mathrm{tang}\tfrac{1}{4}\varpi'.c^{(u-l)\sqrt{2\alpha}-4\sin^2\frac{1}{4}\varpi'}.$$

Maintenant, si l'on différentie l'expression de z trouvée ci-dessus dans le cas de ϖ très-petit, on a

$$\frac{dz}{du} = \frac{\sqrt{2\alpha}\,c^{u\sqrt{2\alpha}}}{\alpha b\sqrt{2\pi u\sqrt{2\alpha}}}\left(1 - \frac{3}{8u\sqrt{2\alpha}} - \frac{3}{32u^2\alpha}\right);$$

on peut dans cette expression négliger, lorsque l est fort grand, les termes $-\frac{3}{8u\sqrt{2\alpha}}$ et $-\frac{3}{32u^2\alpha}$ vis-à-vis de l'unité, et supposer dans le dénominateur $u=l$, ce qui revient à négliger, comme on l'a fait dans l'expression précédente de $\mathrm{tang}\,\varpi$ ou de $\frac{dz}{du}$, les puissances de $\frac{l-u}{l}$, et alors on a

$$\mathrm{tang}\,\varpi = \frac{\sqrt{\alpha}\,c^{u\sqrt{2\alpha}}}{2b\sqrt{\pi l\sqrt{2\alpha}}}.$$

En comparant cette expression de $\operatorname{tang} \varpi$ à la précédente, on aura

$$\frac{1}{\alpha b} = \frac{4}{\sqrt{\alpha}} \sqrt{\pi l \sqrt{2\alpha}} \operatorname{tang} \tfrac{1}{4} \varpi' . c^{-l\sqrt{2\alpha} - \sin^2 \frac{1}{4}\varpi'}.$$

Cette valeur de $\dfrac{1}{\alpha b}$ donne, par le n° 4 de ma Théorie, la dépression due à la capillarité dans un baromètre dont le tube est fort large. En effet, il est visible que la surface du mercure dans le tube est la même que celle de la goutte que nous venons de considérer; mais, au point où cette surface se termine, elle fait avec les parois du tube un angle dont ϖ' est le complément.

Lorsqu'il s'agit d'un liquide qui, comme l'eau ou l'alcool, mouille exactement les parois d'un tube de verre, $\dfrac{1}{\alpha b}$ exprime dans un semblable tube l'élévation du point le plus bas de la surface au-dessus du niveau, et l'on a $\varpi' = \dfrac{\pi}{2}$, ce qui donne, pour cette élévation,

$$\frac{4}{(1 + \sqrt{2})\sqrt{\alpha}} \sqrt{\pi l \sqrt{2\alpha}} . c^{-l\sqrt{2\alpha} - 2 + \sqrt{2}},$$

ou

$$\frac{1,63476}{\sqrt{\alpha}} \sqrt{l \sqrt{2\alpha}} . c^{-l\sqrt{2\alpha}}.$$

Comparons les résultats précédents à l'expérience.

M. Gay-Lussac a observé, à la température de $12°,8$, l'épaisseur d'une large goutte de mercure, circulaire et de 1 décimètre de diamètre, s'appuyant sur un plan de verre blanc parfaitement horizontal. Il a trouvé, au moyen d'un micromètre très-exact, cette épaisseur égale à $3^{mm},378$. Cette valeur diffère très-peu de celle que Segner a trouvée par un moyen semblable, et qui, réduite en millimètres, est égale à $3^{mm},40674$. En calculant cette épaisseur d'après l'expression précédente de $q + \dfrac{1}{\alpha b}$ et faisant, comme précédemment, $\dfrac{2}{\alpha} = 13^{mmq}$; en supposant, de plus, l'angle aigu formé par la surface du mercure et par celle du verre, au contact, égal à 48 degrés, ce qui donne, dans l'expression citée, $\varpi' = 152^\circ$; enfin, en négligeant le terme $\frac{1}{\alpha b}$, qui devient insensible relativement à une goutte de 1 décimètre de diamètre, cette expression donnera, pour l'épaisseur q de la goutte,

$$q = 3^{mm},3966\frac{1}{4};$$

ce qui diffère peu de l'expérience.

M. Gay-Lussac a observé encore, dans un vase de verre très-large et dont les parois étaient verticales, la distance du point de contact de la surface du mercure avec les parois au point le plus élevé de cette surface, et il l'a trouvée de $1^{mm},455$. Cette distance est, par ce qui précède, égale à $\sqrt{\frac{2}{\alpha}}\sin\frac{1}{2}\varpi'$. Ici ϖ' est égal à 52 degrés, et alors on a, par le calcul, $1^{mm},432$ pour cette distance, ce qui s'éloigne peu du résultat de l'observation.

Pour comparer l'analyse à l'expérience relativement à la dépression du mercure dans des tubes de verre fort larges, je choisirai les expériences faites par M. Charles Cavendish et rapportées dans les *Transactions Philosophiques* pour l'année 1776. Elles donnent, en pouces anglais, cette dépression égale à $\frac{5}{1000}$ de pouce dans un tube de verre de $\frac{6}{10}$ de pouce en diamètre, égale à $\frac{7}{1000}$ de pouce dans un tube de $\frac{1}{2}$ pouce de diamètre, et égale à $\frac{15}{1000}$ de pouce dans un tube de $\frac{1}{10}$ de pouce de diamètre. L'expression précédente de $\frac{1}{\alpha b}$ donne, en observant qu'ici $\varpi' = 52^\circ$ et en réduisant les résultats en pouces anglais, la dépression égale à $0,0038$ dans le premier tube, égale à $0,0069$ dans le second tube et égale à $0,0126$ dans le troisième tube, ce qui s'accorde avec l'expérience, autant qu'on peut l'attendre de ces observations dans lesquelles on apprécie d'aussi petites quantités.

M. Gay-Lussac a trouvé, par un milieu entre cinq expériences, l'élévation du point le plus bas de la surface de l'alcool, dans un tube de verre dont le diamètre était de $10^{mm},508$, égale à $0^{mm},3835$. La température était de 16 degrés pendant les expériences, et la pesanteur spécifique de l'alcool était $0,813467$ à cette température. Le point le plus

bas de la surface du même liquide s'élevait, à la même température, de
9ᵐᵐ,07850 dans un tube de verre dont le diamètre était de 1ᵐᵐ,2944,
d'où l'on tire

$$\frac{2}{\alpha} = 12^{\text{mm}},0305.$$

La formule précédente donne ainsi 0ᵐᵐ,3374 pour l'élévation de l'alcool dans le large tube, dans lequel l'expérience a donné cette élévation égale à 0ᵐᵐ,3835. La différence 0ᵐᵐ,0461 est dans les limites des
erreurs soit de l'expérience, soit de la formule elle-même, qui n'est
qu'approchée.

Considérations générales.

On voit, par ce qui précède, l'accord qui existe entre les phénomènes
capillaires et les résultats de la loi d'attraction des molécules des corps,
décroissante avec une extrême rapidité, de manière à devenir insensible aux plus petites distances perceptibles à nos sens. Cette loi de la
nature est la source des affinités chimiques : semblable à la pesanteur, elle ne s'arrête point à la superficie des corps, mais elle les
pénètre en agissant au delà du contact, à des distances imperceptibles.
De là dépend l'influence des masses dans les phénomènes chimiques,
ou cette capacité de saturation dont M. Berthollet a si heureusement
développé les effets. Ainsi deux acides, en agissant sur une même base,
se la partagent en raison de leurs affinités avec elle, ce qui n'aurait
point lieu si l'affinité n'agissait qu'au contact; car alors l'acide le plus
puissant retiendrait la base entière. La figure des molécules élémentaires, la chaleur et d'autres causes, en se combinant avec cette loi
générale, en modifient les effets. La discussion de ces causes et des circonstances qui les développent est la partie la plus délicate de la Chimie; et constitue la philosophie de cette science, en nous faisant connaître, autant qu'il est possible, la nature intime des corps, la loi des
attractions de leurs molécules et celle des forces étrangères qui les
animent.

Les molécules d'un corps solide ont la position dans laquelle leur résistance à un changement d'état est la plus grande. Chaque molécule, lorsqu'on la dérange infiniment peu de cette position, tend à y revenir en vertu des forces qui la sollicitent. C'est là ce qui constitue l'élasticité, dont on peut supposer tous les corps doués, lorsqu'on ne change qu'extrêmement peu leur figure. Mais, quand l'état respectif des molécules éprouve un changement considérable, ces molécules retrouvent de nouveaux états d'équilibre stable, comme il arrive aux métaux écrouis, et généralement aux corps qui, par leur mollesse, sont susceptibles de conserver toutes les formes qu'on leur donne en les pressant. La dureté des corps et leur viscosité ne me paraissent être que la résistance des molécules à ces changements d'état d'équilibre. La force expansive de la chaleur étant opposée à la force attractive des molécules, elle diminue de plus en plus leur viscosité ou leur adhérence mutuelle par ses accroissements successifs, et lorsque les molécules d'un corps n'opposent plus qu'une très-légère résistance à leurs déplacements respectifs dans son intérieur et à sa surface, il devient liquide. Mais sa viscosité, quoique très-affaiblie, subsiste encore jusqu'à ce que, par une augmentation de température, elle devienne nulle ou insensible. Alors, chaque molécule retrouvant dans toutes ses positions les mêmes forces attractives et la même force répulsive de la chaleur, elle cède à la pression la plus légère, et le liquide jouit d'une fluidité parfaite. On peut conjecturer avec vraisemblance que cela a lieu pour les liquides qui, comme l'alcool, ont une température fort supérieure à celle où ils commencent à se congeler. Cette influence de la figure des molécules est très-sensible dans les phénomènes de la congélation et de la cristallisation, que l'on rend beaucoup plus promptes en plongeant dans le liquide un morceau de glace ou un cristal formé du même liquide, les molécules de la surface de ce solide se présentant aux molécules liquides qui les touchent dans la situation la plus favorable à leur union avec elles. On conçoit que l'influence de la figure, quand la distance augmente, doit décroître bien plus rapidement que l'attraction elle-même. C'est ainsi que, dans les phénomènes célestes qui dépendent de la figure des planètes, tels que la précession des équinoxes, cette influence décroit en raison du cube de la distance, tandis que l'attraction ne diminue qu'en raison du carré de la distance.

Il paraît donc que l'état solide dépend de l'attraction des molécules, combinée avec leur figure, en sorte qu'un acide, quoique exerçant sur une base une moindre attraction à distance que sur une autre base, se combine et cristallise de préférence avec elle, si, par la forme de ses molécules, son contact avec cette base est plus intime. L'influence de la figure, sensible encore dans les fluides visqueux, est nulle dans ceux qui jouissent d'une fluidité parfaite. Enfin tout porte à croire que, dans l'état gazeux, non-seulement l'influence de la figure des molécules, mais encore celle de leurs forces attractives est insensible par rapport à la force répulsive de la chaleur. Ces molécules ne paraissent être alors qu'un obstacle à l'expansion de cette force ; car on peut, sans changer la tension d'un volume donné d'un gaz quelconque, substituer à plusieurs de ses molécules disséminées dans ce volume un pareil nombre de molécules d'un autre gaz. C'est la raison pour laquelle divers gaz, mis en contact, finissent à la longue par se mêler d'une manière uniforme; car ce n'est qu'alors qu'ils sont dans un état stable d'équilibre. Si l'un de ces gaz est de la vapeur, l'équilibre n'est stable que dans le cas où cette vapeur disséminée est en quantité égale ou moindre que celle de la même vapeur qui se répandrait à la même température dans un espace vide égal à celui qu'occupe le mélange. Si la vapeur est en plus grande quantité, l'excédant doit, pour la stabilité de l'équilibre, se condenser sous forme liquide.

La considération de la stabilité de l'équilibre d'un système de molécules réagissant les unes sur les autres est très-utile pour l'explication de beaucoup de phénomènes. De même que, dans un système de corps solides et fluides animés par la pesanteur, la Mécanique nous montre plusieurs états d'équilibre stable, la Chimie nous offre dans la combinaison des mêmes principes divers états permanents. Quelquefois deux principes s'unissent ensemble, et les molécules formées de leur union s'unissent à celles d'un troisième principe. Telle est, selon toute apparence, la combinaison des principes constituants d'un acide avec une base. D'autres fois, les principes d'une substance, sans être unis ensemble comme ils le sont dans la substance même, s'unissent à d'autres principes et forment avec eux des combinaisons triples ou quadruples, en sorte que cette substance, retirée par l'Analyse chimique, est alors un produit de cette opération. Les molécules intégrantes peuvent encore s'unir par diverses faces et produire ainsi des cristaux différents par la forme, la dureté, la pesanteur spécifique et leur action sur la lumière. Enfin la condition d'un équilibre stable me parait être ce qui détermine les proportions fixes suivant lesquelles divers principes se combinent dans un grand nombre de circonstances. Tous ces phénomènes dépendent de la forme des molécules élémentaires, des lois de leurs forces attractives, de la force répulsive de la chaleur, et peut-être d'autres forces encore inconnues. L'ignorance où nous sommes de ces données et leur complication extrème ne permettent pas d'en soumettre les résultats à l'Analyse mathématique. Mais on supplée à ce grand avantage, par le rapprochement des faits bien observés, en tirant de leur comparaison des rapports généraux, qui, liant ensemble un grand nombre de phénomènes, sont la base des théories chimiques dont ils étendent et perfectionnent les applications aux arts.

A la surface des liquides, l'attraction moléculaire, modifiée par la courbure des surfaces et des parois qui les renferment, produit les phénomènes capillaires. Ainsi ces phénomènes et tous ceux que la Chimie nous présente se rattachent à une même loi, que l'on ne peut maintenant révoquer en doute. Quelques physiciens ont attribué les phénomènes capillaires à l'adhésion des molécules liquides, soit entre elles, soit aux parois qui les contiennent; mais cette cause est insuffisante pour les produire. En effet, si l'on suppose la surface de l'eau contenue dans un tube de verre horizontale et de niveau avec celle de l'eau du vase dans lequel le tube plonge par son extrémité inférieure, la viscosité du liquide et son adhérence au tube ne doivent point courber cette surface et la rendre concave. Pour cela, il est nécessaire d'admettre une attraction de la partie supérieure du tube, qui n'est point immédiatement en contact avec le liquide. D'ailleurs, la surface du liquide renfermé dans le tube serait, lorsqu'elle est concave, tirée verticalement en bas par les colonnes verticales du liquide qui lui sont adhérentes, et lorsque cette surface est convexe, comme celle du mercure dans un tube de verre et d'une goutte d'eau à l'extrémité d'un tube, elle serait pressée perpendiculairement, dans chacun de ses points, par le poids des colonnes supérieures du liquide. Cette surface ne serait donc pas la même dans ces deux cas, et les phénomènes capillaires ne suivraient pas les mêmes lois, ce qui est contraire à l'expérience. Il faut donc reconnaitre que ces phénomènes ne dépendent pas seulement de l'action au contact, mais d'une attraction qui s'étend au delà, en décroissant avec une extrême rapidité.

La viscosité des liquides, loin d'être la cause des phénomènes capillaires, en est une cause perturbatrice. Ils ne sont rigoureusement conformes à la théorie que dans les liquides qui jouissent d'une fluidité parfaite; car les forces dont ces phénomènes dépendent sont si petites que le plus léger obstacle peut en modifier les effets d'une manière sensible. C'est à la viscosité de l'eau que l'on doit attribuer les différences considérables, observées par les physiciens, entre les élévations de ce liquide dans des tubes capillaires de verre d'un même diamètre. La seconde manière dont nous avons envisagé précédemment l'action capillaire nous montre que la surface intérieure du tube élève d'abord une première lame d'eau; celle-ci en élève une seconde qui en élève une troisième, et ainsi de suite jusqu'à l'axe du tube. L'existence de ces lames peut être rendue sensible, au moyen de quelques grains de poussière adhérents aux parois du verre; on voit ces petits corps agités par l'impulsion de ces lames, avant que d'être atteints par la surface du liquide. L'attraction mutuelle des lames est oblique à la surface des parois et tend à faire pénétrer les molécules de la seconde lame dans l'intérieur de la première, ce qu'elles ne peuvent faire sans la soulever ou la rompre. Lorsque le tube est fort peu humecté, cette première lame, alors très-mince, résiste à ces efforts par son adhérence au verre et par la viscosité de ses parties. C'est, si je ne me trompe, la raison pour laquelle Newton et M. Haüy n'ont observé que 13 millimètres environ

62.

d'ascension de l'eau dans un tube de verre dont le diamètre est de 1 millimètre, tandis que, dans un tube semblable fort humecté, l'eau s'élève au-dessus de 30 millimètres.

A l'extrémité d'un tube de verre, les premières lames d'eau ne peuvent plus s'élever sans changer de figure à leur surface supérieure, et, du moment où cette surface devient convexe, elle tend à déprimer le liquide inférieur et oppose ainsi un obstacle à son ascension. Cette cause, jointe à la viscosité du liquide et à son adhérence au verre, explique la petite résistance que l'eau éprouve à s'élever lorsqu'elle parvient près de l'extrémité d'un tube, résistance qui doit être nulle, et qui l'est en effet, dans les liquides qui, comme l'alcool, sont parfaitement fluides.

Le frottement du liquide contre la surface des parois et l'adhésion de l'air à la surface des corps sont encore des causes d'anomalie dans les phénomènes capillaires. Il est nécessaire d'y avoir égard dans la comparaison de l'expérience avec la théorie, qui s'accorde d'autant mieux avec elle que ces diverses causes ont moins d'influence.

Il est presque impossible de déterminer par l'expérience l'intensité de la force attractive des molécules des corps; nous savons seulement qu'elle est incomparablement supérieure à l'action capillaire. On a vu précédemment que l'eau se maintient élevée dans l'axe d'un tube capillaire par la différence des actions du liquide sur lui-même, à la surface du liquide du vase dans lequel le tube est plongé et à la surface du liquide intérieur du tube. Cette différence est l'action du ménisque liquide que retrancherait un plan horizontal mené par le point le plus bas de cette dernière surface, et cette action est mesurée par la hauteur de la colonne élevée. Pour avoir l'action de la masse entière du liquide, imaginons, dans une masse indéfinie d'eau stagnante, un canal vertical infiniment étroit aboutissant à sa surface et dont les parois infiniment minces n'empêchent point l'action des molécules extérieures à ce canal sur la colonne d'eau qu'il contient. Déterminons la pression de cette colonne sur une base perpendiculaire aux côtés du canal et placée à une distance sensible au-dessous de la surface liquide, cette base étant prise pour unité. Il est facile de s'assurer que, si l'on a plusieurs canaux semblables de même largeur, mais de longueurs différentes, dans lesquels l'eau soit animée par des forces différentes pour chacun d'eux et variables suivant des lois quelconques, les pressions de ce liquide sur les bases des canaux sont entre elles comme les carrés des vitesses acquises par des corps primitivement en repos et qui, mus dans toute la longueur de ces canaux supposés vides, seraient animés à chaque point des mêmes forces que les molécules correspondantes de l'eau qui remplit les canaux. Si l'action de l'eau sur elle-même était égale à son action sur la lumière, il suit du n° 2 du Livre X de la *Mécanique céleste* que le carré de la vitesse acquise dans le canal dont nous venons de parler serait égal à 2K, la densité de l'eau étant prise pour unité. Dans un canal dont la hauteur est s et dans lequel la force est constante et égale à la pesanteur, le carré de la vitesse acquise est $2gs$, g étant la pesanteur ou le double de l'espace que la pesanteur fait décrire pendant la première unité de temps, que nous supposerons être une seconde décimale. Les pressions des colonnes d'eau sur les bases des deux canaux seront donc entre elles comme 2K est à $2gs$, et, par conséquent, si elles sont égales, on aura

$$s = \frac{K}{g}.$$

Ce sera, dans cette hypothèse, la hauteur d'un canal dans lequel, l'eau étant soumise à l'action seule de la pesanteur supposée partout la même qu'à la surface de la Terre, la pression de la colonne de ce liquide sur la base de ce canal exprime l'action entière de la masse indéfinie d'eau sur l'eau du premier canal.

On a, par le numéro cité du Livre X,

$$R^2 - 1 = \frac{4K}{n^2},$$

n étant l'espace décrit par la lumière dans l'unité de temps ou dans une seconde, et R étant le rapport du sinus d'incidence au sinus de

réfraction, dans le passage d'un rayon lumineux du vide dans l'eau;
on aura donc

$$s = \frac{(R^2 - 1)n^2}{4g}.$$

En partant des valeurs les plus exactes de la parallaxe du Soleil et de
la vitesse de la lumière, on trouve que s surpasse dix mille fois la
distance du Soleil à la Terre. Une aussi prodigieuse valeur de l'action
de l'eau sur elle-même ne peut pas être admise avec vraisemblance; il
parait donc que cette action est beaucoup moindre que l'action de l'eau
sur la lumière; mais elle est extrêmement grande relativement à l'action
capillaire, et il en résulte une très-forte compression dans les couches
des liquides. En effet, si, dans une masse indéfinie d'eau stagnante,
on imagine un canal intérieur infiniment étroit, dont les parois soient
infiniment minces et dont les extrémités aboutissent à la surface de
l'eau, les couches liquides du canal, placées à une distance sensible
au-dessous de cette surface, éprouveront, par l'action de l'eau vers
l'une des extrémités, une pression K, qui sera balancée par une pression égale et contraire, produite par l'action de l'eau vers l'autre
extrémité; chaque couche du liquide intérieur est donc comprimée
par ces deux forces opposées. A la surface du liquide, cette compression
est évidemment nulle; elle croit avec une extrême rapidité depuis cette
surface, et devient constante à la plus petite distance sensible au-
dessous.

Ces grandes variations de compression peuvent faire varier sensiblement la densité des couches d'un liquide très-près de sa surface, et
dans les mélanges de deux liquides, tels que l'alcool et l'eau, elles
peuvent faire varier non-seulement la densité des couches liquides
extrêmement voisines de la surface, mais encore la proportion des
deux liquides que renferment ces couches et les lames liquides adhérentes aux parois des tubes. Ces variations n'ont aucune influence sur
la réfraction, qui, lorsque le rayon lumineux est parvenu à une distance
sensible au-dessous de la surface, est la même que si la nature et la
densité du liquide n'éprouvaient aucun changement; mais elles peuvent

avoir sur les phénomènes capillaires une influence très-sensible, que semblent indiquer plusieurs expériences de M. Gay-Lussac sur l'élévation de divers mélanges d'alcool et d'eau dans les tubes capillaires.

Une lame d'eau isolée et d'une épaisseur plus petite que le rayon de la sphère d'activité sensible de ses molécules éprouvant donc une compression beaucoup moindre qu'une pareille lame située au milieu d'une masse considérable de ce liquide, il est naturel d'en conclure que sa densité est très-inférieure à la densité de cette masse. Est-il invraisemblable de supposer que c'est le cas de l'enveloppe aqueuse des vapeurs vésiculaires, qui par là seraient plus légères et dans un état moyen entre l'état liquide et celui de vapeurs?

Je n'ai eu égard, dans ma Théorie, ni à la pression de l'atmosphère, ni à la force répulsive de la chaleur. La considération de ces forces est inutile, parce que, étant les mêmes sur toute la surface du liquide, elles sont indépendantes de sa courbure. La chaleur n'influe donc sur les phénomènes capillaires qu'en diminuant la densité des liquides, et l'expérience a fait voir que, dans les liquides parfaitement fluides, les variations de ces phénomènes, produites par l'accroissement de la température, sont exactement celles que donne la théorie.

Les effets de l'action capillaire étant ramenés à une théorie mathématique, il ne manquait plus à cette branche intéressante de la Physique qu'une suite d'expériences très-exactes au moyen desquelles on pût comparer les résultats de cette théorie avec la nature. Le besoin de semblables expériences se fait sentir à mesure que la Physique, en se perfectionnant, rentre dans le domaine de l'Analyse. On peut alors obtenir avec une grande précision les résultats des théories, et, en les comparant à des expériences très-précises, on élève ces théories au plus haut degré de certitude dont les sciences naturelles soient susceptibles. Heureusement, les expériences que MM. Rumford et Gay-Lussac viennent de faire sur les phénomènes de la capillarité laissent peu de choses à désirer sur cet objet, et l'on a vu l'accord de ma théorie avec les résultats de M. Gay-Lussac, qui a introduit dans ce genre d'expériences l'exactitude des observations astronomiques.

Quand on est parvenu à la véritable cause des phénomènes, il est curieux de porter ses regards en arrière et de voir jusqu'à quel point les hypothèses imaginées pour les expliquer s'en rapprochent. L'une des opinions les plus anciennes et les plus accréditées que l'on ait données des phénomènes capillaires est celle de Jurin. Cet auteur attribue l'élévation de l'eau dans un tube capillaire de verre à l'attraction de la partie annulaire du tube, à laquelle la surface de l'eau est contiguë et adhérente; « car », dit-il, « c'est seulement de cette partie du tube que l'eau doit s'éloigner en s'abaissant, et par conséquent elle est la seule qui, par la force de son attraction, s'oppose à sa descente. Cette cause est proportionnelle à l'effet, puisque cette circonférence et la colonne d'eau suspendue sont toutes deux proportionnelles au diamètre du tube ». (*Transactions Philosophiques*, n° 363.) A cela Clairaut, dans son *Traité de la figure de la Terre*, objecte qu'on ne saurait employer le principe que les effets sont proportionnels aux causes que lorsqu'on remonte à une cause première, et non quand on examine un effet résultant de la combinaison de plusieurs causes particulières, que l'on n'évalue pas chacune séparément. Ainsi, quand même on admettrait que le seul anneau de verre qui est adhérent à la surface de l'eau serait la cause de l'élévation de ce liquide, on ne devrait pas en conclure que le poids élevé doit être proportionnel à son diamètre, parce qu'on ne peut connaître la force de cet anneau qu'en sommant celles de toutes ses parties. Clairaut substitue donc à l'hypothèse de Jurin une analyse exacte de toutes les forces qui tiennent une colonne d'eau suspendue en équilibre dans un canal infiniment étroit passant par l'axe du tube. Mais ce grand géomètre n'a pas expliqué le principal phénomène capillaire, celui de l'ascension et de la dépression des liquides dans des tubes très-étroits, en raison inverse du diamètre de ces tubes; il se contente d'observer, sans en donner la preuve, qu'une infinité de lois d'attraction peuvent produire ce phénomène. La supposition qu'il fait, de l'action du verre sensible jusque sur les molécules de l'eau situées dans l'axe du tube, devait l'éloigner de la véritable explication du phénomène; mais il est remarquable que, s'il

fût parti de l'hypothèse d'une attraction insensible à des distances sensibles, et s'il eût appliqué aux molécules situées dans la sphère d'activité des parois du tube l'analyse des forces dont il a fait usage pour
les molécules de l'axe, il aurait été conduit, non-seulement au résultat
de Jurin, mais encore à ceux que nous avons obtenus par la seconde
manière dont nous avons envisagé l'action capillaire. On voit, par
cette méthode, que, si le liquide mouille parfaitement le tube, on
peut concevoir que la partie seule du tube supérieure à la surface
liquide d'une quantité imperceptible le sollicite à s'élever et le tient
suspendu en équilibre, lorsque le poids de la colonne élevée balance
l'attraction de cet anneau du tube, ce qui se rapproche extrêmement
des idées de Jurin, et ce qui conduit à sa conclusion, savoir, que le
poids de la colonne est proportionnel au contour de la base intérieure
du tube, conclusion que l'on doit étendre généralement à un tube
prismatique, quels que soient sa forme intérieure et le rapport de
l'attraction de ses molécules sur le liquide à l'attraction des molécules
liquides sur elles-mêmes.

La ressemblance de la surface des gouttes liquides et des fluides
contenus dans les espaces capillaires avec les surfaces dont les géomètres s'occupèrent à l'origine du Calcul infinitésimal, sous les noms
de *lintéaire*, d'*élastique*, etc., porta naturellement plusieurs physiciens
à considérer les liquides comme étant enveloppés de semblables surfaces, qui, par leur tension et leur élasticité, donnaient aux liquides
les formes indiquées par l'expérience. Segner, l'un des premiers qui
aient eu cette idée, sentit bien qu'elle n'était qu'une fiction propre à
représenter les phénomènes, mais que l'on ne devait admettre qu'autant
qu'elle se rattachait à la loi d'une attraction insensible à des distances
sensibles (Tome Iᵉʳ des anciens Mémoires de la Société Royale de Göt-
tingue). Il essaya donc d'établir cette dépendance; mais, en suivant
son raisonnement, il est facile d'en reconnaître l'inexactitude, et les
résultats auxquels il parvient en sont la preuve. Il trouve, par exemple,
qu'il ne faut avoir égard qu'à la courbure de la section verticale d'une
goutte et nullement à la courbure de la section horizontale, ce qui

n'est pas exact. D'ailleurs, il n'a pas vu que la tension de la surface est la même, quelle que soit la grandeur de la goutte, ce qu'un raisonnement juste lui eût fait connaître. Au reste, on voit, par la Note qui termine ses recherches, qu'il n'en a pas été content lui-même. Lorsque je m'occupais de cet objet, M. Thomas Young en faisait pareillement le sujet de recherches ingénieuses qu'il a insérées dans les *Transactions Philosophiques* pour l'année 1805. En comparant, avec Segner, la force capillaire à la tension d'une surface qui envelopperait les liquides, et en appliquant à cette force les résultats connus sur la tension des surfaces, il a reconnu qu'il fallait avoir égard à la courbure des surfaces liquides dans deux directions perpendiculaires entre elles; il a, de plus, supposé que ces surfaces, pour un même liquide, coupent sous le même angle les parois des tubes formés de la même matière, quelle que soit d'ailleurs leur figure, ce qui, comme on l'a vu, cesse d'être exact aux extrémités de ces parois. Mais il n'a pas tenté, comme Segner, de dériver ces hypothèses de la loi de l'attraction des molécules décroissante avec une extrême rapidité, ce qui était indispensable pour les réaliser. Elles ne pouvaient l'être que par une démonstration rigoureuse, pareille à celles que nous avons données dans la première méthode à laquelle les explications de Segner et de M. Thomas Young se rattachent, comme celle de Jurin se rattache à la seconde méthode.

FIN DU TOME QUATRIÈME.

NOTES

RELATIVES A DIVERSES CORRECTIONS.

Extrait d'un Mémoire de M. Airy sur la masse de Jupiter. (*Mémoires de la Société Royale Astronomique de Londres*, tome VI.)

Nota. — Les indications de pages et de lignes qui accompagnent les citations de M. Airy se rapportent à l'édition princeps; on a placé entre parenthèses les indications correspondantes à l'édition actuelle.

Tome IV, page 93 (95).

Je trouve — $32'',016$ ([1]) pour le coefficient de $\sin(n''t - n'''t + \varepsilon'' - \varepsilon''')$. La différence avec le nombre de Laplace tient probablement à ce que j'ai négligé quelques petites quantités.

Le coefficient de $\sin 2(n''t - n'''t + \varepsilon'' - \varepsilon''')$ paraît être correct.

Page 94 (95).

Le coefficient de $\sin(2n'''t - 2Mt - 2\varepsilon''' - 2E)$ paraît être correct.

Pour les termes constants multipliés par m, m', m'', je trouve des valeurs très-peu différentes de celles de Laplace, mais avec des signes contraires.... Les termes constants dans les rayons vecteurs de tous les autres satellites paraissent également affectés de signes contraires à ceux qu'ils doivent avoir.

Pour le coefficient de $\cos(n''t - n'''t + \varepsilon'' - \varepsilon''')$, je trouve $0,0031786\overline{5}$ ([2]). La légère différence avec le nombre de Laplace résulte probablement de l'omission de quelques petites quantités.

Les coefficients de $\cos 2(n''t - n'''t + \varepsilon'' - \varepsilon''')$ et de $\cos(2n'''t - 2Mt - 2\varepsilon''' - 2E)$ paraissent être corrects.

Le terme constant dépendant de l'action du Soleil doit être $-0,0000629\,0$, au lieu de $+0,003774\,1$ (p. 96).

Le terme dépendant de l'excentricité de Jupiter n'est nulle part exprimé en nombre; d'après la valeur admise pour cette excentricité, il est égal à $+0,0002854\,1$.

Page 139 (140).

D'après les conjonctions moyennes données par Delambre pour 1750 et 1754, et d'après les Tables de Jupiter par Bouvard, il paraît que la longitude moyenne du 1er satellite à l'époque de 1750 doit être augmentée de $286^{gr},2820$, ou, si l'on veut, diminuée de $113^{gr},7180$. La même correction semble devoir être appliquée sans aucun changement à l'anomalie moyenne

---

([1]) Au lieu de $-35'',4372$.
([2]) Au lieu de $0,0032607\,1$ (p. 96).

du 1er satellite, page 140, ligne 4 (141, 5) et à l'anomalie moyenne du 3e satellite, page 141, ligne 3 (142, 2). Il ne paraît pas cependant que ni le lieu du 3e satellite ni aucune autre quantité soient affectés de la même erreur.

Des conjonctions moyennes de Delambre pour 1833 et 1834 et des Tables de Jupiter par Bouvard, comparées avec l'époque de Laplace pour 1750 et avec le moyen mouvement de Laplace, il semble résulter que l'époque de 1750 devrait être augmentée, non pas de 286^{gr},2820, mais de 286^{gr},2893. Cela indique que le moyen mouvement du 4e satellite devrait être augmenté d'environ 0^{gr},0001 pour faire concorder les nombres de Laplace avec ceux de Delambre. Dans les calculs de mon Mémoire, j'aurais peut-être dû employer la correction 286^{gr},2893 au lieu de 286^{gr},2820. Mais, l'erreur se trouvant compensée presque exactement par une autre erreur (l'omission, par inadvertance, de l'équation des équinoxes dans la longitude du satellite), je n'ai pas jugé que cela valût la peine de recommencer les calculs.

CORRECTIONS PROPOSÉES PAR BOWDITCH.

Les indications de page et de ligne se rapportent à la présente édition.

Tome IV.

Pages.	Lignes.	Au lieu de	Lisez
92	9	0,00084865	— 0,00041267
92	16	0,00000703	— 0,00000702
92	6, en remontant	0,00000113	— 0,00000113
92	2, en remontant	+ 0,00000095	— 0,000000158
93	16	— 0,00044608	+ 0,00044579
93	6, en remontant	0,00006497	— 0,00006492
94	1	0,00000798	— 0,00000797
94	5	+ 0,00000609	— 0,000001015
94	4, en remontant	— 0,00054798	+ 0,00054783
95	1	— 0,00070942	+ 0,00070922
95	8	0,00006850	— 0,00006848
95	15	+ 0,00003944	— 0,00000657
95	6, en remontant	— 35",4372	— 32",0439
96	1	— 0,00088152	+ 0,00088138
96	4	— 0,00093981	+ 0,00093964
96	8	— 0,00114443	+ 0,00114435
96	12	+ 0,00037741	— 0,00006290
97	4	G = — 0,857159	G = — 0,856159
130	12	La valeur de g est environ 178483",9, au lieu de 178141",7.	
137	13	Si à l'époque du 1er satellite (ligne 9) on ajoute deux fois celle du 3e (ligne 11), et qu'on en retranche trois fois celle du 2e (ligne 10), on trouve 201°,36662 au lieu de 200°,01962. Bowditch pense que l'époque du 2e a été transcrite inexactement.	

Pages	Lignes	Au lieu de	Lisez
140	11 et 13	80°,6129	366°,89437
141	5	280°,23191	166°,51383
142	17	— 31",36	— 28',36
143	12, en remontant	— 31",36	— 28',36
143	4, en remontant	— 349",79	— 353",69
145	12, 17 et 21	303°,76542	285°,20
146	5, en remontant	303°,76542	285°,20
147	5	— 31",36	— 28',36
147	10	— 349",79	— 353",69
147	15	303°,76542	285°,20
149	5, en remontant	303°,76542	285°,20
155	12 et 16	303°,76542	285°,20
156	9	303°,76542	285°,20
156	6, en remontant	— 0,00126952	— 0,00128817
157	5	303°,76542	285°,20
158	7 et 9	146°,48931	346°,48931
161	3, en remontant	303°,76542	285°,20
162	avant-dernière ligne	303°,76542	285°,20
163	3	303°,76542	285°,20
163	10, en remontant	0,0187249	0,018861
163	3, en remontant	303°,76542	285°,20
165	dernière ligne	0,0020622	0,0020522
166	5	19",11	19",01
166	12	— 19",11	∓ 19",11
167	3	+ 19",11	— 19",01
167	5	— 19",11	∓ 19",11
167	7	+ 3",76	+ 16",26
167	9, en remontant	— 105",04 303°,76542	— 107",14 285°,20
168	4	— 105",04 303°,76542	— 107",14 285°,20
168	6, en remontant	— 0,001057 303°,76542	— 0,001078 285°,20
172	13	5619",86	5781",86
183	3	2933",6	3088"

On croit devoir rappeler ici que la note placée au bas de la page 137 du Tome III doit être regardée comme non avenue, ainsi que cela a déjà été dit dans la note au bas de la page 334 du Tome IV.

Paris. — Imprimerie de GAUTHIER-VILLARS, quai des Grands-Augustins, 55.